두 발로 쓴 9정맥 종주기

下

두 발로 쓴 9정맥 종주기 下

발행일	2021년 1월 8일

지은이	조지종		
펴낸이	손형국		
펴낸곳	(주)북랩		
편집인	선일영	편집	정두철, 윤성아, 최승헌, 배진용, 이예지
디자인	이현수, 김민하, 한수희, 김윤주, 허지혜	제작	박기성, 황동현, 구성우, 권태련
마케팅	김회란, 박진관		
출판등록	2004. 12. 1(제2012-000051호)		
주소	서울특별시 금천구 가산디지털 1로 168, 우림라이온스밸리 B동 B113~114호, C동 B101호		
홈페이지	www.book.co.kr		
전화번호	(02)2026-5777	팩스	(02)2026-5747

ISBN	979-11-6539-565-0 04980 (종이책)	979-11-6539-564-3 05980 (전자책)
	979-11-6539-563-6 04980 (세트)	

한 열정 가득한 은퇴자의 10년 산행 일지

두 발로 쓴 9정맥 종주기

下

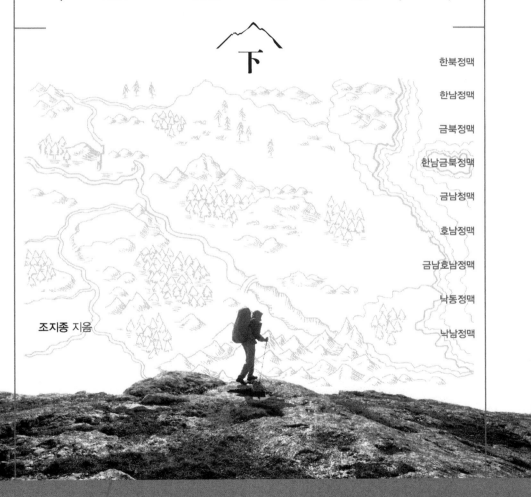

한북정맥

한남정맥

금북정맥

한남금북정맥

금남정맥

호남정맥

금남호남정맥

낙동정맥

낙남정맥

조지종 지음

걷는 것만으로도 진이 빠지는 산길 2,000㎞의 여정을 분 단위로
기록한 것은 걷는 행위 자체가 수행이기 때문이며, 훗날 이 산줄기를 따라
걸을 여행자에게 앞서 간 자의 족적을 남기고자 했기 때문이다.

북랩 book Lab

작가의 말

이 글을 쓰는 이유

우리나라 중심 산줄기를 모두 걷겠다고 결심했다. 그리고 실행했다. 2006년 2월부터 2017년 6월까지 장장 12년에 걸쳐 1대간 9정맥을 완주했다. 백두대간과 남한에 있는 아홉 정맥이다. 처음부터 끝까지 혼자서 걸었고, 걸으면서 마루금의 모든 것을 있는 그대로 기록했다. 이렇게 산길을 걸었던, 그리고 이 글을 써야만 하는 이유들이 있다. 나처럼 우리나라 중심 산줄기를 걷고자 하는 사람들을 위해서다. 그들은 루트를 몰라서, 두려워서 종주에 나서기를 망설인다는 소리를 들었다. 그걸 내가 해결하고 싶었다. 그렇게 걸었고, 걸으면서 마루금의 모든 것을 기록했다. 들머리와 날머리의 주변 환경, 마루금의 오르막과 내리막, 안부와 갈림길, 암릉과 위험지대, 주변 수목들, 들머리와 날머리에 이르는 교통편과 당시의 날씨까지 최대한 자세히 기록했다. 이 기록만 보면 누구나 혼자서도 쉽고 편하게 걸을 수 있도록 썼다. 특히 혼자서 정맥 종주를 계획하고 있는 사람들에게 이 책은 천금 같은 자료가 될 것이다. 다른 이유는 마루금의 원형 보전을 위해서다. 지금 이 순간에도 각종 개발 등으로 마루금의 모습이 시시각각 변해가고 있다. 언젠가는 마루금 자체가 아예 사라져버릴지도 모른다. 그런 때를 대비해서 기록이 필요하다. 누군가는 해야 할 일이다. 내가 하고 싶었다.

 굳이 이 책의 가치를 논하자면 크게 두 가지다. 아홉 정맥의 마루금이 모두 기록으로 남게 된 것과 멀고 어렵게만 느껴지던 9정맥 종주가 우리 곁에 가까이 다가설 수 있게 된 것이다. 한 시대를 살아가는 사람으로서 소임을 다했다는 생각이다. 누군가 말했다. '우리는 모두 역사라는 것의 필연적인 도구'라고. 지난 2017년 백두대간 종주를 마치고 그 기록을 책으로 출간한 바 있고, 이번에 9정맥까지 책으로 나왔다. 이로써 우리나라 중심 산줄기인 백두대간과 아홉 정맥 모두가 기록으로 남게 되었다. 다만 아쉬운 부분도 있어 독자들에게 이해를 구하고자 한다. 이 책은 아홉 정맥 마루금의 실제 모습을 최대한 있는 그대로 옮기려 했다. 그런데 산길의 형성이나 모습이 어디나 다 비슷비슷하다. 대부분 오르막과 내리막, 안부와 잿등, 암릉과 갈림길, 다양한 수목 등으로 이루어졌다. 그렇기에 같은 용어와 반복되는 묘사가 등장할 수밖에 없었다. 실제 그대로의 기록을 통한 원형 보전이라는 출간 의도 앞에서는 부득이한 선택이었음을 이해 바라며, 송구한 마음으로 이 책을 내놓는다.

조지종

차 례

7. 금남호남정맥   **239**

8. 낙동정맥   **271**

9. 낙남정맥   **423**

| 일러두기 |

- 괄호의 시간 표시는 당시 현장에서 측정한 시간으로 특정 지점까지의 소요 시간을 가늠할 수 있
  도록 가급적 자주 표기하였다. 또 괄호의 거리 표시 단위는 ㎞이다. 예) (부봉삼거리 1.9)는 부봉삼
  거리까지 1.9㎞라는 의미이다.
- 구간별 소요 시간에는 휴식과 식사 시간이 포함되었다.
- 구간을 나눈 기준은 하루에 걸을 수 있는 거리와 그 지점의 교통편을 고려했다.
- 도상거리는 국립지리원 발행 1:50,000 지형도를 맵 미터기로 측정한 수치를 참고하였다.
- 각 구간 첫머리에 나오는 단상 작성 시점은 각 구간 종주 직후이다.

6

호남정맥

호남정맥 개념도

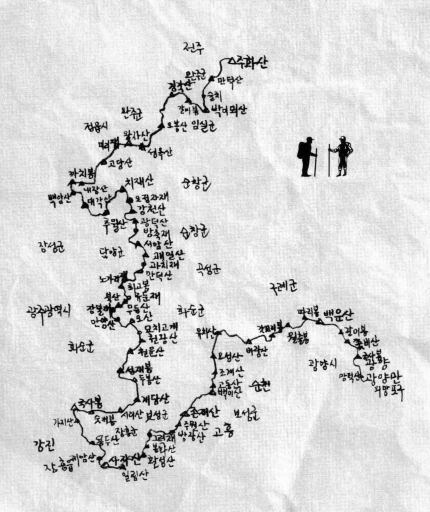

호남정맥은 우리나라 13개 정맥 중의 하나로 전북 진안의 주화산에서 시작해서 광양의 백운산과 망덕산을 거쳐 광양만 외망포구에서 그 맥을 다한다. 진안의 주화산에서 남진하여 곰티재, 고당산, 내장산을 지나 전남 내륙으로 들어서서 추월산, 무등산, 천운산, 계당산, 제암산, 사자산, 존제산, 조계산 등으로 이어진다. 우리나라 남부 호남 지방을 동서로 크게 가르는 이 산줄기는 동쪽에는 섬진강, 서쪽에는 만경강, 동진강, 영산강, 탐진강이 있다. 이 산줄기에는 만덕산, 박이뫼산, 갈미봉, 경각산, 오봉산, 묵방산, 왕자산, 구절재, 고당산, 추령, 내장산, 백양산, 도장봉, 추월산, 광덕산, 서암산, 괘일산, 노가리재, 유둔재, 무등산, 둔병재, 천왕산, 서밧재, 천운산, 개기재, 계당산, 봉화산, 가지산, 감나무재, 제암산, 사자산, 일림산, 봇재, 봉화산, 석거리재, 백이산, 고동산, 조계산, 노고치, 바랑산, 송치, 백운산, 쫓비산, 토끼재, 국사봉, 광양 망덕산 등이 있고, 도상거리는 주화산분기점에서 섬진강까지 총 454.5㎞로 남한의 9개 정맥 중 가장 길다.

첫째 구간
조약봉에서 슬치까지

   호남정맥 종주를 시작했다. 금남정맥을 마친 지 20일 만이다. 종주는 진안의 주화산에서 시작해서 광주, 화순, 순천 등 호남의 내륙을 거쳐 광양 백운산을 향해 내려갈 계획이다. 이제부터는 갈수록 구간 들머리가 집에서 멀어지기에 주말을 이용하여 1박 2일 일정으로 진행할 생각이다. 많은 어려움이 예상된다. 특히 서울에서 현지 들머리까지 오가는 교통편이 제일로 걱정이다. 당장 지난주에 시작한 첫째 구간부터 문제가 생겼다. 전주에서 잠을 자고 모래재행 첫차를 탔는데 시내버스가 파업 중이라 모래재까지는 가지 않는다고 했다. 앞으로도 이런 예기치 못한 상황은 수시로 발생할 것이다. 첫째 구간은 3정맥분기점인 조약봉에서 슬치까지다. 조약봉은 호남정맥, 금남정맥, 금남호남정맥이 갈라지는 분기점이고 슬치는 임실군 관촌면과 완주군 상관면 사이에 있는 잿등이다. 이 구간에는 514.5봉, 571봉, 곰티재, 560봉, 오두재, 관음봉, 마치재 등이 있다. 남쪽 지방은 무척 더웠다. 봄이 언제 왔는지도 모르는데 여름이 들썩거렸다. 세월 참 빠르다.

2011. 4. 16. (토), 맑음

전주 중앙시장 버스 정류장을 향하는 발걸음이 가볍다. 간밤에 들이킨 산소방의 효험인가? 새벽길에 차량은 많지 않고, 하나둘씩 낯익은 건물들이 나타난다. 쌍용화재 버스 정류장을 지나 중앙시장 버스 정류장에 이른다(05:40). 아무도 없다. 먼저 모래재행 버스를 확인한 후 점심 대용 '깨순이' 김밥 두 줄을 구입하니 기다리던 872번 버스가 도착. 바로 올라 혹시나 해서 기사님께 물었다. "이 버스 모래재 가지요?"라고. 내 말이 떨어지기가 무섭게 청천벽력이다. "시내버스가 파업 중이라 모래재는 안 가는데요." 순간 하늘이 노래진다. 모래재를 안 가다니…. 벼르고 벼르던 오늘인데. 이 새벽 버스를 타기 위해 하루 전에 내려와서 찜질방 신세까지 졌는데. 진정하고 자세한 내막을 물었다. 다른 방법이 있는지도 물었다. 기사 자신도 안타깝다고 한다. 나처럼 새벽 버스로 모래재를 가는 종주객들을 더러 본다고 한다. 그러면서 지체되겠지만 꼭 가야 한다면 '무진장' 버스를 타라고 한다. 자신이 직접 전화해서 출발장소와 시간을 확인하고 나에게 알려준다. 쌍용아파트 앞에서 임시로 출발하는 무진장 버스가 7시 35분에 있다는 것이다. 불행 중 다행이다. 그나마 맘씨 좋은 버스 기사를 만난 덕분이다. 쌍용아파트 앞 버스 정류장을 찾아가니 임시 운행 시간표가 부착되었다. 모래재행 첫차는 7시 35분, 만감이 교차한다. 산뜻하게 첫 구간을 마치겠다던 야심 찬 계획은 일단 물거품이 되었다. 오늘 일정을 어떻게 해야 되나? 어디까지 가서 어디로 내려가야 되나? 벌써부터 걱정이다. 버스 출발 시간이 다가오자 한두 사람씩 정류장으로 몰려든다. 버스에 올라 이번에도 똑같이 물었다. "모래재 가지요?"라고. 버스는 시내를 벗어나자 속도를 낸다. 꾸불꾸불한 S 자형 오르막을 힘겹게 올라 모래재 터널을 통과해서 모래재 휴게소에 도착(08:10). 휴게소 앞 광장은 사방이 봄이다. 공원 앞길의 노란 개나리꽃도 그렇고, 맞은편 휴게소에서 흘러나오는 경쾌한 음악도 그렇다. 청명한 하늘도 그렇고, 뺨에 닿는 바람결도 더없이 부드럽다. 전주 시내에서 우울했던 마음은 잊기로 한다. 세상사 마음대로 되지 않는다. 이보다 더한 경험도 수없이 겪지 않았는가. 모래재를 향해 우측 산길로 들어서니 우측에 핀 개나리가 산골의 봄을 확인시킨다. 완만한 오르막. 좌측에 묘지가 나오고, 언덕배기를 넘으니 제법 큰 묘지가 나온다. 묘지 앞엔 비석과 고인돌이 있다. 잠시 후 능선에 이른다. 모래재다(08:30).

모래재에서(08:30)

호남정맥 출발지점에 섰다. 원래는 조약봉까지 올라가서 내려와야 되겠지만 지난번 금남정맥 종주 때 이미 이곳까지 걸어서 내려왔기에 오늘은 이곳에서 출발하기로 한다. 처음 보는 표지기들이 있다. '돌쇠의 우리들 뫼기행' '고산자의 후예를 꿈꾸며' '산천 나그네' '대전 이병용'. 이들은 호남정맥 종주 기념으로 이 표지기를 걸었을 것이다. 가슴 벅찬 감동과 부담이 함께 실렸을 것이다. 지금의 내 심정이었겠지. 모래재에 한 젊은이가 서 있다. 대한의 산줄기를 모조리 걷겠다는 조금은 무모함을 꿈꾸며. 출발한다. 완만한 능선으로 시작되는 흙길. 바닥엔 갈참나무 마른 잎이 깔렸다. 우측에 시멘트 교통호가 있고, 등로 양쪽은 잡목이 우거지다. 그 사이에 진달래도 있다. 왼쪽엔 만개한 진달래, 오른쪽엔 원추형 꽃망울이 나올락 말락. 길을 사이에 두고도 양지와 음지라는 차이 때문에 이런 변화가…. 이름 모를 새순이 쭈뼛쭈뼛 나온다. 수목 사이의 메마른 풀도 봄을 대비하는 듯 풋기를 머금었다. 오르막이 시작되고 바로 무명봉에 선다

(08:40). 별 특징이 없다. 완만한 능선길로 내려간다. 역시 걷기 좋은 길. 바로 또 다른 무명봉에 이르고, 우측으로 내려가니 오르막이 시작되더니 우측에 산죽이 나온다. 많은 표지기가 있는 무명봉에 이른다(08:54). 벌써부터 덥다. 우측으로 내려가자마자 임도에 이르고, 안부에서 좌측 아래로 내려가니 마루금은 직진 산길로 이어진다. 산길에 들어서니 '광업진흥공사'라는 시멘트 표지판이 길옆에 묻혔다. 오르막길에 참나무잎이 깔렸고, 바로 무명봉에 이른다(09:09). 특이한 이름을 가진 표지기가 있다. '똥 벼락' 반가운 이름이 또 보인다. 바로 며칠 전 금남정맥 2.5구간을 종주할 때 처음 본 '호진이랑 옥자랑'이다. 앞으로 계속 만나게 될지도 모르겠다. 우측으로 내려가니 키를 넘는 산죽이 좌우 양쪽에 밭을 이룬다. 산죽에 쌓인 먼지를 다 뒤집어쓰니 목이 칼칼하다. 한참 후 무명봉에 이른다. 부부 종주객이 쉬고 있다(09:24). 이분들도 오늘 슬치까지 간다고 한다. 이분들께 부탁해서 오랜만에 내 모습이 나오는 사진을 찍는다. 작별 인사를 하고 내가 앞선다. 3~4분 후 좌측에 허물어진 묘지가 나오고, 산죽 지대를 지나 봉우리에 선다. 514.5봉이다(09:34). 그런데 정상에 있는 삼각점 모양이 아직까지 한 번도 보지 못한 타원형이고, 벌목한 지 오래된 듯 썩어 문드러진 나무토막들이 널려 있다. 갑자기 핸드폰 뚜껑이 뜨거워져 꺼둔다. 완만한 내리막길. 10여 분 후 571봉 정상에서(09:44) 우측으로 내려가니 좌측 아래가 벌목되어 시원스럽고, 그 아래 골짜기에 축사 같은 시설이 있다. 한참 내려가다 안부사거리에서 직진하여 낮은 봉우리를 넘고, 좌측 철망을 따라서 내려가니 또 안부에 이른다. 곰티재다(09:55). 안내판이 있다. 곰티재는 신작로가 생기기 전에 전주와 진안을 잇는 주요 교통로였다. 곰티재를 가로질러 산으로 오르니 옆에 철망이 계속 이어진다. 한참 오르다가

임도를 가로질러(10:05) 산으로 오르니 철망이 원형 철조망으로 바뀌고, 급경사 오르막길에 낙엽이 수북하다. 마치 눈을 헤치듯 낙엽을 헤치며 나아간다. 걸음을 옮길 때마다 바스락거리는 소리가 정겹다. 우측 앞에 고가도로가 보인다. 익산-장수 간 고속도로다. 무명봉을 넘고 우측으로 내려가니 갈림길이 나오고, 다시 우측으로 내려가니 가족묘지가 나온다. 봉분이 유달리 높다. 가족묘지를 지나 큰 석탑이 우뚝 선 웅치전적비에 이른다(10:30). 임진왜란 때 왜적과 맞서 싸운 전투 현장을 기리기 위해 세운 비다. 시멘트 길로 내려가니 바로 곰재에 이른다.

곰재에서(10:33)

곰재는 전주와 진안을 잇는 잿등이다. 웅치전적지 안내판, 주차장, 진안군 부귀면을 알리는 행정안내판이 있다. 곰재를 가로질러 산으로 오르니 바로 묘지가 나오고, 잠시 멈춰 뒤돌아보니 우측에 저수지가 보인다. 반가운 것을 발견한다. 노란 제비꽃이다. 아주 작은 것이 샛노란 꽃잎을 달고 땅에 깔린 것이 대견스럽고 앙증맞다. 급경사 오르막 끝에 560봉에 이른다(10:58). 정상에 '자연보호' 플래카드가 있다. 좌측으로 내려가니 바위가 나오고, 무명봉을 연속해서 넘으니 큰 바위가 있는 무명봉에 이른다(11:19). 내려가는 길에 큰 바위가 앞을 막는다. 등로는 바위 아래로 이어지는데 바위 직전에 표지판이 있다. '고사리밭 조성 등산로 →' 바위 아래로 내려가지 못하게 경고한다. 할 수 없이 바위를 넘어 직진하니 직진 길에도 중장비로 산을 다듬은 흔적이 있다. 산 전체를 개간 중이다. 조금 내려가니 오두재에 이른다(11:30). 좌측은 전체가 파헤쳐졌고, 이젠 등로가 보이지 않아 눈짐작으로 오른다. 중장비가 지나간 나무뿌리에서 진액이 흘러나온다. 중장비라는 괴물이 할퀸 상처에서 흘러내리는 나무의 눈물이다. 나무에도 생명이 있거늘…. 산림은 쉽게 다룰 게 아니다. 생태계의 보고이자 이산화탄소 흡수원으로 지구온난화 대응에도 중요한 역할을 한다. 많이 아쉽다. 한참 후 등로가 나타나고, 능선갈림길에서 우측으로 내려가니 산죽이 무성하다. 우측에 장수-익산 간 고속도로가 가깝게 보이고, 좌측 아래에 조금 전에 본 저수지와 마을이 있다. 바위가 있는 무명봉을 넘으니 안부삼거리에 이른다(11:51). 이정표가 있다(원불교훈련원 0.7). 직진으로 오르니 작은 바위가 있는 무명봉에 이르고, 정상에는 시멘트로 된 사각형 표지판이 있다. 너무 닳아서 글씨를 알아볼 수 없다. 무명봉에서 내려가다 오르니 산죽이 나오고, 평평한 곳에 이른다. 나무의자 2개가 있고 제2쉼터라고 표시되었다. 이곳에서 '깨순이' 김밥 두 줄과 사과 두 개로 점심을 먹고, 출발한다(12:23). 우측에 산죽이 있고 가파른 오르막이 시작된다. '만덕산초선성지' 안내판을 지나니 암봉이 나오고(12:41) 통나무 계단을 넘으니 다시 암봉에 이른다. 봉우리 전체가 바윗덩어리다. 계속 오르니 이동통신 안테나가 설치된 봉우리에 이른다(13:01). 안테나 우측에 이정표가 있다(정수사 2.5). 정수사 방향으로 내려가니 갈림길에 이르고, 우측은 암봉이어서 좌측으로 우회한다. 내려가니 암봉에서 내려오는 길과 만나 완만한 능선 길로 이어지고, 잠시 후 삼거리에 이른다(13:17). 이정표가 있고(직진 상관면, 우측 정수사), 마루금은 직진이다. 좌우가 절벽인 날등 끝에 바윗길이 이어지고, 관음봉 정상에 이른다(13:26). 관음봉도 암봉이다. 암릉길이 끝나고 오르막길 끝에 플라스틱 의자 2개가 설치된 쉼터에 이른다(13:36). 우측으로 10여 분 내려가니 삼거리에 이르고, 직진 오르막 좌측은 최근에 나무를 베어낸 흔적이 역력하다. 10여 분 오르니 넓은 공터가 있는 봉우리에 이르고(14:02), 우측으로 내려가다 다시 봉우리 정상에 이른다. 정상에는 죽은 나무가 그대로 서 있다. 이상한 생각이 든다. 직진으로 내려가니 한동안 걷기 좋은 길이 이어지고, 바스락거리는 소리가 들릴 정도로 많은 낙엽이 쌓였다. 우측에 허물어진 묘 2기가 있고, 조금 더 진행하니 우측은 오래전에 솎아베기를 했는지 사이사이가 휑하다. 무명봉을 넘고 내려가는 길에 우거진 잡목이 얼굴을 할퀸다. 잡목길이 끝나고 안부에 이른다. 마치재다(14:36). 우측에 고목이, 주변은 드문드문 벌목 흔적이 있다. 긴 오르막을 올려다보니 겁부터 난다. 고목나무 그늘에서 잠시 쉬다가 오르니 봉우리에 이른다. 나무토막들이 널려 있다. 내려간다. 삼거리에서(15:05) 오르니 갈림길이 나오고, 우측으로 진행하니 또 갈림길. 이곳에서도 우측으로 진행하니 또 갈림길. 양쪽에 표지기가 있어 혼돈하기 쉽다. 좌측으로 10여 분 올라 돌무더기가 있는 무명봉에서 (15:47) 내려가자마자 갈림길에서 좌측으로 진행한다. 길 양쪽에 싸리나무가 있는 곳을 지나 무명봉을 넘으니 완만한 능선이 이어지고, 능선길에도 갈참나무 낙엽이 깔려 촉감이 좋다. 다시 무명봉을 넘으니 벌목지 임도에 이른다(16:06). 좌측은 낙엽송 지대. 조금 더 진행하니 벌목된 나무들이 널려 있고, 길은 보이지 않는다. 걷기가 힘들 정도다. 어렵게 벌목지대를 지나 정상에 이른다(16:14). 그런데 이정표 기둥만 있고 방향을 알리는 날개는 바닥에 떨어졌다. 이정표를 기점으로 벌목지대가 끝난다. 한참 내려가니 낙동산악회에서 세운 깃발이 나온다. 슬치에 도착(16:21). 그런데 고민이다. 앞으로 예정된 목적지까지 가려면 적어도 3시간은 더 가야 되는데 어려울 것 같고, 그렇다면 오늘은 이곳에서 마치고, 하산할 지점을 찾아야 된다. 일단 마을을 찾아야 한다. 한참 내려가니 삼거리가 나오고(16:35), 좌측으로 넓은 길이 나 있다. 삼거리에서 좌측으로 내려가니 의외로 쉽게 마을이 나온다. 도착한 곳은 임실군 관촌면 상월리(16:50). 목부터 축여야 살 것 같다. 내 사정을 들은 60대 중반의 노인은 자기 집 냉장고에서 큰 물병을 꺼내 통째로 주면서, 한사코 방으로 들어와서 커피도 마시고 가라고 한다. 이렇게 고마울 수가! 버스가 오려면 6시가 되어야 하니 이곳에서 아무 차나 타고 가라면서 도로변에 서서 지나가는 승용차를 세우신다. 그리고 운전자에게 사정 이야기를 하고, 나를 면 소재지인 관촌까지 좀 태우고 가라고 하신다. 인생의 교과서가 따로 없다. 살아가는 방식을 내 가슴에 절절하게 새겨주신다. 어떤 수업에서도 듣지 못한 산지식을 산골에서 터득한다(나를 태워준 승용차는 상월리 마을에서 신흥사라는 절 보수공사를 하고 돌아가는 목공들이었으며, 이들은 관촌을 지나 전주까지 나를 태워주었다).

🚶 오늘 걸은 길

조약봉 → 571봉, 곰티재, 560봉, 오두재, 관음봉, 마치재 → 슬치(14.7㎞, 7시간 51분).

⛰️ 교통편

- 갈 때: 전주에서 시내버스로 모래재까지 이동.
- 올 때: 슬치에서 상월리 마을로 내려와서 버스로 관촌터미널까지, 관촌에서 버스로 전주까지.

둘째 구간
슬치(상월리 윗산)에서 쑥재까지

　'초능력자'를 만나 묻고 싶다. 이 길이 내 길인지, 어떻게 걸어야 하는지, 계속해야 하는지를. 고민이다. 최선의 예언자는 과거라고 했는데….

　둘째 구간을 넘었다. 임실군 관촌면 상월리 윗산 슬치에서 쑥재까지다. 쑥재는 임실군 신덕면 월성리와 관촌면을 잇는 잿등이다. 이 구간에는 416.2봉, 신전리재, 469봉, 갈미봉 등이 있다. 산행 중 촌로 3인을 만났다. 얼굴은 까맣게 그을렸고 주름이 깊게 팬 60대 후반이었다. 도란도란 술잔을 기울이며, 세상은 이렇게 살아야 한다는 걸 보여주었다. 지금 이 순간에도 그들의 모습이 떠오른다.

2011. 5. 7.(토), 맑음
　불안한 마음으로 집을 나선다. 염려되는 것이 한둘이 아니다. 전주에서 관촌행 버스를 바로 탈 수 있을지, 관촌에서 상월리행 버스는? 시간이 부족할 것 같은데 예정된 목적지까지 갈 수 있을지, 종주를 마치고 쑥재에서 내려가려면 버스가 있을지…. 전주터미널에는 9시 52분에 도착. 이젠 전주시청으로 가서 관촌행 버스를 타야 한다. 버스 정류장에 첫 번째 버스가 도착하자 '전주시청' 가느냐고 물으니 안 간다면서 다음 버스를 타라고 한다. 두 번째 버스가 도착하자 잽싸게 올라선다. 그런데 이게 웬일인가? 이 버스가 관촌행 752번이 아닌가! 이곳에서 752번을 타게 될 줄이야! 오늘은 초장부터 운이 좋다. 확인할 겸 기사님께 물었다. 무뚝뚝하게 대답한다. 간다고. 지금 생각하니 첫 번째 버스가 전주시청행 버스가 아니었던 게 천만다행이다. 오늘 또 하나를 배운다. 세상은 물 흐르듯 살아야 된다고.

시골길을 40여 분 달린 버스는 10시 35분에 관촌 공용터미널에 도착(10:35). 관촌은 임실군 관촌면 소재지다. 이곳에서 목적지인 상월리행 버스는 11시 30분에 있다. 1분이라도 당겨야 할 판에 1시간이라는 금쪽같은 시간을 지체할 수 없어 택시로 가기로 한다. 8천 원에 흥정하고 택시에 올라탄다. 기사님께 상월리와 신흥사에 대해서 물었다. 상월리는 농업과 축산업이 반반이고, 신흥사는 고찰(古刹)이라고 한다. 택시가 상월리에 이르자(11:03) 일부러 산 밑에까지 가지 않고 마을 입구에서 내렸다. 지난번에 신세 진 어르신을 뵙기 위해서다. 개는 짖는데 집안에는 아무도 없다. 마을에서 만난 분에게 어르신을 물었더니 일하러 가셨다고 한다. 사정 이야기를 하고, 어르신이 돌아오시면 꼭 좀 전해달라고 부탁을 하고 산으로 향한다. 분뇨 냄새 풀풀 나는 축사를 지나 S자형 임도를 오르니 능선에 이른다. 호남정맥 첫째 구간을 마쳤던 상월리 윗산 슬치, 둘째 구간 출발점이다(11:18). 이곳 위치가 약간 애매하다. 슬치라는 이름이 몇 군데 있고, 이곳 역시 슬치이기에 내가 작명하기로 한다. '상월리 윗산 슬치'로. 평범한 능선이다. 주변은 연두색 이파리가 많은 잡목이 무성하고, 듬성듬성 키 큰 소나무도 보인다. 그런데 금방이라도 비가 쏟아질 것 같은 흐린 날씨가 맘에 걸린다. 100m 정도 진행하니 상월리 마을은 산모퉁이 뒤로 숨고 좌측에 묘지가 나온다. 10여 분 진행하니 좌측은 나무 한 그루 보이지 않는 허허벌판. 산 전체를 벌목해서 고사리 농장으로 일궜다. 농장 우측 가장자리를 따라 오른다. 정점에 이르자 농장은 좌측으로, 마루금은 우측 아래로 이어진다. 5분 정도 진행하니 임도에 이른다(11:32). 좌측은 인삼밭, 우측엔 비닐이랑 각목이랑 농자재가 널려 있다. 그 사이로 걷는다. 임도가 끝나고 무명봉에서 직진으로 내려가니 등로 우측은 가파른 비탈이다. 다시 오르막이 시작되고 416.2봉에 이른다. 정상의 삼각점을 촬영한다. 이어지는 급경사 내리막 우측에 묘지가 있고 잡목도 우거지다. 잎이 무성한 여름이면 걷기 힘들 것 같다. 날씨는 갈수록 흐려지고 금방이라도 비가 쏟아질 것 같다. 오르막에 마른 갈참나무 잎이 푹신하게 깔렸다. 다시 봉우리를 넘고 우측으로 올라 갈림길에서 좌측으로 내려가니 안부사거리에 이른다. 직진으로 올라 무명봉을 넘고(11:50), 정상이 평평한 무명봉에 이른다(12:06). 몇 개의 낮은 봉우리를 연속해서 넘으니 지금까지 보지 못한 특이한 소나무가 나온다. 완만한 능선을 앞만 보고 내달린다. 좌측 외진 곳에 세 사람이 도란도란 앉아 있다. 연령대가 비슷한 노인들이다. 얼굴은 붉다 못해 까맣다. 내 길이 바빠 인사만 하고 지나치려는데 나를 부른다. 한잔하고 가라고. 거듭된 권유에 합석한다. 오미자차라면서 따라주는 잔은 소주 냄새가 진하다. '이분들은 이곳 주민이 아닌데 왜 이곳까지 왔을까? 이곳이 이름난 산도 아닌데. 더 궁금한 것은 왜 이렇게 흐린 날씨에 하필이면 산을 찾았을까?' 술이 목적이라면 가까운 술집도 있을 것이고, 그냥 바람 쐬는 것이 목적이라면 더 쉽고 편한 유원지도 있을 텐데…. 시골 촌로라고 폄훼하는 것은 아니지만 이들의 산행은 내 상상을 뛰어넘는다. 건강과 우정을 생각했을 것이다. 뜻이 맞는 친구와 오랜만에 나들이를 했을 것이다. 그리고 그 장소가 우연인지, 사연이 있는지는 몰라도 이 산이 됐을 것이다. 존경스럽다. 내가 하지 못하는 이상을 실천하는 분들이다. '나도 이분들처럼 살아야 될 텐데…' 많은 것을 생각하게 한다. 오미자 기운이 확 오른다. 작별 인사를 드리고 일어서려는데 나에게 묻는다. "그런데 정맥이 무엇이오?"라고. 우리나라 중심 산줄기라고 간단히 말했지만 개운하지가 않다. 언젠가는 '정맥'과 '산맥'이라는 용어의 혼용 문제가 해결되어야 할 것이다. 정맥은 옛부터 우리 선조들이 인식하고 있던 '전통 산지인식체계'를 반영한 것이고, 산맥은 일제 강점기 때 일본 지리학자에 의해 조사 연구된 '현 산맥체계'라는 것을 아는 사람이 많지 않은 것 같다. 벌목지대가 끝나고 오르막이 시작되더니 무명봉에 이른다. 내려가니 신전리재에 이른다(12:24).

신전리재에서(12:24)

옆에는 고목나무가 한 그루 있다. 재를 가로질러 오르니 무명봉에 이르고(12:39), 좌측으로 내려가니 아주 넓은 임도에 이른다. 임도를 잠시 걷다가 바로 우측 산으로 오른다. 주변은 이제 막 새순이 나기 시작한 찔레나무와 산딸기 줄기가 무성하다. 절개지 비슷한 곳이 나오고 앞 좌측에 넓은 공터가 펼쳐진다. 공터에는 초록색 작물이 자라고 있다. 보리인지, 사료작물인지? 절개지에서 내려가니 임도 비슷한 곳에 이른다(13:01). 공터 입구에 컨테이너가 있고, 그 뒤에는 포클레인이 있다. 공터는 울타리를 설치해 출입을 막는다. 임도를 가로질러 울타리 우측 가장자리를 따라서 진행한다. 울타리는 아주 길다. 울타리 안쪽이 고랭지 밀밭임을 확인한다. 긴 울타리도 끝나고 마루금은 산으로 이어지고, 작은 돌무더기가 있는 무명봉에서

(13:14) 내려가니 걷기 좋은 길이 이어진다. 길 양쪽엔 잡목이 우거지다. 우측에서 자동차 소리가 들리고, 햇빛도 나오기 시작한다(13:20). 밤나무밭에 이른다. 연두색 잎이 벌써 그늘을 만들기 시작한다. 갈수록 경사가 심해지더니 산길로 조금 진행하니 임도가 나오고 우측에 큰 비석이 세워진 묘지가 있다. 다시 100여 미터를 더 가니 이번에는 좌측에 여러 기의 묘지가 나온다. 임도는 시멘트 길로 바뀌고 좌측에 대리석으로 둘레석을 한 고급스러운 묘지가 있다. 100m 정도 더 가다가 시멘트 길을 버리고 우측 흙길로 진행하니 다시 시멘트 길이 나온다. 길 양쪽은 밭이다(13:41). 삼거리에서 좌측으로 진행하니 우측 밭 가운데에 큰 은행나무가 서 있다. 이곳은 자잘한 갈림길이 많아서 자칫 길을 잃을 수도 있겠다. 앞에 보이는 높은 산만 바라보면서 진행한다. 등로가 복잡하지만 메모는 조금도 소홀히 할 수 없다. 역사적인 기록이 될 수도 있어서다. 마음이 급해진다. 다시 갈림길에서 우측 임도로 올라, 내려가니 사거리에 이른다(13:59). 사거리 위쪽은 밭이고 그 위는 박이뢰산 정상이다. 등로는 우측으로 이어진다. 이곳까지 온 김에 박이뢰산을 오르고 싶지만 포기한다. 시간이 없어서다. 또 마음이 급해진다. 다섯 시까지 월성리에 도착해야 마지막 버스를 탈 수 있는데, 월성리로 내려가는 샛길이 있는 쑥재까지는 아직도 멀었다. 쉴 틈이 없다. 그런데, 맘만 급하지 발길은 급한 마음을 따라주지 못한다. 사거리에서 우측 임도로 진행하니 갈림길이 나오고 등로는 우측 좁은 길로 이어진다. 소로 양쪽에 묘지가 있다. 소로는 시멘트 도로로 이어지고 4차선 포장도로인 슬치에 이른다(14:07). 상월리 뒷산에도 슬치가 있었는데…. 등로는 4차선 포장도로를 건너 마을 뒷산으로 이어진다. 우측으로 진행하니 슬치 잿등에 이르고, 주변에 건물과 교통 신호등도 보인다. 건널목이 있

다는 암시다. 잿등에서 도로를 건너니 슬치마을에 이르고 바로 마을 회관이 나온다. 등로는 마을회관 뒤로 연결된다. 회관 앞에 서서 볼 때 1시 방향으로 올려다보면 이동통신탑이 보인다. 등로는 이 이동통신탑을 지나게 된다. 마을회관 우측으로 오르니 또 삼거리가 나오고, 우측으로 진행하니 이동통신탑이 나온다. 조금 더 오르니 삼거리가 나오고, 좌측으로 틀자마자 등로는 산길로 이어진다. 입구에 있는 쇠줄을 넘어 시멘트 길을 따라 오른다. 시멘트 길은 흙길로 바뀌고 오른쪽엔 담배나무가, 왼쪽엔 고추 묘목이 있다. 흙길도 끝나고 다시 산속으로 오른다. 우측에 파란 물탱크가 있고, 신기한 묘역이 나온다. 묘 5기가 종으로 나란히 있다. 묘지를 지나 산길로 들어서서 봉우리 정상에서 좌측으로 진행하니 산꼭대기에 밭이 있다. 밭 좌측 가장자리를 따라서 진행하다 밭 끝에서 산으로 오르니 오르막 중간쯤에 갈림길이 나온다(14:54). 이곳에서 독도에 주의해야 한다. 지형상으로는 직진일 것 같은데 등로는 우측으로 이어진다. 표지기들도 우측에 걸렸다. 바닥에 전깃줄이 늘어졌고, 갈림길에서 우측으로 내려가면 묘 3기가 나온다. 묘지를 지나니 동물 이동로에 이르고, 아래는 745번 지방도로가 지난다. 동물 이동로를 지나 임도를 따라 30분 이상 걸으니 벌목지대가 나오면서 임도가 끝나고 잡목이 우거진 세로에 들어선다. 한참 후 무명봉을 넘어(15:46) 469봉에 이른다(15:49). 우측으로 내려가서 다시 봉우리를 넘고 내려가다 '이 지역은 폭발물 처리장이니 출입을 금합니다'라는 쓰러진 경고판을 발견한다. 이곳이 장재다(16:08). 10여 분 후 똑같은 경고판이 또 나온다. 폭발물 처리장이라니 겁이 난다. 나무토막이 널린 곳을 지나니, 우측 철조망에 '접근금지' 경고판이 있고, 철조망을 따라서 왼쪽으로 오르니 봉우리 정상에 이른다. 갈미봉이다(16:34). 헬기장이 있고, 등로는 철조망을 따라서 계속 이어진다. 철조망 안 초소가 있는 곳에서 오르막이 시작되고, 오르막 끝에 무명봉에 이른다. 다시 안부에서 갈림길에 이르고, 좌측 능선으로 오르니 무명봉에 이른다. 좌측 아래에 월성리 저수지가 보이고, 내려가니 오늘의 종점인 쑥재에 이른다(16:56). 오늘 하루 분주했다. 월성리 마을에서 5시 막차를 타려면 서둘러야 한다. 산중에서 우정을 나누던 촌로 3인의 모습이 영상처럼 스친다.

⬆ 오늘 걸은 길

슬치 → 416.2봉, 신전리재, 469봉, 갈미봉 → 쑥재(7.5㎞, 5시간 38분).

⛰ 교통편

- 갈 때: 전주에서 버스로 관촌공용버스터미널까지, 다시 월성리행 버스로 환승.
- 올 때: 쑥재에서 월성리마을까지 도보로, 월성리에서 시내버스로 전주까지.

셋째 구간

쑥재에서 불재까지

오월을 계절의 여왕이라고 부른다. 이유가 있을 것이다. 산길에서
오월을 발견한다. 하루가 다르게 변하는 연녹빛 기운에서 생명의 경
이로움마저 느낀다. 그 강인한 생명력을 보노라면, 한 치의 오차도
없이 제때 찾아드는 자연의 신비를 읽노라면 미물에게도 혼이 있음
을 알게 된다. 살아 있는 것은 함부로 다뤄서는 안 되겠다는 다짐을
한다. 오월이고 싶다. 그 속에서 영원한 청춘으로 남고 싶다.

호남정맥 셋째 구간을 넘었다. 쑥재에서 불재까지다. 쑥재는 임실
군 신덕면 월성리와 관촌면을 잇는 잿등이고, 불재는 임실군 신덕리
와 덕천리를 잇는 잿등이다. 이 구간에서는 옥녀봉, 570봉, 효간치,
454봉, 경각산, 615봉 등을 넘게 된다. 짧은 거리라 당일치기가 가능
하다.

2011. 5. 28. (토), 아주 맑음

지하철 첫차도 만원이고 고속버스터미널도 부산스럽다. 살아 꿈틀
대는 것이 대한민국답다. 전주행 고속버스에 오르자마자 잠에 빠진
다. 오늘도 나름 철저히 준비했지만 염려된다. 전주에서 월성리행 버

스를 제시간에 타는 것이 급선무다. 전주터미널에는 9시 28분에 도착. 바로 월성리행 버스가 출발하는 병무청으로 이동. 그런데 난감하다. 병무청은 버스 정류장과는 상관없다는 듯이 도로에서 쭉 들어가 있다. '사거리 중 어느 정류소에서 버스를 기다려야 하나?' 이것을 신경 쓰는 이유가 있다. 이곳에서 10시 50분 버스를 놓치면 오늘 하루가 꽝이 되기 때문이다. 더구나 이 버스는 외지 임순여객버스여서 시내버스 정류소에는 안내문이 없다. 그래서 전주 사람들에게 물어도 아는 사람이 없다. 할 수 없이 버스회사에 전화를 하니 친절하게도 내 핸드폰 번호를 기억한 후 전화를 해준다. '동부시장' 앞에서 타라고. 그제야 마음이 놓인다. 버스는 11시 28분에 월성리에 도착.

월성리에서(11:28)

월성리 날씨는 전주보다 더 맑다. 지체 없이 오른다. 월성리 저수지를 거쳐 산 능선으로 올라 쑥재를 찾아가면 된다. 바로 둑이 나오고 월성리 저수지에 이른다. 그런데 이상하다. 3주 전에 본 이 저수지는 물이 찰랑찰랑 가득 찼었는데 위쪽은 벌써 바닥이 보인다. 시멘트 도로를 걷는다. 벌써부터 땀이 흐른다. 산기슭에 이르고, 갈림길에서 좌측 길을 택한다. 지난번 2구간을 마치고 내려올 때는 우측 길이었다. 그때 너무 힘들었다. 길이 없어서 가시덤불, 잡목 사이를 헤집었다. 좌측 길은 자동차가 다닐 정도로 넓다. 한번 S자형으로 굽이치더니 산봉우리 중간쯤에 이르니 넓은 묘역이 나온다(11:59). 13기가 모셔진 가족묘지다. 묘지 아래에 사각 정자가 있고, 위쪽은 숲으로 가려져 더 이상 보이지 않는다. 우측은 지난번에 지나온 호남정맥의 줄기가 굽이쳐 이어진다. 한 폭의 수채화다. 아래쪽엔 월성리 저수지가 내려다보이고, 묘지 위로 숲을 뚫고 한참 오르니 삼거리가 나온다(12:16). 우측은 지난번에 마친 쑥재에서 이어지는 길이고 좌측은 오늘 진행하게 될 3구간 출발점이다. 의외로 쉽게 3구간 시작 지점을 찾았다. 걷기 좋은 길이다. 완만한 능선인 데다 숲이 우거져 그늘까지 있다. 온전히 스스로에게 몰입할 수 있다. '순리'라는 말을 좋아한다. 어떻게 보면 주관 없이 보일 수도 있지만 수많은 실패 끝에 얻은 결론이다. 이제는 웬만한 갈등에 직면해서는 고민 없이 순리를 따르는 편이다. 내리막이 시작되고, 무명봉을 거쳐 우측 능선으로 내려가니 안부에 이른다(12:38). 이정표(직진 옥녀봉, 우측 공기 마을)와 공기마을 방향으로 계단이 있다. 안부에서 직진하니 긴 오르막이 시작되고, 낮은 봉우리를 넘는다. 바윗길을 지나 다시 봉우리에 선다. 옥녀봉갈림길이다(13:02). 세 갈래다. 이곳에서 점심을 먹고, 출발한다. 옥녀봉을 들르지 못한 것이 아쉽지만 바로 우측으로 내려간다. 등로 우측은 깎아지른 듯한 절벽. 한참 내려가니 이정표가 나온다. 직진으로는 한오봉과 왜목재를, 우측으로는 공기마을을 가리킨다. 직진으로 한참 오르다가 좌측으로 틀어서 다시 우측으로 오르니 570봉에 이른다(13:44). 정상 가운데가 움푹 패였다. 정상 아래에 있는 이정표는 경각산이 3.1㎞ 남았음을 알린다. 이정표 좌측으로 한참 내려가니 안부에 이르고, 전나무 숲길에 들어서니(13:53) 갑자기 어둑해진다. 숲길을 지나 오르막이 계속되고 무명봉에서(13:58) 우측으로 내려가니 안부사거리에서 다시 전나무 군락지가 이어진다(14:03). 오르다가 우측의 전나무 숲을 또 발견한다. 전나무숲과 아주 큰 바위를 지나니 암봉에 이른다(14:13). 주변 조망이 좋다. 앞쪽에 경각산이, 두 시 방향에는 구이 저수지가 보이고 저수지 너머로는 모악산이 우뚝 솟아 있다. 내려간다. 바윗길을 통과하니 효간치에 이른다(14:26).

효간치에서(14:26)

효간치는 우측 광덕리와 좌측 텃골을 잇는다. 작은 플래카드가 있다. '축…'이라는 글씨가 있는 것으로 봐서 마을에 무슨 경사가 있는 모양이다. 직진으로 오른다. 무성한 숲이 햇빛을 가려서 그나마 다행이다. 무명봉을 넘으니 다시 가파른 오르막이 이어지고 큰 바위가 나온다. 바윗길을 넘으니 454봉에 이른다(15:02). 지나온 길을 되돌아본다. 옥녀봉에서 이곳까지의 궤적이 그림처럼 아름답다. 바로 내려간다(15:06). 안부를 지나 오르막에 로프가 설치되었고, 작은 봉우리를 넘고 경각산 정상 직전에 있는 봉우리에서(15:26) 3~4분 더 오르니 경각산 정상이다(15:29). 헬기장 표시가 있고, 산불감시 무인카메라도 있다. 이제 불재는 1.8㎞ 남았다. 정상에서 조금 벗어나니 바위 위에 삼각점이 있다. 산불감시탑을 지나니(15:35) 짧은 암릉길이 이어지고, 로프가 설치되었다. 암릉길을 지나 봉우리에 선다. 615봉

이다(15:40). 정상에 공터가 있고, 우측으로 내려가니 기묘한 소나무가 보인다. 검은색에 잔가지들이 많다. 갈림길에서 좌측으로 내려가니 좋은 조망처가 나온다. 구이저수지가 바로 눈앞이고, 오늘의 종착지인 불재도 선명하다.

마치 항공사진을 보는 듯하다. 좌측으로 조금 가서 우측으로 내려가니 많은 소나무가 있다. 완만한 능선길로 한참 내려가니 묘지가 자주 나오고 드디어 오늘의 종착지인 불재에 이른다(16:28). 불재는 2차선 포장도로로 임실에서 전주로 들어가는 교통로다. '불재참숯' 공장에서는 숯을 굽고 나서 사우나로 이용하기도 한다. 임실 방면에 전통찻집이 있다. 도자기 공방도 보인다. 산속에 아늑하게 자리한 불재. 정맥 종주가 아니더라도 한 번쯤 와서 자연 속에 묻혀 볼 만한 곳이다.

🚶 오늘 걸은 길
쑥재 → 옥녀봉, 570봉, 효간치, 454봉, 경각산, 615봉 → 불재(8.5㎞, 4시간 12분).

⛰ 교통편
- 갈 때: 전주 동부시장에서 월성리까지는 임순여객 버스로, 월성리에서 쑥재까지는 도보로.
- 올 때: 불재에서 전주까지 임순여객 버스 이용.

넷째 구간
불재에서 운암삼거리까지

정맥 종주에서 큰 것을 배운다. 강아지나 살아 있는 수목까지도 모든 생명체는 똑같이 대우받아야 할 것이다. 심지어 무생물에도 영혼이 있지 않을까?

넷째 구간을 넘었다. 임실군 신덕면 불재에서 운암면 운암삼거리까지다. 이 구간에서는 416봉, 치마산, 작은 불재, 520봉, 364.7봉 등을 넘게 되고 물안개로 유명한 옥정호 순환도로를 걷게 된다. 출발부터 마음이 바빠 쉴 틈 없이 달려야만 했다. 오르막조차도 게으름을 피울 수 없었다. 시간 내에 마쳐야 한다는 압박감에 형식적으로 내달린 것 같다. 몸과 마음이 상한 노동이 된 것 같아 아쉽다.

2011. 6. 4. (토), 아주 맑음

9시 20분에 전주터미널에 도착. 팔달로에 있는 방송통신대학 버스 정류장에서 불재행 947번 버스에 오른다. 버스는 전주교도소를 지나 10시 40분에 불재 도착. 전통 찻집과 도자기 공방, '불재 참숯' 공장이 보인다. 들머리는 참숯 공장 우측 산으로 이어진다. 입구는 거칠게 포장된 시멘트 도로. 10여 미터 올라가니 우측에 송전탑이 있고, 그 뒤에 대형 파란 물탱크가 여러 개 있다. 물탱크에 접근하기도 전에 개들이 짖어댄다. 공장에서 보초병으로 세운 개들이다. 개들의 저지를 무시하고 파란 물탱크 우측으로 오른다. 초입에 표지기가 안 보이는 게 조금은 이상하다. 공장 쓰레기들이 여기저기에 널렸고 조금 더 오르니 사람이 지나간 흔적과 함께 오래된 통나무 계단이 나온다. 계단은 흙속에 반쯤 묻혔고, 계단에 이어 표지기가 나온다. '조은사람들' 등로 좌측에 울타리가 있고, 울타리에는 '등산객 출입 금지'라는 안내문이 있다. 이제야 초입에 표지기가 없었던 이유를 알겠다. 공장 주인이 사유지임을 이유로 표지기를 모두 수거한 것이다. 이런저런 생각 속에 낮은 봉우리에 이른다(10:59). 416봉이다. 정상에 거울, 풍향계 등이 있고, 바닥은 초록색 그물망으로 덮였다. 패러글라이딩 동호인들의 활공장이다. 이런 그물망은 한남금북정맥 종주 때 청주 것대산에서도 봤다. 구이 저수지와 그 너머 모악산이 아주 가깝게 보인다. 조금 내려가니 참숯 가마공장에서 올라오는 길과 만난다. 넓게 다듬어진 길을 따라 오르니 주변에 표지기들이 보이고, 가파른 오르막이 시작된다. 능선갈림길에서 좌측으로 오르니 등로는 좌측으로 이어지고, 묘지를 지나 무명봉에 이른다(11:34). 다시 작은 봉우리를 연속해서 넘고 안부에서 직진으로 오르니 치마산에 이른다(12:14). 정상 표지판 겸 이정표가 있다(오봉산 8.6, 작은불재 3.7). 좌측 아래는 임실군 신덕면 신덕리, 우측은 완주군이다. 우측으로 조금 내려가니 공터가 나오고 헬기장 표시가 있다. 내리막 끝 안부에서(12:31) 점심을 먹고, 출발한다. 완경사와 급경사를 반복하다가 안부에서부터 가파른 오르막이 시작된다. 갈림길에서 직진하니 무명봉에 이르고(13:20), 우측 완만한 능선길로 내려가 몇 개의 봉우리를 넘는다. 오르막 좌측의 낙엽송 지대를 지나 다시 무명봉에 이른다(13:33). 무명봉에는 나무토막들이 널려 있다. 등로는 우측으로 이어지고, 오르막은 돌길이다. 좌측에 마을이 있고 저수지도 보인다. 다시 무명봉에 이른다(13:41). 중앙에 바위가 있고, 꾸불꾸불한 마루금은 마치 살아 있는 동물의 움직임처럼 보인다. 좌측으로 내려가니 바윗길에 로프가 설치되었고, 조금 더 내려가 절개지 상단부에서 좌측으로 내려가니 작은불재에 이른다(13:58). 작은불재는 완주군 구이면과 임실군 신덕면을 잇는다. 좌측은 임실군 신흥리, 우측은 여전히 완주군이다. 이정표가 있다(오봉산 4.9, 치마산 3.7). 이곳이 작은 불재라고 확신하는 것은 최근에 세워진 이정표 때문이다. 종주객들이 사용하는 지도에는 염암도로로 표시되었지만, 관에서 설치한 이정표를 더 믿고 싶다. 도로에서 두 젊은이가 측량을 하고 있다. 뜨거운 날씨에 땀 흘리는 젊은이의 모습이 보기 좋다. 퇴근 때마다 목격하는 혜화동 거리 젊은이들의 흐트러진 모습과는 대조적이다. 도로를 건너 산길로 들어서자마자 우측으로 길 표시가 있고, 절개지 상단부로 오르는 길은 매끈하게 닳았고 로프가 설치되었다. 절개지 상단부에서 능선은 좌측으로 이어지고, 도로를 건너기 전의 능선 방향과 일치한다. 가파른 오르막에 로프가 설치되었고, 한참 올라 무명봉에서(14:38) 좌측으로 내려가 안부에서 오르막을 넘으니 520봉에 이른다(14:48). 정상에 벚나무가 있다. 우측은 완주군 구이면 계곡리, 좌측은 임실군 삼길리이다. 등로는 우측으로 이어지고 급경사 내리막에 로프가 설치되었다. 한참 내려가다가 잡목을 헤치면서 내려가니 짧은 임도에 이르고, 우측으로 내려가니 좌측 10여 미터 떨어진 곳에 가족묘지가 있다. 능선에 안장된 묘지를 지나니(15:20) 등로에 삼각점이 있고, 이어서 364.7봉에 이른다(15:24). 우측으로 내려가다가 낮은 봉우리를 오르내리다 안부에서 오르막으로 올라서니 오봉산 2봉에 이른다(15:58). 다섯 봉우리로 이루어진 오봉산은 5봉이 정상이다. 2봉에서 좌측으로 내려가니 소나무 군락지가 나오고, 조금 더 가니 안부사거리에 이른다(16:08). 안부에서 직진하니 시원스러운 조망이 펼쳐지면서 전망암에 이른다(16:15). 우측 소모마을 일대가 한 폭의 그림처럼 아름답다. 완만한 능선에 갈림길이 나오고, 우측으로 오르니 3봉에 이른다(16:24). 3봉에서 내려가니 공터가, 이어 갈림길에서 직진하니 국사봉갈림길에 이른다(16:38). 우측 급경사로 내려가니 안부삼거리에 이른다(16:41). 등로는 직진으로 가파른 오르막이 시작되고, 좌측에 옥정호수가 보인다. 완만한 능선을 걷는 중에 넓은 공터가 나오고(16:48), 전망대가 자주 나오면서 오봉산 정상인 5봉에 이른다(16:55).

오봉산 정상에서(16:55)

정상석이 있다. 옥정호수가 한 폭의 그림같이 아름답고, 옥정호 순환도로가 호수 주변을 굽이굽이 잇는다. 우측으로 조금 내려가니 갈림길이, 좌측으로 5분쯤 내려가니 또 갈림길이 나온다. 이제부터는 옥정호수를 바라보면서 우측으로 계속 내려가기만 하면 된다. 긴 내리막 군데군데에 로프가 설치되었고, 좁은 길 양쪽에 잡목이 우거

져 불편하다. 한참 내려가니 '완주 벧엘기도원' 안내판이 나오면서 포장도로에 이른다(17:10). 749번 지방도로인 옥정호 순환도로다. 순환도로를 건너 산길로 오른 후 다시 순환도로로 내려오게 되기에 그냥 도로를 따라 걷는다. 3~400m 나아가니 다시 산길로 오르라는 표지기가 나온다. 역시 같은 이유로 그냥 순환도로를 따라 계속 걷는다. 오후의 따갑던 햇살이 조금은 수그러들었다. 간간이 바람도 스친다. 종일 쉬지 않고 내달린 탓인지 다리가 뻐근하다. 지나가는 자동차를 세워 올라타고 싶은 심정이다. 좌측에 옥정호를 건너는 운암대교가 보이고, 우측에는 우뚝 솟은 묵방산이 있다. 우측 도로를 따라 5~6분 가니 삼거리가 나오고, 오늘의 최종 지점인 운암삼거리에 이른다(17:40). 도로 양쪽에 슈퍼가 있고, 그 옆에 전주행 버스 정류장이 있다. 슈퍼에서는 아줌마 네 분이 선풍기를 틀어놓고 고스톱에 열중이다. 화투를 치면서도 버스 시각은 정확하게 알려준다. 우측은 정읍시 화죽리, 좌측은 임실군 운암면 운종리다. 쉴 틈 없었던 하루였다. 이제부터가 문제다. 종주를 마치고 전주, 광주를 거쳐서 진도까지 가야만 오늘 일정이 끝난다. 광주에서 진도로 가는 막차를 탈 수 있을지가 관건이다. 버스로는 오늘 일정을 맞출 수 없을 것 같아 전주까지는 택시로 가야겠다.

🚶 오늘 걸은 길
불재 → 416봉, 치마산, 작은 불재, 520봉, 364.7봉 → 운암삼거리(12.1㎞, 7시간).

⛰ 교통편
- 갈 때: 전주 방송통신대 버스 정류장에서 947번 버스로 불재까지.
- 올 때: 운암삼거리에서 975번 버스로 전주까지.

다섯째 구간
운암삼거리에서 구절재까지

너무 빨리 변한다. 엊그제까지만 해도 잎을 틔우지 못해 민둥스럽던 수목들이 햇빛 한 줄기 샐 틈 없이 우거졌다. 자연만이 그런 것은 아니다. 중생들의 잡동사니들도 빠르게 흘러간다. 여유보다는 신속함이 우선시 된다. 많이 아쉽다.

다섯째 구간을 넘었다. 임실군 운암삼거리에서 정읍시 칠보면 시산리와 산내면 능교리를 잇는 구절재까지다. 이 구간에서는 묵방산, 성옥산, 왕자산, 소리개재 등을 넘게 된다. 이 구간은 6월에 종주하기는 적절치 않다. 잡목이 너무 우거져 길이 보이지 않고, 너무 더워서 하루 종일 걷기가 무리다. 간신히 헤쳐나갔지만 불안했다. 드디어 정읍시에 들어섰다.

2011. 6. 18. (토), 맑음

전주행 첫차를 타기 위해 핸드폰 알람을 새벽 네 시로 세팅. 지하철은 운행 전이라 시내버스를 탔는데, 빙빙 돌아가기에 도중에 택시로 갈아타 간신히 5시 30분에 출발하는 첫차에 오른다. 8시 7분에 전주터미널에 도착. 5분 거리인 방송통신대학교 버스 정류장으로 이동, 임실군 운암삼거리행 975번 버스에 오른다(08:19). 버스 기사 말만 믿고 하차한 곳은 내가 생각한 호반상회가 있는 삼거리와는 전혀 다른 운암삼거리(09:08). 주변에 강가 호화 별장들이 즐비하다. 예정에 없는 아침 구보로 호반상회로 되돌아간다. 지난번에 왔으면서도 제대로 하차 못 한 내 잘못이 크다. 치밀하지 못한 평소의 성격을 자책하면서 호반상회에 이른다(09:25). 이곳에서 오늘 산행의 들머리는 모퉁이를 돌아서 '교통사고 많은 곳'이라는 안내판이 있는 곳이다. 그런데 모퉁이를 반대 방향으로 도는 바람에 또 실수를 한다. 50분을 헤매다가 반대 방향으로 가서 겨우 찾았다. 지도만 믿고, 글자 그대로 해석하다가 또 헤맨 것이다. 규정에 얽매여 이번 원전 사고 때 적절히 대처하지 못했다는 일본 공무원들이 생각난다. 내가 딱 그 꼴이다. 호반상회에서 버스 진행 방향으로 70~80m를 가니 모퉁이가 나오고, '교통사고 잦은 곳'이라는 안내판이 있다. 이곳에서 등로는 우측 산으로 이어진다. 현 위치는 임실군 운암면 마암리. 모퉁이는 시멘트 옹벽으로 시작되고 주변에 나무가 없다(10:15). 근처에는 그저 흙으로 된 언덕이 있을 뿐, 나무가 없으니 표지기도 있을 리 없다. '아차!' 하면 놓치기 십상이다. 산에 오르기도 전에 온몸은 땀으로 범벅이다. 희망으로 출발한 오늘 일정이 엉망진창이다. 흙으로 된 언덕을 오르니 노란 물탱크가 나오고 그제야 표지기들이 보인다. 묘지가 나오고 그 뒤에는 소나무 숲이 펼쳐진다. 소나무 숲에 들어서니 살 것 같다. 소나무 숲도 잠시, 바로 나무 그늘 한 뼘 없는 뙤약볕이 시작되고, 묘지가 나오면서 본격적인 산속으로 들어선다. 소나무 숲길이다. 한동안 완만하던 오르막은 가파른 오르막으로 변한다. 바람 한 점 없다. 오르막 끝에 능선에 이르고(10:35), 바람이 뺨에 닿는다. 가슴 속까지 시원하다. 걷기 좋은 능선이 한동안 이어지다가 무명봉에서(10:40) 직진하니 또 무명봉에 이른다. 정상은 갈림길이고 전북산사랑회에서 세운 '호남정맥 만경강, 동진강 분수점'이라는 표지판이 있다. 갈림길에서 등로는 좌측 묵방산 방향으로 이어진다. 내려가자마자 벌목지대가 나오고, 또 숲속을 벗어나 뙤약볕을받으며 민둥산을 걷는다. 6월의 따가운 햇볕이 장난이 아니다. 안부를 지나니 가파른 오르막이 시작되고, 좌측 우회로도 있지만 지름길을 택한다. 잠시 후 묵방산 정위봉에 이른다(11:20). 정상에서 좌측으로 내려가다가 무명봉을 넘고, 또 다른 봉우리 정상에 선다. 묵방산갈림길이다(11:43). 묵방산은 우측에 있고, 좌측으로 진행하니 완만한 능선이 아주 길게 이어진다. 숲이 우거져 주변 조망은 불가하다. 소나무 군락지대가 나오고 한참 가다가 갑자기 많은 표지기들이나오고, 등로는 좌측 급경사 내리막으로 이어진다. 한참 내려가 대나무 숲을 지나(12:01) 오래된 폐가 우측으로 내려가니 시멘트 도로에 이른다. 이곳에서 도로를 버리고 우측 민가 마당을 지나 건물 뒤로 진행한다. 조금은 으스스하다. 야산 같은 곳을 통과하자 정자나무가 나오고 대리석으로 단장한 원형묘 2기가 나온다. 바로 시멘트도로를 건너 임도를 따라 묘지 뒤로 한참 오르니 283.5봉에 이른다(12:17).

좌측은 임실군 운암면 운종리, 우측은 정읍시 산외면 종산리다. 정상에서 내려가자마자 좌측에 사각형으로 단장한 묘지가 나오고, 물탱크도 보인다. 우측 능선으로 내려가다가 갈림길에서 우측으로 오르니 무명봉에 이르고(12:31), 7~8분 내려가니 도로가 보이면서 옥정호가 모습을 드러낸다. 소나무 숲이 시작되고 한참 내려가니 전망은 갈수록 수려해지면서 마을이 보이기 시작한다. 2차선 포장도로에 이르고(12:45), 가는정이 마을에 도착. 드디어 정읍시에 접어들었다.

가는정이 마을에서(12:45)

한쪽에 '정읍시 산외면'이라는 큰 입간판이 있다. 우측으로 조금 이동하니 삼거리가 나오고 버스 정류장도 있다. 이곳에서 등로는 위쪽 시멘트 도로로 이어진다. 입구 우측에 표지기가 걸렸고, 까맣게 익은 벚과 오디가 탐스럽게 열렸다. 염치 불고하고 한참 따먹는다. '이~ 맛!' 이빨과 손가락이 빨갛게 물들던 소싯적이 생각난다. 그 사이에 고급 승용차 여러 대가 음식점으로 올라간다. 도로 끄트머리에 있는 옥정호 산장은 딴 세상이다. 맛집을 찾은 손님으로 가득하다. 산장에서 수돗물을 틀어 맘껏 마시고 병에 가득 채운다. 이곳에서 등로는 산장 주차장 위 산속으로 이어지고, 입구에 표지기가 있다. 이곳 입구에도 뽕나무가 있고, 잡목으로 우거져 길은 보이지 않는다. 뚫고 나아가니 묘지가 나오고 우측은 벌목지대다. 등로가 뚜렷해지고, 잠시 후 갈림길에서 우측 능선으로 오르니 무명봉에 이른다(13:25). 좌측으로 내려가니 등로 우측에 가는 로프가 설치되었고, 좌측 나뭇가지 사이로 옥정호가 보인다. 우측 로프는 한동안 이어지고, 335봉에 이른다(13:42). 우측은 종산리, 좌측은 운정리다. 내려가다가 안부에서 오르니 전봇대가 쓰러져 있다. 갈림길에서 우측으로 내려가니 묘지가 나오고, 또 갈림길에서 우측 능선으로 오르니 묘지가 나오면서 급경사 내리막이 시작된다. 잠시 후 안부에서 가파른 오르막이 시작되는데 길이 보이지 않을 정도로 잡목이 무성하다. 그냥 앞만 보고 내딛는다. 무섭다. 멧돼지가 나올지 뱀이라도 밟게 될지…. 소나무 군락지대를 지나니 종산리 마을이 보이고, 무성한 잡목을 헤치고 오르니 성옥산 정상에 이른다(14:50). 잡목 때문에 주변 조망은 제로다. 내려간다. 잡목이 여전해 바닥은 아예 보이지 않는다. 잠시 후 전망이 트이면서 두월리 상두마을이 조금씩 모습을 드러낸다. 길은 뚜렷하지 않지만 아래 임도를 향해 무조건 내려간다. 산을 개간한 농장에는 신기한 작물들이 자라고, 농장 가운데를 거쳐 상두마을 진입도로에 이른다(15:15). 우측으로 조금 가니 소리개재삼거리에 이르고, 버스 정류소 안내판이 있다. 정류소 표지판 맞은편으로 오르자마자 복분자밭에 복분자 열매가 탐스럽게 익어간다. 아무도 보지 않는 들판이라 따 먹고 싶은 유혹이 크다. 참는다. 밭 사이로 진행하다가 산으로 오르니 잡목이 무성해 바닥은 아예 볼 수 없다. 잡목 숲이 끝나고 소나무 군락지가 나오면서 걷기 좋은 길이 한동안 이어지더니 사각형 묘지를 지나 소나무숲이 나온다. 안부 옆에 오래된 정자나무가 있다(15:42). 좌측 아래는 밭이고 그 아래에 민가가 있다. 좌측 아래로 내려가니 방성골 마을에 이른다. 이곳에서는 등로 잇기에 유의해야 한다. 북쪽에 우뚝 솟은 산이 왕자산인데, 바로 왕자산으로 올라가지 말고 좌측의 작은 왕자산을 먼저 올라간 후에 왕자산으로 이동해야 한다. 작은 왕자산을 오르기 위해 주민에게 물탱크 위치를 물으니 처음에는 없다고 하더니 자꾸 물으니 모르겠다고 얼버무린다. 대강 위치는 알겠는데 물탱크가 보이지 않아 난감하다. 헛수고하는 셈 치고 밭 가운데로 통과해 좌측 산으로 오르니 들어서자마자 표지기가 보인다. 제대로 왔음을 확신한다. 조금 더 오르니 물웅덩이가 나오고 더 오르니 숲속에 감춰진 물탱크가 보인다(16:14). 제대로 왔다. 주민이 물탱크를 가르쳐 주지 않은 이유를 알 것 같다. 생명과 직결되는 아주 중요한 시설이기 때문일 것이다. 물탱크를 지나자마자 표지기가 보인다. '빈손'은 처음 정맥 종주를 시작한 한북정맥에서부터 봤었고, 길이 헷갈려 고민할 때마다 나타났다. 완만한 능선이 시작되고, 산속이라 벌써 어둑해진다. 묘지를 지나서 우측으로 오르니 급경사가 시작되고, 힘들게 오르니 작은 왕자산에 이른다(16:47). 왕자산을 향해 우측 급경사로 내려가 안부삼거리에서 4~5분 내려가니 안부사거리에 이른다. 사거리에서 직진하니 아주 가파른 오르막이 시작되고, 쉬다 걷다를 반복한 끝에 왕자산에 도착(17:16).

왕자산 정상에서(17:16)

정상은 잡목이 우거져 주변 조망은 불가하다. 지체할 여유가 없어 사진만 찍고 내려간다. 한참 내려가니 앞이 보이지 않을 정도로 우거진 숲이 나온다. 숲 지대가 끝나고 갈림길에서 좌측으로 내려가니 삼거리가 나오고, 우측으로 내려가니 임도에 이른다. 임도에서 좌측으로 내려가니 사거리가 나오고, 옆에 고목이 있다. 사거리에서 직진하니 묘지가 나오고, 10여 분 오르니 397봉에 이른다. 좌측으로 한참 내려가 임도삼거리에서 우측으로 조금 가니 원형 묘가 나오고, 가로질러 내려가니 가족묘지가 나온다. 우측으로 내려가니 밭이 나오면서 임도삼거리에 이르고, 우측으로 올라 밭 우측 가장자리를 따라 오르다가 산길로 접어들자 묘지가 나오면서 가파른 오르막이 시작된다. 무명봉갈림길에서 좌측으로 내려가다가 오르니 또 무명봉에 이르고, 우측 능선으로 내려가다가 묘지에서 좌측으로 내려가니 바닥이 보이지 않을 정도로 잡목이 우거진 숲이 나온다. 잡목 숲을 지나 무명봉을 연거푸 넘고, 우측 능선으로 오르니 439봉에 이른다. 나뭇가지 사이로 정읍시 칠보면 일대가 내려다보인다. 날이 많이 저물어 서둘러 내려간다. 한참 가다가 많은 표지기가 있는 곳에서 좌측으로 90도 휘어져 내려간다. 임도에서 우측으로 내려가니 2차선 포장도로에 이르고, 좌측으로 100여 미터를 가니 오늘의 종점인 구절재에 이른다(19:03). 우측은 칠보면 시산리, 좌측은 산내면 능교리다. 도로 건너편에 정읍시 산내면 표지석이 있다. 오늘 산행이 노동이 된 것만 같아 아쉽다. 옥정호의 수려함을 제대로 감상하지 못하고 허둥댔다. 날도 너무 더웠다. 작년 금남정맥 종주 첫날 탈진상태에 이르던 때가 떠오른다. '길 위에 선다는 건 혹독한 고통과의 투쟁'이라던 어느 분의 말, 빈말이 아니다.

🚶 오늘 걸은 길

운암삼거리 → 묵방산, 가는정이 마을, 성옥산, 소리개재, 왕자산, 여우치 마을 → 구절재(18.2㎞, 9시간 38분).

⛰ 교통편

- 갈 때: 전주 방송통신대학교 버스 정류장에서 975번 버스로 운암삼거리까지.
- 올 때: 구절재에서 정읍행 버스 이용.

여섯째 구간
구절재에서 개운치까지

남아공 더반에서 진행되는 2018년 동계올림픽 개최지 유치 소식이 속속 날아든다. 총력전이다. 앞서고 있다, 유력하다, 의외의 결과가 나올 수도 있다 등 여러 소식이 들린다. 우리는 지난 두 번의 실패 경험이 있다. 그때마다 분위기가 좋았고 1차에서는 항시 1위였다. 결과는 실패였다. 그래서 결론은 뚜껑을 열어봐야 안다. 최선을 다해야 한다. 진정으로 투표권자들의 심금을 울려야 할 것이다.

여섯째 구간을 넘었다. 구절재에서 개운치까지다. 구절재는 정읍시 칠보면과 산내면 경계에 있고, 개운치는 정읍시와 순창군을 연결하는 잿등이다. 이 구간에서는 553봉, 고당산, 사적골재, 미리재 등을 넘게 된다. 가급적 7, 8월에는 종주 산행은 피했으면 한다. 무더위, 등산로를 가로막는 우거진 잡목과 거미줄, 자살 돌격대처럼 끈질기게 따라붙는 하루살이 때문에 도중에 포기할까도 했다.

2011. 7. 2. (토), 무더움

10시 15분에 정읍 시외버스터미널에 도착. 이곳에서 오늘 산행 들머리인 구절재를 가려면 우선 칠보에 들어가야 한다. 칠보에는 11시

15분에 도착. 이곳에서 구절재까지 또 버스를 타야 되지만 시간이 없어 택시를 이용한다. 택시 기사는 구면이다. 지난주 칠보에서 정읍까지 갈 때 타고 갔던 그분이다. 아는 체를 하는 사이에 벌써 구절재에 도착(11:35).

구절재 좌측에 돌로 된 두 개의 장승이, 우측에는 산내면 표지석이 있다. 들머리는 산내면 표지석이 있는 곳에서 우측 산으로 이어진다. 밭 사이를 통과해 산으로 오른다. 초입은 완만한 능선. 지난번에 내린 비로 땅은 촉촉하게 젖었다. 칡넝쿨, 산딸기, 찔레나무가 무질서하게 등로를 막는다. 오늘 산행이 쉽지 않을 것임을 예고한다. 바닥엔 나뭇잎이 깔려 걷기에는 그런대로 괜찮다. 오르는 길 군데군데가 파헤쳐졌다. 무법자 멧돼지의 소행이다. 몇 기의 묘지를 지나 10여 분 만에 송전탑에 이르고(11:50), 솔향 그윽한 숲속을 통과하니 344봉에 이른다(11:59). 급경사로 내려가 묘지를 지나 오르니 온몸은 땀으로 젖는다. 이렇게 무더워서 오늘 목적지까지 갈 수 있을지…. 잠시 후 무명봉에서(12:10) 점심을 먹는다. 바닥이 젖어서 그냥 서서 먹고, 바로 출발한다(12:22). 완만한 능선에 이어 전나무지대(12:28)를 지나자마자 미리재에 도착한다(12:29). 우측은 정읍시 칠보면 반곡리. 직진하니 좌측에 특이한 묘지가 있다. 봉분 둘레는 사각형으로 벽돌을 쌓아 올렸다. 낮은 봉우리를 넘고 소나무가 많은 무명봉에(12:38) 이어 오른 무명봉에는 묘 2기가 있는데 풀이 엄청 자라서 숲속처럼 보인다(12:46). 금년도 반이 지났다. 무성한 이 푸름도 머잖아 회색빛으로 변하고, 어느 날 찬바람에 힘없이 쓰러질 때면 금년도 저물 것이다. 10여 분 만에 다시 무명봉에 이른다(12:55). 정상 가운데가 움푹 패였다. 그동안 보지 못했던 표지기들이 보인다. '한겨레산악회'와 '자유로운 산행'. 앞으로 동행할 새 친구들이다. 내려가는 등로는 잡목이 우거지고 거미줄이 많다. 끈덕지게 달려드는 하루살이가 지겹다. 마치 자살특공대처럼 죽을 것을 뻔히 알면서도 무모하게 달려든다. 주변에 소나무가 많다. 우측의 묘 4기를 지나 송전탑 아래로 통과하니(13:04) 가파른 오르막이 시작되고, 이어서 366.6봉에 이른다(13:18). 삼각점만 확인하고 능선으로 내려가다가 낮은 봉우리 몇 개를 넘으니 428봉에 이른다. (13:48). 이곳에도 소나무가 많다. 좌측 급경사로 10여 분 내려가니 시야가 트이면서 도로와 주택이 보인다. 잠시 후 사적골재에 이른다(14:01). 좌측으로 시멘트 도로가 이어지고 마을이 있다. 우측 위에는 외딴집 한 채가 있고, 등로는 '석탄사'라는 표지판이 있는 직진으로 이어진다. 자동차도 다닐 수 있는 넓은 길이다. 가다가 등로는 산으로 이어지지만 석탄사 가는 길로 계속 오른다. 이곳으로 가더라도 정맥과 연결되고, 또 절에 들러서 식수를 보충하기 위해서다. 석탄사는 큰 절은 아니지만 자리만큼은 명당이다. 샘가로 달려갔으나 물은 없다. 스님을 통해서 시원한 정수기 물을 세 컵이나 받아 마신다. 초라한 몰골을 본 스님은 수정과와 수박까지 주면서 쉬었다 가라고 한다. 스님의 환대에 기운이 살아나는 것 같다. 사실 산행을 중단할까도 생각했지만, 생각을 바꿔 다시 길을 나선다. 석탄사 뒷길로 오르니(14:51) 예상했던 대로 표지기가 나온다. 다른 사람들도 나처럼 우회했던 모양이다. 한참 가니 안부사거리에(15:03) 많은 표지기들이 걸려 있고, 등로는 우측 완만한 능선으로 이어진다. 잠시 쉰다. 갑자기 탤런트 김여진 씨가 생각난다. 홍익대 환경미화원들의 권익투쟁에 나섰고, 한진중공업 노동자 투쟁에 격려하러 갔다가 불구속 기소까지 된 탤런트다. 당찬 여성이라는 생각이다. 그런 일이라면 응당 누구라도 나서야 하지만, 누구라도 쉽게 나설 수 없는 일이 또 그런 일이다. 더구나 대중의 인기를 먹고 사는 탤런트 입장에서는 더더욱 그럴 것이다. 걷기 좋은 길이 계속된다. 군데군데 나뭇가지가 꺾여 떨어졌다. 키 작은 산죽이 나오고(15:14), 산죽길을 20여 분 이상 가니 489.5봉 정상 직전에 이른다. 우측으로 우회하니(15:38) 갑자기 등로에 삼각점이 나타난다. 정말 무더운 날씨다. 이젠 많이 지쳤다. 땀을 닦고 한 걸음만 걸어도 바로 또 땀이 흐른다. 속도 모르고 하루살이는 여전히 귀찮게 한다. 가파른 오르막을 한참 오르니 553봉에 이른다(16:08).

553봉 정상에서(16:08)

많은 표지기를 확인하고 내려가니 대리석으로 둘레를 한 묘지가 나오고, 잠시 후 갈림길에서 한참 내려가니 아래쪽이 환해진다. 도로와 비닐하우스가 보이고, 우측 대밭을 지나 아래로 내려가니 굴재에 이른다(16:38). 현 위치는 순창군 쌍치면 오룡리다. 좌측 아래에 오룡리 마을이 있다. 이곳에서 등로는 시멘트 도로를 가로질러 임도로 이어지고, 10여 미터 가다가 등로는 좌측 산길로 이어진다. 이곳도 잡목이 우거지다. 갈림길에서 우측으로 오르다가 다시 좌측으로 진행하니 갈수록 길은 좁아진다. 한참 오르니 갈림길이 나오고, 우측 능선으로 올라 묘지가 있는 곳에서 좌측으로 내려가니 안부에 이른다. 가파른 오르막이 시작되고 등로 양쪽은 산죽으로 덮였다. 산죽 지대 끝에 고당산 정상에 이른다(17:40). 정상에 묘지, 삼각점, 표지판이 있다(굴재 1.2, 개운치 1.7). 앞쪽에 망대봉 중계탑이 뚜렷하고 그 뒤에는 내장산 주능선이 희미하게 나타난다. 산죽 길을 4~5분 내려가니 헬기장이 나오고(17:45), 좌측으로 한참 내려가니 완만한 능선이 이어진다. 잠시 후 급경사 내리막 끝에 갈림길에 이르고, 좌측으로 진행하니 아래에 도로가 보이기 시작한다. 한달음에 내달릴 수 있을 것 같다. 대나무 숲을 지나니 민가가 나오고, 바로 29번 국도에 이른다. 오늘의 최종 목적지인 개운치에 도착(18:20). 좌측은 순창군, 우측은 정읍시다. 날이 많이 저물었다. 몸은 땀으로 절었고 기운도 다 빠졌다. 훗날 후회하지 않기 위해 선택한 이 길, 나의 결정을 믿는다.

🚶 오늘 걸은 길

구절재 → 344봉, 미리재, 사적골재, 553봉, 굴재, 고당산 → 개운치(11.7km, 6시간 45분).

⛰ 교통편

- 갈 때: 정읍에서 칠보까지는 시내버스로, 구절재까지는 버스가 뜸해 택시로.
- 올 때: 개운치 버스 정류장에서 임순여객 버스로 정읍까지.

일곱째 구간
개운치에서 추령까지

지난주부터 다시 종주산행을 시작했다. 지난 7월 6번째 구간을 마친 뒤 더위를 피한답시고 일시 중단했다가 근 다섯 달 만이다. 7~8월의 무더위는 원래부터 피할 계획이었지만 9월부터 시작된 각종 경조사가 또 미룰 핑계를 만들어 주었다. 덕분에 그동안 마음속에 품고 가지 못했던 이 산 저 산을 올랐다. 일곱째 구간은 정읍시와 순창군 경계에 있는 개운치에서 추령까지다. 추령은 순창군 복흥면과 정읍시 내장동을 잇는 고개다. 주의할 곳이 있다. 송곳바위에서 내려가다가 바위가 있는 곳에서 직진하지 말고 우측으로 돌아가야 한다.

2011. 11. 19. (토), 오전 비바람, 내내 흐리다가 오후 늦게 갬

강남터미널에서 출발한 버스는 9시 29분에 정읍터미널에 도착. 정읍터미널은 이번이 네 번째. 바로 옆 임순여객으로 이동, 버스를 타고 가다가 아무래도 미심쩍어 기사님께 물었다. 개운치 가는 게 맞느냐고. 아니란다. 이 버스는 복흥으로 가니 개운치는 10시 20분에 출발하는 쌍치행 버스를 타라고 한다. 하마터면 큰일 날 뻔. 서둘러 내린 곳은 정읍 제일시장. 일명 샘고을 시장으로 규모가 크다. 이른 아침부터 파마를 하는 나이 든 아주머니의 모습이 미용실 창문으로 비친다. 저렇게 꽃단장을 하고 어디를 가시려나? 10시 25분에 제일 시장을 출발한 임순여객은 10시 48분에 개운치에 도착.

개운치에서(10:48)

버스에서 내리자마자 빗방울이 흩날리고 주위는 안개에 젖었다. 바람이 세차다. 영락없는 초겨울 날씨. 정류장 뒤로 마을에서 동떨어진 외딴집이 보인다. 개운리 마을은 이곳보다 조금 아래에 있고, 개운치에서부터 순창군이 시작된다. 정류장 옆에 내장산 안내판이, 길 건너 아래에 강천산군립공원 안내판이 있다. 들머리는 강천산군립공원 안내판 우측 산길로 이어진다. 대나무 숲 작은 틈새로 대나무에 붙은 빗물을 스틱으로 털면서 나아간다(10:58). 바짓가랑이는 금세 젖는다.

오늘 산행이 쉽지 않을 것 같다. 대나무 숲이 끝나고 야트막한 오르막이 시작된다. 빗물 머금은 낙엽 더미에 등산화가 미끄러지면서 중심이 뒤틀린다. 오르막 경사가 심해지더니 무명봉 정상에 이른다. 정상은 헬기장이다(11:19). 바닥에 하얀 색깔로 헬기장 표시가 있고, 가장자리에 군사지역임을 알리는 안내판이 있다. 바로 아래에 있는 개운리 마을과 방금 지나온 도로조차도 보이지 않는다. 안개 때문이다. 직진으로 10여 분 오르내리니 무명봉에 이른다(11:28). 내려가는 길은 활엽수 넓은 잎이 깔려 발걸음을 옮길 때마다, '사각사각'인지 '처적처적'인지 알 듯 모를 듯한 소리를 낸다. 산죽에 붙은 물기를 다 털면서 나아간다. 바짓가랑이가 젖어 걷기에 불편하고, 갈수록 안개가 짙어져 오를수록 시야는 좁아진다. 땅만 보고 걷는다. 갑자기 하얀 판때기에 검은 글씨가 적힌 안내판이 나온다. '크레모아 설치 위치'라는 경고판이다. 갑자기 두렵다. 조금 전 헬기장에 세워진 군사지역 안내판을 보고 짐작은 했지만. 경사가 심해지더니 철망으로 둘러쳐진 봉우리에 이른다. 망대봉 중계소다(11:36). 철망을 따라 좌측으로 우회한다. 가파른 경사지이고 빗물이 스며들어서 무척 미끄럽다. 사면을 간신히 빠져나오니 망대봉 중계소 정문 입구에 이른다(11:48). 군사지역임을 알 수 있는 징표들이 하나둘씩 나타난다. 접근금지 방어막이 있고 사진 촬영을 금지한다는 경고판도 있다. 등로는 아래 시멘트 도로로 이어진다. 지그재그식 도로를 따라 내려가니 헬기장에(12:06) 이어 삼거리에 이른다. 두들재다. 우측으로 시멘트 도로가 계속 이어지고, 등로는 좌측으로 10여 미터 가다가 바로 우측 산으로 이어진다. 잠시 후 작은 봉우리에 이르고, 안부에서 직진으로 올라 또 작은 봉우리를 넘고 좌측으로 진행하니 완만한 능선이 계속 이어진다. 시장기가 들지만 물기 때문에 앉을 곳이 없다. 쓰러진 소나무를 타고 앉아 점심을 먹는다. 잠시 생각에 젖는다. 지금 내 미약한 능력은 야성결핍이 큰 원인인 것 같다. 청년 시절부터

상대에 대한 이해나 배려보다는 공격력을 더 키웠어야 했다. 많이 아쉽다(12:43). 좌, 우측 아래에 희미하게 마을이 보인다. 완만한 능선도 끝나고 급경사 내리막이 시작된다(12:51). 묘 3기를 지나니 좌측 철망 울타리도 끝나고 오르막이 시작된다. 좌측에 낙엽송이 보이고(12:55) 계속 완만한 능선길이 이어진다. 소나무 숲이 나오는가 싶더니 출입 금지 안내판이 갑자기 나타나 길을 막는다. 여기서부터 내장산 국립공원이 시작된다. 미안하지만 오른다. 가파른 오르막 끝에 묘지가 연속으로 나오면서 등로는 좌측 급경사 내리막으로 이어진다. 산죽도 나오고, 한참 내려가니 바닥에 홍시가 떨어졌다. 움푹 팬 둠벙 같은 곳을 지나서 농기계가 있는 사거리인 여시목에 이른다(13:15).

여시목에서(13:15)

주변엔 감이 주렁주렁 열렸다. 밭이 있으니 멀지 않은 곳에 마을이 있을 것 같다. 감을 따 먹고 싶은 유혹을 애써 참는다. 이곳에서 등로 잇기에 유의해야 한다. 사거리지만 길이 뚜렷하지 않고 표지기도 없다. 감각으로 진행해야 한다. 내려온 지점을 중심으로 좌측은 쌍치면 방산동, 우측은 골짜기로 이어진다. 직진은 밭을 지나 산으로 이어지기에 마루금은 직진이 유력하다. 예측은 맞았다. 산으로 오르니 표지기가 나오고, 급경사 오르막 바닥엔 참나무 잎이 무질서하게 널려 있다. 한참 후 정상에서(13:33) 내려가니 전망암이 나오지만 주변 조망이 별로다. 날씨 탓이다. 우측 골짜기에서 스피커 소리가 들린다. 마을에서 무슨 경사가 있는지? 급경사 내리막이 조금은 위험하다. 빗물 머금은 낙엽이 쌓인 바윗길이다. 잠시 후 안부 사거리에서 직진으로 오르니 묘 3기가 나오면서(13:48) 좌측에 몇 가닥 철선이 이어진다. 철선을 옆에 두고 함께 걷는다. 우측 골짜기 스피커 소리는 여전하다. 산죽이 나오고, 무명봉을 몇 개 넘고 내려가니 철선은 사라지고 대신 철망 울타리가 나온다. 중간에 삼각점이 나타나기도 한다. 철망이 뭉개져 내려앉은 지점에서 철망을 통과하니 능선이 이어지고, 무명봉에서(14:10) 내려가니 안부에 이른다. 왼쪽에 터널이 보이고, 우측에 또 철망이 나타나더니 임도갈림길에 이른다. 복룡재다. 능선으로 오르니 왼쪽에 최근에 설치한 듯 깨끗한 로프가 있고, 로프에는 접근금지라는 경고판이 부착되었다. 아마도 이 아래 터널 공사를 하면서 설치한 것 같다. 가파른 오르막이 시작되고, 철망도 계속 따라온다. 바람은 갈수록 세차고 거칠다. 마치 하루빨리 가을을 떨쳐버리려는 듯. 무명봉삼거리에서(14:37) 우측으로 내려가니 우측에 철망이 있고 산죽밭이 이어진다. 안부를 지나 계속 오르니 거대한 직벽 바위가 나온다. 송곳바위다(15:10). 너무 가팔라서 좌측으로 우회한다. 잠시 후 송곳바위에서 내려오는 능선과 만나고, 이곳에도 출입 금지 안내판이 있다. 바람이 순해지고 날이 조금씩 밝아진다. 조금 내려가면 바위가 나오는데 이곳에서도 주의를 요한다. 등로는 직진이 아니고 바위에서 우측으로 내려가야 한다. 한참 내려가니 삼각점이 나오고, 안부를 지나 오르니 전망바위에 이른다. 뒤에서는 방금 지나온 송곳바위가 내려다보는 것만 같고, 우측에는 내장산 비경이 장엄한 빛을 발한다. 전망바위에서 조금 오르다가 우측 사면으로 돌아서 오르니 다시 무명봉에 이르고(15:36), 이후 몇 개의 봉우리를 더 넘으니 등로는 급경사 내리막으로 변한다. 묘지를 지나 좌측으로 내려가니 희미한 갈림길이 나오고, 우측으로 야트막한 오르막을 오르다가 바로 내려간다. 갑자기 요란한 스피커 소리가 들리고 조금 더 내려가니 오늘의 종착지인 추령에 이른다

(15:51). 도로 건너편에 대형주차장이, 그 뒤엔 철망 문이 있다. 다음 8구간은 이 철망 문을 통과하면서부터 시작된다. 도로 안쪽은 상가와 장승촌이다. 해마다 이때에 장승 축제가 열리는데 금년 축제는 내일까지라고 한다. 지금도 스피커에서는 박상철의 '황진이'가 계곡을 들썩이게 한다. 시간상으로는 좀 더 진행할 수 있지만 오늘은 이곳에서 마친다. 이젠 내장산버스터미널로 내려가 정읍행 버스를 타야 한다. 그런데 내장산버스터미널로 가는 버스는 6시 이후에 있다고 한다. 마냥 기다릴 수 없어서 마침 장승촌에서 장사를 마치고 귀가하려는 소형차에 다가가서 사정을 이야기하니 타라고 한다. 차에는 부부와 아들 두 명이 타고 있어 비좁은데도 불구하고 두말없이 수락한 가족들이 한없이 고맙다. 오늘의 스승은 이 가족들이다. 산길은 나에게 소리 없이 참 많은 것을 가르친다.

🚶 **오늘 걸은 길**

개운치 → 망대봉 중계소, 두들재, 여시목 → 추령(8.5㎞, 5시간 3분).

⛰ **교통편**

- 갈 때: 정읍에서 개운치까지는 임순여객 이용(08:10, 10:20).
- 올 때: 추령에서 내장산버스터미널까지 버스로, 터미널에서 정읍행 버스 이용.

여덟째 구간
추령에서 감상굴재까지

산행 후유증에 온종일 마음이 아프다. 가족들의 만류와 염려, 냉대는 견디기 어렵다. 이럴 때마다 마음을 다잡아 보지만 약해지지 않을 수 없다. 남쪽으로 내려갈수록 집과 멀어지는 마루금. 황금 같은 토요일을 산에 바쳐야 하는 정맥 종주에 대한 가치의 문제. 체력, 비용 등 이런 것들이 나를 심란하게 한다. 그러나 글을 쓰는 순간만큼은 스스로에게 감사한다. 쉽지 않은 결심을 했고, 주저하지 않았으며, 산속 묵언의 고통을 잘 이겨냈음에.

여덟째 구간을 넘었다. 정읍시와 순창군의 경계에 위치한 추령에서 감상굴재까지다. 감상굴재는 순창군 복흥면과 장성군 북하면을 잇는 잿등이다. 이 구간에서는 내장산의 모든 봉우리와 순창새재, 도집봉 등을 넘게 된다. 독도에 유의해야 할 곳이 두 군데 있다. 까치봉갈림길에서는 좌측 아래로 내려가야 하는 데 자칫하면 직진해 버리기 쉽고, 591봉을 거쳐 바윗길로 내려가다가 이정표가 있는 지점에서 우측 아래로 내려가야 하는데 무심코 가다가는 직진해버리기가 쉽다.

2011. 11. 26. (토), 맑음

정읍터미널에서 목적지인 추령에는 10시 25분에 도착. 도로변 '작은 라이브카페'에서 잔잔한 발라드 음악이 흐른다. 추령은 오늘이 두 번째. 장비를 챙기고 바로 들머리로 향한다. 들머리는 대형 주차장 오른쪽 끝에 있는 철문이다. 멀리서도 보인다. 열려 있다.

오름길은 완만한 능선. 6기의 묘지가 듬성듬성 있고 이내 갈림길에 이른다. 우측으로 오르니 전망암에 닿는다. 이곳에서는 조금 전 버스가 올라온 추령 도로가 마치 용틀임처럼 꾸불꾸불하게 보이고, 7구간 종주 때 내려오면서 본 송곳바위도 그 위용을 자랑한다. 전망암을 지나면서부터는 좌·우측 조망이 뚜렷해진다. 우측 내장산 상가지역과 좌측 순창군 복흥면 서마리 일대가 보인다. 잠시 후 갈림길에서 직진하니 키 작은 산죽밭이 나오고 이어서 낮은 봉우리에 이른다. 440봉이다(10:56). 중앙에 국립공원 표석이 있는데 출처를 보니 '건설부'라고 쓰였다. 내리막으로 내려서니 안부에 이르고, 오르니 사거리에 이른다. 유군치다(11:11). 안내판에는 '유군치는 북쪽 내장산지구로부터 순창군 복흥면을 거쳐 남쪽의 백양사지구로 연결되는 길목이다. 임진왜란 때 순창에 진을 치고 공격해 오는 왜군을 승병장 희목대사가 이곳에서 머무르며 유인하여 크게 물리친 사실이 있어 유군치라고 부른다'라고 적혀 있다. 직진으로 오르니 갈림길에 이르고, 우측으로 오르니 산죽 지대가 나온다. 통나무계단으로 이어지더니 다시 이정표가 나온다. 등로는 우측으로 이어지고 산죽이 나오더니 잠시 후 장군봉에 도착한다(11:46). 헬기장, 이정표, 장군봉을 설명한 안내판이 있고, 연자봉과 내장산 정상인 신선봉이 지척으로 다가선다. 바로 산죽이 있는 급경사 내리막으로 내려간다. 바위로 된 오르막이 시작되고 철계단을 넘으니(12:01) 암릉으로 이어지고, 좌·우측은 낭떠러지처럼 가파르다. 철 난간이 설치되었다. 위험하지만 주변조망은 더없이 좋다. 계룡산 능선을 걷던 때가 생각난다. 그곳도 뾰족 능선에 철 난간이 있었다. 이어서 연자봉에 이른다(12:14). 한쪽에 연자봉 안내판이 있고, 앞쪽 신선봉이 눈앞으로 다가선다. 신선봉 쪽으로 내려간다. 나무계단이 끝나고 완만한 능선이 시작된다. 낮은 봉우리를 넘고 좌측으로 내려가니 안부삼거리에 이르고(12:33), 오르니 양쪽에 키 작은 산죽이 있다. 돌길을 오르니 갈림길이 나오고, 좌측 능선으로 오르니 산불감시 초소가 나오면서 신선봉에 도착한다(12:51).

내장산 정상 신선봉에서(12:51)

넓은 공간 가장자리에는 4개의 넓적한 돌이 놓였다. 신선봉이라고 적힌 표석과 삼각점, 신선봉 안내판이 있다. 안내판에는 '내장산의 최고봉으로 경관이 수려하며 내장 9봉을 조망할 수 있다. 신선이 하늘에서 내려와 선유하였으나 봉우리가 높아 그 모습이 잘 보이지 않아 신선봉이라 불린다.'라고 적혀 있다. 내장산은 정읍시와 순창군, 그리고 전남의 장성군에 걸친 국립공원으로 서쪽에는 입암산, 남쪽에는 백암산이 있다. 기암절벽, 계곡, 폭포와 단풍으로 유명하며 월영봉, 서래봉, 불출봉, 망해봉, 연지봉, 까치봉, 신선봉, 장군봉 등의 봉우리로 이루어졌다. 이곳에서 점심을 먹고, 잠시 넓적한 돌에 앉아 높은 하늘과 티 없는 바람에 몸을 맡긴다. 나목의 호위를 받으며 700고지가 넘는 청정지역에서 식사를 하게 될 줄이야! 다시 출발한다(13:13). 내려가는 길은 음지라 물기가 서렸다. 바윗길이 나오고 산죽이 보이더니 '추락위험' 안내판이 나온다. 좌측으로 우회한다. 한참 내려가니 안부가 나오고, 우측에 철망이 있다. 내려오는 정읍 호남고 축구부 선수들을 만난다. 걷는 게 아니고 뛰어 내려온다. 젊음이 부럽다. 암릉길을 통과하니 전망암이 나오고(13:38), 우측 아래에 대가저수지가 보인다. 오르막이 시작되고 헬기장을 지나(13:42) 까치봉갈림길에 이른다. 이곳에서 실수를 하게 된다. 무심코 직진하다가 까치봉으로 가버린 것이다. 갈림길에서 좌측으로 내려가야 했다. 다시 갈림길로 되돌아와서 좌측으로 내려간다. 음지라서 미끄럽다. 조금 내려가니 산죽이 나오고, 낮은 봉우리 2개를 넘으니 안부에 이른다. 직진으로 오르니 암봉에 이르고, 내려가니 이정표가 나온다(소등근재 0.96). 안부에서 오르는 길은 바윗길. 아주 위험해서 좌측으로 우회하니 591봉에 이른다(14:46). 내려가는 길도 바윗길이다. 3~4분 내려가니 이정표가 나오고(소등근재 0.8), 직진 표시와 함께 등산로도 직진으로 나 있다. 그런데 이곳에서 주의해야 한다. 길은 직진으로 나 있지만 등로는 길 흔적이 거의 없는 우측 아래로 이어진다.

이정표 나무판에 누군가 희미하게 우측으로 내려가라는 표시를 했다. 이 지점은 국립공원 측에서 이정표를 다시 수정해야 될 것 같다. 단독 종주자에게 이정표는 밤중의 등불처럼 아주 중요한 역할을 한다. 그런데 그런 이정표가 때로는 오히려 혼란을 줄 때가 있다. 잘못된 거리 표시 때문이다. 우측 아래로 내려가는 길은 낙엽이 두텁게 쌓였고, 사람이 다닌 흔적은 없다. 미심쩍지만 표지기가 하나둘씩 나온다. 제대로 가고 있음을 확신한다. 가면 갈수록 표지기가 자주 보이고, '나사모'라는 처음 보는 표지기도 등장한다. 한참 내려가니 안부에 이르고, 안내판이 소죽엄재임을 알리며 순창새재 방향을 표시한다. 이어지는 길에는 여전히 낙엽이 수북하다. 사람이 다닌 흔적은 없지만 표지기가 있어 안심하고 오른다. 오르막에 산죽이 나오고, 잠시 후 정상에 이른다. 디근자 형태로 돌을 쌓아 놓은 곳이 두 군데 있다. 우측 아래에 저수지가 보인다. 다시 무명봉을 넘고 내려가니 순창새재에 이른다(15:32). 지체 없이 오른다. 바람 없이 고요한 날씨. 먼 곳에서 비행기 소리가 들려온다. 시간이 흐른 만큼 힘이 부치기 시작한다. 걷다가 자주 멈춰 앞쪽을 올려보게 된다. 한참 오르니 또 이정표가 나온다(상왕봉 1.4). 상왕봉까지 남은 거리를 알려주는 이정표가 몇 번 더 나오고, 큰 바위가 있는 무명봉을 넘고 낮은 봉우리 서너 개를 더 오르내린 후 급경사 오르막을 지나 상왕봉에 이른다(16:03).

상왕봉에서(16:03)

백암산 주봉인 상왕봉은 정읍시 신정동, 순창군 복흥면, 장성군 북하면 등 3면의 경계를 이룬다. 정상에는 이정표(백학봉 2.4)와 등산 안내판이 있다. 안내판에는 백양사까지 등산로가 아주 자세히 표시되었다. 이곳에서 오늘 산행의 종점인 감상굴재까지는 순창과 장성, 담양의 경계 능선을 따르게 된다. 서둘러 내려간다. 비경을 맘껏 즐기지 못하고 서둘러야 하는 순간은 고통이다. 잠시 후 이정표가 나온다(백학봉 2.3). 등로는 부드럽고 주변은 잡목으로 빽빽하다. 한참 진행하다가 도집봉 방향으로 가지 말라는 안내문이 있어 암봉 아래로 우회한다. 주변에 산죽이 있고, 전망암 비슷한 곳에 이르니 '추락 주의' 안내판과 잘생긴 소나무가 있고 멀리 무등산까지 보인다. 잠시 후 백학봉갈림길에 이른다(16:28). 갈림길은 헬기장으로 이정표(백학봉 0.8)와 탐방로 안내판이 있다. 헬기장 뒤 봉우리는 바위와 함께 소나무가 조화를 이룬다. 이곳에서도 등로 잇기에 주의가 필요하다. 탐방로 안내판이 있는 뚜렷한 길은 백학봉 방향이고, 등로는 안내판 앞에서 좌측 3시 방향으로 난 희미한 길이다. 좌측 3시 방향으로 진행하니 한동안 산죽길이 이어진다. 키 작은 산죽이 등로 양쪽으로 쫙 퍼졌고, 이어서 구암사갈림길에 이른다. 이정표(구암사 0.8)와 출입 금지안내판이 있다. 출금 안내판은 백학봉에서 곡두재까지가 출금 구간임을 알린다. 이곳에서 마루금은 이정표 표시가 되어 있지 않은 직진 방향인데, 여기서부터 곡두재까지 출입 금지 구간이라 등로가 험하다. 출입 금지 쪽으로 직진한다. 완만한 오르막으로 7~8분 진행하니 688봉에 이른다(16:50). 산죽이 우거지고, 곡두재, 감상굴재로 이어지는 능선이 시원스럽게 조망된다. 바로 내려간다. 암릉이 이어지고, 사이사이에 산죽이 있다. 암릉이 계속되다가 등로는 좌측의 급경사 내리막길로 이어진다. 이곳도 산죽이 계속된다. 조망터를 지나고 다시 암벽 아래로 진행하니 우측에 백양사가 내려다보인다. 다시 등로는 암벽에 막혀 좌측으로 우회한다. 암릉이 끝나고 흙길 등로에 이른다. 주변은 잡목으로 빽빽하고, 갈림길이 나오지만 뚜렷한 길이 없다. 아무래도 잘못 들어선 것 같다. 한참 방황하다가 능선 쪽으로 진행하니 묘지가 나온다. 묘지를 지나고 철망이 설치된 밭 가장자리를 지난다. 임도를 따라 진행하니 갈림길에 이르고, 우측으로 진행하니 주변에는 잡목과 소나무가 섞여 있다. 묘지 뒤로 진행하니 곡두재에 이른다(17:35). 곡두재는 좌측의 반월리와 우측의 약수리를 잇는 잿등이다. 좌측에는 공터와 함께 컨테이너가 있다. 이정표가 있고(정상까지 1.4) 좌·우측 길이 뚜렷하다. 날이 어두워지기 시작한다. 바로 오르니 통나무 계단이 이어지고 계단 우측엔 로프까지 설치되었다. 주변은 수목장으로 소나무 숲이다. 이어서 소나무 군락지가 나오고, 낮은 봉우리를 넘고 내려서니 안부에 이른다. 안부에는 목재의자 두 개와 이정표가 있다(정상 1.04). 주변은 소나무와 키 큰 잡목이 어우러졌다. 완만한 능선 오르막을 오른다. 사각 정자를 지나 등로는 오르내림을 반복한다. 오르막길에 다시 이정표가 나온다(정상 0.8). 나무의자도 있다. 이곳에서 등로는 우측으로 휘어져 이어진다. 442봉이 가까워진다. 한참 진행한 후 통나무 계단을 넘으니 오르막 끝에 이르고 등로는 우측으로 이어진다. 잠시 완만한 능선으로 이어지다가 드디어 442봉에 이른다(18:06). 정상에는 나무의자와 준·희 씨의 정상 표지판이 있다. 정상 주변은 키 큰 소나무 사이에 잡목이 많다. 날이 많이 저물었다. 서둘러 뛰어 내려간다. 통나무 계단과 묘지가 나온다. 등로는 묘지 아래에서 좌측 안내리본이 있는 곳으로 이어진다. 갈수록 소나무가 많다. 숲속의 어둠을 뚫고 내달린다. 묘지를 지나고 시멘트 임도를 만난다. 임도를 가로질러 산길로 진입하니 가시덩굴이 진행을 방해한다. 다시 임도를 따라 진행하니 또 묘지가 나오고 철조망이 이어진다. 철조망을 따라 진행하다가 오늘 산행의 종점인 감상굴재에 이른다(18:35). 잿등은 완전히 어둠이 깔렸고, 사방은 쥐 죽은 듯 고요하다. 최선을 다한 하루였다. 언제나 능력의 최대치를 발휘하는 삶을 살고 싶다.

🧗 오늘 걸은 길

추령 → 장군봉, 연자봉, 신선봉, 까치봉, 순창새재, 상왕봉 → 감상굴재(17.6㎞, 8시간 10분).

🏔 교통편

- 갈 때: 정읍에서 추령까지 시외버스 이용.
- 올 때: 감상굴재에서 약수리까지 도보로, 약수리에서 장성까지는 군내버스 이용.

아홉째 구간
감상굴재에서 밀재까지

　미물일지라도 그것으로부터, 미천할지라도 그분으로부터 배울 게 있다는 걸 알고 있다. 누구의 도움을 받으며 이 세상을 살고 있다는 것도 알고 있다. 그래서 세상을 향한 내 역할이 있음을, 세상은 내게 그것을 기대한다는 것을 알고 있다. 낯선 땅 시골 버스에서 길을 몰라 당황하는 나에게 수줍은 소녀처럼 다가와 조심스레 도움을 주시던 할머니의 얼굴을 기억한다. 그것도 부족해 손바닥으로 자기 가슴을 가리키며 자기를 따라 내리라시던 할머니의 자상함을 잊을 수 없다. 세상이 그렇다.

　호남정맥 아홉째 구간을 넘었다. 감상굴재에서 밀재까지다. 감상굴재는 순창군 복흥면과 장성군 북하면을 잇는 잿등이고, 밀재는 순창군 복흥면과 담양군 용면을 잇는 잿등이다. 이 구간에는 대각산, 도장봉, 생화산, 칠립재, 향목탕재 등이 있다. 이번 산행은 특별한 기억을 남겼다. 어려움을 당한 나그네를 정성을 다해 도와주시던 어느 할머니의 수줍어하시던 미소가 눈에 선하다.

2012. 1. 14. (토), 청명

영등포역에 도착하니 새벽 5시 57분. 들고나는 손님들로 북적거려 새벽인지 대낮인지 분간이 어렵다. 열차 안은 드문드문 자리가 채워졌고 하나같이 고개를 뒤로 젖힌 모습이 안쓰럽다. 나도 자리를 찾아 바로 잠 속에 빠진다. '다음 정차역은 익산'이라는 방송멘트에 잠이 깬다. 창밖을 보니 논바닥 가장자리엔 희끗희끗 눈이 쌓였다. 의외다. 열차는 김제에 다다르고 논바닥은 전체가 하얗다. 멀리 보이는 산등성이에도 눈이 쌓였다. 오늘 산행이 쉽지 않을 것임을 예고한다. 목적지인 장성역에는 10시 4분에 도착. 이곳에서 오늘 산행의 들머리인 감상굴재를 가기 위해서는 먼저 북하면 중평리까지 가야 한다. 중평리행 버스는 10시 40분에 있다. 버스 기사에게 위치를 물어볼 요량으로 앞자리에 앉으려 했지만 이미 노인들이 점령했다. 승객 대부분은 할머니들이다. 승객 반 짐 보따리 반인 버스 안은 비린내가 진동한다. 안내방송이 없어도 할머니들은 알아서들 잘 내린다. 그런데 난 답답하다. 기사님께 물었다. '감상굴재 가려면 중평리에서 내려야 되지요?' 기사 양반의 대답이 떨어지기도 전에 뒤에 앉은 할머니가 말씀하신다. 약수에서 내리라고. 그러면서 당신 가슴을 손바닥으로 가리킨다. 당신도 약수에서 내리니 따라서 내리라는 뜻이다. 중평리로 알고 있는데 약수라고 하니 의아스럽지만 할머니를 따라 내린다(11:18). 알고 보니 약수와 중평리는 이웃 동네. 버스에서 내리자마자 할머니는 감상굴재까지 가는 도로를 손짓·발짓을 다 해 일러준다. 그래도 내가 얼른 알아듣지를 못하자 앞에 있는 식당에 들어가 한 번 더 물어보라고 한다. 할머니 말씀대로 식당 쪽으로 가려는 찰나에 식당에서 나오는 중년의 아저씨와 마주쳐, 그분에게 물었더니 자기가 그쪽으로 간다면서 자기 차를 타라고 한다. 이렇게 고마울 수가! 세상이 나에게 또 한 수 가르친다. 두 분 덕분에 고민했던 감상굴재까지 예상보다 빠르게 도착(11:26). 목적지가 감상굴재라고만 했는데도 그 아저씨는 내가 종주 산행객임을 알아채고 감상굴재를 벗어나서 오늘 산행의 들머리까지 찾아가서 내려주는 것이 아닌가!

감상굴재에서(11:26)

약간의 언덕배기인 들머리는 눈이 덮여 바닥이 흙인지 시멘트인지 알 수 없다. 바로 위 나뭇가지에 걸린 노란 표지기를 발견하고서야 이곳이 들머리임을 확신한다. 좌·우측은 밭이고 아래엔 강선마을이 있다. 언제 알았는지 강선마을 개가 짖는다. 들머리에서 인증 샷을 날리고 바로 오른다. 쌀쌀하지만 날씨는 더없이 맑다. 좌측은 인삼밭, 우측에는 어린 묘목이 심어졌고 밭 가장자리에는 '감전 주의'라는 경고판과 함께 울타리가 있다. 조금 오르니 우측에 노란 물통이 있고 바로 묘지가 나온다. 묘지 뒤로 등로는 이어진다. 사람이 오른 흔적이 있다. 눈 밟은 발자국 위에 다시 눈이 내려 흔적은 희미하다. 조금 더 오르니 양쪽에 전나무 묘목이 있고 그 위 우측에 고급스럽게 단장된 묘지가 있다. 가파른 오르막을 한참 오르니 무명봉에 이른다(12:09). 정상은 눈으로 덮였고 주변 나뭇가지에 표지기가 걸려 있다. 반가운 이름이 보인다. '백동회.' 이곳에서 점심을 먹는다. 앉을 곳이 마땅찮아 그냥 서서 빵과 달걀로 때운다. 우측으로 내려가는데 눈 위 발자국이 보이지 않는다. 대신 짐승 발자국이 나타난다. 이럴 땐 짐승 발자국도 큰 힘이 된다. 짐승 발자국을 따라 오르니 대각산 정상에 이른다(12:40).

이곳도 눈으로 덮였고 주변엔 잡목과 약간의 억새가 남아 있다. 눈 속에 잠긴 검은 물체가 삐죽 드러난다. 삼각점이다. 눈과 비바람에 맞서 홀로 정상을 지키고 있다. 오늘따라 왠지 쓸쓸하게 보인다. 완만한 능선으로 내려가면서 뒤돌아보니 지나온 마루금이 뚜렷하다. 안부에서 직진하니 무명봉에 이르고(13:03), 급경사로 내려가니 안부사거리에 이른다. 우측 능선으로 내려가니 시멘트로 포장된 칠립재에 이른다(13:11). 칠립재는 장성군 북하면 중평리와 순창군 복흥면 금월리를 잇는다. 좌측에 칠립마을이, 우측에는 축사처럼 보이는 시설이 있다. 잿등을 가로질러 오르니 소나무숲에 이어 전나무단지가 나오고, 한참 내려가니 시멘트로 포장된 삼거리에 이른다. 강두고개다(13:29). 직진으로 오르니 송전탑에 이어 사거리에 이르고, 직진하니 삼거리에 이른다. 임도를 따라가다가 산길로 올라, 오거리에서 우측으로 오르는데 굉장히 많은 눈이 앞을 막는다. 이어서 키 큰 산죽 지대가 나오고 안부사거리에서 직진하여 오르다 내려가니 시멘트 도로에 이른다. 어은동고개다(14:20).

어은동고개에서(14:20)

어은동 고개는 전북과 전남의 경계 지점이다. 좌측은 어은동 마을이 있는 전북 순창군이고, 우측은 명지마을이 있는 전남 장성군이다. 이정표와 함께 수령이 300년이라는 보호수가 햇볕 잘 드는 양지에 있다. 직진으로 임도를 따라 오른다. 눈 위에 발자국이 보인다. 그런데 내려온 발자국이다. 누가 무엇 하려, 어디에서 올라 이곳으로 내려왔을까? 다시 임도삼거리에서(14:33) 좌측으로 가다가 임도를 버리고 좌측 산길로 한참 오르니 도장봉에 이른다(14:44). 정상은 눈으로 가득 찼고, 나뭇가지에 표지기가 걸려 있다. '도장봉'이라는 표지판, 이정표(밀재 5.3), '담양'이라는 알림판도 있다. 드디어 장성을 벗어나서 담양에 들어서는 순간이다. 내려가다 오르니 묘지가 나오고, 좌측으로 내려가니 낙엽송 지대가 나온다. 우측에 담양군 월산면 성암리 마을이 내려다보인다. 완만한 능선이 이어지더니 소나무가 군집한 곳을 지나 갈림길에서 좌측으로 내려가니 삼거리에 이른다(14:56). 좌측으로 내려가다가 산길로 오르니 사거리가 나오고, 직진하니 오르막이 시작되더니 전나무 지대가 이어진다. 능선에서 등로는 우측으로 이어지고, 한참 내려가다가 오르니 무명봉에 이른다(15:15). 내려가면서 좌측을 돌아보니 마을이 보이고, 그 뒤에 희미하게 저수지가 보인다. 오늘 가야 할 길을 생각해 본다. 아직 멀었다. 절로 한숨이 난다. 잠시 후 갈림길에서 좌측으로 내려가니 묘 2기가 나오고, 안부에서 직진하니(15:21) 완만한 오르막이 시작된다. 걷기 팍팍한 눈길이다. 등산화 속에서 물기가 끈적거린다. 작은 바위

가 있는 돌길을 지나 경사지를 넘어서니 큰 바위가 있는 526봉갈림
길에 이른다(15:49). 갈림길 한가운데에 묘지가 있고, 주변 나뭇가지
에 많은 표지기들이 걸려 있다. 우측 급경사 내리막으로 내려간다.
자칫하면 길이 헷갈릴 수도 있다. 눈 딱 감고 우측으로 내려가야 한
다. 잠시 후 다시 완만한 능선으로 변하고, 묘 3기를 지나 우측으로
내려가니 대나무 숲이 나온다(16:02). 좌측으로 오르니 무명봉에 이
르고(16:10), 내려가니 은행나무 단지가 나온다. 오르막에 이어 내려
가니 향목탕재에 이른다(16:17). 향목탕재는 좌측의 순창군 용지리와
우측의 장성군 성암리를 잇는다. 수령이 오래된 정자나무가 있다. 직
진으로 오르니 등로는 완만한 능선 길로 변하고, 큰 묘 2기를 지나
(16:30) 안부사거리에서 직진으로 오르니 묘 3기가 나오면서 내리막길
이 시작된다. 갈림길에서 우측 능선으로 오르니 가족 묘지처럼 보이
는 큰 묘역이 나온다(16:49). 이곳도 묘지가 참 많다. 묘역 아래를 따
라 우측으로 내려가니 안부에 이르고, 안부에서 앞산을 올려다보니
덜컥 겁이 난다. 봉우리 전체가 암봉이고 직벽이다. 당장이라도 쏟아
져 내릴 것만 같다. 도저히 오를 엄두가 나지 않는다. 지칠 대로 지쳤
는데, 저걸 어떻게 올라가나? 안부에서 완만한 오르막이 시작되다가
급경사로 변한다. 암봉 바로 아래에서 도저히 오를 수 없어 좌측으로
우회한다. 가파르고 눈이 쌓여 미끄럽기까지 하다. 하나둘을 세다
가 50걸음을 걷다가 쉬고, 다시 오름을 반복한다. 드디어 520.1봉에
이른다(17:28). 해 질 녘이어서 바람이 거칠다. '생여봉'이라는 표지판
이 보인다. 520.1봉을 생여봉이라고도 부르는 것 같다. 사방으로 시
야가 트여 필설로 다할 수 없는 절경이다. 지나온 산줄기들은 말할
것도 없고 순창군, 장성군, 담양군의 산천과 평야들이 한눈에 들어
온다. 어두워지기 시작한다. 서둘러야겠다. 땀에 전 등짝에 찬 기운

이 스며든다. 등산화 속 발가락은 여전히 물기로 찐득거린다. 더 어두워지기 전에 내려가야 할 것 같다. 이제부터 오르막은 없을 것이다. 한참 뛰다 보니 산골을 타고 굽이굽이 이어지는 도로가 보이기 시작하고, 자동차 소리까지 들린다. 드디어 종착지인 밀재에 도착한다(17:47). 다음 구간인 빛재와 추월산 방향을 알리는 이정표가 있다. 좌측은 순창군 복흥면 대방리, 우측은 담양군이다. 새벽잠을 설친 순간들이 떠오른다. 전라도의 어느 산속에 홀로 서 있다. 뭣 때문일까? 산다는 게 뭘까?

🚶 오늘 걸은 길

감상굴재 → 대각산, 도장봉, 생화산, 칠립재, 어은동고개, 향목탕재 → 밀재(11.6㎞, 6시간 21분).

⛰ 교통편

- 갈 때: 장성에서 약수리까지는 군내버스 이용, 약수리에서 감상굴재까지는 택시 이용.
- 올 때: 밀재에서 복흥면 대방리까지는 택시 이용, 대방리에서 정읍까지는 버스 이용.

열째 구간
밀재에서 천치재까지

    당신은 사계절의 어디쯤 와 있냐고 묻는다면, 머뭇거릴 수밖에. 가슴속에 여름의 뜨거움이 사라진 지는 오래다. 초가을의 따사로움도, 가을하늘의 광활함도 있다고 말할 수 없다. 그렇담, 가을의 끝자락? 이미 겨울의 문턱에 들어선 걸까? 아쉽고, 슬프지만. 현실이다.

    호남정맥 열째 구간을 넘었다. 밀재에서 천치재까지다. 밀재는 순창군과 담양군의 경계를 이루고, 천치재는 순창군 복흥면 답동리와 담양군 용면을 잇는 잿등이다. 이 구간에서는 추월산, 수리봉, 북추월산, 529봉 등을 넘게 된다. 이 구간은 암릉이 많아 겨울철에는 자제해야 될 것 같다. 기대하지 않았던 만발한 눈꽃을 보았고, 인적 없는 산 중턱에서 느닷없이 큰 개 두 마리를 만나 당황하기도 했다.

2012. 2. 25. (토), 맑았으나 산중은 가루눈이 날림

    버스에 오르자마자 잠에 빠져 정안 휴게소에서 잠깐 눈을 떴을 뿐, 정읍터미널까지 계속 잤다. 피곤했던 모양이다. 실은 요즘의 내 모습이다. 정읍터미널에는 9시 23분에 도착. 복흥까지는 또 버스를 타야 한다. 내장산터미널과 추령을 거친 임순여객은 10시 29분에 복홍에 도착. 면 소재지인 듯 초등학교, 파출소, 보건지소, 농협 건물이 보인다. 이곳에서 오늘 산행의 들머리인 밀재까지는 택시를 타야 한다. 번개같이 내달린 택시는 금세 밀재에 도착(10:43), 젊은 택시기사는 오천 원을 달라고 한다. 지난번 밀재에서 불러 탈 때는 6천 원을 냈는데…. 택시에서 내리는 순간 반대쪽에서 올라 온 승용차와 봉고차에서 열 명 남짓한 중장년들이 내린다. 나주에서 올라 온 등산객들이다. 양쪽이 탁 터진 잿등이라서 아침 날씨가 무척 차갑다. 종주 산행 중에 오늘처럼 들머리에서 사람을 만나는 것도 처음이다. 들머리는 좌측 산으로 이어지고, 초입에 큼지막한 호남정맥 안내판이 있다. 나주 등산객들로 한동안 떠들썩하더니 조용해졌다. 차분하게 준비를 하고 나도 오른다(10:58). 솔잎이 깔린 완만한 능선. 얼었던 땅이 녹기 시작하는지 물기가 보이고 주변에 잔설도 있다. 겨울이 아직 죽지 않았다는 것을 보여주기라도 하듯 바람 끝이 차다. 낮은 봉우리를 넘으니 안부에 이르고 전망암에 선다(11:11). 오르막 끝에 또 낮은 봉우리에 이르고 다시 완만한 능선이 이어지고, 분위기는 봄 같지만 잔설과 차가운 날씨는 여전히 겨울이다. 가파른 오르막이 완만한 능선으로 바뀌고 봉우리 정상에 이른다(11:52). '추월 바위봉'이라는 표지판이 나뭇가지에 걸려 있다. 오를수록 눈이 많고, 나뭇가지마다 하얀 눈꽃이 피었다. 흔들어도 떨어지지 않는 것으로 봐서 꽤 오래된 듯싶다. 바위 능선으로 내려가니 키 작은 산죽이 나오고, 암릉길에서 내려오는 등산객을 만난다. 밀재에서 인사를 나눴던 분들이다. 당당하게 오르던 좀 전의 기세는 어디 가고, 더 이상 못 오르겠다면서 내려온다. 잠시 후 추월산 정상에 이른다(12:05).

추월산 정상에서(12:05)

  정상은 작은 바위로 이뤄졌고, 월계리 방향을 알리는 이정목이 있다. 바람이 세차다. 눈꽃이 만발한 나뭇가지에 여러 개의 표지기가 걸려 있고, 가장자리에서는 나주 분들이 간식을 먹고 있다. 복분자주를 마시면서 내게 한잔을 권한다. 고향 이야기를 나누다가 내 고향이 화제가 된다. 이분들은 추월산에서 월계리로 내려가는 게 오늘 산행의 일정이라고 한다. 급경사 눈길로 내려가니 등로는 완만한 능선으로 바뀌고 잠시 후 삼거리에 이른다(12:28). 등로는 견양동 방향으로 이어지고, 추월산을 벗어나면서부터 혼자가 된다. 보이는 것은 쌓인 눈과 나무, 들리는 것은 바람 소리뿐이다. 아무도 밟지 않은 눈길을 홀로 걷는다. 내 발자국은 뒤따르는 사람에겐 소중한 흔적이 될 것이다. 삼거리에서 직진하니 묘지가 나오고(12:37), 이젠 눈가루까지 날린다. 이곳에서 점심을 먹고, 출발한다. 오르막 암릉길에 키 작은 산죽이 나오고, 암릉은 계속되고 날씨가 험해진다. 추위는 견딜만하지만 쉼 없이 불어대는 바람과 시야를 흐리는 장애물들이 문제다. 암벽 오르막이 시작되고 수리봉 정상이 눈앞으로 다가선다. 얼음길이라 조심스럽지만 피할 수 없다. 시간의 압박 속에서도 어느덧 수리봉 정상에 올라선다(13:24).

정상은 바위로 이뤄졌고 눈에 덮였다. 나뭇가지에 걸린 표지기들의 움직임이 마치 살아 있는 듯하다. 나를 보고 아는 체를 하는 것 같다. 우측 급경사로 내려가니 로프가 설치된 암릉길과 절벽이다. 방심하면 대형사고로 이어질 수도 있겠다. 신경이 곤두선다. 미리 스틱을 아래로 던져놓고 두 손으로 로프를 잡고 암벽을 탄다. 삼거리 갈림길에서(13:40) 등로는 직진인데 우측에도 표지기가 있다. 자칫 헷갈릴 수도 있겠다. 직진으로 내려가니 미끄러운 눈길이 계속되고, 한참 가다가 또 갈림길이 나온다. 이정표는 가인 연수관 방향을 알린다. 가인 연수관은 우리나라 초대 대법원장인 가인 김병로 선생을 기리는 연수원이다. 연수관 방향으로 내려가니 급경사 내리막에 눈이 많고, 계속 암릉길이 이어진다. 절벽에 이르러 또 로프를 타고 내리니 산죽이 산재한 눈길이 이어지고, 눈 속의 산죽이 빛을 발한다. 잠시 후 심적산삼거리에 이른다(14:45). 이정표는 우측으로 가라고 하는데 지형을 봐서는 꼭 직진일 것만 같다. 신중해야 될 곳이다. 통나무 계단이 눈 속에 묻혀 계단인지 알 수 없다. 통나무 계단이 끝나고 다시 암릉길이 이어지고, 어김없이 로프가 설치되었다. 암릉길이 끝나고서부터 아래쪽에 건물이 보이기 시작한다. 점차 경사가 완만해지더니 사법연수원에 이른다(15:11).

사법연수원에서(15:11)

사법연수원이 자리 잡은 곳은 깊은 산골. 뒤는 밭이다. 이정표와 호남정맥 안내도가 있다. 그런데 안내도가 잘못 그려진 것 같다. 이정표와 안내도가 서로 반대로 호남정맥을 표시하고 있다. 이정표는 우측으로 가라고 했는데 안내도에는 좌측으로 표시되었다. 한참 망설인 끝에 우측으로 갔는데 다행스럽게도 표지기가 나온다. 이정표가 맞고 안내도가 틀렸다. 이정표가 가리키는 대로 사법연수원 뒤 울타리를 따라간다. 임도처럼 넓은 흙길이다. 개집이 보인다. 연수원을 벗어나면서 밭 가장자리를 따라 오르니 임도 좌측에 정자가 있다. 바로 임도가 끝나고 산길로 오르니 낙엽이 쌓였고 양지쪽이라 걷기에 좋다. 경사도 완만하고 눈도 다 녹았다. 걷기 좋은 길을 걷다 보니 깊은 상념에 빠진다. 갑자기 종아리 뒤에 뭔가 닿는 게 느껴진다. 깜짝 놀라 뒤돌아보니 큰 개 두 마리가 따라오고 있다. 그중 한 마리가 내 종아리를 건드렸다. 검은 개와 하얀 개 둘 다 어미다. 갑자기 어디에서 나타났을까? 지금까지 나를 따라왔는데도 나는 왜 몰랐을까? 그런데 더 이상한 것은, 왜 물지도 않고 그냥 따라오기만 했을까? 저리 가라고 손짓하니 순순히 돌아선다. 정말 이상하다. 한참 오르다가 다시 뒤를 돌아보니 또 따라오고 있다. 스틱을 저으며 내려가라고 하니 또 돌아서서 내려가고, 가다가 멈추고 나를 올려다보기도 한다. 다시 스틱까지 동원하여 손짓을 크게 하니 그때서야 포기하고 아주 내려간다. '정말 이상하다. 이 산중 어디에서 나타났을까? 왜 저렇게 온순하고 사람 말을 잘 들을까?' 여러 가지를 생각하게 된다. 배낭에 있는 음식 냄새? 아니면 홀로 산행 중인 내 앞길의 위험을 예측하고 나를 보호하기 위해서일까? 따라오던 개 생각이 한동안 머릿속을 지배한다. 한참 오르니 북추월산에 이른다(15:55). 정상 공간은 눈으로 덮였고, 박건석 씨의 표지판이 있다. 산중에서는 이런 표지판처럼 고마운 것이 없다. 홀로 산길을 걸어본 사람은 알 것이다. 좌측으로 내려가 다시 봉우리를 넘으니 529봉이다(16:12). 정상은 작은 바위로 이뤄졌다. 먼 곳에서 자동차 소리가 들려오고 마을도 보인다. 직진으로 급경사 내리막을 한참 내려가니 산죽이 나오고, 안부에서 무명봉을 넘고 직진으로 내려가다가 좌측

을 바라보니 아주 넓은 농지가 보인다. 한참 내려가니 완만한 능선
으로 이어지고 니은 자로 설치된 철망이 나온다(16:31). 철망을 좌측
에 끼고 조금 내려가니 철망 안쪽에 송전탑이 있다. 조금 더 내려가
니 임도에 이르고, 가로질러 오르니 우측에 묘 10여 기가 보인다. 조
금 더 가니 임도사거리에 이른다. 좌측은 신기 마을이다. 임도를 가
로질러 한참 올라 봉우리갈림길에서(16:47) 좌측 능선 길로 내려가니
묘지가 나오고, 우측에 송전탑이 있다. 더 내려가니 좌측에 가옥 한
채가, 우측에 묘지가 보인다. 도로가 보이고, 천치재를 알리는 표지
판이 있는 곳에 이른다. 바로 아래는 3차선 포장도로가 지난다. 오
늘의 최종 목적지인 천치재다(16:55). 좌측은 순창군 복흥면, 우측은
담양군 용면이다. 도로 표지판과 천치재 표석이 있다. 도로 건너편
에 외딴집 한 채와 밭이 보인다. 바람이 갈수록 세고, 해도 산 너머
로 떨어지려 한다. 조금 전 소리 없이 나를 따르던 큰 개 두 마리가
생각난다. '왜 그리도 순하게 말을 잘 들었을까? 나에게 원한 것은
무엇이었을까?'

↟ 오늘 걸은 길

밀재 → 추월산, 수리봉, 북추월산, 529봉 → 천치재(11.6㎞, 6시간 12분).

⛰ 교통편

- 갈 때: 정읍에서 복흥까지는 군내버스, 복흥에서 밀재까지는 택시 이용.
- 올 때: 천치재에서 정읍까지 버스 이용.

열한째 구간
천치재에서 오정자재까지

4월의 심통이 예사롭지 않다. 엊그제 강원도에 폭설이 내렸고, 전국은 때아닌 강풍으로 난리다. 움튼 개나리와 목련의 화사함이 무색하다. 자연은 겨울의 끈을 그렇게도 내놓고 싶지 않을까?

호남정맥 열한째 구간을 넘었다. 천치재에서 오정자재까지다. 천치재는 순창군 복흥면 하리와 담양군 용면 용치리를 잇는 잿등이고, 오정자재는 순창군 구림면과 담양군 용면의 경계를 이룬다. 이 구간에는 532봉, 치재산, 용추봉, 515.9 등이 있고, 담양군과 순창군의 경계를 넘나들면서 걷게 된다.

2012. 3. 24. (토), 맑음. 오후 늦게 잠깐 진눈깨비

정읍 톨게이트를 통과할 때 눈에 익은 건물이 보인다. 한서병원. 정읍을 드나들면서 열 번도 넘게 본 건물이다. 버스는 정읍 문화체육센터를 지나 9시 24분에 터미널에 도착. 천치재까지는 또 버스를 타야 한다. 20여 분의 여유가 있다. 모퉁이를 돌아 복권방에 들른다. 여전하다. 숫자조합에 골몰 중인 로또 연구가들의 모습이. 군내버스가 시내를 통과하는 동안 유독 '단풍'이 들어간 상호가 많다. 버스는 샘고을시장 앞에 이른다. 주변을 유심히 살피게 된다. 오늘이 정읍을 거치는 마지막 날이어서다. 그동안 정읍은 호남정맥 베이스 캠프로서의 역할을 톡톡히 했고, 그만큼 정도 들었다. 버스는 단풍 고개를 지나 추령에 이른다. 이곳도 정이 든 곳이다. 몇 달 전 이곳 에서 귀경길 버스를 기다리다 지칠 대로 지쳤을 때 나를 태워준 고 마운 농부를 만나기도 했다. 추령마을을 통과할 무렵, 따스한 봄날 의 춘경을 발견한다. 겨우내 보이지 않던 밭작물이며, 논두렁에 쌓 인 비료 포대들이다. 승객으론 나 혼자 남게 된 버스는 복흥과 답 동, '가인 김병로 선생 생가터'를 지나 10시 45분에 천치재에 도착. 내가 내리자마자 버스는 쏜살같이 내뺀다. 순간 당황스럽다. 주변 을 촬영하려는데 카메라가 없다. 세상에…. 꿩 대신 닭이라고 핸드 폰으로 대신한다. 바람이 너무 심해 도로변 창고에 의지해 잠시 바 람을 피한다. 들머리는 밭 가장자리에 있는 가옥 뒤다. 들어서자마 자 간이 화장실이 나오고(10:50), 화장실 뒤 나무에 표지기가 걸려 있 다. 밭에는 복분자가 자란다. 밭 어귀 위 묘역 좌측을 따라 오른다. 길은 솔잎이 깔렸고 물기가 촉촉하다. 지난 밤비 때문일까? 어쨌든 봄이라는 자연의 이치에 굴복하는 자연다운 현상이다. 완만한 능선 이 끝나고 작은 봉우리를 넘는다. 우측에 창고 비슷한 시설이 있다. 바로 시멘트 임도를 따라 우측으로 100m 정도 오르다가 등로는 좌 측 산길로 이어지고, 산길에 깔린 눈을 보고 깜짝 놀란다. 눈 산행 장비를 준비하지 않아서다. 다시 조금 전 봉우리를 넘어설 때 만났 던 그 임도를 만나 오른다(11:08). 우측 길가 고목에 '입산 통제, 특용 작물 재배'라는 경고판이 부착되었고, 갑자기 바람이 멎고 산속이 포근해진다. 봄이 주는 선물이다. 대나무 숲 사이에 신우대가 섞였 다. 앞산 봉우리는 전체가 하얗다. 등로는 임도를 버리고 좌측 산길로 이어지고(11:12), 특이한 표지기가 눈에 띈다. 여수엑스포를 홍보하는 표지기다. '살아 있는 바다, 숨 쉬는 연안'이란 슬로건이 적혀 있다. 여수의 홍보 노력이 가상하다. 가파른 오르막이 이어지고, 등에 땀이 찬다. 오르막 끝에 작은 봉우리에 이르고(11:23), 직진으로 내려가는데 갑자기 지난번 종주 때 만났던 개 두 마리가 생각난다. 뭔가 나의 도움이 필요했을 것이다. '잘 있겠지…' 완만한 오르막 오르기를 반복하다가 532봉에 이른다(11:56).

532봉 정상에서(11:56)

정상에는 드문드문 억새가 있고, 그 사이는 눈으로 채워졌다. 억새와 눈, 맞는 조합인가? 헬기장 표시가 희미하고, 나뭇가지에 표지기가 걸려 있다. 바람이 강하지만 미동도 않는 것이 있다. 앞 치재산이다. 하얀 설산의 모습이 어쩐지 우울하다. 치재산을 바라보며 직진으로 내려간다. 작은 봉우리를 넘고(12:07) 임도를 가로질러 산으로 오르니 초입에 표지기가 있고, 좌측 아래에 마을이 보인다. 마을 농사의 젖줄인 저수지도 보인다. 양신저수지다. 바위가 나오더니 산죽이 화답한다. 바위틈에서는 물기가 흘러내린다. 가는 겨울의 아쉬움을 달래는 눈물이려나… 몇 개의 작은 봉우리를 넘고 뒤돌아보니 지난번에 넘었던 추월산이 아스라하다. 마치 나를 지켜보는 것처럼. 잠시 후 치재산 정상에 이른다(12:32). 정상 표지판과 작은 바위가 있고, 얕게 눈이 깔렸다. 주변은 초봄의 아늑함처럼 고요한데 늦겨울 바람 소리는 야멸차다. 뒤 추월산의 장엄함은 마치 병풍을 두른 듯 위엄이 있다. 등로는 좌측 용추사 방향으로 이어지고, 한참 내려가는데 작은 돌탑이 나온다. 귀여움이 물씬하다. 임도에서(12:49) 내려가니 거친 시멘트 포장도로가 나오고 삼거리에 이른다(12:53).

이곳 이정표는 용추사, 정광사, 답동으로 가는 방향을 알린다. 시멘트 바닥이 차갑지만 물기가 없어 다행이다.

이곳에서 점심을 먹고, 출발한다. 삼거리에서 좌측 산으로 한참 오르니 평평한 곳이 나오고(13:20) 군데군데에 하얀 넓적 벽돌이 깔렸다. 과거에 헬기장이었던 곳이다. 다시 오르니 528봉갈림길에 이르고(13:31), 좌측 아래로 내려가니 산죽이 나온다. 한참 오르니 무명봉에 이르고(13:48), 우측으로 내려가니 좌측 아래에 하얗게 이어지는 길이 보인다. 임실에서 올라오는 21번 국도다. 5~6분 오르니 용추봉 정상에 이르고(13:54), 정상은 헬기장 표시가 뚜렷하다. 표지목도 있다(오정자재 4.4). 앞으로도 4.4㎞를 더 가야 한다. 좀 전의 야멸찬 바람 소리를 잊게 해주는 절경이 펼쳐지고, 그 절경이 우울한 마음을 조금은 달래는 것 같다. 좀 전에 본 21번 국도가 더 뚜렷하고,

치재산과 추월산 주능선도 시원스럽다. 좌측에도 표지기가 있지만 등로는 우측으로 이어진다. 다시 봉우리를 넘고 우측 급경사로 내려가니 등로는 완만한 능선으로 변하고, 한참 오른 끝에 506봉에 이른다(14:12). 정상에 덜렁 소나무만 한 그루 있다. 우측 완만한 능선으로 내려가니 산죽이 나오고, 완만한 능선이 길게 이어지다가 임도에 이른다(14:22). 우측으로 10여 미터 가니 다시 산으로 이어진다. 산죽이 계속되고 성터 흔적이 보인다. 옛날에 봉수대로 신호를 날리던 곳이라고 한다. 봉수대를 지나 오르니 515.9봉에 이른다(14:43).

515.9봉에서(14:43)

정상에 박건석 씨의 표지판이 걸려 있다. 이런 분들의 정성으로 종주객들은 큰 힘을 얻는다. 나뭇등걸마다 눈이 걸려 있다. 마치 가을날 바람에 흩날린 휴지조각이 구석진 곳에 걸렸듯이. 내려가다가 오르는가 했는데 바로 암봉에 이른다(14:52). 암봉에서 바라보는 추월산과 담양호의 모습이 절경이다. 그 어떤 산수화보다도 균형 잡힌 구도를 보인다. 암릉길이 계속되고 더 내려가니 우측에 오래된 철망이 나온다. 안부에서(15:16) 오르니 무명봉에 이르고, 다시 완만한 능선길이 이어진다. 갑자기 환하게 트인 지대에 이른다. 능선 우측 10여 미터를 깨끗하게 벌목해버렸다. 방화선으로 추측된다. 방화선을 따라서 내려가니 좌측에 밤나무 단지가, 단지 철망엔 감전 주의라는 경고판이 있다. 협박이다. 단지 안에 농산물 가공시설이 있다. 더 진행하니 오르막이 시작되고 등로를 가로막는 '전기위험'이라는 경고판이 있다. 경고판을 무시하고 전기선을 넘는다. 좌측 철망 안쪽에 흑염소들이 떼 지어 있고, 오르막 꼭대기에 송전탑이 보인다. 봉우리를 넘고 내려가니 바로 송전탑에 이르고(15:42), 좌측으로 이어지는 철망을 따라 내려간다. 아래에 도로가 보이고, 밤나무 단지를 통과하니 오늘의 종착지인 오정자재에 이른다(15:51). 좌측은 순창군 구림면, 우측은 담양군 용면이다. 말라빠진 수풀 가운데에 표지석이 있고, 도로변에는 전라남도와 전라북도를 알리는 교통 표지판이 있다. 물오르기 시작한 나뭇가지들이 뚜렷하다. 봄을 만끽한 하루였다. 다음 구간 때면 저 나뭇가지 색깔도 엄청 변해 있을 거다.

🚶 오늘 걸은 길

천치재 → 532봉, 치재산, 용추봉, 515.9 → 오정자재(11.5㎞, 5시간 6분).

⛰ 교통편

- 갈 때: 정읍에서 군내버스로 천치재까지.
- 올 때: 오정자재에서 가마골 입구까지 도보로, 담양까지는 버스로 이동.

열두째 구간
오정자재에서 방축재까지

나무 등걸에 걸린 잔설을 보고서 겨울이 가고 있음을, 산수유를 보고서 봄이 왔음을 알게 된다. 지금까지는 그랬다. 올해는 아니다. 산수유를 못 봤다. 그러다가 지지난 주 찾은 남녘의 산속은 초여름의 뙤약볕을 뿌렸다. 산이 변해 있었다.

열두째 구간을 넘었다. 오정자재에서 방축재까지다. 오정자재는 담양군 용면과 순창군 구림면의 경계를 이루고, 방축재는 담양과 순창을 잇는다. 이 구간에서는 423봉, 521봉, 왕자봉, 형제봉, 금성산성 등을 넘게 된다. 담양호와 추월산이 연출하는 그림 같은 풍광을 눈앞에서 맘껏 감상할 수 있고, 호남의 3대 산성중 하나라는 담양의 금성산성을 걷게 된다.

2012. 4. 28. (토), 맑음

광주에서 출발한 버스는 동광주 톨게이트를 지나 담양에는 10시 10분에 도착. 이곳에서 오정자재까지는 또 버스를 타야 한다. 버스는 12시에 있다. 근 2시간을 할 일 없이 기다려야 한다. 새벽잠 설치며 내려왔는데…. 군내버스는 12시 30분에 가마골 입구에 이르고,

이곳에서 23분에 걸친 행군 끝에 오정자재에 도착(12:53). 근 35일 만에 보는 오정자재. 지나온 날 수에 비해 많은 게 변했다. 사뭇 달라진 건 나뭇가지다. 전체가 파랗다. 날은 봄 날씨답잖게 뜨겁다. 순창 방면으로 조금 내려가니 호남정맥 안내도가 있고, 들머리는 교통 안내판 우측 산길로 이어진다. 산길로 오르니 '밤·약초·산채 재배농장 출입 금지'라는 팻말이 나무에 걸려 있고, '감전 주의, 고전압 발생'이라는 경고판도 있다. 무시무시한 협박성 경고들이다. 왼쪽에 세 가닥 철삿줄 울타리가 있다. 가파른 오르막이 끝나고 완만한 능선이 이어진다. 등로는 솔잎으로 가득 찼고, 햇볕은 쨍쨍. 잠시 후 무명봉에서(13:21) 우측으로 내려간다. 그늘과 뙤약볕을 번갈아 받아 가며 오른다. 낮은 봉우리(423봉인 듯)에 이르니 좌측에 송전탑이 있다. 우측으로 내려가니 산죽이 나오고, 급경사 오르막을 넘어서니 521.9봉에 이른다(14:05). 삼각점이 있다. 좌측으로 내려가자마자 묘지가 나오고 사방을 둘러보니 시야가 탁 트인다. 바로 아래에 자양저수지가 있고, 가파른 내리막 암릉길이 이어진다. 안부에서 바위로 된 오르막을 로프를 잡고 오른다. 바위는 천 길 낭떠러지지만 이 길밖에 오르는 길이 없다. 암봉 정상에 발을 내딛는 순간 작은 돌탑이 눈길을 끈다(14:25). 정상 조망은 시원스럽다. 남쪽으로는 강천산으로 이어지는 마루금이, 서쪽으로는 추월산 주능선이, 북쪽으로는 지나온 521.9봉이 우뚝 솟았다. 우측으로 이어지는 등로 역시 암릉길이다. 급경사 길이 끝나고 안부사거리에서(14:36) 직진하니 오르막 끝에 갈림길에 이르고, 좌측으로 내려가다 오르니 봉우리에 이른다(15:05). 좌측으로 한참 진행하니 왕자봉으로 향하는 삼거리에 이르고(15:18), 이정표가 있다(왕자봉 200m, 형제봉삼거리 780m). 형제봉삼거리를 가리키는 우측으로 진행하니 산죽밭에 이어 '등산로 폐쇄, 통행 금지'

라는 팻말이 나오고(15:29), 우측으로 내려가니 형제봉삼거리에 이른다(15:34). 우측으로 내려가다가 좌측으로 방향을 바꿔 내려가니 산죽이 있는 안부가 나온다. 통나무 계단을 오르니 능선에 이르고 (16:18), 걷기 좋은 길이 계속되면서 나뭇가지 사이로 담양호가 보인다. 담양호 뒤에는 추월산이 우뚝 서 있다. 오르막이 계속되고 성벽이 보이기 시작한다. 두터운 성벽 사이로 오르니 금성산성 북문 터에 도착한다(16:32). 북문에는 곳곳에 성터 흔적이 남았고, 이정표가 있다(동문 1.6). 금성산성은 장성의 입암산성, 무주의 적상산성과 함께 호남의 3대 산성중의 하나다.

담양군 용면 도림리와 금성군 금성리에 걸쳐 있고 순창군과 경계를 이루는 돌성이다. 임진왜란은 물론 정유재란, 병자호란, 정묘호란 등 난리 때마다 요새로서의 기능을 착실히 수행했다고 한다. 바로 동문을 향해 출발한다. 잠시 길을 잘못 들어 몇 분을 헤맨 끝에 봉우리 정상에 이른다(16:50). 정상에서 끝없이 이어지는 산성이 마치 누에의 축 늘어진 그 모습과 비슷하다. 조금 내려가니 산성 바닥에 설치된 삼각점이 보인다(16:56). 계속 산성을 따라 내려간다. 능선 전체가 성으로 축조되었다. 한참 내려가니 이정표가 나오고(운대봉 0.3, 동문 0.3), 더 내려가니 또 이정표가 나오면서 동문에 이른다(17:12). 동문에도 이정표가 있다(남문 1.5, 시루봉 0.5). 이제는 결정해야 할 순간이다. 더 가느냐, 이곳에서 마칠 것인지를. 더 갈 수 있는 시간은 되지만 귀경길 교통편을 장담할 수 없어 이곳에서 중단하기로 한다. 산성을 버리고 우측 담양 쪽으로 내려간다. 지도를 보니 좌측은 순창군 팔덕면이고, 우측이 담양군 금성면이다. 경사진 내리막으로 한참 내려가니 내성동문을 거쳐(17:20) 암자가 나오고(17:26), 조금 더 내려가니 남문이 나온다. 마지막 남은 힘을 다해 내달린다. 담양리조트에 도착하니 6시. 리조트 맞은편에 버스 승강장이 있다. 한참을 기다려도 버스는 소식이 없다. 자신에게 묻게 된다. 왜 내가 지금 이곳에 서 있는지? 따스한 봄날을 왜 산속에서 홀로 보내야만 했는지?

금성산성 동문터에서 방축재까지(2017. 4. 1, 맑음)

(2012년 4월 28일 호남정맥 12구간을 종주하다가 금성산성 동문터에서 중단. 그때 끝내지 못한 금성산성 동문터에서 방축재까지의 기록임.)

광주종합터미널에서 출발한 버스는 담양터미널을 거쳐, 10여 분만에 금성에 도착. 이곳에서 금성산성 주차장까지는 택시를 타야 한다. 택시 기사 하는 말, "옛날에 이곳에서 금성산성 주차장까지는 등짐을 지고 걸어 다녔는데…" 금성산성 주차장에는 11:54분에 도착. 바로 산성을 오르는 초입으로 이동. 입산 통제판과 몇 개의 표지기가 보이고, 오르자마자 우측에 거대한 대숲이 나온다. 담양의 특산물이자 상징이다. 대나무 굵기가 어마어마하다. 하산하는 등산객을 자주 만난다. 20여 분 만에 보국문에(12:23), 다시 5분 만에 충용문에 이른다(12:28). 충용문 안에는 금성산성 안내도와 산성의 연혁을 알리는 안내판이 있다. 작은 돌탑이 나오고 약수터를 알리는 표지판도 보인다. 지난 2012년 동문터까지 종주를 마치고 이곳으로 하산하던 기억이 떠오른다. '내성'이라고 표시된 안내판을 지나니 곧 동문을 알리는 표지판이 나오고, 잠시 후 동문터에 이른다(12:48). 오늘 종주를 시작하게 될 초입이다. 2012년 종주하던 그때 모습 그대로다. 표지판도, 이정표도 그렇고 그 뒤 석벽도 그대로다. 담양산악회에서 세운 이정표는 북쪽으로 북문과 운대봉을, 아래로는 남문과 광덕산을 가리킨다. 약 5년 만에 다시 찾은 동문터. 오늘은 시루봉, 하성고개, 470봉, 광덕산, 262.9봉, 332봉, 덕진봉 등을 넘게 될 것이다. 예보와는 달리 날씨는 청명하다. 바로 출발한다. 성벽을 따라 걷는다. 돌이 있는 좁은 길. 성벽 주위에 키 작은 산죽이 있고, 생강나무도 보인다. 바로 시루봉갈림길에 이르고(12:56), 광덕산 방향을 알리는 이정표가 있다. 등로는 좌측 아래로 이어지고, 광덕산을 향해 내려간다. 갈림길에서 로프가 있는 가파른 좌측 내리막으로 내려서니 돌길에 이어 솔숲 내리막길이 시작된다. 산죽이 나오고, 잠시 후 전망암에 이른다. 우측 아래에 금성리 너른 들판이 보인다. 가파른 철계단을 내려서니 다시 솔숲길이 이어지고, 계속해서 솔숲과 암릉이 반복된다. 잠시 후 이정표와 공터가 있는 적우재에 도착한다(13:31). 그늘 집이 설치된 쉼터가 있고 목재의자도 여럿 보인다. 바로 앞에는 우뚝 선 광덕산이 자리 잡고 있다. 이곳에서 잠시 쉬면서 점심을 먹고, 출발한다(13:42). 데크 계단이 이어진다. 가파른 오르막길. 암릉이 나오더니 가파른 오르막에 철계단이 설치되었다. 철계단 끝에 데크 계단이 나오고, 다시 철계단이 이어진다. 아주 가파르다. 철계단이 끝나자 암릉이 이어지고 로프가 나온다. 로프를 타고 넘어서니 광덕산 정상에 이른다(13:59). 순창군에서 세운 정상석과 강천산 군립공원 안내도가 있다. 사방으로 조망이 시원스럽다. 이곳에서는 약간의 주의가 필요하다. 등로는 이정표가 가리키는 방향이 아니고, 정상에서 올라오던 길로 내려가서 첫 번째 철계단을 만나는 지점에서 좌측으로 이어진다. 좌측에 희미한 길이 보이고 '하늘사랑 성대경' 님의 표지기가 걸려 있다. 길은 희미하고 가파른 내리막길이다. 돌이 많은 비탈길을 10여 분 내려가니 임도에 이르고(14:27), 임도를 건너 산길로 내려서자마자 다시 임도를 만난다(14:29). 임도를 따라 50m 정도 가다가 등로는 좌측 산길로 이어진다. 솔숲길이다. 잠시 후 갈림길에서 우측으로 진행하니 세 번째 임도에 이른다(14:37). 임도에 3개의 큰 바위를 층층으로 쌓은 탑이 있다. 이곳에서 임도를 건너 산길로 들어서니 삼각점이 있는 262.9봉에 이른다(14:40). 좌측 아래는 마을이, 우측 아래에는 저수지가 보인다(지도상으로는 문암제). 내려간다. 밤나무와 가시넝쿨이 나오고, 갈림길에서 우측으로 진행하니 솔숲이 이어진다. 봄은 봄이다. 잡목에서 움트는 싹들이 보인다. 쓰러진 소나무들이 자주 나오고, 잠시 후 좌우 길이 뚜렷한 안부사거리에서 직진으로 올라 묘지를 지나 50m 정도 진행하니 가족묘지가 나온다. 묘지 아래로 통과하여 안부사거리에서 직진으로 오르니 가파른 오르막길 좌측에 바위가 있고 한참 오르니 358봉에 이른다(15:08). 내려간다. 급경사 내리막이 끝나고 한동안 걷기 좋은 솔숲길이 이어진다. 갈림길에서 좌측으로 오르니 무명봉에 이르고(15:21), 내려가다가 안부에서 솔숲길을 지나 뫼봉(332

봉)에 이른다(15:27). 내려간다. 잠시 후 좌우 길이 뚜렷한 안부사거리에서 직진으로 오르니 오르막 끝에 덕진봉 정상에 이른다(15:49). 정상 표지판과 원형 돌탑이 있고, 공터에 소나무가 있다. 한참 내려가니 임도에 이른다. 아래쪽에 방축리 마을이 보이고, 임도는 시멘트 포장도로로 바뀌고 대나무 숲을 통과한다. 이어서 마을 안길을 통과하니 지방도에 이른다. 오늘의 최종 목적지인 방축재다(16:09). 금과합동정류소가 있고, 비교적 차량이 많다. 이로써 그동안 마음의 짐으로 남았던 호남정맥 12구간을 완전하게 마치게 된다. 아직도 태양은 중천에 있다. 때론 멈출지언정 결코 포기하지 않을 것이다. 끝까지 갈 것이다.

🧗 오늘 걸은 길

오정자재 → 423봉, 521봉, 왕자봉, 형제봉, 금성산성 → 방축재(17.4㎞, 7시간 40분).

🏔 교통편

- 갈 때: 담양읍에서 가마골 입구까지는 군내 버스로, 오정자재까지는 도보로 이동.
- 올 때: 방축재에서 담양이나 광주로 들어가는 버스 이용.

열셋째 구간
방축재에서 과치재까지

　두 눈으로 목격한 대한민국다운 명장면 셋. 장면 1. 가파른 에스컬레이터를 타고 내려오면서 빵과 우유로 아침을 때우며 출근하는 노인의 모습. 장면 2. 한 손으론 그것을 잡고 다른 한 손으론 칫솔질을 하면서, 정확하게 목표지점에 쉬~하는 일당백 대한민국의 직장인. 장면 3. 늦은 밤 지하철에서 이어폰을 낀 채로 잠이 든, 밤과 낮이 고달픈 취준생의 애처로운 모습. 산다는 게?

　열셋째 구간을 넘었다. 방축재에서 과치재까지다. 방축재는 담양군 금성면과 순창군 금과면의 경계에 있는 잿등이고, 과치재는 담양군 무정면과 곡성군 오산면의 경계를 이루는 잿등이다. 이 구간에서는 봉황산, 서암산, 325봉, 쾌일산, 무이산, 이목고개, 민치 등을 넘게 된다. 88 고속도로를 무단 횡단해야 하기에 주의가 필요하다.

2012. 5. 5. (토), 맑음

　다른 때보다 빠른 9시 10분에 광주에 도착. 서둘러 금과행 버스에 오른다. 버스가 출발하자 버스 안은 난장으로 바뀐다. 여중생 패거리들의 깔깔대며 자지러지는 소리, 딸에게 장시간 훈계하는 엄마의 일장 연설, 거기다가 알아들을 수도 없는 외국인의 큰 소리들이 합쳐져 버스 안은 난리법석이다. 버스는 담양터미널을 경유하여(10:10) 목적지인 금과합동정류소에는 10시 25분에 도착. 금과는 순창군 금과면에 속한 마을로 담양군과 경계에 있다. 말이 합동정류소이지 그냥 전북슈퍼라는 이름을 가진 구멍가게에서 버스표를 취급하는 정도다. 좁은 도로치곤 비교적 차량이 많다. 이곳에서 오늘 산행의 들머리는 버스가 지나온 담양 방향으로 10여 분을 되돌아가서 방축재에서 시작된다. '금과동산'이라는 안내판 맞은편 도로변에 큰 바위처럼 거대한 철쭉 덩어리가 붉은 꽃을 피워내며 시선을 끈다. 이곳이 들머리인 방축재다(10:40).

철쭉 덩어리 좌측 시멘트 포장도로를 따라 진행하니 큼지막한 호남정맥 안내도가 나오고, 오르는 길 주변에 뽕나무가 드문드문 보인다. 그 뒤에는 가옥과 밭이 있다. 전형적인 농촌 샛길. 도로변에 낮익은 표지기가 보인다. '광주 문규현' 고개 삼거리에서 좌측으로 가니 비포장 임도가 시작되고, 임도삼거리에서 좌측으로 오르니 우측에 컨테이너가 있다. 이어서 낡은 철조망이 나오고 고개 정상에 이른다(10:50). 이곳에서부터 본격적인 산행이 시작된다. 조금 지나니 갈림길이 나오고 우측 원형묘지에서는 노부부가 묘지를 손질하고 있다. 갑자기 돌아가신 부모님 생각이 난다. 원형 묘를 지나 조금 더 내려가니 좌측에 대나무 숲이 있고, 자동차 소리가 요란하더니 수십 대의 자동차들이 쌩쌩 달리는 88고속도로에 이른다(10:56). 이곳에서는 주의가 필요하다. 고속도로를 무단 횡단해야 하기 때문이다. 자동차가 뜸한 틈을 이용해 재빨리 건너 광주 방향으로 갓길을 따라 쭈욱 간다. 10여 분 후 도로 맞은편에 '안개 잦은 지역 운행 주의'라는 안내판이 보인다. 더 진행하니 절개지가 나오고, 대나무 숲을 지나면 절개지를 따라 조성한 배수로가 보인다. 배수로가 끝나는 지점에서 산길로 접어들면 표지기가 나오고 절개지 상단부에서(11:48) 등로는 좌측 능선으로 이어진다. 조금은 엉성한 능선이다. 소나무 군락 속 사이사이에 잡목이 무질서하게 퍼졌다. 조경수를 지나 임도 우측으로 진행하여 갈림길에서 좌측으로 내려가니 다시 임도삼거리에 이르고(11:56), 우측으로 20m 정도 가다가 좌측 산길로 오르니 묘 2기가 나오면서 시멘트 길로 연결된다. 시멘트 길에서 우측으로 진행하니 흙길이 시작되고 고갯마루에서 대나무숲 우측을 따라 내려가니 원형묘 2기가 나오고, 좌측은 대나무 숲이다. 더 내려가서 사거리인 이목고개에서(12:08) 직진하니 산으로 이어지고, 주변엔 굵은 대나무가 듬성듬성 있다. 산속에 대나무가 잡목과 공생한다. 길 바닥에 작은 솔방울들이 많이 깔렸고, 한참 오르니 능선에 이른다(12:14). 이곳에서 점심식사를 한다. 인적 없는 산속, 홀로, 빵. 표현하기 어려운 허전함이 엄습한다. 이런 식사가 한두 번이 아닌데도. 식사를 하면서도 자꾸 앞뒤로 눈이 간다. 마치 누군가 다가올 것만 같다. 출발한다(12:33). 완만한 오르막 끝에 갈림길. 이상한 것이 눈에 띈다. 색동 버선 한 켤레가 나무 밑에 놓였다. 순간 나도 모르게 나무 위를 쳐다본다. 혹시 누군가 버선을 벗고 나무에⋯. 두려운 마음에 빠른 걸음으로 갈림길을 벗어난다. 한참 오르니 봉황산 정상이다(12:45).

봉황산 정상에서(12:45)

정상에서 5~6분 내려가니 묘 5기가 나오고, 우측으로 내려가니 안부사거리에 이른다. 직진 오르막길에 작은 솔방울들이 많다. 무명봉에서 임도 우측으로 내려가니 대나무 숲이 나오고 숲속에 5기의 묘지가 있다. 잠시 후 갈림길에서 직진으로 내려가니 2차선 포장도로인 일목고개에 이른다(13:12). 담양군과 순창군을 알리는 도로 안내판이 있고, 등로는 도로 건너 시멘트 도로로 이어진다. 시멘트 도로 양쪽에 여러 기의 묘지가 있고, 갈림길에서 넓은 임도가 시작된다. 임도 양쪽은 개간지처럼 보이고, 길은 뚜렷하지 않다. 순간 길을 잃지만 앞에 보이는 높은 봉우리가 서암산이라는 것이 확실하기에 큰 염려는 없다. 무조건 앞만 보고 지름길로 향한다. 내리막이 시작되고 움푹 들어간 지대에 마을이 나온다. 봉황리 마을이다. 입구에서 도로변 철쭉을 전지하는 부락민을 만나, 자초지종을 말한 후 등로를 물었다. 일사천리로 알려 준다. 마을 위 '송지농원'을 가리키면서 그쪽으로 가면 산을 오르는 길이 있다고 한다. 많은 종주객들이 나처럼 물었을 것이다. 그리고 그때마다 이렇게 답변해야 했을 것이다. 고맙고, 미안하다. 마을 위로 오르니 '송지농원' 표석이 나오고

(13:34), 집 앞 수도꼭지에서 물병을 가득 채우니 든든해진다. 송지농원에서 오르는 길은 시멘트 길. 길 양쪽에 과수들이 자란다. 한참 오르니 복숭아밭이 나오고, 계속 오르니 산 진입로에 이른다(13:43). 진입로에 '서암산 정상(1500m)'이라는 안내판이 있다. 초입은 전나무 비슷한 무거운 색깔의 나무가 빽빽하다. 초입부터 가파른 오르막이 시작된다. 가다 쉬다를 반복하니 가파른 오르막이 끝나고, 정상에 이른다. 산불감시 초소가 있다. 등로는 우측으로 이어지고, 잠시 후 안부에서 아주 가파른 오르막이 시작된다. 로프가 끝나고 서암산 정상에 도착한다(14:29). 뻥 뚫려 시야가 막힘이 없고, 뺨에 닿는 바람 덕분에 몸까지 시원해진다. 직진으로 한참 내려가니 집채만 한 큰 바위가 나오고 통나무 계단으로 이어진다. 조금 더 내려가니 좌측에 청색 지붕이 보이고(14:44), 또 통나무 계단이 시작된다. 통나무 계단에서 10m 정도 지나니 등로는 우측 세로로 이어진다. 이곳에서 주의가 필요하다. 눈여겨 보지 않으면 세로를 찾지 못하고 큰길로 내려가게 된다. 10여 분이 지난 후 무명봉을 넘어서니 시멘트 길로 된 서홍고개에 이른다(14:53). 등로는 도로를 가로질러 시멘트 길로 이어지고, 조금 오르니 우측에 이장한 지 얼마 되지 않은 묘지를 파헤친 흔적이 있다. 조금 더 오르니 벌목지대가 나오고 나무들이 야적되었다. 능선 좌측은 완전히 벌목되어 훤하고, 완만한 능선이 길게 이어진다. 반가운 표지기가 나온다. '똥 벼락'. 잠시 후 큰 바위가 있는 안부사거리에 이른다. 민치다(15:29). 직진으로 조금 오르니 좌측에 송전탑이 보이고 넓은 임도가 시작된다. 임도 좌측은 벌목되어 뻥 뚫렸다. 긴 임도가 끝나고 세로가 시작된다. 한참 오르는데 위에서 인기척이 난다. 그렇잖아도 귀경길 교통편이 염려되던 참인데…. 40대 중반의 약초꾼이다. 어깨에는 걸망을 매고 한 손에는 낫을 들

고 있다. 순간 두려웠지만 내가 먼저 말을 걸었다. "이곳에서 광주나 담양읍으로 들어가는 버스를 타려면 어디쯤에서 좌, 우 어느 쪽으로 내려가야 하느냐?"고. 술 냄새를 풍기면서 청산유수로 내갈긴다. 자기는 순창농고를 나왔고 이 근방 지리는 잘 안다면서, 조금 더 가서 임도 좌측으로 내려가서 설옥리에서 옥과행 버스를 타고, 옥과에서 광주로 들어가는 버스를 타라고 한다. 낮 때문에 두렵기도 했지만 단비를 만난 기분이다. 세로를 따라 올라 325봉에서(15:58) 좌측으로 내려가다 59번 송전탑을 지나 안부사거리에서 직진으로 오르니 큰 바위가 나온다. 바위 사이를 통과하니 설산갈림길에 이른다 (16:21).

설산갈림길에서(16:21)

좌측은 설산으로, 등로는 우측으로 이어진다. 이곳은 특별한 의미가 있는 지점이다. 이제부터 전라북도 순창 땅을 완전히 벗어나 전남지역을 걷게 된다. 좌측은 곡성군이고 우측은 담양이다. 우측으로 3~4분 내려가니 임도사거리에 이른다(16:24). 이곳이 조금 전 약초꾼이 말한 바로 그 지점이다. 이곳에서 등로는 직진으로 이어지고 괘일산으로 오르게 된다. 좌측은 곡성군 옥과면 설옥리로 향하는 길이다. 넓은 쉼터에 나무 벤치가 있고, 주변에 소나무가 많다. 바로 괘일산 방향으로 오른다. 완만한 오르막이 이어지고 잠시 후 목재 계단이 이어진다. 로프가 설치되었다(16:33). 오르면서도 좌측을 돌아보면 설산이, 앞쪽에는 괘일산의 신기한 암봉이 보인다. 등로는 비교적 잘 정비되었다. 등로 양쪽에 각각 나무 벤치가 있고(16:38), 계속해서 소나무가 많다. 암릉에 이르기 전에 이정표가 나오고(성림수련원 1.6) 멀리 좌측 아래에 곡성군 오산면 일대가 아스라하다. 드디어 괘일산 정상이다(17:01). 정상 표지판이 나뭇가지에 걸렸다. 괘일산은 3개 면의 경계를 이룬다. 담양군 무정면, 곡성군 옥과면, 오산면이다. 서둘러 성림수련원 쪽으로 내려가니 암봉과 암릉이 연속되고, 10여 분 내려가니 암릉 끝에 이른다. 등로 양쪽에 나무벤치가 있고(17:08), 이곳 역시 소나무가 많다. 잠시 후 갈림길에서 암릉길로 내려가서 안부갈림길에서 우측으로 진행하니 무이산이 모습을 드러낸다. 주변엔 소나무가 많다. 안부를 가로질러 오르니 무이산에 이른다(17:38). 소나무에 정상 표지판이 걸려 있다. 내려가다가 임도를 가로질러 오르니 가시덤불이 나오고, 묘지를 지나 낮은 봉우리를 연거푸 넘는다. 잠시 후 봉래산 아래에 있는 갈림길에 이른다(18:06). 직진과 우측에 안내리본이 있다. 우측에 더 많은 안내리본이 있어 우측으로 진행한다. 가시덤불이 많아 걷기에 불편하다. 칡넝쿨도 많다. 주유소가 보이더니 오늘의 종착지인 과치재에 이른다(18:21). 이정표와(괘일산 정상 4.2) 신촌 하나로 주유소가 있고, 이곳에서 다음 구간은 주유소 옆 '별장가든' 안내판을 따라 우측으로 이어진다. 세상사가 일시에 멎은 듯, 산골엔 적막뿐이다. 왠지 모를 아쉬움을 안고 '신촌' 버스 종점으로 향한다.

🚶 오늘 걸은 길

방축재 → 봉황산, 일목고개, 서암산, 민치, 325봉, 괘일산, 무이산 → 과치재(15.0㎞, 7시간 41분).

⛰ 교통편

- 갈 때: 광주 광천터미널에서 동광고속버스로 방축재까지.
- 올 때: 과치재에서 신촌까지는 도보로, 신촌에서 담양까지는 군내버스로 이동.

열넷째 구간
과치재에서 노가리재까지

먼저 ○○고속의 부도덕함을 고발하면서 이 글을 시작한다. ○○고속은 2012년 5월 19일 광주 광천터미널에서 아침 5시 50분에 출발하는 담양행 첫 버스를 아무런 예고 없이 운행하지 않았다. 버스표는 태연히 판매하고서다. 이를 항의하는 승객들을 대신해서 매표소 직원이 소속사에 확인 전화를 했으나 전화조차 받지 않았다. 시골도 아닌 문화도시의 상징인 광주에서 이런 날강도 같은 만행이 자행된 것이다. 도저히 있을 수 없는, 천박한 기업의 무지함 그 자체다. 한창 문화도시로 발돋움 중인 광주의 수치이기도 하다. 누가 아는가? 그날 5시 50분 버스에 생사가 걸렸는지. 나만 해도 그렇다. 5시 50분 버스를 타기 위해 서울에서 심야버스를 탔고, 광주에서 5시 50분 버스를 타야만 다음 일정이 계획대로 이뤄진다. 이런 나의 사정은 빙산의 일각일 것이다. '불의를 보고도 나 몰라라 하는 것은 방조 내지는 동조'라는 것이 평소의 생각이다. 이 글을 통해서 이런 부도덕한 행태가 근절되기를 바라며, 그날 당한 승객들의 분노를 대신해서 이 글을 올린다.

열넷째 구간은 과치재에서 노가리재까지다. 과치재는 담양군 무정면과 곡성군 오산면의 경계를 이루고, 노가리재는 담양군 창평면 오강리와 외동리를 잇는다. 이 구간에서는 연산, 만덕산, 수양산, 국수봉, 468.3봉, 424봉, 방아재, 선돌고개 등을 넘게 되고, 호남정맥 중간 지점을 밟게 된다.

2012. 5. 18~19. (금~토), 아주 맑음

구간 거리가 길어 이른 아침부터 시작하기 위해 금요일 저녁 심야버스에 오른다. 잠에서 깨어보니 광주 광천터미널(04:40). 담양행 첫 버스가 5시 50분에 있다. 표부터 구한다. 생각보다 많은 인원이 대기 중. 대부분 나처럼 심야버스를 타고 온 사람들이다. 5시 45분이 넘었는데도 출발할 버스는 보이지 않는다. 대개 10분 전이면 버스가 게이트에 도착하는데…. 5시 50분이 넘고 6시가 넘어도 버스는 나타나지 않는다. 속이 타기 시작한다. 이 버스를 타야만 담양에서 7시에 출발하는 신촌행 버스를 탈 수 있고, 그래야만 오늘 산행이 계획대로 이뤄지는데. 담양에서 7시 버스를 놓치면 그다음 버스는 12시 25분에 있다. 그러면 오늘 하루는 꽝이다. 매표소에 가서 항의하고 소리를 쳐봐도 소용이 없다. ○○고속은 전화조차도 받지 않는다. 5시 50분 버스를 타려는 사람 중에는 별별 사정이 있는 사람들이 있을 것이다. 천금과도 바꿀 수 없는 귀중한 약속을 한 사람, 이 버스에 생사가 걸린 사람도 있을 것이다. ○○고속은 만분의 1이라도 그런 생각을 했을까? 세상을 향해 엄중하게 고발한다. 이 글을 읽는 모든 이가 분노해 주기를 바란다. 그래서 ○○고속의 부도덕이 온 세상에 알려지기를 바란다. 지금까지 수많은 크고 작은 버스터미널을 이용했지만 운행 시간을 빼먹기는커녕 출발이 지연되는 것도 보지 못했다. 그런데 광주라는 대도시에서 백주 대낮에 이런 일이 벌어진다는 것은 문화도시 광주의 수치다. 다행히도 6시 10분에 담양을 거쳐 남원으로 가는 버스가 있어서 담양에는 7시 전에 도착할 수 있었다. 7시 정각에 담양을 출발한 군내버스는 7시 19분에 종점인 신촌에 도착. 이곳에서 들머리인 과치재까지는 걸어야 된다. 10여 분 만에 과치재에 이른다(07:31). 우측에 신촌 하나로 주유소가 있고, 들머리는 주유소 옆 '별장가든' 안내판을 따라 우측으로 이어진다. 잠시 후 삼거리가 나오고, 건너편에 호남고속도로가 지난다. 우측 시멘트 도로가 끝나는 지점에서 호남고속도로 지하차도를 통과하여 좌측 배수로를 따라 오르니 호남고속도로 갓길에 이른다. 갓길을 따라 5~6분 정도 진행하여 절개지 중간에 있는 철계단을 타고 오른다. 세 번째 철계단을 올라 배수로를 건너(07:58) 산길과 만난다. 등로를 찾은 것이다. 조금 오르니 가파른 오르막으로 변하고, 경사가 완만해지더니 큰 바위가 나오면서(08:22) 무명봉에 이른다(08:29). 좌측 솔잎이 깔린 능선길로 내려간다. 오르막이 시작되고, 인적 없는 산속에서 새 소리가 들린다. 무명봉을 넘으니(08:40) 우측에 큰 바위가 연속으로 나오고, 앞을 가린 큰 바위를 지나자마자 느닷없이 앞에 검은 소나무가 나타나 사람을 놀라게 한다. 마치 검은 옷을 입은 사람 같다. 깜짝 놀라 순간 뒷걸음치다가 정신을 차린다. 심적으로 약해졌다는 증거다. 지난번 산속에서 벗어놓은 색동 버선을 본 이후로 더욱 그렇다. 검은 비닐로 덮인 큰 묘지를 지나니(09:01) '통명지맥 분기점'이라는 준, 희 씨의 표지판이 보이고, 큰 묘지를 지나니 연산 정상이다(09:03).

연산 정상에서(09:03)

정상에는 '산이 좋아 모임'에서 세운 정상 표지판이 있다. 이곳에서 간식을 먹고 내려간다. 등로 주변엔 베어진 소나무가 널렸다. 다시 오른 무명봉 정상에 많이 훼손된 묘지가 있고, 하산길 주변은 검게 그을린 나무들이 베어져 있다. 서 있는 나무들도 밑동이 검게 그을렸다. 오래된 고사목도 보인다. 해발고도가 높은 능선에 또 묘지가 나오고, 준, 희 씨가 건 사진이 보인다(09:22). 종주객들 힘내라는 격려의 말이 적혔다. 묘지가 한 번 더 나오고 한참 내려가니 숲속에 대나무가 하나둘씩 보이기 시작한다. 조금 더 가니 아예 대나무 숲으로 변한다. 숲이 우거져 하늘을 볼 수가 없다. 대나무 숲을 통과하니(09:31) 2차선 포장도로인 방아재에 이른다(09:34). 등로는 도로 건너 산길로 이어지고, 가파른 오르막 끝에 무명봉에 이른다(09:51). 정상에 원형묘와 전나무가 있다. 보통 전나무는 산기슭에 있는데…. 가파른 내리막이 시작되고, 비포장도로에서(10:04) 좌측으로 50m 정도 가니 고갯마루에 이르고, 최근에 출고된 것 같은 승합차가 있다. 사람은 보이지 않는다. 산속에서 차를 보는 것도 이젠 두렵다. 곁눈도 주지 않고 앞만 보고 내달린다. 등로는 다시 산길로 이어지고, 한참 오르니 능선갈림길에 이른다. 우측 능선으로 오르니 무명봉에 이르고, 좌측 완만한 능선으로 진행하니 사거리에 이른다(10:51). 직진으로 오르니 잠시 후 만덕산 정상에 이른다(10:53). 묘지와 바위, 이정표가 있다. 이정표에는 할머니바위라고 적혔다. 호남고속도로와 대덕면 일대가 시원스럽게 내려다보인다. 그런데 봉우리에 묘지? 벌써 몇 번째인가? 이 지역의 특성인 모양이다. 만덕산 정상에서 사거리로 되돌아와서 우측으로 조금 내려가니 넓은 공터에 묘지가 있다. 아주 화려하다. 묘지에서 우측으로 내려가다가 낮은 봉우리를 넘으니 완만한 능선으로 이어지고, 잠시 후 소나무와 바위가 어우러진 전망암에 이른다(11:11). 좀 전 만덕산에서 본 호남고속도로와 운암저수지가 이곳에서도 한 폭의 그림같이 내려다보인다. 조금 진행하니 우측에 큰 바위가 있고 그 옆에 안내판이 있다(11:14). 신선바위를 지나자마자 키 큰 소나무 군락지가 나온다. 여름철 산림욕장으로 좋을 것 같다. 갈림길에서 우측으로 오르니 무명봉에 이르고, 좌측으로 내려가니 또 키 큰 소나무들이 나온다. 쭉 쭉 뻗은 소나무들이 마치 잘생긴 남자 모델들 같다. 조금 더 내려가니 안부사거리에 이르고(11:24), 이정표가 있다(우측 상운마을). 직진으로 오르니 삼거리에 이르고(11:29), 좌측으로 내려가니 또 안부사거리에 이른다(11:32). 직진으로 오르니 우측에 나무가 야적된 곳이 나오고, 5분 정도 오르니 무명봉에 이른다(11:37). 정상에 돌무더기가 있다. 봉수대 흔적 같다. 돌무더기를 넘어 우거진 숲을 지나니 간벌지대가 나온다. 갑자기 시원해지는 느낌이다. 조금 더 내려가서 임도삼거리에서(11:43) 임도를 가로질러 오르니 삼각점이 있는 안부삼거리에 이르고(11:51), 직진으로 오르다가 우측으로 90도 틀어 내려간다. 이곳도 좌측이 간벌되었다. 소나무 군락지대가 나오고 묘 3기를 지나 임도에 이른다. 이정표가 있다(입석임도 입구 2.2). 임도를 따라 좌측으로 20m 정도 가다가 우측 산길로 올라서니 호남정맥 중간 지점 안내판이 나온다(12:06).

호남정맥 중간 지점에서(12:06)

이곳이 호남정맥 462㎞ 중 그 중간에 해당하는 지점이다. 안내판에는 N35' 12" E127'04"라고 방위까지 적혀 있고, 중간 지점을 축하라도 하듯 많은 표지기가 걸려 있다. 까마득하던 호남정맥도 이제 절반을 마쳤다. 이곳에서 점심을 먹고, 출발한다. 완만한 능선 길로 올라 갈림길에서 좌측으로 내려가니 다시 임도에 이른다(12:25). 이정표가 있다(수양산 0.7). 임도를 건너 수양산갈림길에서(12:38) 우측 아래로 내려가니 이곳에도 키 큰 소나무가 군락지어 있다. 그리고 보니 전반적으로 이 지역에 소나무가 많다. 급경사 내리막길에 이어 갈림길에서 우측 소로로 내려가다 임도를 만나 우측으로 내려가니 농로가 나오고, 더 내려가니 큰 정자나무가 나온다. 바로 2차선 포장도로인 선돌고개에 이른다(12:53). 정자나무와 '범죄 없는 마을'이라는 안내판이 있다. 이정표도 있는데 방향이 거꾸로 표시되었다. 좌측 아래에 선돌마을이 있고, 등로는 도로를 건너 시멘트 도로로 이어진다. 한참 오르니 산기슭에 주택이 나온다. 짖는 개를 무시하고 전진하니 개도 살살 꽁무니를 뺀다. 우측 임도가 끝나는 곳에서 산길로 한참 오르니 넓은 바위가 나오고(13:37), 3~4분 더 오르니 국수봉에 도착한다(13:41). 삼각점과 산불감시 무인카메라가 있다. 주변은 잡목이 우거져 조망은 제로다. 내려가다 오르니 작은 암봉에 이르고, 운암리 일대가 시원스럽게 보인다. 급경사 내리막으로 한참 내려가니 가족묘가 나오면서(14:03) 넓은 임도에 이른다. 좌측에 철조망이 있다. 임도를 떠나 직진 아래로 내려가니 우측에 또 철조망이 있다. 다시 임도와 만나고, 임도삼거리에서 직진하니 여기에도 우측에 철조망이 있다. 한참 가다가 임도가 끝나는 곳에서 산길로 오르니 468.3봉에 도착한다(14:15). 이정표가 있다(노가리재 3.1). 직진으로 조금 가다가 반쯤 열린 철문을 통과하여 오르니 산불감시 초소가 나온다. 초소에서 내려가다가 갈림길에서 우측 산길로 오르니 무명봉에 이르고(14:29), 급경사 내리막으로 내려가니 잠시 후 아주 넓은 농장이 나온다. 농장은 철조망으로 통제되고, 가축 배설물 냄새가 바람을 타고 콧속에 스며든다. 철망 울타리를 따라 오르니 굵은 소나무들이 나오고 무명봉에 이른다. 좌측 아래에 호수인지 저수지인지 새파란 물이 가득 차 찰랑거린다. 더워서 뛰어들고 싶다. 봉우리를 몇 개 넘으니 전망암에 이르고(14:45), 우측 아래 창평면 일대가 한눈에 들어온다. 전망암에서 내려가다가 안부에서 급경사로 오르니 무명봉에 이르고(14:55), 내려가다가 몇 개의 낮은 봉우리들을 오르내리고 424봉에 이른다(15:21). 정상은 패러글라이더 활공장인 것 같은데, 사용하지 않는지 그물망 사이에 잡풀이 무성하다. '비행 안전수칙' 안내판도 한쪽에 방치되었다. 정상에서 10여 분을 더 가니 헬기장이 나온다(15:32). 이곳도 패러글라이더 활공장으로 조성된 것 같고, 사용되는 듯 주변이 깨끗하고, 안전수칙과 경고판도 있다. 우측 담양군 창평면 일대가 바로 눈앞에 펼쳐진다. 헬기장 바로 아래는 꾸불꾸불한 도로가 이어지고, 그 아래에 저수지와 여러 채의 한옥이 보인다. 날이 뜨겁다. 봄날은 간데없고 완연한 여름이다. 3~4분 내려가니 절개지에 이르고, 우측으로 내려가니 오늘의 종착지인 노가리재에 이른다(15:36). 터널이 설치되었다. 귀경을 위해 우측 아스팔트길로 30분 정도 내려가니 유천리에 이른다(16:10). 이곳에서 17:30에 광주행 버스가 있다. 하루가 저물어 가는 시각, 낯선 땅 유천리에 떨어지는 오후 햇살이 따사롭다. 길에서 길을 물으며 보내는 날들, 이게 진정 내 길일까?

🚶 오늘 걸은 길

과치재 → 연산, 방아재, 만덕산, 수양산, 선돌고개, 국수봉, 468.3봉, 424봉 → 노가리재(17.9㎞, 8시간 5분).

⛰ 교통편

- 갈 때: 담양에서 신촌까지는 군내버스로, 과치재까지는 도보로 이동(10분).
- 올 때: 노가리재에서 택시 또는 도보로 유천리로 와서 광주행 버스 이용.

열다섯째 구간
노가리재에서 광일목장삼거리까지

　해서는 안 될 경험, 있어서는 안 될 상황이 내게 닥쳤다. 뼈저리게
반성하고 성찰할 수 있는, 길게 이어질 내 등반 행로에 약이 될 값진
상처다. 말로만 듣고 TV에서만 보던 119 구조 요청을 내가 하게 되
었다. 부끄럽지만 적는다. 담양 노가리재에서부터 시작되는 호남정
맥 열다섯째 구간을 종주하던 중 무등산을 눈앞에 두고 담양 소재
북산 직전 능선에서 길을 잃었다. 열 시간이 넘는 장거리 종주로 심
신은 지칠 대로 지치고, 해는 지고 꽉 막힌 숲속에서 탈출구를 찾기
위해 허둥대다가 방향 감각을 잃고 맨붕상태에서 119에 구조 요청
을 했다. 다음날 새벽 4시 48분쯤 구조대원을 만났지만 기쁨보다는
나 자신을 포함한 많은 것들에 대한 실망과 분노, 하지만 일차적인
잘못이 자신에게 있기에 모든 걸 내려놓고 지친 몸을 그들에게 맡겼
다. 철저하게 반성한다. 원인은 명백하다. 첫째는, 종주산행의 기본
원칙을 어겼다. 오후 4시면 반드시 하산해야 한다는 원칙을 어겼다.
둘째는, 무리했다. 태풍 볼라벤이 할퀴고 간 호남지역의 상처를 예측
할 수 있었음에도, 또 그런 악조건을 예시하면서 극구 반대하던 아
내의 만류를 무시하면서 출발했다. 셋째는, 위험 상황에서 침착하지
못했고 조급증에 빠져 스스로의 덫에 걸렸다. 해가 지고 기운이 다

빠진 상황에서 허둥대다가 기본 등로마저 이탈하고 공중에 떠버린 것이다. 성공은 물론 실패도 역사다. 부끄럽지만 잊지 않기 위해서 적는다.

열다섯째 구간을 넘었다. 담양 노가리재에서 431봉, 최고봉, 459봉, 유둔봉, 백남정재, 북산, 무등산, 화순의 안양산을 거쳐 둔병재까지 가는 코스인데, 20시간을 헤매다가 북산에서 마치게 되었다. 산행 여건은 최악이었다. 태풍 볼라밴의 파괴력은 상상 이상이었다. 능선은 나무들이 뽑히고, 토막 나고, 쓰러진 나무들로 전쟁터를 방불케 했다. 10m를 못 가고 진로를 막는 나무들을 넘거나 우회해야만 했다. 평소의 두 배의 체력을 소모하면서도 거리는 반 밖에 못 갔다.

2012. 9. 1. (토), 맑았으나 저녁 7시 30분쯤 소낙비

심야버스로 광주터미널에 도착(04:10). 광주역 근처 홈플러스로 이동하여 창평행 303번 버스에 오른다(06:35). 의외로 승객이 많다. 창평에는 7시 5분에 도착. 이곳에서 오늘 산행 들머리인 노가리재까지는 택시를 타야 한다. 구멍가게에 들러 주인께 물으니 직접 전화를 걸어 택시를 불러준다. 택시는 마을 한가운데를 관통하는 좁은 도로를 조심스럽게 통과. 택시기사는 묻지도 않은 지역 설명을 시작한다. 이곳은 담양 고씨 집성촌이고, 이번 태풍으로 담양 들녘도 많은 피해를 입었다고 한다. 택시는 유천리를 거쳐 지그재그로 된 노가리재를 엉금엉금 기어 노가리재에 이른다(07:19).

　노가리재는 담양군 창평면 오강리와 외동리를 잇는 고갯마루다. 2차선으로 포장되었다. 잿등 양쪽을 잇는 구름다리 형태의 이동로를 보니 지난번 14구간 종주를 마칠 때의 감회가 새록새록 떠오른다. 그땐 무척 더웠다. 주변 촬영을 마치고, 산행 채비를 갖추니 20분이 후딱 지난다. 들머리는 잿등에서 100여 미터를 내려가서 우측 산으로 이어진다. 이정표가 있다(07:39). 초입은 축축하고 어떤 곳은 물이 고였다. 오늘 산행이 심상치 않을 것 같다. 위에 보이는 송전탑을 향해 오르는데 주변은 온통 쓰러진 나무 천지다. 태풍 볼라벤 때문이다. 5분 정도 올라 송전탑에 이른다(07:44). 송전탑 주변에도 쓰러진 나뭇가지들이 어지럽게 널렸다. 풋풋한 풀냄새가 '쏴~' 한다. 오늘 날씨가 더울 것 같다. 좀 전의 택시기사 말이 생각난다. '어제도 무척 더웠다.'라는. 등로는 좌측 능선으로 이어져 한참 후 무명봉에 이른다(08:22). 정상에 묘지가 있고, 묘지 우측 아래에 표지기가 걸려 있다. 내리막에 이어 소나무 군락지를 지나 오르니 431.8봉에 이른다(08:22). 숲속에서도 담담하게 버티고 있는 삼각점을 보니 대견하다. 산꾼들이 제일로 반기는 든든한 지킴이다. 직진으로 내려가니 걷기 좋은 능선이 이어지고, 이곳에도 나뭇가지들이 널브러졌다. 7분 정도 진행 후 안부에서(08:29) 직진으로 올라 낮은 봉우리 직전에서 좌측 능선으로 틀어 다른 봉우리를 넘어서니 이정표가 나온다(08:37). 주변에는 소나무가 많다. 등로는 떨어진 잎사귀, 쓰러진 나무들로 한바탕 전쟁을 치른 듯 난장판이다. 해남터갈림길 방향으로 진행하니 등로 양쪽에 바위가 있다. 완만한 오르막을 한참 오른 후 해남터갈림길에서(08:48) 좌측 유둔재 방향으로 진행하니 소나무가 쓰러져 길을 막는다. 쓰러진 소나무를 보는 순간 단순한 소나무로만 보이지 않는다. 뭔가 할 말이 있어 하소연을 하려고 내 발걸음을 멎게 하는 것 같다. 장애물 때문에 불필요한 힘을 쏟고 아까운 시간이 지체된다. 10여 분 오르니 돌탑이 있는 봉우리에 이른다(08:59). 정상에 '최고봉'이라는 팻말이 나무에 걸렸다. 우측으로 내려가니 매미 우는 소리가 들리기 시작한다. 키 작은 상수리나무마저도 갈갈이 찢겨져 애처롭다. 광풍에 시달린 탓이다. 태풍과 폭우 뒤의 산 상태를 염려하면서 가지 말라던 아내 생각이 난다. 앉아서 천 리를 보는 혜안이다. 염려하는 자 입장에서는 보이지 않는 것도 볼 수 있는 모양이다. 미안하고 고맙다. 우측으로 내려가다 봉우리를 넘어서니 까치봉에 이른다(09:17). 많은 표지기와 이정표가 있다(유둔재 6.6). 좌측으로 내려가니 바로 오르막이 시작되고 바위들이 나온다. 무명봉을 넘어 우측으로 휘어지면서 내려가다가 처음 보는 표지기를 발견한다. '감마로드' 낮은 언덕 같은 무명봉을 넘어 우측으로 내려가니 삼각점이 있는 능선에 이른다(10:02). 계속 내려가니 작은 바윗길이 나오고, 이정표를 만난다(유둔재 5520m). 완만한 오르막이 시작되고 잠시 후 409봉에 도착한다(10:10). 우측으로 내려가니 좌측 아래에 저수지가 보이고, 한동안 긴 능선이 계속된다. 완만한 오르막 끝에 무명봉에 이르고(10:34), 직진으로 내려간다. 아까부터 계속 등로는 어수선하다. 길도 막혔다가 뚫렸다가 난리다. 힘이 배가 들고 시간은 곱으로 걸린다. 오르내리기를 반복하다가 새목이재에서(10:51) 직진으로 오르니 사방에 형형색색의 독버섯들이 있다. 다시 무명봉 서너 개를 넘고 유둔봉에서(11:23) 내려가다가 어산이재를 만나고, 여러 개의 무명봉을 넘다가 길을 잘못 들어 체력과 시간을 또 허비한다. 우측으로 빠져야 되는데 무심코 좌측으로 빠져 한참 내려가고 나서야 잘못 든 것을 알았다. 마을로 내려가 주민에게 묻고, 식수도 보충해서 다시 유둔재를 찾아 나선다. 한동안 속보로 걸어 유둔재를 발견한다(13:35). 1시간 정도 알바했다. 정확한 등로는 유둔봉에서 내려오면서 여러 개의 무명봉을 넘고, 평범한 능선으로 내려가다가 갈림길이 나오면 우측으로 내려가야 된다. 그러면 소나무 군락지가 나오고, 이어서 원형묘지와 임도를 만나 내려가다가 삼거리에서 우측 임도로 내려가면 된다. 순간적으로 방심하다가 헛고생을 했다.

유둔재에서(13:35)

유둔재는 2차선 포장도로지만 통행량이 많지는 않다. 유둔재 아래에 유둔재 터널을 뚫었기 때문이다. 유둔재에는 '가사 문학 등산 안내도'가 있고, 등로는 광주 방향으로 30m 정도 내려가서('광주 24㎞, 담양 26㎞'라는 교통표지판이 있음) 도로를 건너 우측 산길로 이어진다. 유둔재에서 좀 지체했기에 속도를 내야 할 것 같다. 오르는 초입부터 아주 큰 낙엽송들이 거의 다 쓰러졌다. 한참 올라 갈림길에서(14:30)

좌측으로 오르니 이곳도 나무들이 쓰러져 난장판이다. 우연의 일치 겠지만 쓰러진 나무들은 한결같이 등로를 막는다. 몇 번의 갈림길을 거쳐 안부사거리에서(14:52) 직진으로 오르니 좌측에 묘지가 있고, 가파른 오르막이 시작된다. 좌측에 전나무 단지가 있고, 오르막 끝에 저삼봉에 이른다(15:24). 정상에는 팻말과 삼각점이 있다. 직진으로 한참 내려가다가 임도갈림길에서 우측 능선으로 내려가니 다시 임도와 만나고, 갈림길에서 우측 임도로 내려가니 49번 송전탑이 나온다(15:46). 송전탑을 지나니 또 임도삼거리에 이르고(15:50), 우측으로 내려가니 삼거리가 나온다. 이곳에서도 우측으로 진행한다. 한참 올라 무명봉에서(16:13) 직진으로 내려가다가 오르니 산죽 향이 콧속에 스민다(16:28). 오랜만에 보는 산죽이다. 산죽 사이로 한참 내려가니 오르막이 시작되고, 무명봉 정상 직전에서 좌측으로 진행하여 한참 내려가니 백남정재에 이른다(16:51). 잿등에는 돌무더기와 많은 표지기들이 걸려 있다. 산속이라선지 조금은 어둡다. 앞으로 나아갈 산을 올려다보니 까마득하다. 그런데 오후 다섯 시가 다 되어간다. 하산 시점을 놓쳤다. 불안하다. 이곳이 담양의 어디쯤일 텐데 정확하게 알 수는 없다. 고민 끝에 결정한다. 시간이 걸리겠지만 이 산을 넘어 북산까지 가기로 한다. 북산에 오르면 광주로 내려가는 길이 있을 것이다. 오르막은 생각보다 훨씬 더 힘이 든다. 가파르기도 하지만 돌무더기로 이뤄진 너덜이다. 길도 없이 희미한 흔적을 따라 오른다. 봉우리를 보면서 무조건 직선으로 오른다. 힘이 달린다. 더 이상 오를 수 없을 정도다. 이 산을 넘어야 북산이 나오고 북산을 찾아야 하산길이 있을 텐데…. 가다 쉬다를 반복하지만, 봉우리 정상은 좀처럼 나타나지 않는다. 시간은 흐르고 당황스럽다. 1시간 반 정도 오른 뒤 간신히 능선 정상에 이른다. 능선 전체가 풀밭이다(18:26). 그냥 풀밭이 아니고 사람 키를 넘는 큰 억새 숲이다. 나무도, 길도 아무것도 없다. 오직 억새뿐이다. 시간은 18:26분을 넘고 있다. 아직도 북산을 오르려면 앞에 보이는 봉우리 하나를 더 넘어야 된다. 갈등이 시작된다. 올라야 되나, 말아야 되나? 망설임 끝에 오르기로 한다. 시간은 늦었지만 오르지 않고는 방법이 없다. 바다이 보이지 않는 억새 사이를 헤집고 힘겹게 산길로 들어선다. 그런데 입구에서부터 길이 막힌다. 쓰러진 나무들을 뚫고 나갈 수가 없다. 몇 번을 시도한 끝에 어렵게 첫 번째 장애물을 통과하지만 조금 가다가 다시 장애물에 갇힌다. 도저히 더 이상 전진은 불가능할 것 같고, 산속이라 어둡기까지 해서 포기하고 하산하기로 한다. 풀밭 능선으로 내려와 고민을 시작한다. 어느 쪽으로 내려가야 하나? 지도를 보면 현 위치는 담양이지만 우측 방향으로 내려가면 광주 접근이 용이할 것 같다. 우측으로 내려가기로 한다. 능선 풀밭을 벗어나 무조건 아래로 내려간다. 산속은 그야말로 잡목으로 꽉 찼다. 아무것도 보이지 않는 어둠에 갇힌다. 앞도 옆도 하늘도 보이지 않는다. 뚫고 나갈 작은 틈조차도 없다. 초조해지기 시작한다. 주저앉아 다시 생각해 보지만, 묘수가 없다. 시간은 흐른다. 별별 생각이 다 든다. 방법은 하나다. 119에 구조 요청을 하기로 한다.

119에 구조 요청(18:48)

119에 요청을 하니 전남 본부로 연결해준다. 이후 119 전남본부, 광주시 본부, 담양본부에서 빗발치듯 전화가 걸려오고, 그때마다 생각나는 대로 내 위치를 알려준다. 7시 반에서 8시 사이에 폭우가 쏟아지고, 옷이 젖는다. 숲속에서 빠져나오려고 발버둥 쳤으나 번번이 실패. 한때 담양과 광주시 119 구조대의 함성 소리가 북산과 백남정재 쪽 무명봉에서 들렸으나 이후 무소식. 뚜렷한 표적이 되는 곳에 있어야 내 위치 추적이 가능하리라고 판단. 어떻게 해서든지 다시 능선 풀밭으로 올라가려고 시도한 끝에 간신히 탈출로를 발견. 능선 풀밭에 도착. 이때가 밤 12시경. 다행히도 음력 7월 15일 달빛 덕분에 주변은 비교적 밝은 편. 이젠 119 대원들도 지쳤는지 소식이 없고, 간간이 문자 연락만. 폭우로 억새와 바닥은 모두 물기가 서렸고, 잔잔한 바람이 일기 시작. 지칠 대로 지친 몸은 가누기조차 힘들 정도. 그 와중에도 잠은 쏟아지고 정신은 갈수록 몽롱. 바람막이가 되는 키 큰 억새 옆에서 잠시 쉬기로 한 것이 그대로 잠에 빠진다. 깨어보니 새벽 2시쯤. 젖은 몸 그대로 잠든 탓에 한기가 엄습. 온몸이 떨려 옷을 갈아입고, 비닐 우의로 중무장. 한기를 떨치는 것이 급선무라고 판단, 몸을 움직이기로 한다. 고심 끝에 다시 오르기로 결정. 이유는 두 가지. 첫째는, 이곳에서는 하산이 불가. 둘째는 한기를 달래기 위해서는 몸을 움직여야 하기 때문. 다시 북산을 향해 오르기로 하고 능선 풀밭을 떠나 초저녁에 실패했던 산길로 들어선다. 산속에 들어서니 달빛도 소용없이 다시 어둠으로 돌변. 다행히도 아직까지 헤드랜턴은 쌩쌩. 헤드랜턴에 의지해 한 발 한 발 세어가면서 움직인다. 서두르지 않았다. 일찍 오를 필요도 없어서다. 북산에 도착하더라도 어차피 날이 새야 하산이 가능해서다. 한참 오르다가 헤드랜턴에 표지기가 포착된다. 이게 웬일인가! 사막에서 오아시스를 만날 때 이런 기분일까? 정맥길을 찾은 것이다. 정말이지 장님 문고리 잡는 식이다. 표지기 발견 하나로 모든 것이 해결된 기분. 희망을 갖고 오른다. 좌측에 철선이 나타난다. 이 철선은 뭔가 구분을 짓는, 아니면 아래쪽에 목장이 있다는 증거일 수도 있다. 이젠 이 가느다란 철선 한 가닥도 표지기처럼 어둠 속에서 등대 역할을 해준다. 철선을 따라서 계속 오른다. 정신없이 위쪽으로 오르는데 달빛에 돌탑이 보이기 시작하고 이동통신 안테나가 모습을 드러낸다. 드디어 북산 정상에 도착한 것이다.

북산 정상에서(9.2, 04:20분 경)

이때가 새벽 4시 20분 경. 30분이면 오를 수 있는 거리를 2시간이 넘게 걸렸다. 온몸은 빗물에 젖고 허기와 갈증에 지쳤지만, 정상에 올라선 기분은 말로 표현할 수 없다. 또 북산에 올라섰으니 이제 하산 걱정은 안 해도 된다. 먼저 119구조대에 문자를 보낸다. 길을 찾았으니 이젠 수고하지 마시고 철수하라고. 집에도 문자를 보낸다. 길을 찾았으니 안심하라고. 뺨에 닿는 새벽 찬바람과 그 바람을 타고 콧속을 파고드는 풋풋한 풀냄새. 몇 시간 전의 절망감은 어디로 갔는지 순간 야릇한 쾌감을 느낀다. 생각이나 했을까? 내가 이런 낯선 산꼭대기에서 새벽을 맞게 될 줄을. 주변의 시커먼 산들이 마치 나를 주시하는 것만 같다. 최대한 안전하게 발길을 옮긴다. 등로엔 억새가 깔렸고, 길은 보이지 않아 발의 촉각으로 걸음을 옮긴다. 20여 분 내려가니 시커먼 바위가 우뚝 선 채로 앞을 막는다. 신선대다(04:40분 경). 신선대 앞 넓적한 바위에서 잠시 쉰다. 막 배낭을 풀려는 순간 산속의 적막을 깨는 스피커 소리가 들리고, 가까운 곳에서 확성기 소리까지 들린다. 나를 찾는 119 구조대원들이다. 깜짝 놀라 응답을 하니 확성기 소리는 점점 가까워지고 대원들이 나타난다. 광주 북부소방서 119 구조대원들이다. 그들을 보는 순간 두 가지가 스친다. 반가움일까, 황당함일까? 나름의 생각과 계획이 있었지만, 119 구조대원들의 요청을 받아들여 그들을 따르기로 한다. 신선대를 뒤로 하고 그들과 함께 하산한다. 한참 내려와 광일목장에 당도하니 엠블런스를 포함한 2대의 차량이 대기하고 있다.

🚶 오늘 걸은 길

노가리재 → 431봉, 최고봉, 459봉, 유둔봉, 백남정재, 북산 → 광일목장삼거리
(12.7㎞, 21시간 21분).

⛰ 교통편

- 갈 때: 광주역 근처 홈플러스에서 창평행 버스 이용, 창평에서 노가리재까지는 택
  시로.
- 올 때: 무등산까지 진행하여 광주로 하산.

열여섯째 구간
광일목장삼거리에서 어림고개까지

세상사 알 수 없다. 말로만 듣던 트라우마가 내게도 닥칠 줄이
야…. 벌써 6개월이 지났다. 작년 9월, 열다섯째 구간을 넘다가 조난
당한 정신적 충격은 생각보다 오래갔다. 호사다마라고 했던가? 그
이후에도 평생 한 번 정도 있을 법한 일들이 한꺼번에 들이닥쳤으
니. 그새 계절이 변하고 해도 바뀌었다. 마음의 상처도 아물었다. 좀
더 성숙했다고 감히 말할 수 있다. 다시 시작이다.

열여섯째 구간을 넘었다. 담양 북산과 무등산 사이에 있는 광일목
장삼거리에서 화순군 어림고개까지다. 이 구간에서는 무등산을 거
쳐 백마능선, 화순군 소재 926봉, 안양산, 둔병재, 602봉 등을 넘게
된다. 이번 구간은 열다섯째 구간 종주 때 당한 사고의 후유증을 떨
치고 새롭게 시작하는 산행일 뿐만 아니라 사고 지점의 미스터리를
풀어야 하는 두 가지 과제를 안고 출발했다.

2013. 2. 23. (토), 맑음. 쌀쌀한 바람

강남터미널에서 0시 50분에 출발한 심야버스는 새벽 4시 2분에
광주 광천터미널에 도착. 준비해 간 떡으로 아침 식사를 해결하고

어슬렁거리다 6시 20분에 출발하는 무등산행 1187번 버스에 오른
다. 승객 모두가 배낭을 짊어지고 있다. 7시 12분에 종점인 원효사
입구에 도착(07:12). 넓은 유료주차장엔 뎅그러니 승용차 한 대가 고
작이다. 버스에서 내린 등산객들은 망설임 없이 자기 코스로 향하
고, 나는 이동할 코스를 확인한다. 꼬막재를 경유해 광일목장삼거리
를 찾아야 한다. 우측 빼곡한 음식점들은 개시 전이다(07:45). 몇 마
리의 개들만이 꼬리를 흔들며 등산객들을 반긴다. 꼬막재 쪽으로 가
는 등산객은 나 혼자다. 바로 출발한다. 다리를 지나자마자 10m도
못 가서 산길로 이어지고, 초입은 사람들이 오르내린 흔적이 뚜렷하
다. 돌계단 양쪽엔 키 작은 산죽들, 계단석은 그냥 돌이 아니다. 닳
고 닳아서 평평해졌다. 무등산 산행의 역사를 말하는 듯하다. 돌계
단을 넘어서자 허름한 건물과 플래카드가 보인다. 땅은 얼어서 스틱
을 찍어도 찍히지 않는다. 가끔 길바닥에 산짐승 배설물이 보인다.
차갑지만 바람이 없어 산행하기엔 좋은 날씨. 좌측에 사람이 거주했
을 것으로 추측되는 축석이 보이고, 조금 더 오르니 편백나무 숲이
나오고 이정표가 있다(08:19, 꼬막재 0.1, 규봉암 3.6). 조금 더 올라 역
시 이정표가 있는 꼬막재에 이른다(08:35, 신선대 입구 1.3, 규봉암 3.5).
꼬막재는 내 가슴 속 깊은 곳에 꼭꼭 새겨져 있다. 벌써 6개월 전,
작년 9월 1일이었다. 열다섯째 구간을 종주하다 사고를 당한 원인이
이 꼬막재를 막연하게 목표지점으로 삼고 무리하게 강행한 탓이었
다. 응달이라선지 바닥은 얼어서 미끄럽다. 초봄의 맑은 햇빛이 쏟
아진다. 조금 더 가니 우측에 약수터가 있다. 햇볕이 내리쬐는 고요
한 산길을 혼자 걷기는 아깝다. 오르막이 시작되고 로프가 설치된
인조목 계단을 넘으니 앞쪽 잿등 위로 산봉우리가 보이기 시작한다.
차츰 억새가 많아지면서 앞산 봉우리도 정체를 드러내는 순간 신선

대 억새평전에 도착한다(09:02). 뭐라고 표현해야 할까? 좌측 앞쪽에는 우뚝 선 북산이 보이고 그 아래에는 신선대가 있다. 그야말로 지척이다. 북산과 신선대. 내게는 영원히 잊지 못할 지명들이다. 작년 9월 1일 사고 당시 마지막에 홀로 밤을 새웠던 곳이다. 지금 그곳을 눈으로 확인하고 있다. 그때는 그곳이 어디인지, 무등산과는 얼마나 떨어졌는지조차 모르는 상태에서 허기에 지쳐 불안과 공포로 밤을 새웠었다. 당장이라도 뛰어가서 그 자리에 서 보고 싶다. 북산의 이동통신 안테나도, 신선대 꼭대기에 있다는 무덤도 확인해보고 싶다. 억새평전에는 억새밭과 이정표가 있다(좌측 신선대 1.3, 직진 규봉암 3.3). 빨리 광일목장삼거리를 찾아야 된다.

광일목장삼거리에서(09:10)

경사가 거의 없는 걷기 좋은 길을 5분 정도 걸으니 삼거리에 이르고(09:10), 이정표가 있다(장불재 4.0). '이곳은 광일목장 진입로이므로 이용하지 마세요!'라는 경고문도 있다. 그렇다면 이곳이 내가 찾는 광일목장삼거리? 그렇다. 광일목장삼거리임에 틀림없다. 좌측에 소로가 있다. 신선대로 가는 길이다. 모든 궁금증이 풀리는 순간이다. 북산도, 신선대도 확인했고, 광일목장삼거리도 확인했으니. 이제부터 호남정맥 열여섯째 구간을 시작한다. 이곳 위치를 좀 더 자세히 기록하고 싶다. 광주시내에서 바라볼 때 무등산 뒤쪽 7부 능선쯤일 것이다. 담양에서 호남정맥을 타고 내려오면 북산과 신선대를 지나 광일목장삼거리를 지나 이곳까지 이어진다. 원래 정맥 종주는 무등산 정상으로 이어지지만 군사시설보호지역이라는 이유로 출입을 통제하기 때문에 이렇게 사면으로 무등산 옆 등을 타고 간다. 바로 출발한다. 이젠 길을 잃을 이유도, 망설일 이유도 없다. 길은 임도처럼 넓다. 한참 진행하니 너덜이 시작되고, 도중에 쓰러지고 몸통이 잘린 소나무가 보인다. 작년 볼라벤 태풍의 희생물이다. 너덜은 계속되고 한참 더 가니 삼거리에 이른다. 삼거리 바로 위에는 얼른 봐서는 무슨 거대한 궁궐처럼 보이는 담장과 기와집이 있다. 오르는 입구 좌측에 세워진 거석도 예사롭지가 않다. 규봉암이다. 올라가서 보기로 한다. 규봉암은 무등산 남동쪽으로 흘러내린 해발 820m 지점에 위치한 사찰이다. 규봉암 뒤에는 세로로 갈라진 집채만 한 바위들이 병풍처럼 둘러싸고, 앞은 탁 트였다. 이곳 규봉암에도 작년 볼라벤의 심술이 작동했는지 사찰 뒤 거송이 쓰러졌다. 불력도 어찌할 수 없었던 모양이다. 부처님의 체면이 말이 아니다. 바로 이동한다. 올라왔던 삼거리로 내려가지 않고 규봉암 좌측으로 난 길을 따른다. 크고 작은 괴상한 바위들이 사방에 널렸고, 바위마다 한자가 적혀 있다. 험한 바윗길을 걷다가 바위들이 집단으로 어우러진 너덜에 이른다. 지공너덜이다(10.18). 한쪽에 지공너덜에 대한 설명문이 있다. "지공너덜은 장불재에서 규봉까지 사이에 무수히 깔려있는 너럭바위들을 말한다. 무등산에는 산의 서 사면에 덕산너덜이 있고, 동남 사면에 지공너덜이 있다. 지공너덜은 산의 정상에서 동남쪽으로 3㎞ 남짓 깔려있는데…" 발길을 옮긴다. 다시 이정표를 만나고(장불재 1.3), 암자 앞에 선다. 석불암이다. 작은 암자인데 문은 잠겼다. 석불암을 벗어나 흙길을 만난다. 그새 땅이 녹았는지 질퍽거린다. 등로는 바람막이가 되어선지 고요하고 2월의 햇볕이 모아져 따스하다. 한참 후 장불재가 보이기 시작하고, 장불재에서 내려오는 등산객을 만난다. 바람이 뺨에 닿기 시작하더니 시야가 탁 트이고 장불재에 이른다(10:58). 예전에 몇 번 왔던 곳이지만 공터의 식탁과 의자를 보니 또 다른 감회에 젖는다. 생각보다 사람이 많지 않아서인지 쓸쓸하게 보인다. 이정표가 가리키는 중머리재 방향으로 광주 시내가 한눈에 들어오고, 좌측에는 KBS 중계탑이 멍청하게 서 있다. 무등산에 올 때마다 불만인 것은 이 쇳덩어리 중계탑 때문이다. 무등산의 진가를 이 중계탑이 거의 반 정도는 갉아먹는다. 무등산이 광주 시내에서 좀 더 멀리 떨어져 있고, 이런 중계탑 같은 인공구조물만 없다면 지금보다는 훨씬 더 값진 최고의 진산으로 남을 것이다. 등로는 KBS 중계소 정문 좌측으로 이어진다.

중계소에서 화순군 안양산까지 이어지는 백마능선을 따른다. 중계소를 지나 한참 진행하니 이정표가 나온다(안양산 정상 2.9). 가도가도 주변엔 억새뿐이다. 능선에 몰아치는 바람을 다 받으며 오르내리다가 억새가 문드러진 흙길을 만난다. 끝없이 이어지는 억새길. 가을 산행으로는 최적지다. 오르막 끝에 926봉에 이른다(11:50). 정상에서 뒤돌아서니 장불재에서 이곳까지의 능선이 시원스럽다. 남쪽으로는 화순군 일대가 한 폭의 그림처럼 다가서고, 내려가는 길은 암릉이다. 안양산 쪽에서 올라오는 등산객들을 만난다. 내려가는 길은 억새에 이어 철쭉군락지로 변하고, 갈수록 질퍽거린다. 참나무가 무리 진 곳을 지나 능선삼거리에 이른다(12:21). 이정표와 간이 의자가 있다. 완만한 오르막길에 안양산 전파기지국이 나오고(12:23), 오르막 양쪽에는 당장 내일이라도 튀어나올 것만 같은 철쭉 몽올들이 도열해 있다. 잠시 후 넓은 공터가 있는 안양산 정상에 이른다(12:43).

안양산 정상에서(12:43)

탁 트인 전망은 앞뒤 좌우 어디를 봐도 거침이 없고 화순군 전역이 한눈에 들어온다. 갈수록 바람이 세차다. 바로 내려간다. 가끔 바위와 간이 의자가 나온다. 억새밭이 끝나고 잡목 숲이 이어진다. 급경사 내리막으로 연결되더니 우측에 로프가 설치되었다. 한참 내려가니 우측에 철망이 나오고 좌·우측에 로프가 있다. 급경사 내리막이 끝날 무렵 갈림길에 이른다. 우측으로 이어지는 길은 넓은 임도처럼 보이는 흙길이다. 길 아래 안양산휴양림 시설 안으로 들어가서 정문을 통해 나가니 바로 둔병재에 이른다(13:40). 도로 우측에 위치한 잿등에서 도로를 가로지르는 출렁다리가 보인다. 아차 싶다. 휴양림 안으로 들어올 게 아니라 출렁다리로 통과했어야 했다. 할 수 없이 도로 우측으로 이동해서 출렁다리 아래까지 간다. 산으로 올라 출렁다리로 이어지는 곳까지 가야 하는데 산으로 오를 수 있는 빈틈이 없다. 모두 다 철망으로 막아버렸다. 왜일까? 더 옆으로 이동해 철망이 끝나는 지점까지 가서야 산으로 오르게 된다. 산으로 올라 출렁다리에 접근해보니 그제야 철망으로 통제한 이유를 알 것 같다. 주변은 배섯재배지다. 버섯재배지를 따라 올라 임도에서 등로는 산길로 이어진다. 작은 통나무계단을 타고 오른다. 좌측을 중심으로 오래된 편백나무들이 숲을 이룬다. 가파른 오르막이 시작되고 바로 정자가 나온다(14:05). 뒤돌아보니 안양산이 뚜렷하다. 걷기 좋은 길이 시작되고 임도를 건너 직진하여 산으로 오르니 602봉에 이른다(14:22). 정상에는 바위들이 널려 있다. 직진으로 내려가자마자 등로는 90도 휘어져 좌측으로 이어진다. 산죽밭이 나오고, 끝남과 동시에 오르막이 시작된다. 오를수록 키 큰 산죽들이 나온다. 이젠 바람도 멎었다. 다시 봉우리 정상에 선다. 622.8봉이다(14:41). 5~6분 진행하니 굵은 소나무들이 무리 지어 있고, 소나무 중에는 작년 볼라벤 태풍 피해를 입은 나무도 있다. 쓰러지고 중간이 잘린 나무들을 보니 애처롭다. 그래도 말이 없는 것들…. 이어서 마치 커다란 알처럼 생긴 큰 바위들이 나타난다. 원형 묘를 지나 오르막이 계속되더니 임도를 가로질러 산으로 오른다. 어렴풋한 흔적을 따라 오르니 평퍼짐한 정상에 이른다. 능선은 좌측으로 이어지고 잠시 후 철탑을 통과하니(15:10) 내리막길이 시작되고, 다시 산죽이 등장한다. 주변은 벌목되어 어수선하다. 길을 분간할 수 없을 정도다. 어렵사리 흩어진 나무들을 제치고 나아간다. 벌목지대를 통과하니 내리막이 시작되고, 반가운 표지기를 만난다. '광주 문규환' 급경사 내리막이 멎고 원형묘 3기가 나온다. 묘지 아래에 오가피나무가 지천이고, 더 아래에 포장도로가 내려다보인다. 묘지를 지나니 꽤 긴 대나무 숲이 이어지고, 통과하니 밭이 나오고 마을이 보이기 시작한다. 임도에서 우측으로 조금 이동하니 어림고개에 도착한다(15:31). 고개 우측에 주택 한 채와 그 우측 100m 지점에 버스 정류장이 있다. 이

곳에서 4시쯤이면 광주로 들어가는 버스가 있다고 한다. 오늘은 이
곳에서 마치기로 한다. 어렵게 다시 시작한 호남정맥 종주. 염려는
기우였다. 살면서 맞닥뜨리는 고통, 과정 중 하나일 뿐이다. 꾸준하
게 나만의 속도를 유지하자.

🚶 오늘 걸은 길

광일목장삼거리 → 무등산, 백마능선, 926봉, 안양산, 둔병재, 602봉, 622.8봉 →
어림고개(11.2㎞, 6시간 21분).

🏔 교통편

- 갈 때: 광주에서 원효사까지는 광천터미널 앞에서 1187번 버스 이용.
- 올 때: 어림고개에서 광주로 들어가는 버스 이용.

열일곱째 구간
어림고개에서 서밧재까지

겨울이 끝난 듯했는데, 봄이 시작도 전에 가버릴 것 같다. 나만의 초조함일까? 암튼, 뭣이 아쉬운지 조급해지는 요즘이다.

열일곱째 구간을 넘었다. 화순군 동면 청궁리에 위치한 어림고개에서 남면 벽송리와 동면 복암리를 잇는 서밧재까지다. 이 구간에서는 성산, 별산, 594.6봉, 묘치고개, 385.8봉, 천왕산, 구봉산 등을 넘게 된다. 이 구간에서 비로소 봄을 만났다. 가느다란 진녹색 잎새를 길게 늘어뜨리고 꽃대를 피어내는 꿩 밥을 발견했고, 좁쌀처럼 올망졸망한 산수유를 올 들어 처음 봤다.

2013. 3. 16. (토), 맑음

광주 광천터미널 버스 정류장에서 9시 20분에 출발한 화순 청궁리행(화순교통 217-1번) 버스는 10시 29분에 어림고개에 도착. 아침이라선지 쌀쌀하다. 바로 초입으로 향한다. 지난번 열여섯째 구간을 마무리할 때 이곳에서 만났던 어르신을 또 만나 인사를 했지만 못 알아보신다. 그러면서도 한마디 하신다. 혼자 다니면 위험하다고⋯. 주택에서 도로를 건너니 바로 능선으로 이어진다. 조금은 가파른 초입에 비탈지게 선 나무들. 가지에는 형형색색의 수많은 표지기를 달고 있다. 조금 오르니 아주 큰 소나무가 떡 버티고 서 있다. 보호수다. 수령은 2백 년, 둘레가 3m. 뽀삭뽀삭 마른 나뭇잎을 밟는 촉감이 좋다. 오르막이라 바닥만 보고 걷는다. 몇 가닥의 연둣빛 기다란 잎새를 발견한다. 금년에 처음 보는 봄의 전령이다. 사람들은 이것을 야생난이라고 부르는 것 같은데, 우린 어렸을 때 '꿩 밥'이라고 불렀다. 촬영해 둔다. 낮은 봉우리에 선다. 많은 표지기 중에서 유독 몇 개가 눈길을 끈다. '광주 문규한', '비실이 부부' 오랜 친구를 만난 듯 반갑다. 쌀쌀하던 날씨는 온데간데없고 벌써 등짝에 땀이 찬다. 겉옷을 벗고 조끼를 걸친다. 내려가자마자 오르막이 시작되고, 곳곳에 작년 볼라벤 태풍의 상흔들이 보인다. '아~ 징한 것들….' 조금은 가파른 오르막을 한참 오르니 무명봉 정상이다(11:18). '성산 600미터 서래야 박건석'이라는 표지판이 있다. 그렇다면 이곳이 성산? 우측 능선으로 내려가 임도를 가로질러 오르니 길은 여전히 걷기 좋다. 완만한 오르막 내리막이 반복된다. 좌측에 시멘트 임도가 보이고(11:30) 능선을 따라 계속 오르니 주변에 작은 바위들이 널려 있다. 벌써 땀이 비 오듯 한다. 가파른 오르막이 시작되는가 싶더니 바로 임도가 나타나고, 임도를 건너 능선으로 오르니 억새밭이다. 바로 눈앞에 별산 정상이 펼쳐진다. 보이지 않는 길을 찾아 억새밭을 통과하니 다시 능선으로 이어지고, 별산이 코앞이다. 조금 더 오르니 암릉길이 나오고, 잠시 후 별산 정상에 이른다(11:51). 정상은 온통 바위, 사방은 막힘없다. 아담한 청궁리 마을은 전형적인 시골 풍경이다. 북서쪽으로는 무등산에서 이곳까지의 마루금이 한눈에 들어오고, 남동쪽엔 무인 산불감시카메라가 설치되었다. 감시카메라를 지나자 암릉길이 이어지고, 끝에서 임도를 따라(12:05) 우측으로

20m 정도 가다가 좌측 산길로 5~6분 오르자 넓은 공터가 나온다. 억새로 덮였지만 헬기장이란 걸 짐작할 수 있다. 헬기장을 지나니 완만한 능선이 이어지고, 바윗길이 나오기도 한다. 허름하나 비석은 깨끗한 묘지가 나온다(12:18). 내려가는 길도 바윗길. 안부에서 직진하여 무명봉에서 내려가니 시들시들한 회색 억새가 나오고, 산죽도 보인다. 다시 작은 봉리를 넘고 갈림길에서 능선을 벗어나 좌측으로 내려간다. 사면으로 삐딱하게 걷게 되는 아기자기한 길이다. 좌측 아래에 넓은 호수가 있다. 키 큰 산죽 지대를 지나니 임도에 이르고, 우측에도 산죽이 있다. 안부를 지나 오르막에도 산죽이 있다. 잠시 후 594.6봉에 이른다(12:49).

594.6봉에서(12:49)

정상에 삼각점이 있다. 직진으로 내려가다 채 5분도 안 되어 묘지가 있는 무명봉에 이른다(12:55). 내리막에 굵은 밧줄이 길게 설치되었고, 산죽도 나온다. 묘지를 지나(13:08) 내리막은 계속되고, 안부에서 올라 갈림길에서(13:15) 직진하니 연둣빛 산수유가 있다. 금년 들어서 처음 본다. 오르막에 편백나무 단지가 시작되고, 이어서 무명봉에 이른다. 이곳에서 점심을 먹고, 출발한다(13:39). 개 짖는 소리와 자동차 소리가 들리고 도로와 마을이 보이기 시작한다. 급경사 내리막에 로프가 설치되었고, 잠시 후 2차선 포장도로인 묘치고개에 이른다(13:51). 깊은 산중인 줄로만 알았는데 그게 아니다. 자동차 통행량이 꽤 많고, 우측에 '삼거리 가든'이라는 그럴싸한 음식점까지 있다. '묘치재'라는 큰 표석이 눈에 띈다. 화순군 동면이라는 행정구역 표지판도 있고, 맞은편에는 '적벽가는 길'과 '동북수원지'라는 입간판이 있다. 그리고 보니 조금 전 사면 좁은 길을 걸으면서 궁금했던 호

수의 수수께끼가 풀린다. 그 호수가 바로 '동북호'다. 지도를 보고 묘
치재가 화순군 동면과 이서면의 경계를 가르는 잿등이란 것도 알게
된다. '적벽'은 강가에 있는 절벽인데, 그 형상이나 풍광이 대단하다
고 한다. 전라남도에서 기념물로 지정했고, 시즌이 되면 외지 관광객
이 많이 찾는다고 한다. 묘치고개삼거리에서 마루금은 맞은편 산으
로 이어진다. 산으로 가기 위해서는 두 번의 도로를 건너야 하는데,
일단 동북수원지 표지판이 있는 곳까지 가서 맞은편 산으로 오를 수
있는 횡단보도를 건너면 초입에 이른다. 오르막이 시작되고, 묘 4기
를 지나면 편백나무 숲이 나온다. 신기하게도 산길에서는 아무리 복
잡한 생각들도 저절로 정리된다. 내가 산길에 빠지는 이유이기도 하
다. 숲을 지나 등로는 원형 묘 뒤로 이어지고, 능선갈림길에서 우측
으로 내려가니 안부삼거리에 이른다(14:28). 삼거리에서 직진하니 묘
지가 연거푸 나오고, 묘지 뒤로 오르니 완만한 능선이 이어지다가
가파른 오르막이 시작된다. 다시 능선에서(14:46) 우측으로 진행하니
쓰러진 나무들이 많고, 잠시 후 385.8봉에 이른다(14:48).

중앙에 삼각점이 있고, 내려가는 등로 좌측에 편백나무 숲이 있다. 다시 오르막이 시작된다. 묘지 2기가 있는 무명봉에서(15:01) 직진으로 내려가자마자 임도사거리에 이르고, 또 직진으로 내려가니 원형묘 6기가 나온다(15:09). 묘지마다 비석이 세워졌는데 짠하게도 묘역 주변 아름드리 소나무들이 모두 쓰러졌다. 묘지를 떠나자마자 주라치에 도착한다. 주라치는 화순군 동면 복암리와 동북면 읍애리를 연결하는 고개다. 직진 오르막 끝에 무명봉에 이른다(15:27). 쓰러진 나무와 바위가 있다. 바로 내려간다. 바닥에 깔린 바위를 통과하고, 오르니 또 무명봉에 이른다(15:34). 잠시 후 도착할 천왕산이 올려다보인다. 10여 분 후, 또 무명봉을 넘고 바윗덩어리를 지나 가파른 오르막을 넘으니 천왕산에 이른다(16:08).

천왕산 정상에서(16:08)

정상에 삼각점이 있다. 완만한 내리막은 90도 우측으로 이어지면서 급경사로 변한다. 바윗길을 지나 안부를 가로질러 오르니 능선에 이어지고, 사거리에서 직진으로 올라 비석이 있는 묘 2기를 지나 안부사거리에서 직진으로 오르니 또 무명봉에 이른다(16:41). 내려가는 길은 임도처럼 넓다. 봉우리 정상에 이르기 직전에 철망을 발견한다. 정상을 통제하는 방어벽이다. 그런데 표지기가 없다. 좌측으로 갈지, 우측으로 가야 할지? 우측으로 진행하니 시멘트 도로가 나오고(16:49) 근처에 이동통신 안테나가 있다. 시멘트 길을 버리고 우측 능선으로 진입하여 임도를 만난다. 임도가 끝나고 능선으로 오르니 좌측에 구봉산이 올려다보인다. 갈림길에서(16:59) 우측으로 내려가다가 묘지 있는 곳에서 좌측으로 내려간다. 여러 기의 묘지를 지나 임도에서 좌측으로 내려가니 최근에 조성한 묘역이 나오고, 그중 큰 묘지에서 좌측으로 내려간다. 이 지역도 참 묘지가 많다. 걷기 좋은 길로 한참 가다가 시멘트 길에서 우측 능선으로 진입한다. 벌목지를 만나 무조건 앞만 바라보며 진행하니 자동차 소리가 들리더니 4차선 포장도로인 서밧재에 이른다(17:20). 서밧재에 도착하고서야 내려온 코스가 잘못되었음을 알게 된다. 벌목지에서부터 길을 잘못 들었다. 정확한 마루금을 찾기 위해서 도로 갓길을 따라 광주 방향으로 이동하니 한참 후 '문성석재'라는 간판이 보이고, 찾고자 했던 서밧재에 이른다(17:33). 오늘은 이곳에서 마치기로 한다. 광주로 들어가는 버스 시각을 알아보기 위해 문성석재에 들렀으나 사람은 없고 개들이 왕왕대며 문전박대한다. 포기하고 나와서 서성대는데 버스가 온다. 무턱대고 손을 흔들어 버스를 세우니 다행히도 광주로 들어가는 217번 화순교통이다. 버스를 세운 미안함에 고맙다고 인사하니 야단은커녕 오히려 이곳 교통편까지 자세히 일러준다. 오늘 스승은 이 기사님이다.

🚶 오늘 걸은 길

어림고개 → 성산, 별산, 594.6봉, 묘치고개, 385.8봉, 천왕산, 구봉산 → 서밧재 (13.0㎞, 6시간 51분).

🏔 교통편

- 갈 때: 광천터미널 앞 버스 정류장에서 화순교통 217-1번 버스로 어림고개까지.
- 올 때: 서밧재에서 화순교통 217번 버스로 광주까지.

열여덟째 구간
서밧재에서 말머리재까지

할 일 없이 기다리는 시간처럼 고통스러운 것도 없다. 소위 '빈 시간'이다. 야간열차나 심야버스를 타 본 사람이라면 한 번쯤 겪었을 것이다. 텅 빈 대합실에서 하릴없이 기다려야만 했던 답답한 순간을. 정맥 종주로 전날 밤에 집을 나서야 하는 요즘의 내가 그렇다. 훗날엔 추억이 된다지만 고역이다. 어느 여행기자의 칼럼을 읽었다. 일상이 여행이고, 인생 자체가 여행이라고 했다. 인생이라는 여행의 끝은 죽음이고, 죽음조차도 '또 다른 여행'이라고 했다. 그러면서 죽음을 맞이하기 전에 준비가 철저해야 한다고 했다. 그 준비는 '후회 없는 생'이라고 했다. 공감이 간다.

열여덟째 구간을 넘었다. 화순군 동면 구암리에 위치한 서밧재에서 이양면 용반촌 윗산 말머리재까지다. 이 구간에는 568봉, 천운산, 돗재, 태악산, 노인봉, 매봉 등이 있고, 노인봉 직전 암봉은 너무 가팔라서 겨울철에는 피하는 것이 좋을 것이다. 봄이 여물고 있었다. 노랗게 물든 산수유를 봤고, 산길의 무법자인 뱀과도 첫 상면을 했다. 마음속에 가득가득 봄 조각을 담았다.

2013. 3. 23. (토), 아주 맑음

광주 광천터미널에 도착한 때가 새벽 3시 58분. 대합실엔 나보다 먼저 온 대기자들로 북적. 학생들이 단연 많다. 앞으로 두 시간 정도는 죽여야 할 시간. 등받이 의자에 앉아 잠을 청하지만 고역이다. 6시쯤 버스 정류장으로 가서 순천교통 217번에 오른다(06:07). 버스는 구암리를 지나 언덕배기를 넘는다. '문성석재'가 보이자 기사님께 부탁한다. "여기서 좀 내려 주세요." "아무 데서나 내려주라고 하면 되나요?"라면서도 바로 세워준다(07:05). 지난주 토요일 서밧재에서 광천터미널까지 갈 때도 똑같이 58분이 걸렸다. 신기하다. 이른 아침 서밧재는 안개에 점령되었고, 도로 맞은편 문성석재 건물은 무거운 침묵에 잠겼다. 지난주 토요일엔 개 짖는 소리로 왁자지껄했었는데…. 딴 세상이다. 이곳에서 오늘 산행 들머리는 이동통신 안테나가 있는 곳. 초입에 표지기가 없어서 답답하지만 무조건 앞쪽 산을 향해서 오른다고 생각하면 된다. 이동통신 안테나와 묘지 4기를 지나 벌목지에 이른다. 애초부터 길은 없다. 벌목지를 통과하다 공사 현장을 발견한다. 어제까지도 공사를 했는지 중기가 있다. 공사 현장을 통과하니 헐린 묘지가 나오고, 근처에 표지기가 있다. '산새들의 합창'. 제대로 오르고 있음을 확신한다. 등로는 아니지만, 길처럼 보이는 흔적을 따라 무조건 오른다. 쓰러진 소나무에도 표지기가 걸렸다. 마치 아이를 업은 엄마가 쓰러진 듯. 애처롭다. 소나무를 지나자 등로가 나오더니 가파른 오르막이 시작되고, 큰 바위가 나타나니 로프를 타고 올라 작은 봉우리에 선다(07:30). 헐린 묘지가 있다. 내려가는 길은 비교적 넓다. 임도를 만나 좌측으로 내려가니 사거리에 이르고, 직진하니 광주학생교육원 숙소 끝에 천운산 등산 안내도가 있다. 길은 두 갈래. 좌측 임도를 버리고 직진 넓은 길로 오르니 갈림길이 나오고, 좌측 아래로 내려가니 임도와 만난다. 이정표가 있다(천운산 정상 3.6). 넓은 임도를 걷는다. 그윽한 솔향이 콧속을 파고들고 잠시 후 송전탑을 만나면서(07:51) 안개가 걷히기 시작한다. 임도 조성이 잘 됐다. 나무를 베어내지 않고 필요한 나무는 그대로 살렸다. 도로의 기능을 고려하고 자연미도 살린 걸작이다. 잠시 후 봉우리에 이른다(08:04). 의자가 있고, 양쪽 골에는 안개가 자욱하다. 돌길로 내려가니 팻말이 나온다(정상 2.3). 가파른 오르막이 시작되고, 구름이 걷혀 해가 나오기 시작한다. 갑자기 밝아진 느낌이다. 돌탑에 돌을 얹고 진행한다(08:23). 작은 바위가 옹기종기 모인 작은 봉우리를 넘으니 가파른 오르막이 시작되더니 소로로 바뀐다. 좌우를 둘러보니 구름 위로 산꼭대기만 보인다. 산이 구름 위에 떠 있다. 오래전 지리산 종주 때 본 비경이다. 아기자기한 길이 이어지다가 능선삼거리에서(08:36) 오르니 천운 2봉에 도착한다(08:42). 오르막내리막이 반복되고, 고만고만한 봉우리 서너 개를 넘으니 천운산 정상에 도착한다(09:07).

천운산 정상에서(09:07)

정상에는 이정표(한천휴양림 1.7), 삼각점, 이동통신 안테나, 정상석이 있다. 정상에서 오던 길로 조금 내려가 좌측으로 200m쯤 내려가니 등로는 우측으로 이어진다. 돌길이 시작되고, 경사가 심한 내리막길이 끝나면서 능선삼거리에 이른다(09:25). 목재 벤치와 이정표가 있다. 직진으로 오르니 목재 벤치가 나오면서 512봉에 이른다. 내려간다. 암릉길 끝에 벌목지가 나오고, 잡목 사이에 산수유가 보인다. 연둣빛 잎이 일주일 사이에 몰라보게 자랐다. 봄 조각을 맘껏 담는다. 암릉길을 지나니 팔각정이 나오고(09:49), 이정표가 있다(주차장

0.4). 조금 내려가니 갈림길이 나온다. 우측은 한천휴양림으로, 등로는 직진으로 이어진다. 내려가다가 벌목된 나무들이 방치된 곳에서 길이 없어져 버린다. 전체가 벌목되어 허허벌판이라 표지기도 찾을 수 없다. 한참 헤맨다. 지형으로 봐서는 직진으로 이어질 것 같지만 아니다. 비스듬하게 우측으로 한참 내려가니 2차선 포장도로인 돗재에 이른다(10:03). 돗재는 화순군 한천면 오음리와 반곡리를 잇는 잿등이다. 우측에는 한천자연휴양림 주차장과 후문이 있고, 그 옆에는 '돗재'라는 표지석이 있다. 생각지도 못한 한천자연휴양림을 이곳에서 만난다. 작년 여름에 인터넷으로 쉴 곳을 찾으면서 이곳 휴양림을 뒤지곤 했었는데…. 등로는 도로 건너편 절개지 위로 이어진다. 절개지는 시멘트 옹벽 위에 낙석방지용 철망이 설치되었고, 철망에는 표지기가 걸려 있다. 시멘트 옹벽을 넘자마자 큰 나무에 빨간색 파랑색의 긴 천이 걸려 흔들린다. 섬뜩하다. 조금 더 오르니 등로는 우측 가파른 오르막으로 이어진다. 벌써부터 힘에 부친다. 몇 번을 쉰 끝에 간신히 무명봉에 오른다(10:29). 배낭을 내려놓고 잠시 숨을 고른다. 앞쪽에 태악산이 우뚝 서 있고, 뒤에는 방금 지나온 한천휴양림 나목들이 황량하게 보인다. 햇볕은 따스한데 나무들은 아직 겨울이다. 내려가는 길은 바윗길. 주변에 진달래나무들이 보인다. 좀 있으면 움이 터질 것 같다. 안부에서 오르막이 시작되더니 458봉에 이른다(10:45). 내려간다. 안부에서 오르다가 갑자기 바닥에 깔린 마른풀의 서걱거리는 소리에 깜짝 놀란다. 고개를 돌리니 뱀이 에스자로 지나가고 있다. 한 번 더 놀란다. 봄을 알리는 것이겠지만 왜 하필이면 내 앞에서…. 고도차가 별로 없는 완만한 능선. 갈수록 태악산은 코앞으로 다가선다. 무명봉을 넘고, 암릉길을 벗어나니 능선 좌측은 벌목된 민둥산, 아래에선 작업 중인지 기계음이 들린다.

오르막길에 산죽 지대가 나오고, 비슷한 오르막이 반복되더니 높고 멀리만 보이던 태악산 정상에 이른다(11:28). 정상 표지판, 묘지, 작은 바위가 있고, 소나무가 쓰러져 있다. 직진으로 내려가 낮은 봉우리를 넘고 작은 바위가 있는 안부에서 오르니 작은 돌탑이 있는 봉우리에 이른다(11:42). 내려가다가 많은 나무들이 뿌리째 뽑힌 것을 목격한다. 안타깝다. 능선이라 바람막이가 없어 태풍의 표적이 됐을 것이다. 긴 내리막길 좌측은 편백나무 군락지다. 돌길을 걷다가 돌탑을 발견하고(11:48), 이어서 오르막에 쓰러진 나무들이 자주 보인다. 오르면서 이곳이 노인봉이겠거니 하고 올라서면 또 아니다. 점심을 먹고, 출발한다(12:28). 큰 바위를 우회하니 가파른 오르막이 계속되고, 암봉에서(12:50) 내려가다가 다시 오르니 드디어 노인봉 정상에 이른다(13:04).

노인봉에서(13:04)

정상 표지판과 삼각점이 있다. 내려가는 길은 험한 바윗길. 갑자기 큰 바위가 나타나고, 완만한 능선에 이어 몇 개의 봉우리를 더 넘는다. 봉우리마다 사각형 시멘트 기둥이 있고, 그 기둥에 '전방'이라고 적혀 있다. 전방? 우측 능선으로 내려가다가 산죽 지대를 지나 성재봉에 도착한다(13:40). 비닐로 된 정상 표지판이 있고, 주변에 산죽이 우거지다. 이곳에도 사각형 시멘트 기둥이 있다. 내려서자마자 용암산분기점에 이른다. 우측은 용암산으로, 등로는 좌측으로 이어진다. 7~8분 내려가 안부사거리에서 능선으로 올라서서 우측 산을 바라보니 나무 한 그루 없이 흙만 보이는 벌거숭이다. 정맥이 죽어간다. 연속해서 세 개의 봉우리를 힘겹게 넘고 안부에 이르니 좌우에 희미한 길 흔적이 있다. 가파른 오르막이 길게 이어지더니 박

건석 씨의 표지판이 있는 매봉에 이른다(14:16). 완만한 내리막 끝에 안부사거리에 이른다(14:21). 좌측에 고목나무가 있고, 우측 아래 먼 곳에 가옥들이 보인다. 사거리에서 오르내리다 사거리 표시가 뚜렷한 말머리재에 이른다(14:23). 오늘은 이곳에서 마치기로 한다.

이제 광주행 교통편이 있는 고암촌을 찾아 길 흔적이 뚜렷한 우측으로 내려가야 한다. 분뇨 냄새 진동하는 축사를 거쳐 고암촌에 이른다(14:45). 봄볕 따스한 토요일 오후. 그렇잖아도 아늑한 고암촌이 평화롭게만 보인다. 간간이 들려오는 개 짖는 소리, 이름 모를 들새의 날갯짓만이 적막을 건드린다.

🚶 오늘 걸은 길

서밧재 → 512봉, 568봉, 천운산, 돗재, 태악산, 노인봉, 성재봉, 매봉 → 말머리재
(13.7km, 7시간 18분).

🗻 교통편

- 갈 때: 광주 광천터미널 버스 정류장에서 화순교통 217번 버스로 서밧재까지.
- 올 때: 고암촌에서 화순교통 218-1번 버스로 광주로 이동.

열아홉째 구간
말머리재에서 예재까지

    열아홉째 구간을 넘었다. 화순군 이양면 고암촌 뒷산 말머리재에서 보성군과 화순군 경계를 이루는 예재까지다. 이 구간에서는 463봉, 촛대봉, 두봉산, 537봉, 개기재, 계당산, 569봉 등을 넘게 된다. 거리에 비해 많은 시간이 소요되고, 날머리에서 40분 이상을 걸어야 교통편이 있다.

2013. 4. 21. (일), 맑음
    빗물 뿌리던 꾸물한 날씨 탓일까? 고속버스 대신 기차를 이용한다. 밤 10시 5분에 용산역을 출발한 광주행 무궁화호 열차는 새벽 2시 20분에 광주역에 도착. 아침 6시까지는 무료하게 시간을 죽여야만 한다. 이 또한 고통이다. 6시가 되자마자 광천터미널로 이동. 7시 19분에 광천터미널을 출발한 화순교통 218-1번 버스는 8시 50분에 고암촌에 도착. 3주 만에 다시 보는 고암촌. 마을 표지석이 반갑고, 물기 머금은 마을 풍경이 정겹다. 바로 산으로 발길을 옮겨 분뇨처리장을 지난다. 산 밑에 이르자 새로운 세계가 펼쳐진다. 흙을 완전히 감춰버린 풀들, 싹을 틔워가는 회색빛 나무들, 진달래 대신 자리한 철쭉들. 말로만 봄이 아니다. 풀숲에 서린 물기가 그대로 등산화로 옮겨진다. 바짓가랑이까지 촉감이 온다. 고암촌 뒷산 오르막은 가파르다. 3주 전에 이곳을 내려올 때는 30분 걸리던 것이 40분이 지나서야 간신히 말머리재에 이른다(09:30). 들머리를 만나는 첫인상, 언제나처럼 신비롭다. 움터 오르는 나뭇가지들, 하루가 다르게 커가는 잎새들, 묵묵히 자리를 지키는 표지기들. 그들이 알든 모르든 내 마음을 전한다. 네가 있어 내가 있고, 너를 만남에 오늘이 있다고. 가벼운 차림으로 갈아입고 출발한다(09:40). 이미 누군가 올랐는지 등산화 자국이 역력하다. 가파른 능선길이 이어진다. 맨 먼저 시야에 들어온 산꽃, 철쭉이다. 철쭉이 대세인 듯 가는 곳마다 먼저 눈에 띈다. 산죽도 보인다. 산죽 속에 핀 진달래, 그 조합도 괜찮다. 무명봉에서(09:48) 직진으로 내려가니 산죽 지대가 길게 이어진다. 완만한 능선은 가파른 오르막으로 바뀌고, 무명봉에 이른다(10:04). 완만한 내리막에 이어 다시 무명봉을 넘고 계속되는 산죽 길을 걸으니 이번에는 463봉에 이른다(10:20). 정상에 뿌리째 뽑힌 나무가 그대로 있다. 애처롭다. 내려가는 길은 꽃길이다. 산 벚과 진달래 꽃잎들이 지난밤 빗물에 적셔져 바닥에 붙었다. 주변을 둘러봐도 온통 꽃이다. 아주 오래전 경기도 용마산에서 본 하얀 쪽동백이 자주 보인다. 짙은 꽃향을 담을 수 없음이 아쉽다. 몇 개의 봉우리를 넘고, 돌길 오르막을 넘는다. 키 작은 산죽 지대를 지나 오르막 끝에 촛대봉에 이른다(10:42). 앞쪽에 잠시 후 도착할 두봉산이 보이고, 내려가다가 또 봉우리를 넘는다. 돌길 내리막이 흙길로 바뀌면서 산죽이 나오고, 쓰러진 나무에 버섯이 자라고 있다. 몇 개의 무명봉을 더 넘고 안부에서 올려다보니 봉우리가 까마득하다. 겁이 날 정도다. 가파른 오르막 산죽을 지나 무명봉삼거리에 이른다(11:23). 두봉산이 코앞이다. 90도 틀어 좌측으로 내려가자마자 오르막이 시작되고, 한참 힘들게 오르니 두봉산 정상에 이른다(11:39).

두봉산 정상에서(11:39)

정상 표지판, 삼각점이 있고 조금 아래에 이동통신 안테나가 있다. 앞쪽 개기재까지 이어지는 능선이 마치 한 폭의 그림처럼 아름답다. 내려간다. 무명봉을 넘고 다시 오른 무명봉에 헬기장 표시가 희미하다(11:56). 표식은 풀 속에 묻혔다. 헬기장을 지나니 불에 탄 나무들이 나온다. 밑동이 검게 그을린 채 말없이 서 있는 나무들. 애처롭다. 괜히 미안해진다. 그저 서서 당했을 것이다. 2~3분 더 가서 장재봉 분기점에 이른다(11:59). 좌측은 장재봉으로, 등로는 우측으로 이어진다. 이곳에서 점심을 먹는다. 집 생각이 난다. 큰소리는 아니지만, 가지 말라던 아내 모습이 떠오른다. 미안할 따름이다. 남편을 산에 뺏긴 아내의 심정을 이해한다. 그나저나 언제 이 짓이 끝날는지? 나도 걱정이다. 다시 출발한다(12:21). 완만한 능선에 이어 안부에서 올라 537봉에 이르고(12:34), 이어지는 길은 완만한 내리막. 점점 바람이 거칠어진다. 무명봉을 세 개째 넘을 때쯤 좌측 아래에 저수지가 보인다. 능선을 걷는 내내 저수지가 따라오고, 잠시 후 갈림길에서 등로는 좌측 아래 폭신한 흙길로 이어진다(12:50). 낙엽이 쌓인 산길. 비석이 있는 묘 2기가 나오고, 묘지 좌측으로 내려가니 임도가 나온다. 임도는 세로로 변하면서 오르막이 시작된다. 안부삼거리에서 직진으로 오르다가 내려가니 갈림길, 좌측으로 오르니 468.8봉에 이른다(13:06). 정상에 삼각점이 있고, 한쪽에 베어진 나무가 쌓였다. 급경사로 내려가니 곳곳에 베어진 나무들이 그대로 있다. 지난번 태풍으로 쓰러진 덩치 큰 나무들도 보인다. 급경사와 완경사가 반복되는 내리막길. 묘지 2기와 넓은 공터를 지나니 2차선 포장도로인 개기재에 이른다(13:22). 개기재는 화순군 이양면과 보성군 복내면의 경계를 이룬다. 이젠 화순지역도 거의 끝나고 보성에 접어든 셈이다. 포장도로에 접해 세워진 전봇대에는 표지기들이 걸려 있고, 이곳에서 등로는 포장도로 건너편 절개지로 이어진다. 그런데 절개지는 낙석방지용 철망이 설치되어 오를 수 없다. 포장도로를 따라 우측으로 50m 정도 내려가다가 낙석방지용 철망이 끝나는 지점에서 산으로 오른다. 바로 의령 남씨 비석을 지나 약간 올라서니 의령 남씨 묘지가 나온다. 묘지 좌측으로 완만한 능선이 이어지고, 걷기 좋은 흙길이 계속된다. 고만고만한 봉우리 몇 개를 오르내리다가 무명봉에서(14:19) 좌측으로 내려가니 안부에 이르고, 다시 봉우리를 넘으니 갈림길이 나온다. 갈림길에서 좌측으로 오르니 철쭉군락지에 이른다(14:48). 며칠 지나면 장관이겠다. 우측으로 조금 오르니 헬기장이 조성된 넓은 공터가 나오고, 한쪽에 벤치가 있다. 아마도 철쭉군락지와 계당산이 있어 이런 시설이 있는 것 같다. 우측으로 오르니 길 양쪽에 철쭉이 도열해 있고, 인조목 계단이 나온다. 계단을 넘으니 잠시 후 계당산 정상에 이르고(14:59), 이정표와 삼각점이 있다.

좌측으로 내려가는 등로 양측에도 철쭉이 빽빽하다. 안부에서 직진으로 오르니 569봉에 이른다(15:21). 그런데 다급해진다. 4시 이전까지는 목적지까지 가야 되는데, 아직도 1시간 반은 더 가야 될 것 같다. 뛴다. 안부를 지나 가파른 오르막을 넘으니 또 무명봉(15:43). 등로는 우측으로 90도 틀어서 이어지고, 한동안 완만한 내리막길이 계속된다. 다시 무명봉에 올라서니 좌측에 넓은 저수지가 보인다. 지도상에 학동제로 표시되었는데 멀리서 보니 호수처럼 넓다. 벌써 화순을 거쳐 보성까지 내려왔다. 까마득하던 호남정맥도 이젠 가닥이 보인다. 급경사로 내려가다가 몇 개의 봉우리를 넘고(16:20), 안부에서 직진으로 올라 봉우리에서 좌측 아래를 내려다보니 좀 전에 봤던 학동 저수지가 아주 가까이 보인다. 내려가니 우측 아래에 도로가 있다. 예제 터널로 이어지는 도로일 것이다. 좌측에 묘지가(16:43), 우측에 편백나무 단지가 나온다. 좀 더 진행하니 양쪽 모두 편백나무 단지다. 편백나무 단지를 지나니 고사목이 많은 곳에 이른다(16:51). 보기에 애처롭다. 모두 산불에 그을렸다. 고사목 지대를 지나니 헬기장이 나오고(16:55), 이어 임도에 이른다. 우측 아래에 이통통신 중계탑이 있다. 임도에서 산길로 내려가니 바로 도로가 보이기 시작하고, 잠시 후 오늘의 종점인 예재에 도착한다(17:01). 낙엽 쌓인 예재는 도로 흔적만 있을 뿐, 황량하다. 한쪽에 대형 계당산 등산 안내도가 있다. 이 순간을 위해 야간열차를 타고 역사에서 새우잠으로 시간을 죽여야 했던 순간들이 떠오른다. 가족의 반대를 모른 체하고, 매주 주말을 산속에 바쳐야만 하는 심리적 갈등이 너무 크다. 서둘러 화순행 버스가 있는 남덕마을로 내려간다.

🚶 오늘 걸은 길

말머리재 → 463봉, 촛대봉, 두봉산, 537봉, 개기재, 계당산, 569봉 → 예재(16.5
km, 7시간 31분).

🏔 교통편

- 갈 때: 광주 광천터미널 앞 버스 정류장에서 화순교통 옥리행 버스 이용.
- 올 때: 예재에서 남덕마을까지 도보로(40분), 남덕마을에서 화순교통 218-1번 버
  스로 종점까지, 종점에서 광주행 버스 이용.

스무째 구간
예재에서 곰치까지

봄날이 시시각각 사라진다. 도회지 여성들의 의상만이 아니다. 날로 두터워지는 산중 잡목의 우거짐이, 산꾼들의 등짝에 흥건히 고이는 땀이, 한낮에 내리쬐는 5월의 햇볕이 그렇다. 5월을 누리는가 싶더니 그새 여름 속으로 떠밀리고 있다. 자연이, 우리 모두가.

스무째 구간을 넘었다. 화순군 이양면과 보성군 노동면을 잇는 예재에서 화순군 청풍면과 장흥군 장평면을 잇는 곰치까지다. 이 구간에는 온수산, 시리산, 봉화산, 고비산, 437봉, 봉미산, 가위재 등이 있다. 이번 구간에서 화순 땅을 밟고, 보성 마을을 감상하며 장흥 주민과 대화할 기회가 있었다. 하루에 3개 군을 둘러볼 수 있는 기회. 소득이 컸다.

2013. 5. 4. (토), 맑음

밤 12시가 지날 무렵에 강남터미널에 도착. 매표소 창구는 커튼이 반쯤 내려졌다. 심야버스 좌석이 매진됐다. 매표소 옆에서는 '광주 3만 원'을 외치는 호객꾼이 표를 놓친 여행객들을 불러 모은다. 난감한 상황. 집으로 되돌아갈 수는 없어 할 수 없이 호객꾼을 따라나선다. 내 앞에도 뒤에도 줄줄이다. 불안하다. 보험은 든 버스인지? 음주운전 기사는 아닌지? 이런저런 생각 속에 잠이 들고, 광주에 도착 (03:25). 화순행 버스는 5시 30분에 있다. 터미널은 취객들의 잡담과 바닥 청소차의 잉잉대는 소리로 소란스럽다. 5시 40분에 광천터미널을 출발한 화순교통 218-1번 버스는 6시 48분에 이양면사무소 앞에 도착. 이곳에서 예재까지는 택시를 타야 한다. 예재에 7시 25분에 도착. 공터인 예재는 아직도 안개 속에 묻혔고, 지난번에는 보이지 않던 쓰레기들이 하나둘씩 눈에 띈다. 보성과 화순을 잇던 교통로로서의 명성은 온데간데없고 초라하다. '아! 옛날이여'가 절로 나올 것 같다. 우측 절개지를 따라 오르니 흙길이 시작되더니 뚜렷한 등로가 나온다. 급경사는 완만한 오르막으로 변하고 온수산 정상에 도착. 개념도를 보고서야 이곳이 온수산이란 걸 안다. 앞에 우뚝 서 있는 시리산을 향해 출발한다. 찬바람이 일고 새소리가 들린다. 우측을 내려다보니 이양면에서 예재 터널로 이어지는 29번 국도가 보인다. 봉우리 몇 개를 넘고, 오르막에 철쭉과 산죽이 보이더니 시리산에 이른다(07:58). 정상에 삼각점과 '준, 희' 씨의 목재 표지판이 있다. 잡목과 짙은 안개 때문에 주변 조망은 제로다. 주변을 가로막는 장막 속에서도 예재 터널로 올라오는 자동차 소리는 이곳까지 들린다. 내리막이 시작되는가 싶더니 오르막으로 이어지고, 작은 봉우리를 넘고 좌측으로 내려간다. 보성군과 화순군의 경계를 걷는다. 아직도 안개는 여전. 주변의 잡목 외에 아무것도 볼 수 없다. 오르막 끝에 봉화산에 도착(08:15). 정상 공터에 참나무가 있고, 표지판이 바닥에 떨어져 있어 표지기 있는 곳에 매달고 인증 샷을 날린다. 등로는 우측으로 이어지고, 완만한 경사지가 한동안 계속되다가(08:28) 오르막 끝에 큰 소나무가 쓰러진 무명봉에 이른다(08:33). 내려가는 길에서 반가운 표지기를 발견한다. '비실이 부부' 등로가 파헤쳐진 곳이 길게 이어진다. 무명봉을 넘고(08:48) 내려간다. 아직도 안개는 여전하다. 고지대일수록 태풍 피해가 심하다. 오르막에 쓰러진 나무들이 많고, 무명봉에서 내려가는 길 양쪽에 꽃잎이 화사한 쪽동백이 즐비하다(09:01). 꽃에도 품위가 있다면 이런 꽃을 두고 말할 것이다. 안부에서(09:13) 오르는 등로 좌측 아래에 저수지가 보인다. 보성군 노동면 진산리 젖줄이다. 다시 도착한 안부 좌측에 묘지가 있고, 7~8분 진행하니 임도인 가위재에 이른다(09:20). 가위재는 장흥군 장평면 진산리와 화순군 이양면 연화리를 잇는다. 장흥 방향인 좌측은 임도가, 화순 방향인 우측에는 세로가 이어진다. 어린 딸을 데리고 나온 농부 부부가 경운기에 산 흙을 퍼 담고 있다. 그들에게 이곳 위치를 물으니 장흥이라고 한다. 눈 깜짝할 사이에 보성에서 장흥으로 건너왔다. 대답 끝에 내게 되묻는다. 뭐 하러 다니는 사람이냐고. 정맥 종주 중이라니 고개를 끄덕인다. 발길을 옮기면서도 머릿속에는 부부의 노동하던 모습이 떠나질 않는다. 임도를 건너 산으로 오르니 가파른 오르막 끝에 능선으로 이어지고, 갈림길에서 우측으로 오르니 길고 가파른 오르막이 시작된다. 오르막 끝은 고비산 정상이다(09:38). 넓은 공터에 표지판이 있다. 내려가다 봉우리 두 개를 넘고 내려가니 안부사거리에 이르고(09:48), 직진하니 우측에 묘지 4기가 있다. 그중 1기는 원형 묘지다. 묘지를 지나 능선 좌측으로 7~8분 오르니 무명봉에 이른다. 정상은 사람이 쉬고 간 흔적이 있고, 우측 아래에 마을이 보인다. 아직도 안개는 여전. 우측으로 내려가니 앞쪽이 휑하니 뚫린다. 방화선이다. 뒤돌아보면 지금까지 지나온 능선이 굽이굽이 이어지고, 한참 후 397.4봉에 도착(10.25). 이곳도 방화선이 이어진다. 잠시 후 90도 꺾여 우측으로 내려가는 길은 맨땅이 보이는 곳도 있다. 우측 아래에 이양면 큰덕골 마을이 보이고, 잠시 후 안부삼거리에 이른다. 방화선이 끝나고, 좁은 내리막길로 내려가니 임도에 이른다. 큰덕골재다(10:53). 큰덕골재는 화순군 이양면 초방리와 장흥군 장평면 복흥리를 잇는다. 묘지는 없는데 큰 비석이 있다. 이곳에서 등로는 임도를 건너 산길로 이어진다. 산길도 임도인 듯 넓다. 잠시 후 갈림길에서 우측으로 오르니 비석이 세워진 원형 묘가 나오고, 좌측에 또 묘지가 나오면서 좁은 길로 이어진다. 오르막길은 능선갈림길에 이르고(11:04), 우측으로 90도 틀어서 오르니 잠시 후 무명봉에 이른다(11:26). 다시 안부를 지나 봉우리에서 내려가니 산죽과 쪽동백이 자주 보인다. 돌길이 시작되고, 큰 바위가 나오기도 한다. 좌측 아래에 농지가 보인다. 오르다가 작은 봉우리에 도착, 우측으로 내려가니 작은 돌무더기가 있는 안부사거리에 이른다(11:45). 줄기가 쌓인 돌을 휘덮고, 좌·우측으로 길 흔적도 뚜렷하다. 직진 완만한 능선을 한참 오르니 군치산 정상에 이른다(11:58).

군치산 정상에서(11:58)

정상 표지판이 있다. 이곳에서 점심을 먹는데 밥이 넘어가질 않아 간식으로 준비해 간 떡으로 대신한다. 지체할 겨를이 없어 바로 내려간다(12:10). 작은 봉우리를 넘고, 묘지를 지나 좌측 급경사로 내려가니 안부사거리인 뗏재에 도착한다(12:15). 뗏재를 가로질러 무명봉에서(12:23) 우측 급경사 돌길로 내려간다. 다시 봉우리를 넘고, 산죽이 있는 암릉을 지나 437봉에 도착한다(12:40). 좌측으로 내려가다 안부에서 오르니 전망이 트이는 곳에 이른다(12:53). 앞쪽에는 숫개봉과 봉미산이 우뚝 솟아 있다. 우측으로 틀어 내려가니 안부갈림길에 이르고, 능선을 따라 좌측으로 오르다 내려가니 다시 갈림길에 이른다. 갈림길에서 우측으로 내려간다. 우측에 여러 기의 묘지가 있는 곳에서(13:00) 좌측 능선으로 오르니 갈림길에 이르고, 우측으로 올라가다가 고개에서 좌측 능선으로 오르니 다시 사거리에 이른다. 이곳에서 길이 없어진다. 표지기도 없다. 앞산은 나무 한 그루 없는 허허벌판이다. 당황스럽다. 산이 개간되어 버렸다. 개간지 중앙에 청색 가건물 한 채가 있을 뿐이다. 개간지 가장자리를 둘러봐도 표지기는 보이지 않는다. 종주자들이 올라간 흔적도 찾을 수 없다. 난감하다. 일단 개간지 위 가장자리까지 올라가 보기로 한다. 예측은 맞았다. 개간지 제일 위에 올라서니 좌에서 우측으로 누군가 다닌 흔적이 있다. 간간이 표지기가 나오고 50m 정도 이동하니, 산으로 올라간 흔적이 보인다. 제대로 찾았다. 흔적을 따라 올라간다. 한참 오르니 능선에 이르고, 긴 오르내리막이 반복된다. 견디기 어려울 정도로 힘이 든다. 오르막 끝에 숫개봉에 도착한다(13:33). 정상에는 표지판과 산죽이 있다. 조금 전까지만 해도 안개가 걷히는가 싶더니 다시 자욱해진다. 정말 힘이 든다. 모든 걸 팽개치고 이대로 드러눕고 싶다. 하지만 지체할 수 없어 90도 틀어서 좌측으로 내려가니 급경사 내리막길이 시작되고, 앞쪽에 높은 봉미산이 올려다보인다. 좌측 아래에는 평화롭게 봄볕을 받고 있는 마을이 있다. 장흥군 장평면 어곡리다. 갈림길에서 직진으로 올라(13:53) 낮은 봉우리를 연속해서 넘으니 안부사거리에 이른다(14:18). 쉬어야겠다. 배낭을 내려놓고, 밥을 먹어보지만 넘어가지 않는다. 잠시 드러누웠다가 출발한다(14:33). 오르자마자 임도가 나오고, 임도는 억새로 덮여 바닥이 안 보인다. 임도를 건너 직진으로 가파르고 긴 오르막이 시작된다. 힘이 다 빠진 걸까? 도저히 오를 수가 없다. 발길이 떨어지지 않는다. 사방은 산이다. 어디에도 탈출구가 없다. 기어서라도 목적지까지 가야만 된다. 한발 한발 헤아리면서 오른다. 힘겹게 공터가 있는 봉우리에 이른다. 제1헬기장이다(15:00). 헬기장은 풀로 덮여 알아보기 어렵지만 군데군데 흰색 표시가 드러난다. 정말 견딜 수 없을 만큼 힘이 든다. 그냥 주저앉고 싶다. 완만한 능선을 오르내린다. 더 위가 장난이 아니다. 악을 쓰고 오른다. 오르막 끝에 봉미산 정상에 이른다(15:16). 정상은 제2헬기장이다. 바로 내려간다. 앞에 보이는 봉우리까지는 완만한 능선으로 이어진다. 잠시 후 제3헬기장에 이른다(15:28). 급경사 내리막으로 한참 가다가 좌측 아래를 보니 곰치로 올라오는 839번 지방도로가 보인다. 저 도로를 만나는 것이 오늘의 최종 목표다. 마지막 남은 힘을 쏟는다. 작은 봉우리를 넘자 편백나무 숲이 나온다. 완만한 능선 끝에 안부사거리에 이르고, 직진으로 오르니 좌측 아래 839번 지방도로가 더 가까이 보인다. 작은 봉우리를 연속해서 넘으니 절개지가 나오고, 좌측으로 내려가니 표지기가 뭉텅이로 걸린 2차선 포장도로에 이른다. 오늘의 최종 목적지인 곰치다(15:53). 장흥군 장평면과 화순군 청풍면을 알리는 표지판이 있다. 도로 옆 넓은 공터에 민가 한 채가 있고 건너편에는 '호남정맥 등산로 입구'라는 안내판과 이정표가 있다. 잠시 그늘에서 쉰 후 옆 민가에 들른다. 주인은 없고 개들만 짖는다. 수도꼭지가 보이는데 세탁기와 연결되어 물을 받을 수 없다. 할 수 없이 다라에 담긴 물을 그냥 마신다. 타는 목을 축이고, 주인이 없어 개들에게 감사 표시를 한다. 무리한 계획이었다. 하마터면 봉미산을 오르기도 전에 탈진으로 쓰러질 뻔했다. 산길을 걸을 때마다 자신을 돌아보게 된다. 이게 잘하는 짓일까?

🚶 오늘 걸은 길

예재 → 온수산, 시리산, 봉화산, 고비산, 군치산, 437봉, 숫개봉, 봉미산 → 곰치
(18.0㎞, 8시간 28분).

⛰ 교통편

- 갈 때: 광주 광천터미널 버스 정류장에서 218-1번 버스로 이양까지, 이양에서 예재까지는 택시로.
- 올 때: 곰치에서 이양까지는 택시로, 이양에서 버스로 광주로 이동.

스물한째 구간
곰치에서 피재까지

    마루금을 걷는 것만이 종주 산행의 전부가 아니다. 들머리까지 찾아가는 과정, 날머리에서 교통로를 확보하는 노력 등도 중요한 일부다. 이번 구간만 해도 그렇다. 정맥 종주가 아니라면 뭣 때문에 연고도 없는 화순을 찾고, 또 석치마을이라는 들어보지도 못한 구석까지 가겠는가. 그곳에서 진정 사람을 그리워하는 할머니를 만났고, 이 땅의 모든 노인이 사람을 그리워한다는 것을 알게 되었다. 또 있다. 피재라는 시골의 발전상을 두 눈으로 목격했다. 도로망이 그렇게 시원스럽게 뚫렸을 줄이야!

    스물한째 구간을 넘었다. 화순군 청풍면과 장흥군 장평면을 잇는 곰치에서 장흥군 유치면과 장평면을 잇는 피재까지다. 이 구간에서는 국사봉, 깃대봉, 노적봉, 삼계봉, 가지산, 백토재, 장고목재 등을 넘게 된다. 이번 구간을 끝으로 장흥에 진입하게 되었다. 한 가지 실수는 더위만 생각하느라 상의를 바람이 잘 통하는 얼멍얼멍한 것으로 택했는데, 우거진 잡목과 나뭇가지를 헤치면서 쐐기 같은 벌레의 공격을 쉽게 받았다.

2013. 5. 17. (금), 맑음

황금연휴 3일이 시작되는 목요일 밤. 강남 고속버스터미널로 향하는 발걸음이 무겁다. 연휴를 기다리던 가족들 때문이다. 밤 12시에 출발한 버스는 새벽 4시 10분에 광주에 도착. 터미널에서 5시 35분에 출발한 신석리행 218-1번 버스는 능주, 이양, 청풍을 거쳐 목적지인 신석리 석치 마을에는 7시 12분에 도착. '석치 마을'이라는 거대한 마을 표석을 확인 후 표석 옆에서 버스를 기다리는 할머니께 물었다. "곰치는 어느 방향으로 가지요?" 그쯤은 자신 있다는 듯, 포장도로만 따라서 쭈욱 올라가라고 하신다. 낯선 사람의 질문에 귀찮아하기는커녕 오히려 반기듯 말씀하신다. 할머니의 신속한 응답을 듣고 생각한다. 사람이 그리웠던 할머니라고. 이곳에서 들머리인 곰치까지는 30분 정도 걸어야 한다. 오르막이 시작되고, 곰치 모텔이 보이더니 주유소와 곰치 휴게소를 지나 2~3분 오르니 곰치에 도착한다(07:39). 조금 전 석치 마을에서 쌀쌀하던 날씨는 시원하게 느껴진다. 달랑 한 채 밖에 없는 민가에서 개 짖는 소리가 들리고, 한쪽에선 이제 막 도착한 종주객 4명이 승합차에서 내린다. 부럽다. 4명이 한 조가 되어 조직적으로 움직이는 사람들이다. 간단히 목례로 인사하고 각자 채비를 챙긴다. 들머리에 호남정맥 안내판이, 그 옆에는 이 지역이 슬로시티로 지정되었다는 설명문이 있다. 안내판을 통과하니 좌측에 소나무가 나오고, 표지기가 있다. 앞에는 최근에 개설된 것으로 보이는 임도가 이어진다. 임도 중간 중간에 어린 묘목이 심어졌고, 주변은 벌목되었다. 네 사람이 올라가는 뒷모습이 보인다. 나도 임도를 따른다. 갑자기 임도가 끝나 좌측으로 틀어 산등으로 오른다. 누군가 지나간 희미한 흔적이 있어 따라 오른다. 능선에 이르고, 표지기가 보인다. 등로는 좌측인지 우측인지 헷갈린다. 주변을 둘러보고서야 방향을 인식한다. 처음부터 잘못 올라왔다. 어찌하든 제 길을 찾았으니 다행. 들머리에서 안내판을 통과하고 소나무에서 임도를 따라 올라가지 말고 좌측으로 올라갔어야 했다. 초장부터 실수다. 능선을 따라 좌에서 우측으로 진행한다. 그새 숲이 많이 우거졌다. 이젠 햇빛을 받지 않고도 걸을 수 있다. 수호신이 두 개인 묘지 좌측으로 진행하니(08:12) 걷기 좋은 호젓한 산길이 이어진다. 좁아서 더욱 운치가 있다. 잠시 후 안부사거리에서(08:15) 직진하니 오르막이 시작되고, 임도를 따라 걷다가(08:20) 표지기가 있는 곳에서 산으로 오른다. 너덜지대다. 경사가 심해서 돌들이 미끄러져 내린다. 바람이 갈수록 거세고, 잠시 후 무명봉에 이른다(08:41). 이정표를 확인하고 내려간다. 봉우리를 넘으니 급경사 내리막이 시작되고, 완만한 능선으로 변하면서 사거리에 이른다. 직진으로 올라 또 봉우리를 넘어서니 임도사거리에 이른다. 우측으로 오르다가 임도를 가로질러 오른다. 다시 무명봉에서(08:58) 내려가다가 봉우리를 넘으니 백토재에 이른다(09:10). 백토재는 장흥군 장평면 병동리와 화순군 청풍면 이목동 마을을 잇는다. 직진 가파른 오르막으로 향하니 잠시 후 헬기장에 이르고(09:26), 이어지는 능선 양쪽에 산죽이 있다. 2~3분도 못 가서 국사봉에 도착한다(09:28).

국사봉 정상에서(09:28)

정상에 표지석과 이정표가 있고, 내려가는 길 양쪽에는 산죽이 있다. 작은 봉우리를 넘어 안부에서 직진으로 오르니 깃대봉에 이르고(09:51), 10여 분 내려가니 이정표가 있는 삼거리에 이른다(10:02). '들꽃향기 펜션'을 알리는 입간판이 있다. 펜션과 반대인 우측으로 오르자마자 헬기장이 나오고, 10여 분을 더 오르니 노적봉에 이른다(10:13). 이곳이 호남정맥 땅끝기맥분기점이다. 이곳에서 해남 땅끝까지 117㎞라고 적혀 있다. 잠시 쉰 후 좌측 삼계봉 방향으로 내려가다가 다시 봉우리를 넘고 내려가면서 좌측을 둘러보니 마을과 저수지가 보인다. 운곡리 마을이다. 오르막길 양쪽에 많은 산죽이 있고, 한참 오른 끝에 삼계봉 정상에 도착(10:52). 좌측 급경사로 내려가는가 싶더니 곧 가파른 오르막으로 이어지고, 무명봉을 넘고(11:03) 내려가니 로프가 설치되었다. 다시 봉우리를 넘으니 오르막에 로프가 설치되었다. 로프를 타고 무명봉에 올라(11:16), 우측 급경사로 내려가니 이곳에도 로프가 설치되었다. 잠시 후 우측 편백나무 군락지를 지나(11:25), 장고목재에 이른다(11:28). 좌측은 장평면 병동리 월곡마을로, 우측은 유치면 봉덕리 죽동마을로 내려가는 길이다. 등로는 임도를 가로질러 산으로 이어지고, 초입의 통나무 계단을 오르자마자 노송이 나온다. 제대로 자라지 못한 소나무다. 굵기도, 높이도, 벋은 가지도 그렇다. 긴 오르막이 시작된다. 좌, 우측 모두 장흥 땅이다. 연속해서 특징 없는 낮은 봉우리를 5~6개 넘은 후 점심을 먹고, 출발한다(12:10). 10여 분 만에 무명봉에 이르고(12:26), 송전탑 아래로 통과하여(12:27) 암릉길을 오르니 가지산 정상에 이른다(12:39). 정상에는 박건석 씨의 정상 팻말이 있다. 내려간다. 잠시 후 이정표가 있는(피재 3.4) 가지산 안부삼거리에 이른다. 등로는 좌측으로 90도 틀어서 이어진다. 산죽이 있다. 안부에서 올라, 완만한 능선으로 7~8분 내려가니 안부사거리에 이른다(13:18). 직진 오르막 끝에 봉우리에 이르고, 좌측으로 내려가다 안부에서 직진으로 오른다. 봉우리를 넘고 안부에 이르기를 반복, 전망암에 이른다(13:33). 우측에 댐과 강이 보인다. 탐진댐이다. 오르막 능선이 10여 분간 계속되더니 427봉에 이르고(13:48), 이후 완경사와 급경사가 반복되더니 조성 중인 임도를 만난다. 좌측에 원형묘지가 있다. 다시 오르다가 내려가니 묘지 4기가 나오고, 그중 3기가 원형묘지다. 조금 더 진행하니 가족묘지가 나오고, 큰길로 내려가니 좌측에 억새밭이 있다. 우측은 편백나무 단지이고, 그 속에 버섯을 재배하는 참나무 토막들이 대량으로 세워졌다. 시멘트 포장도로로 내려가니 우측에 경고판이 있고, 가는 줄로 출입을 통제한다. 잠시 후 최근에 포장된 듯한 피재에 이른다(14:09). 피재는 최신식 도로로 변했고, 앞은 잘 닦여진 도로들이 몇 겹으로 쭉쭉 뻗어 있다.

시골에 이런 거대한 도로망이라니. 바로 앞은 철망으로 막아 출입을 통제한다. 철망 건너편에는 터널이 지나고, 터널 위는 동물 이동로가 있다. 등로는 터널 위로 이어지는데, 동물 이동로를 이용해야할 것 같다. 오늘은 이곳에서 마치기로 한다. 길 위의 행복이 멈춰야할 순간이다. 이제 귀경길을 고민해야 한다. 5월의 햇볕이 여름처럼 따갑다.

🚶 오늘 걸은 길

곰치 → 백토재, 국사봉, 깃대봉, 노적봉, 삼계봉, 장고목재, 가지산 → 피재(12.9㎞, 6시간 30분).

⛰ 교통편

- 갈 때: 광주 광천터미널 버스 정류장에서 218-1번 버스로 신석리 석치마을까지, 도보로 곰치까지.
- 올 때: 피재에서 봉림리까지는 도보로(20분), 봉림리에서 장평은 군내버스로(5분), 장평에서 직행버스로 광주까지.

스물두째 구간
피재에서 곰재까지

　광주행 야간열차에 올랐다. 잊히지 않는 두 가지 기억. 새벽 2시 30분을 넘는 순간. 승객이 다 빠져나간 텅 빈 열차 안에서 잠에 취한 나를 흔들어 깨우던 열차 승무원의 한심해 하던 표정. 또 하나는 새벽녘 광주역 대합실에서 열어본 친구로부터 날라 온 문자 메시지 '청춘도 가니 슬프네. 진정 나를 보고 웃어주는 이는 9개월 된 손녀뿐이니.'를 읽고도 한동안 답을 못했다. '정말 그럴까? 나도 그렇게 될까?' 사는 동안 내내 물음이 될 '산다는 것'에 대하여 또 생각하게 된다.

　스물두째 구간을 넘었다. 장흥군 유치면과 장평면 경계를 이루는 피재에서 장흥읍 신기마을에서 보성군 웅치면으로 넘어가는 곰재까지다. 이 구간에서는 병무산, 471봉, 용두산, 453봉, 갑낭재, 385봉, 제암산 등을 넘게 된다. 힘들었다. 체력의 한계를 망각하고 12시간이 넘는 장거리를 계획한 탓이다. 장흥을 배웠다. 부산면, 용산면, 안양면 등 낯익은 명칭이 있고, 대한민국의 정남진이라는 것.

2013. 6. 1. (토), 흐림. 간간이 빗방울

용산역에서 22:05분에 출발하는 광주행 무궁화호에 승차. 누군가 흔들어 깨울 때는 새벽 2시 30분이 넘고 있다. 눈을 뜨니 제복을 입은 승무원이 앞에 서 있다. 깜짝 놀라 주위를 살핀다. 승객은 나 혼자뿐. 부랴부랴 역사로 내달린다. 광주역 대합실은 예전 풍경 그대로다. 의자에서 졸고 있는 사람, 서너 사람은 재방송 티브이를 시청하고 있다. 바로 광천터미널로 이동할까를 고민하다가 다섯 시까지는 이곳에 머물기로 한다. 이곳 대기실이 터미널보다 졸기에 편해서다. 그럭저럭 뒤척거리다가 간신히 5시까지 버틴다. 준비해간 떡으로 아침을 해결하고 택시에 오른다. 광천터미널의 새벽 풍경은 광주역과는 천양지차. 혼란스럽다. 윙윙거리며 바닥을 긁어대는 청소차도 소음에 가세한다. 6시 5분에 출발한 장평행 직행버스는 화순, 청풍, 이양을 거쳐 곰치까지 넘어 장흥을 향해 질주한다. 버스 앞 유리 와이퍼가 움직이기 시작한다. 오늘 장흥군 강수량이 1~4mm란 걸 알고 출발했는데 정말로 비가 올 모양이다. 염려된다. 낯익은 봉림삼거리를 돌아 버스는 봉림 정류소에 도착하고, 나를 포함해 서너 명의 승객이 내린다(07:18). 정류소 앞 허름한 상점과 맞은편 주유소를 보니 비록 한 번이지만 구면이라고 반가움이 앞선다. 버스 앞 유리에 빗물이 모였듯이 내 뺨에도 빗물이 닿는다. 이런 날씨가 무더위보다는 나을 수 있어 싫지가 않다. 바로 들머리인 피재로 향한다. 17~18분을 걸었을까? 피재 터널이 있는 절개지에 이른다(07:18). 샛길을 이용해서인지 생각보다 빨리 왔다. 피재는 잿등 흔적은 온데 간데없고 쭉쭉 뻗은 고속도로에 터널까지 뚫렸다. 절개지 좌측 위로 오른다. 제대로 들머리를 찾자면 절개지의 가장 높은 곳으로 가야 하지만 지름길을 택한다. 원형 묘지가 나오고, 처음 보는 '대간 3

형제' 표지기가 걸려 있다. 원형묘지 뒤에는 편백숲, 가파른 오르막이 시작되고(07:45), 주변은 안개로 시야가 좋지 않고 가늘은 빗방울이 느릿느릿 내린다. 등로는 알 듯 모를 듯한 흔적으로 끊임없이 이어진다. 그 흔적만 놓치지 않으려고 애쓴다. 덤불과 잡목이 방해를 하지만 흔적의 끈은 어렵지 않게 이을 수 있다. 중간 중간에 표지기가 있어서다. 오르막이 끝날 무렵에 약간 우측으로 틀어 오르니 잠시 후 절개지 최상단에서 올라오는 길과 만난다. 드디어 찾고자 했던 등로다(07:53). 이젠 후련한 마음으로 합쳐진 능선을 따라 오른다. 잠시 후 봉우리에서(08:00) 내려가니 간간이 편백나무가 나오고 주변에 잡목도 많다. 풀숲 물기로 바짓가랑이는 이미 젖었고, 10분도 못 가서 봉우리에 이르고(08:07) 정상에 작은 웅덩이가 있다. 좌측으로 내려가니 키 큰 소나무가 나오고, 편백숲이 보이기도 한다. 안부에서 조금 오르다가 우측으로 휘어서 내려가니 다시 안부(08:18). 10여 분 오르니 가지가 째진 소나무가 있는 무명봉에 이른다(08:29). 보기에 애처롭다. 산을 산 되게 하는 주인공인 소나무가 저런 모욕을…. 내려가다가 연속해서 봉우리를 넘으니 안부사거리에 이른다(08:38). 비도 그치고 서늘한 기온이 감돈다. 직진으로 완만한 능선이 이어지고, 몇 개의 낮은 봉우리를 더 넘는다. 양파 껍질 벗겨지듯이 비슷한 능선이 반복되고, 잠시 후 병무산 정상에 이른다(08:57).

병무산에서(08:57)

정상 자체가 헬기장이다. 준·희 씨의 표지판과 이정표가 있다. 내려가는 길은 돌길. 바닥에 낯익은 배설물이 계속 발견된다. '하늘기둥'이란 분의 격려문이 있는 봉우리를 넘고, 연속해서 두 개의 봉우리를 더 넘으니 바위가 나오더니 헬기장이 있는 작은 봉우리에 이른다. '광주 문규한'의 표지기도 보인다. 참 꾸준한 분이다. 다시 헬기장을 지나(09:25) 내리막길을 걷다가 등산화에 걸려 내려가는 돌 구르는 소리에 내가 놀란다. 깊은 산속. 너무 조용해서 무서울 정도다. 몇 개의 작은 봉우리를 넘고, 급경사 내리막에서 넓은 임도사거리에 이른다(09:34). 이정표의 지명이 신기하다(현 위치 '부산관한임도', 제암산 13.5, 갑낭재 8.3, 용두산 1.7. 임도 좌측 '장평제산주레기골', 우측 '부산금자관한마을'). 장흥군에 부산면과 장평면이 있다는 것은 알았지만 그렇더라도 이색적이다. 임도를 가로질러 직진으로 오르다가 벌집을 건드렸다. 땅벌이다. 뒤도 돌아보지 않고, 오르막을 숨도 쉬지 않고 내뺀다. 길은 걷기에 좋고, 서늘한 날씨도 일조한다. 쓰러진 노송이 잡목에 걸려 자연스럽게 기대고 있다. 마치 경제활동 능력이 없는 노인이 자식들에게 의지하여 생을 이어가는 모습처럼 보인다. 다시 무명봉에서(09:49) 내려가는 능선은 풀 한 포기 없는 맨땅. 빗물에 씻기고 시달린 결과다. 이런 상태로 가다가는 언젠가는 산이 아예 없어질지도 모르겠다. 요즘 산림의 중요성이 강조되고 있는데…. 작은 봉우리를 더 넘고 471봉에서(09:54) 내려가니 안부사거리인 금장재에 이른다(10:01). 사거리가 뚜렷하고, 표지기와 이정표가 있다. 직진으로 50m쯤 오르니 갈림길이 나오고, 좌측 능선으로 오르니 다시 빗방울이 떨어진다(10:18). 긴 오르막에 산죽이 나오고, 잠시 후 용두산에 도착한다(10:26). 정상석, 이정표, 산불감시 무인카메라가 있다. 앞쪽 제암산은 구름을 타고 있듯 봉우리 상층부만 보인다. 잠시 휴식을 취한 후 출발한다(10:38). 정상에서 내려가자마자 헬기장이 나오고(10:42), 발길을 옮기자마자 또 헬기장이다(10:44). 완만한 능선으로 3분 정도 내려가니 우측에 묘지가 있고, 안부에서 직진으로 오르니 453봉에 이른다(10:51). 좌측으로 내려가니 편백나무 숲이 나오고, 우측에 봉분 잔디가 없는 묘지가 있다. 편백나무 사이를 걷다가 삼거리에 이르고(10:58), 좌측 아래에 신축 건물이 보인다. 오르다가 작은 봉우리에서 좌측으로 내려가다 오르니 무명봉에 이르고(11:05), 내려가 사거리에서(11:10) 직진으로 오르자마자 갈림길에 이른다. 좌측으로 틀어서 오르니 봉우리에 이르고, 좌측으로 내려가니 원형묘 2기가 나온다(11:17). 이 지역도 묘지가 참 많다. 우측으로 내려가자마자 임도에서 좌측으로 진행하니 6거리에 이르고(11:19), 좌측에 큰 대나무, 우측에는 높은 비석이 있다. 6거리에서 등로는 가운데 길로 이어진다. 잠시 후 갈림길에서 좌측 산길로 오르니 주변에 신우대가 보이고, 땅에 묻힌 전선은 피복이 벗겨진 채 돌출되었다. 오르막 끝에서 내려가니 만년고개에 이른다(11:28).

만년고개에서(11:28)

이정표가 있다. 긴 오르막 끝에 연속해서 봉우리를 넘고(11:49), 점심식사 후 급경사 내리막으로 향한다(11:59). 우측 아래에 마을이 보이고, 묘지를 지나 오르막길에 티비 안테나가 설치된 곳에 이른다(12:08). 암릉길이 시작된다. 심하지는 않지만 딱딱한 돌길 감촉이 등산화에 전달된다. 잠시 후 전망암에 이르고, 봉우리를 연속 넘어 371봉에 도착(12:25). 좌측 아래에서 자동차 소리가 들려온다. 좌측으로 내려가 완만한 능선으로 올라 무명봉에 이르고(12:45), 우측으로 내려간다. 또 봉우리를 넘고 내려가니, 좌측에 저수지와 마을이 보이기 시작한다. 보성인가? 그리 높지 않은 봉우리를 오르내리다가 다시 무명봉에 이른다(12:59). 정상 좌측에 묘지가 있다. 원래 정상에 있던 묘지를 이장한 것 같다. 내려간다. 우측 아래에서 또 자동차 소리가 들려온다. 안부에서 직진으로 오르니 편백나무 숲이 나오고, 가파른 오르막이 시작된다. 산길을 걸을 때는 침묵이 어울린다. 저절로 그렇게 된다. 무명봉에서(13:26) 내려가다가 낮은 봉우리를 넘고 내려가니 좌측에 묘지가 있고, 좌측이 시원스럽게 뚫려 논밭과 마을이 보인다. 드디어 보성 땅을 확인하는 순간이다. 내려갈수록 자동차 소리는 더 가까이 들리고 많은 표지기가 무더기로 나타나더니 2차선 포장도로인 갑낭재에 이른다(13:37). 갑낭재는 장흥군 장동면 하산리와 반산리를 잇는 잿등이고 보성으로 이어지는 교통로다. 도로 건너편에 갑낭재 설명문이 있다. 갑낭재는 보검출갑의 형국(보검을 칼집에서 빼는 형국)이라 하여 갑낭치라 칭하였다고 한다. 등로는 포장도로를 건너 산으로 이어진다. 우측에 '브니엘수양관'을 알리는 안내판이 있고, 그쪽으로 10m 정도 진행하니 좌측 산으로 오르는 길과 이정표가 있다(제암산 5.2). 이쯤에서 고민이 시작된다. 여기서 오늘 종주를 마칠 것인지, 아니면 제암산까지 갈 것인지를. 두 가지 모두 생각하고 교통로를 확인해 두었다. 시간상으로는 제암산을 넘을 수 있지만 체력이 문제다. 4시간 정도는 더 가야 하기 때문이다. 그렇다고 이곳에서 마무리하기에는 야간열차까지 이용해가면서 서울에서 내려온 시간과 경비가 너무 아깝다. 계속 오르기로 한다. 출발한다(13:43). 조금 오르다가 바로 우측으로 틀어서 임도는 계속된다. 어느새 소로로 변하고 삼거리 잿등에 이른다. 한쪽에 간이 의자와 이정표가 있다(소공원 0.6). 등로는 우측 넓은 임도로 이어진다. 길이 깨끗하고 양쪽에 조경이 잘 되었다. 벌써 단풍이 절정인 듯 화려한 단풍나무가 눈에 띈다. 소공원으로 가는 길이란 걸알 수 있다. 임도는 오르막으로 변하고, 숲이 없어서 햇볕을 다 받으며 걷는다. 힘이 부치기 시작한다. 몇 번을 쉬다가 소공원에 이른다(14:11). 소공원은 한마디로 쉼터다. 팔각 정자와 의자, 이정표가 있다(제암산 4.3). 그런데 팔각 정자는 한쪽으로 기울어져 곧 쓰러질 것 같다. 잠시 쉬기 위해 기다란 나무의자에 드러눕는다. 깜빡 잠이 들고, 깨어 보니 10분이 흘렀다. 바로 출발한다(14:21). 등로는 직진 완만한 능선으로 이어지다가 묘지가 있는 곳에서 우측으로 이어진다. 오르는 길목부터는 숲길이라 햇빛을 피할 수 있다. 오르막이 가팔라지더니 385봉에 이른다(14:38). 정상에 송전탑과 돌무더기가 있다. 계속 오르니 편백나무가 나오고, 갈수록 오르막이 가팔라진다. 산죽이 나오면서 암릉이 시작된다. 다시 작은 봉우리에 이른다(15:00). 내려가다가 바위가 있는 좁은 길을 따라 오르니 이 근처에서 사고사하신 분의 신위가 보인다(15:15). 어느 공무원(서기관)의 명복을 빈다는 대리석 신위다. 오르는 길이 아주 거칠다. 숲이 없어서 햇빛을 직접 받게 되고, 좁고 울퉁불퉁한 돌길이라 더 힘이 든다. 주변에 맹감나무와 찔레 순이 자주 보인다. 맹감은 아직은 약이 차지 않아 시퍼렇다. 한참 오른 후 '작은 산'에 도착한다(15:29). 산 이름이 이채롭다. 작은 산에서 올려다보는 제암산은 장엄하다. 좌측 아래 보성 들판의 천연스러운 모습은 평화로움 그 자체다. 바로 내려간다. 헬기장을 지나(15:34) 긴 능선이 이어진다. 빗방울이 떨어지기 시작하고(13:51), 간간이 암릉이 나타나더니 로프가 있다(15:56). 갈증이 심하다. 길가의 시퍼런 맹감을 씹어 물만 빨고 뱉는다. 떨떠름하지만 갈증 해소에 효과가 있다. 능선 길은 양쪽이 확 트여 시원스럽다. 특히 좌측 보성 방면이 그렇다. 인조목 전망대에 이르니(16:10) 제암산 정상 암벽이 코앞이다. 10분 정도 진행하니 제암산 안내판이 나오고, 휴양림삼거리에 이른다(16:20). 직진한다. 정상까지는 돌길이다. 다가갈수록 제암산 정상의 암벽은 거대한 형상으로 다가선다. 정상을 오르려면 암벽을 타야 한다.

시간도 없고, 힘도 빠져서 좌측으로 우회하여 정상에 오르니 (16:29) 정상석이 있고, 주변 조망이 막힘없다. 바로 내려간다. 목재 데크와 이정표가 나온다(철쭉평원 1.9). 갈림길에서 직진하니 헬기장이 나오고, 곰재까지는 계속 내리막길이나 속도를 낼 수 없다. 체력이 바닥났다. 돌탑을 지나(16:44) 10여 분 정도 내려가니 형제바위갈림길에 이른다(16:56). 바로 우측 50m쯤 떨어진 곳에 두 개의 바위가 마치 형제처럼 나란히 있다. 급경사 내리막이 이어진다. 평소 같으면 쉽게 내려갈 수 있는 평범한 길인데도 몹시 힘이 든다. 작은 돌부리에도 넘어질 것만 같다. 경사가 완만해지더니 곰재에 이른다(17:03). 좌측은 제암산 자연휴양림에서, 우측은 장흥군 공설공원묘지 주차장에서 오는 길이다. 등로는 직진으로 이어진다. 오늘은 이곳에서 마치기로 한다. 힘들었다. 누구도 대신 걸어 줄 수 없는 산길. 지칠 대

로 지쳤지만, 마음은 후련하다. 이젠 귀경을 위해 장흥 공설공원묘지 주차장을 찾아가야 한다. 길목부터 숲이다. 인적도 바람도 햇볕마저도 자취를 감춘다.

🚶 오늘 걸은 길

피재 → 병무산, 471봉, 용두산, 갑낭재, 385봉, 제암산 → 곰재(17.9㎞, 9시간 45분).

⛰ 교통편

- 갈 때: 광주 광천터미널에서 버스로 장평면 봉림리까지. 피재까지는 도보로(20분).
- 올 때: 장흥 공설공원묘지주차장에서 장흥터미널까지 군내버스로.

스물셋째 구간
곰재에서 봇재까지

엄마가 성인이 된 아들을 도서관 앞에 내려주면서 눈빛 교환으로 인사를 나누고 헤어지는 모습. 아무리 봐도 또 보고 싶은 명장면이다.

스물셋째 구간을 넘었다. 장흥군 소재 곰재에서 보성군에 위치한 봇재까지다. 이 구간에서는 사자산, 간재, 579봉, 골치산, 일림산, 628봉, 활성산 등을 넘게 된다. 장흥 땅을 벗어나서 보성 땅을 밟게 되고, 장흥 제암산에서 보성 일림산까지는 끝없는 철쭉평원을 걷게 된다. 또 보성 계단식 녹차 밭도 지난다. 등로 잇기에 주의해야 할 곳이 두 군데 있다. 일림산에서 내려갈 때는 반드시 정상의 묘지 좌측을 통해야 하고, 413봉에서 내려가다 대나무밭에 직면해서는 우측으로 가서 길을 찾아야 한다.

2013. 6. 15. (토), 오전 흐리고 오후 무더위

심야 고속버스 주행 속도가 들쭉날쭉 한다. 지난주 금요일에는 20분 정도가 단축되었다. 원인은 과속? 불안하다. 광주 광천터미널에서 6시 5분에 출발한 버스는 7시 39분에 장흥터미널에 도착. 들머리까지는 택시를 타야 한다(다음 버스는 9시에 있기 때문). 5분 정도 소요된 공설 공원묘지까지 7천 원을 받는다. 공원묘지에서 시멘트 포장도로를 따라 올라 '제암로'라 명명된 삼거리 입구에 이른다(07:53). 산행안내도와 이정표가 있다. 머뭇거리지 않고 곰재 방향으로 오른다. 한낮의 더위를 생각해서 오전에 서두르기로 하고 경사가 심한 된비알을 넘어 곰재에 도착(08:28). 곰재는 장흥읍 금산리 동북쪽과 보성군 웅치면 사이의 고개로 제암산등산로 안내판과 이정표(제암산 1.5, 사자산 2.2)가 있다. 우측 사자산 방향으로 오른다. 오르막이 시작되고 잠시 후 이정표(사자산 1.9, 간재 0.7)가 있는 629봉에 이르고, 사자산의 늠름한 모습이 조망된다. 바로 철쭉평원으로 이어지는 등로를 따라간다. 철쭉평원답게 사방이 철쭉이다. 다시 오르막을 넘어 곰재산헬기장에 이르고, 이어서 곰재산에 도착. 정상에 기우제를 지내는 제단과 정상석이 있다. 내려간다. 완만한 능선길에 바위가 앞을 막아 좌측으로 우회하여 내려가니 잠시 후 간재에 이른다(09:03). 간재는 장흥군 신기마을과 보성을 잇는 잿등이다. 잿등 중앙에 키는 작지만, 옆으로 넓게 퍼진 소나무가 있다. 산행 안내도와 이정표도 있다(우측 사자산 2.7). 우측 사자산을 향해 발길을 옮긴다(09:19). 초입은 완만한 능선. 길 양쪽은 온통 철쭉 천지다. 사이사이에 키 작은 소나무가 보이고, 좌측 아래에 보성 들녘이 보인다. 오르막이 시작되면서 목재 계단이 끝나고(09:37), 암릉이 시작된다. 로프를 잡고 암릉을 넘어서니 전망대에 이른다(09:46). 보성 들녘이 평화롭기 그지없다. 자욱했던 안개가 걷히고, 2분 정도 오르니 사자산에 도착한다(09:48).

사자산 정상에서(09:48)

정상은 사자산의 미봉이라고 부르는데, 사자산의 꼬리 부분에 해당한다. 머리 부분의 정상이 또 있다는 암시다. '두봉'이라고 부른다. 좀 전에 택시기사로부터 들은 이야기다. 장흥읍에서 사자산을 바라보면 두 봉우리가 마치 사자의 머리와 꼬리 부분을 연상시킨다고 한다. 정상은 온통 바위다. 정상석과 이정표가 있다(좌측 삼비산 5.0). 다시 안개가 짙어지고 주변 조망은 거의 제로 상태가 된다. 바로 출발한다. 등로는 사자산의 두봉이 아닌 좌측으로 이어진다. 암릉길이다. 삼거리에 이르고(10:02), 이정표가 있다(삼비산 4.8). 인조목 계단은 어느새 돌계단으로 바뀌고 좌측에 로프가 설치되었다. 돌계단이 아주 성의 없다. 울퉁불퉁 뒤죽박죽이다. 이전까지 봤던 장흥지역의 시설들과 너무 대조적이다. 급경사 내리막은 완만한 능선으로 바뀌고, 주변엔 잡목이 대세다. 갈림길에서 좌측으로 내려가니 쉼터 갈림길이 나온다(10:15). 쉼터가 특이하다. 원두막처럼 디자인되었는데 지붕 소재는 비닐이다. 마치 볏짚처럼 보인다. 이정표(일림산 4.4)도 지금까지 봤던 장흥의 그것과는 판이하다. 디자인도 크기도 다르다. 바로 오른다. 지금까지는 장흥과 보성의 경계를 걸었다면 이제부터는 오로지 보성 땅을 밟게 된다. 완만한 오르막 능선이다. 갈림길에서 좌측으로 내려가니 묘지가 나오고, 안부사거리에서 우측으로 진행하니 산죽이 길게 이어진다. 안개가 걷힐 줄을 모른다. 산죽 지대를 오르내리니 쉼터에 이른다. 좀 전의 쉼터와 모든 게 똑같다. 형태도, 재질도, 크기마저도. 오르막이 갈수록 가팔라지고 로프가 있다. 잠시 후 579봉에 도착(11:04). 등산 안내도가 있다(골치 1.0, 일림산 2.7). 내리막길 양쪽은 철쭉으로 빽빽하다. 한마디로 철쭉평원이다. 내리막길은 갈수록 완만해지고, 갈림길에서 좌측으로 내려가니 골치에 이른다(11:21). 쉼터와 이정표가 있다. 이곳에서 간식을 먹고, 출발한다(11:35). 직진으로 5분 정도 오르니 쉼터가 있는 사거리에 이르고, 좌측 아래에 임도가 있다. 직진으로 완만한 능선이 이어지고, 잠시 후 골치산에 이른다(11:56). '골치산'으로 표기하고 괄호에 '작은봉'이라고 부기한 것을 보니 봉우리가 또 있는 것 같다. 쉼터와 이정표, 넓게 퍼진 소나무가 있다. 우측 내려가는 길 양쪽은 여전히 철쭉으로 빼곡해서 빈틈이 없다. 키 큰 철쭉 사이를 홀로 걷는다. 모든 것이 나를 위해 존재하는 것 같다. 철쭉도 안개도 부드러운 흙길도. 그동안 긴 오르막에 대한 보상일까? 잠시 후 큰봉우리에 도착(12:07). 큰봉우리 역시 '골치산'이라고 괄호로 부기되었다. 그러고 보니 이해가 간다. 골치산에는 큰봉우리와 작은 봉우리가 있다는 뜻이다. 이곳에도 이정표(일림산 정상 0.6)와 쉼터가 있다. 쉼터는 평상처럼 생겼는데 전망대이기도 하다. 우측으로 내려간다. 햇빛에 그대로 노출된다. 산죽이 나오더니 철쭉능선으로 변하고, 정상삼거리에 이른다(12:17). 우측으로 오르는 길 양쪽은 철쭉으로 가득한 철쭉평원이다. 통나무 계단이 끝나고 일림산 정상에 도착한다(12:23). 정상은 한마디로 황홀하고 복잡하다. 넓은 공터에 정상석, 이정표, 삼각점이 있고, 별도로 방위를 표시하는 것도 있다. 측우기 비슷한 것도 있고, 묘지와 비석도 있다. 안개 속에 남해바다가 보인다. 날씨만 좋다면 사방의 조망이 괜찮을 텐데, 아쉽다. 한 가지 변화는, 그동안 북에서 남으로 내려오던 것이 여기에서부터는 북동 방향으로 이어진다. 보성에서 그 우측에 위치한 순천 광양을 향해 가는 것이다. 그런데 이곳 정상에선 약간의 주의가 필요하다. 이어지는 등로는 좌측 철쭉길인데 무심코 진행하다간 다른 길로 가기 십상이다. 나도 잘못 내려가서 고생은 고생대로 하고 40여 분을 허비했다. 정확한 위치는 정상의 묘지를 중심으로 왼쪽 길로 내려가면 된다. 묘지 오른쪽으로 가는 길도 있는데 이건 잘못이다. 이미 지나온 제암산으로 향하는 길이다. 잘못 가고 있음을 알고 일림산 정상으로 되돌아오니, 정상에 젊은 부부가 올라와 있다. 이들에게 물으니 길 안내와 얼음이 든 시원한 물과 커피까지 내준다. 사자봉에서 내려올 때 보성군에서 설치한 돌계단을 보고 보성에 대한 첫인상이 좋지 않았는데, 이들 부부로부터 환대를 받고서 인상이 바뀌려 한다. 부부가 일러준 대로 묘지 좌측을 통해서 내려가니 계단이 끝나고 잠시 후 사거리에 이른다. 그동안 지체된 것을 생각하니 머뭇거릴 수가 없다. 바로 직진으로 오르니 삼거리에 이르고, 이정표가 있다(한치재 4.6). 우측은 봉수대로, 등로는 좌측으로 이어진다. 좌측 길 양쪽의 빽빽한 철쭉의 호위를 받으며 내려간다. 철쭉 길은 산죽길로 바뀌고 쉼터 전망대에 이른다(13:21). 3분 정도 진행하니 발원지 사거리에 이르고(13:24), 직진으로 5~6분 진행하니 헬기장과(13:30) 이정표가 있다. 잠시 후 626고지에 이르고, 이젠 한치재가 3.7㎞ 남았다. 헬기장을 지나니 628봉에 이르고(13:43) 정상 아래에 전망바위가 있다. 남해바다 득량만의 시원스러운 물결에 넋을 잃는다. 로프가 설치된 계단으로 내려가면서 바라보는 득량만은 볼수록 시원스럽다. 그동안 함께했던 철쭉은 사라지고 전나무와 소나무가 보이기 시작한다. 사이사이에 산죽도 있다. 쉼터삼거리에서 우측으로 한참 내려가니 헬기장이 나오고, 헬기장 안에는 얽히고설킨 칡 순이 무성하다. 걷기 좋은 길은 계속되지만 갈수록 햇빛은 쨍쨍하다. 온몸은 땀으로 범벅이다. 3분 정도 내려가니 회령삼거리에 이르고(14:19), 직진으로 진행하니 완만한 능선이 계속되더니 낮은 봉우리 서너 개를 넘고 413봉에 이른다(14:39). 정상 우측 조금 아래에 이동통신 안테나가 있고, 등로는 좌측으로 90도 틀어서 이어진다. 정맥 종주는 지루할 틈이 없다. 등로 잇기에 온 신경을 집중해야 하기 때문이다. 한참 후 대나무밭이 나오는데, 이곳에서 상당한 주의가 필요하다. 실패담을 먼저 소개한다. 대나무밭에 들어서자 길이 보이지 않는다. 앞과 뒤가 막혀 고생하다가 가까스로 탈출하여 다시 좌측 산으로 오른다. 산을 거쳐 내려가니 논을 지나 밭에 이른다. 밭가에는 전기 철선이 있다. 고압전기가 흐르니 주의하라는 경고문도 있다. 이런 경고문은 자주 봤지만 겁주기 위한 것이란 걸 알기에 별생각 없이 넘는다. 손으로 짚고 넘다가 깜짝 놀란다. 실제로 전기가 통한다. 너무 야박하다. 밭작물 보호를 위해서지만 자칫 사람의 생명까지도 위험할 수 있겠다. 밭을 거치고 다시 논을 거쳐 895번 지방도로에 이른다. 목적지인 삼수마을 입구에 이른다(15:40). 원래 계획보다 50분 정도가 지체되었다. 여기까지가 길을 잘못 든 사례이고, 제대로 된 등로는 대나무밭에 이르렀을 때 대나무밭으로 들어가지 말고 우측으로 돌아가서 길을 찾았어야 했다. 다행히도 그다음 기착지가 마을이기에 망정이지 하마터면 큰 봉변을 당할 뻔했다. 요즘 인터넷에 많은 산행 정보가 떠도는데, 인터넷에 정보를 올릴 때는 신중해야 한다. 틀리거나 미확인된 정보는 이를 믿고 이용하는 종주자에게 큰 피해를 줄 수도 있다. 삼수마을 입구에는 큰 표석이 있고, 그 앞에는 학교처럼 보이는 신식 건물이 있다. 입구에서 포장도로를 따라 들어간다. 그늘에서 작업 중인 마을 청년을 만나 길을 물었다.

삼수마을 정자나무에서(16:00)

마을 청년과 헤어져 정자나무가 있는 사거리에 도착하여(16:00) 수도꼭지에서 세수까지 하고 몸을 식힌다. 잠시 휴식을 취하는데, 지지난주에 만났던 부산 산들 산악회 소속 회원들이 도착한다. 모두 11명이다. 부럽다. 단체로 이동하니 오고가는 교통편을 염려하지 않아도 되고, 공동으로 경비를 분담하니 부담도 줄어들 테고. 이들과 작별 인사를 하고 먼저 나선다. 이어지는 포장도로를 따라 쭈욱 오른다. 15분 정도 오르니 삼수고개에 이르고(16:15), 등로는 우측 임도로 이어진다. 임도는 최근에 개설했는지 시뻘건 흙들이 그대로 방치되었다. 좌측에 키 큰 대나무가, 우측에 편백나무 숲이 나온다. 임도를 따라 15분 정도 오르니 임도사거리에 이르고(16:30), 우측 임도를 따라 산꼭대기만 바라보면서 오른다. 도중에 최근에 개설한 것으로 보이는 지그재그식 산길을 만나 20분 정도 오르니 활성산갈림길에 이른다(16:51). 우측으로 채 1분도 못 가서 활성산 정상에 이른다. 정상에는 마치 표지기 전시장처럼 많은 표지기들이 나뭇가지에 걸려 있다. 녹차밭 좌측 가장자리를 따라 내려간다(16:56). 녹차 밭은 최근 제주에서 본 것과는 다르다. 산에 계단식으로 조성되었다. 녹차 밭 끝에서 임도를 따라 내려가다가 사거리에서 직진하니 갈림길에 이르고, 좌측으로 올라가니 낮은 봉우리에 이른다. 좌측으로 내려간다. 임도를 가로질러 오르니(17:15) 날카로운 철조망이 앞을 막는다(17:23). 스틱으로 철조망을 누르고 뛰어넘어 내려가니 임도가 나오고, 임도를 따라 우측으로 내려가니 좌측에 계단식 녹차 밭이 또 나온다. 봇재다원이다.

봇재다원 아래에 건물이 보인다. 갈림길에서 좌측 계단으로 내려가니 양쪽이 녹차 밭이다. 녹차 밭이 끝나고 봇재다원 건물 앞을 지난다. 판매점과 시음장이 있다. 서둘러 내려가니 주차장이 나오고 이어서 18번 국도에 이른다. 오늘의 종점인 봇재에 도착한 것이다 (17:28). 주변에 관광객들이 보이고, 도로 건너편에 주유소와 휴게소가 있다. 이곳에서 보성 방향으로 조금 내려가면 굴다리가 있고, 그곳에 보성으로 들어가는 군내버스 정류장이 있다. 다섯 시가 넘었는데도 햇빛이 따갑다. 바닥난 체력에 육신은 고통스럽지만, 오늘도 해냈다는 안도감에 마음만은 가뿐하다.

🚶 오늘 걸은 길

곰재 → 간재, 사자산, 579봉, 골치산, 일림산, 628봉, 활성산 → 봇재(15.5㎞, 8시간 25분).

⛰ 교통편

- 갈 때: 광주 광천터미널에서 장흥까지 버스로, 공원묘지까지는 군내버스 이용.
- 올 때: 봇재에서 보성행 군내버스 이용, 보성에서 광주행 직행버스 이용.

스물넷째 구간
봇재에서 오도재까지

습관은 시간과 공간의 지배를 받는다고 한다. 좋은 습관은 좋은 공간에서 밴다고 해도 될 터. 그런 장소로 조심스럽게 '산길'을 떠올려 본다.

스물넷째 구간을 넘었다. 보성군 소재 봇재에서 득량면과 겸백면의 경계를 이루는 오도재까지이다. 이 구간에는 318봉, 411.2봉, 봉화산, 풍치재, 기러기재, 315봉, 346봉, 276봉 등이 있다. 346봉을 지나면서부터는 바닥이 보이지 않을 정도로 숲이 우거져 조금은 위험하다.

2013. 7. 6. (토), 오전 매우 흐림, 오후 맑음

용산역에서 순천행 야간열차에 오른다. 예상외로 승객이 많다. 내일 산행에 대비 잠을 자려는데 퇴근 후 외식하자던 아내 말이 생각나 맘에 걸린다. 순천역에는 새벽 3시 48분에 도착. 처음인 순천역, 작지만 큰 공간이다. 군더더기 시설을 생략하고 승객 위주로 설계되었다. 공중에 띄워진 것처럼 보이는 커피숍(?)이 인상적이다. 대합실엔 많은 사람이 대기 중. 날이 밝으면 국제정원박람회장을 찾을 사람들이다. 밤공기가 청량하다. 바로 앞에 보이는 네온사인들, 순천을 지키느라 열심이다. 잠시 후 다섯 시가 되면 이곳을 떠나 종합버스터미널로 가야 된다. 도보로 15분 거리라고 했다. 미리 방향을 알아둬야 할 것 같다. 쓰레기 수거 중인 관리인께 물으니 자세히 설명해 주신다. 자기 능력으로 타인을 도울 수 있다는 것을 자랑으로 여기시는 것 같다. 아니면 사람이 몹시 그리웠을 수도. 나도 그런 경험이 있다. 종합버스터미널을 향해 나선다(04:48). 아직도 순천의 밤은 어둠에서 깨어나지 못했고, 간간이 나타나는 24시 편의점만 불야성을 이룬다. 걷는 동안 내내 조금 전의 역사 관리인 얼굴이 떠오른다. 어둠이 점차 세력을 잃자 상가 실루엣들이 하나씩 기지개를 켠다. 풍덕교 아래는 동천이 흐른다. 앞쪽의 산은 삼산이라고 했고, 산 중턱은 안개에 감겼다. 콧노래가 절로 나온다. '나는 행복한 사람' 세상을 계산할 줄 몰라서 행복하고, 목적을 향해선 무식하게 나아갈 줄 아는 놈이라서 행복하다. 정말 그럴까? 인정하고 싶다. 종합버스터미널에 도착(05:15), 순천을 출발한 버스가 보성에 도착(06:57). 3분 후에 봇재행 군내버스가 출발한다. 대여섯 명의 학생들과 함께 탄 버스는 7시 14분에 봇재에 도착. 버스에서 내리자마자 '영화촬영지'라는 입간판이 시선을 사로잡는다. 학생들이 이른 아침에 버스를 탄 이유를 알 것 같다. 바로 들머리로 향한다. 4차선 포장도로를 건너 맞은편 주유소 앞에 이른다. 주유소 좌측에 시멘트 포장도로가 있고, 도로 좌측은 '녹차 생태공원 조성공사'라는 안내판과 함께 공사가 한창이다. 도로변에는 들머리임을 알리는 몇 개의 표지기가 걸려 있다. 도로를 따라 10분 정도 오르니 사거리에 '제일다원'이라는 표석이 있고, 쇠줄로 출입을 통제한다(07:25). 제일다원은 전 구역에 철망 울타리가 설치되었다. 울타리 주변엔 표지기도 보이고, 이정표도 있다. 이정표에는 봉화산 등산로라고 적혀 있다. 울타리 우측을 따라 오른다. 오르막이 끝날 무렵에 좌측으로 틀어서 이어진다. 길 우측은 편백나무 숲이고, 잠시 후 다시 좌측으로 틀어서 내려가게 된다. 제일다원 주변을 빙 돌아가는 셈이다. 알고 보니 제일다원은 꽤 규모가 있는 녹차밭이면서 과수원이다. 내리막길은 바로 끝나고 갈림길에 이른다(07:40). 이정표가 있다(봉화산 4.3). 봉화산 방향으로 오른다. 좌측은 여전히 제일다원 녹차 밭이 이어지고, 그 아래에 봇재가 훤히 보인다. 그 위에 위치한 활성산은 구름에 가려 꼭대기만 쭈뼛 내민다. 잠시 후 제일다원 가장자리를 벗어나 우측으로 오른다. 흙길이고 제초되어 바짓가랑이를 젖지 않고도 오를 수 있다. 몇 개의 낮은 봉우리를 오르내리다가 긴 오르막이 이어지더니 318봉에 이른다(08:01). 간이 의자 두 개가 있다. 등로는 여전히 제초작업이 잘 되었다. 잠시 후 안부사거리에 이르고(08:23), 갑자기 구름이 몰려온다. 전방 10m도 구분이 안 될 정도로 짙다. 직진으로 잠시 오르다 내려가니 이정표가 나오고, 이어 화죽사거리에 이른다(08:29). 의자 두 개와 이정표가 있다(봉화산 2.1). 그런데 조금 전의 이정표와는 거리 표시에 차이가 있고, 사거리라고 표시되었지만 실제로는 오거리다. 이정표가 가리키는 대로 봉화산 방향으로 10분 정도 오르니 좌측에 SK 이동통신탑이 나온다(08:41). 좌측에 신우대가, 우측에는 야생 차나무가 있다. 다른 지역에 소나무가 흔하듯이 이곳엔 차나무가 많다. 이어 KT 이동통신탑(08:43) 우측으로 오르니 완만한 오르막이 이어지고, 우측에 신우대가 있다. 오르막 끝에 411.2봉에 이른다(08:45). 나무의자 4개가 있다. 내리막에 이어 가파른 오르막이 시작되고, 구름도 걷히기 시작한다. 구름이 좀 더 머물러도 좋은데…. 오르막 끝에 무명봉에 이르고(09:00), 10여 분 정도 진행하니 봉화산 정상이다(09:11).

봉화산 정상에서(09:11)

정상에는 봉화대와 봉화대 복구를 기념하는 기념탑, 휴식처가 있고 주변도 그럴듯하게 조경되었다. 이곳에서 부부 종주자를 만난다. 원래는 부산 ○○산악회에 소속되어 회원들과 함께 종주를 했는데, 산악회 운영에 문제가 있어 탈퇴를 하고 지금은 부부가 둘이서 다닌다고 한다. 이분들 덕분에 오랜만에 인증사진을 담는다. 이분들을 앞서 보내고 봉화산 구석구석을 좀 더 둘러보고 출발한다. 임도를 가로질러 내려가니 보성사삼거리에 이르고(09:33), 이정표가 있다(기러기재 3.8). 직진 10여 분 만에 다시 이정표가 나온다(09:42, 기러기재 3.1). 이정표를 지나 봉우리를 넘고 오르니 우측에 큰 바위가 나온다(10:10). 바위는 한 번 더 나오고, 내리막 끝에 통나무 계단이 나오더니 풍치재사거리에 이른다(10:16). 사거리 중 두 갈래 길은 자동차도 다닐 정도로 넓다. 기러기재 방향으로 흙길을 걷는다. 시멘트 길은 이동통신탑에서부터 다시 흙길로 변한다(10:33). 이동통신탑 우측으로 진행하니 갈림길이 나오고, 좌측으로 내려가자마자 탁자가 보인다. 잠시 후 이동통신 기지국이 나오고 자동차 소리가 들리면서 더 내려가니 아주 넓은 편백나무 숲 지대가 나오고, 4차선 포장도로인 기러기재에 도착한다(10:42).

기러기재는 보성군 미력면과 득

량면 경계를 이루는 잿등이다. 이곳 사람들은 그럭재라고도 부른다. 오늘 아침 순천에서 보성으로 올 때도 이 길을 통과했었다. 도로 맞은편에 이정표가 있고, 이곳에서 도로를 건너야 하는데 무단횡단할 수 없어 좌측으로 내려가 지하 통로를 이용해 도로를 건넌다. 높지 않은 시멘트 옹벽을 넘어 좌측 배수로를 따라 오르니 좌측에 민가 한 채가 있다. 잠시 후 밭 우측 가장자리를 따라 진행하여 끝나는 지점에서 좌측 능선으로 오르니 편백나무 숲이 나오고, 아주 가파른 오르막이 시작된다. 도중에 폐타이어로 만든 교통호가 나오고, 계속해서 오르니 무명봉에 이른다(11:08). 내려가다가 임도에서 우측으로 내려가니 좌측에 녹차밭이 나온다. 안부에서 오르다가 임도가 끝나는 곳에서 산길로 들어서자마자 바위가 나오고, 잠시 후 315봉에 도착한다(11:27). 삼각점과 준·희씨의 정상 표지판이 나뭇가지에 걸려 있다. 내려가다가 임도사거리에서(11:33) 임도를 가로질러 오르니 묘지가 나오고, 그 위에 큰 바위가 있다. 이곳에서 간식을 먹은 후 출발한다(11:49). 큰 바위들이 자주 나오고, 낮은 봉우리 몇 개를 넘으니 대룡산분기점에 이른다(12:12). 대룡산은 좌측으로, 등로는 우측으로 이어진다. 우측으로 내려가니 좌측 아래에 마을과 강이 보이고, 이어서 좌측에 편백나무 숲이 나온다. 급경사 내리막이 시작되다가 안부사거리에서(12:22) 직진하니 바위가 자주 나오면서 346봉에 도착한다(12:39). 이곳에도 준·희 씨의 정상 표지판이 나뭇가지에 걸려 있다. 후덥지근한 날씨, 땀이 주르르 흘러내린다. 잠시 쉰다. 나에게 가장 중요한 것, 그래서 애써 노력해야 할 것이 무엇일까? 돈? 명예? 일? 아니다. '나' 자신인 것 같다. 완만한 내리막에 낙엽송이 나오더니 편백숲 지대가 이어지고, 대나무밭을 지나자 비석이 세워진 묘지가 연거푸 나오면서 다시 편백숲이 나온다. 낮은 봉우리 몇 개를 오르내리다 안부사거리에 이른다(12:56). 오르는 길은 바닥이 보이지 않을 정도로 숲이 우거져 여름철에는 가급적 피해야 할 것 같다. 다시 편백숲이 나오고 곳곳에 쓰러진 나무들이 있다. 소나무 군락지를 지나 무명봉을 넘으니 276봉에 이른다(13:37). 묘지가 계속 나오더니 임도에 이르고, 좌측으로 내려가니 2차선 포장도로인 오도재에 이른다(13:52). 우측의 득량면 방향으로 조금 내려가니 등산 안내도가 있고, 등로는 이 등산 안내도 뒤로 이어진다. 아직 더 오를 수 있는 시간은 되지만 오늘은 여기서 마치기로 한다. 땀을 너무 많이 흘렸다. 야간열차까지 이용하면서 먼 길을 내려온 것을 생각하면 아쉽지만, 멀리 봐야 한다. 산에 가지 말고 외식하자던 아내 얼굴이 떠오른다.

🚶 오늘 걸은 길

봇재 → 411.2봉, 봉화산, 풍치재, 기러기재, 346봉, 276봉 → 오도재(15.4㎞, 6시간 38분).

⛰ 교통편

- 갈 때: 보성버스터미널에서 녹차발행 군내버스로 봇재까지.
- 올 때: 오도재에서 도보로 군두사거리까지, 버스로 보성종합터미널로 이동.

스물다섯째 구간
오도재에서 주릿재까지

가을이 깊어간다. 단풍도 잠시일 것이다. 한두 번 더 입산 후엔 눈길을 걷게 될지도 모른다. 이맘때면 으레 생각나는 것, 쏜살같이 흐르는 세월이다. 중년의 가슴을 미어지게 한다. 지금 후회 없이 살아가고 있나?

스물다섯째 구간을 넘었다. 오도재에서 주릿재까지다. 오도재는 보성군 득량면과 겸백면의 경계를 이루는 잿등이고, 주릿재는 벌교읍에서 보성군 율어면으로 넘어가는 잿등이다. 이 구간에는 방장산, 배거리재, 주월산, 무남이재, 광대코재, 천치고개, 존제산 등이 있다. 스물넷째 구간을 마친 이후 4개월 만이다. 혹서기를 피한다는 게 이유였지만, 그보다는 등로에 우거진 숲과 잡목 때문이었다. 그런데 아직도 바닥이 보이지 않을 정도로 숲이 무성했고, 오후에는 비 때문에 사진 촬영을 못 했다.

2013. 11. 9. (토), 오전 9시 30분경부터 가는 비

여수행 무궁화호 입석 열차에 오른다(22:45). 하차해야 할 순천역이 걱정이다. 그때까지 깨어 있어야 할 텐데. 5시 30분까지 순천역 대합실에서 대기하다 버스터미널로 이동, 5시 56분에 보성행 첫 직행버스에 오른다. 버스는 벌교를 경유하여 보성을 향해 질주한다. 아직도 주변은 어두컴컴. 기사님께 조심스럽게 부탁한다. 군머리에서 좀 내려달라고. 안된다고 단칼에 거절한다. 한 번 더 부탁했지만 단호하다. 꾹 참고 받아들인다. 속이 쓰리다. 내려야 할 군머리를 두 눈으로 멀뚱멀뚱 보면서도 멍청하게 지나친다. 보성에는 6시 58분에 도착. 다행스럽게도 7시에 출발하는 버스가 있다. 군내버스는 7시 14분에 군머리에 도착. 이곳에서 오늘 산행의 들머리인 오도재까지는 도보로 30분 거리. 10여 분 걸었을 무렵, 택시가 다가온다. 세웠다. 오도재에서 내리면서 요금을 드렸으나 받지 않는다. 거리도 짧고 가던 길이라면서. 이런 기사도 있다. 훗날 그리워할 추억 하나다. 고맙다는 인사와 함께 오도재 땅을 밟는다(07:25). 무척 춥다. 득량면 방향에 등산 안내도가 있고, 들머리는 등산 안내도 뒤로 이어진다. 배수로를 건너 나무계단으로 오른다. 썩어 문드러진 낡은 계단이 끝나고 조금은 가파른 오르막이 시작된다. 잠시 후 작은 봉우리에서

내려가니 주변은 소나무와 편백나무가 혼재한다. 반가운 표지기가 보인다. '비실이 부부' 오르막이 시작되고 좌측에 편백나무 단지가 나오면서 작은 봉우리에 이른다. 완만한 내리막길. 낙엽이 깔린 푹신한 가을 산길. 잠시 후 봉우리를 넘고, 내려가다 갈림길에서 우측으로 오르니 국사봉에 이른다(08:07). 정상에 이정표가 있다.

좌측으로 내려가니 안부에 이르고

(08:19), 우측에 비석과 수호석이 있는 묘지가 있다. 남해바다가 보인다. 직진으로 100여 미터 오르니 우측에 최근에 조성한 묘지가 있고, 좌측에 철망 울타리가 있다. 산속은 아직도 옅은 어둠이 깔렸고, 미세한 소리라도 들리면 귀가 쫑긋해진다. 혹시 굶주린 멧돼지? 다시 편백나무 단지가 나오고, 오르막길 좌측에 허물어진 묘지가 발길을 붙든다. 철망은 좌측으로 사라지고, 우측 능선을 따라 내려가니 안부에 이른다. 안부에서 낮은 봉우리를 넘고 내려가니 파청재에 이른다(08:41). 운동기구와 이정표가 있다(방장산 2.4). 가운데 넓은 시멘트 길을 따라 오른다. 시멘트 길 가장자리에 일정한 간격으로 전봇대가 나타난다. 오르막 끝에 등로는 우측 흙길로 이어진다. 등로 좌측은 편백나무 단지, 이어 헬기장을 지나자(09:04) 흙길이 끝나고 다시 시멘트 길이 시작된다. 잠시 후 방장산 정상에 이른다(09:13). 정상석, 삼각점, 이정표가 있고(주월산 2.9), 한쪽에 KBS 중계소가 있다. 바람이 갈수록 거세다. 오르막내리막이 반복되고, 갑자기 빗방울이 뺨에 닿는다(09:35). 오후 늦게 비가 온다고 했는데…. 우측에 큰 바위가 5~6개 보이고, 잠시 후 이드리재에 도착한다(09:47). 옆에 쓰러진 나무가 있다. 직진으로 오르다 내려가니 임도사거리에 이르고, 직진으로 오르니 배거리재에 닿는다(10:02). 직진으로 오르니 주월산 정상에 이른다(10:11). 정상은 패러글라이딩 활공장이다. 좌측으로는 임도가 이어지고, 직진으로 돌계단을 오르니 주월산 정상석이 보인다. 정상에서 바라보는 동쪽의 조성면 일대 넓은 평야와 남해 바다가 인상적이다. 아직까지도 바람이 거칠고 빗방울도 끊이질 않는다. 직진으로 조금 내려가니 임도와 연결되고, 우측에 간이 화장실과 쉼터가 있다. 넓은 시멘트 길을 따라 100여 미터 내려가니 우측 가장자리에 표지기가 있다. 이곳에서 주의가 필요하다. 자칫하

면 임도를 따라서 계속 내려가기 쉬운데 표지기가 있는 곳에서 우측 산길로 올라가야 한다. 초입에 길 흔적이 없지만 산길로 들어서면 흔적이 나타나고 양쪽에 키 작은 철쭉이 빽빽하다. 철쭉의 호위를 받으며 내려간다. 잠시 후 안부에서(10:38) 올라 연속 봉우리 두 개를 넘고 내리막 끝에 무남이재에 도착한다(10:51).

무남이재에서(10:51)

무남이재는 보성군 겸백면 수남리와 조성면 대곡리 경계를 이룬다. 좌우 양쪽으로 포장도로가 이어지고, 등산 안내도와 이정표가 있다(광대코재 1.6). 직진으로 오르니 길에 밧줄이 깔렸다. 아마도 숲과 잡목이 빽빽한 등산로 바닥이 보이지 않기에 길을 잃지 않도록 표시한 것 같다. 사려 깊은 배려다. 한참 오르는데 위쪽에서 중장비 소리가 들린다. 임도를 개설 중이다. 임도와 만나는 지점에서부터는 직진으로 오르는 길도 더 이상 보이지 않는다. 개설 중인 임도를 따라 한참 돌아갔는데도 등로도 표지기도 보이지 않는다. 불안하다. 그러던 중에 우측 산으로 올라가는 희미한 산길이 보이고 표지기가 나온다. 맘속으로 환호를 지르고 산길로 오른다(11:30). 10여 미터를 오르니 뭉텅이로 표지기가 걸려 있는 삼거리에 이른다. 안심이 된다. 삼거리에서 좌측으로 오른다. 이곳에도 바닥에 밧줄이 깔렸다. 봉우리를 넘고 내려가지만 등로를 알리는 표지기는 보이지 않는다. 불안은 또 시작된다. 그러던 중 이정표가 나온다. 초암산 방향을 알리는 이정표다. 겁이 덜컥 난다. 삼거리에서 반대 방향으로 와버린 것이다. 바로 이정표에 적힌 보성군 산림해양과에 전화해서 길을 물었으나 그들도 모른다. 비도 오고 일기가 좋지 않으니 무조건 하산하라고만 한다. 순간 당황스럽다. 오던 곳으로 되돌아간다. 표지기가 많이 걸려 있던 삼거리로 되돌아와서 지나갔던 좌측이 아닌 우측 방향으로 오르기로 한다. 오르는데 너무 배가 고파 더 이상 오를 수가 없다. 빗방울은 더 굵어진다. 약식으로 허기를 채우고 바로 오른다. 잠시 후 이정표가 나온다. 그렇게 찾던 광대코지 이정표다. 이렇게 반가울 수가! 눈 빠지게 기다리던 광대코재에 도착한다(12:35). (길을 잘못 들었었다. 무남이재에서 오르막으로 오르다가 중장비로 임도를 개설하던 그 길로 가지 말고 오르막으로 계속 올라갔어야 했다. 그러면 힘은 들겠지만 광대코재를 바로 만날 수가 있다. 길을 잘못 든 바람에 고생은 고생대로 하고 너무 많은 시간을 허비했다.) 깊이 반성한다. 단독 종주자는 사전에 세심한 준비가 필요하다. 등산 개념도를 통한 도상 연습을 충분히 하고 탈출로까지 확보한 후 나서야 한다. 방심은 금물이다. 광대코재는 초암산으로 가는 갈림길이다. 무남이재에서 올라오는 방향을 중심으로 좌측은 초암산으로, 우측은 호남정맥으로 이어지는 등로다. 이정표에는 '선암'이라고 적혀 있다. 이정표가 가리키는 대로 선암 쪽으로 진행한다. 진행 방향은 길 흔적이 전혀 없고 잡목만 무성하다. 작은 바위들이 깔린 바윗길이다. 엎친 데 덮친 격으로 빗방울은 갈수록 굵어진다. 바람도 세차다. 우산을 꺼낸다. 철쭉과 잡목이 빽빽한 능선. 이런 능선이 위험해서 기다렸다가 11월에 온 것인데 이 지경이다. 이젠 오도 가도 할 수 없다. 어찌하든 앞으로 나아가는 수밖에. 옷이 할퀴고, 발을 헛디뎌 몇 번을 넘어진다. 우거진 숲을 헤치느라 하의는 젖은 지 오래다. 등산화에 물이 차 무겁다. 지갑과 핸드폰을 꺼내 젖지 않도록 단도리한다. 그나마 다행인 것은 부산 수요 산들 산악회 표지기가 간간이 나타난다. 이 표지기마저 없다면 이런 상태에서는 한 발자국도 나아가지 못할 것이다. 오르막이 시작되더니 어느새 봉우리에 이른다. 지도상에 나타난 571봉이다. 봉우리에서 내려가다 큰 소나무에 걸린 팻말을 발견한다. 준·희 씨의 '고흥지맥분기점'을 알리는 팻말이다. 준·희 씨는 정말 대단한 분이다. 나는 지맥은 생각도 못 하고 아직도 정맥 종주에서 헤매는데. 부럽고 존경스럽다. 갈수록 잡목이 빽빽하다. 시간이 많이 지체된다. 어디가 어딘지도 모르면서 표지기만 따라간다. 바위가 나타나기도 한다. 한참 만에 정신을 차리고 앞을 바라보니 존재산이 가까워진다. 큰 바위가 있는 곳을 지나, 급경사 내리막 끝에 임도에 이른다. 임도에서 좌측으로 내려가다가 다시 우측 산길로 오른다. 산길로 들어서니 여전히 잡목 숲이 이어진다. 잡목을 헤치면서 내려가니 임도삼거리인 천치고개에 이른다(14:29). 이제부터는 존재산에 진입하게 된다. 존재산은 소설 태백산맥의 중심 무대다. 천치고개에서 임도를 가로질러 올라서니 공터가 있고, 조금 더 올라 송전탑을 지나면서부터 완만한 오르막이 이어진다. '지뢰지대 위험'이라는 경고판이 있다. 지뢰지대고 뭐고 생각할 겨를이 없다. 빨리 주릿재에 도착해야 될 텐데…. 팬티까지 젖은 상태라 걷기가 영 불편하다. 등산화마저도 물에 탱탱 불어 물기를 짜내야 할 것 같다. 철조망을 통과하기도, 우회하기도 한다. 철조망을 통과하니 폐타이어로 만든 교통호와 경고문이 나오고, 또 철조망을 넘으니 이번에는 '군견묘지'라는 비목이 보인다. 업적을 남긴 개를 추모하는 비목이다. 빗속에, 풀 속에 쓸쓸히 서 있는 비목. 텅 빈 막사를 지나니 넓은 임도가 나온다. 존재산은 아직도 지뢰가 있어 위험하다고 했다. 임도를 따라 20분 정도 진행하니 중계소갈림길이 나온다. 중계소 오르는 것을 포기하고 계속 임도를 따른다. 주릿재가 가까워진다. 좌측으로는 존재산 정상이 보인다. 임도를 따라 내려가니 군부대 경고문이 또 나오고, 좌측 아래에 빗속에 잠긴 보성군 율어면 일대가 보인다. 도로가 보이고, 잿등에 정자가 나타난다. 주릿재에 도착한 것이다(16:50). 주릿재에는 정자와 조정래 작가를 기념하는 '태백산맥 문학비'가 있다. 오늘은 이곳에서 마치기로 한다. 힘든 산행이었다. 먼저 젖은 바지를 말리든지 벗든지 해야 할 것 같다. 몸이 오싹오싹 한기가 엄습한다. 오후 늦게 비가 온다는 예보만 믿고 출발했는데, 잘못이었다. 선진 대한민국에서 아직도 맘 놓고 일기예보를 믿을 수 없으니….

🚶 오늘 걸은 길

오도재 → 방장산, 배거리재, 주월산, 광대코재, 천치고개, 존제산 → 주릿재(17.9㎞, 9시간 25분).

⛰ 교통편

- 갈 때: 보성에서 군내버스로 군머리까지, 군머리에서 오도재까지는 도보로.
- 올 때: 주릿재에서 벌교까지 택시 이용, 벌교에서 버스로 광주로 이동.

스물여섯째 구간
주릿재에서 고동치까지

80이 넘은 노인이 유모차에 늙은 애완견을 싣고 가다가, 웅가하려는 개 시중을 드는 노인. 진정한 상생의 모습이 아닐까?

스물여섯째 구간을 넘었다. 보성군 벌교읍과 율어면을 잇는 주릿재에서 순천 고동산 직전에 위치한 고동치까지다. 이 구간에는 485.5봉, 석거리재, 백이산, 빈계재, 519봉, 511.2봉 등이 있다. 이 구간은 잡목과 숲이 우거지기로 악명이 높았는데, 이번에 보니 대부분 정비가 되었다. 한 가지 아쉬운 것은, 벌목지대가 많아 등로 흔적이 사라져버렸고 표지기도 없었다. 또 길을 잃을 정도는 아니지만 485.5봉을 넘고 20분 정도 가다 보면 갑자기 등로 흔적이 사라지고 좌측에 임도가 나오는데, 당황하지 말고 임도를 따라 오르다가 컨테이너 있는 곳에서 우측으로 빠지면 된다.

2013. 11. 16. (토), 맑음. 전형적인 늦가을 날씨

용산역에서 출발한 여수행 무궁화호는 새벽에 순천역에 도착(03:22). 순천역 대합실은 싸늘하다. 역에서 대기하다 벌교행 첫 기차에 오른다(06:20~06:43). 아담한 벌교역사. 매표소도 대기실도 좁고 모든 게 다 작고 좁다. 역 광장에 택시들이 줄지어 있고, 광장에서 직선으로 나아가는 우측 상가는 벌써 불이 켜졌다. 들머리인 주릿재에 대한 정보를 얻기 위해 김밥집에 들른다. 화장기 없는 민낯의 김밥집 아줌마는 김밥을 말면서도 연신 하품. 주릿재에 대해서 물었으나 처음 들어본 양 정색한다. 그럴 수도 있다. 나도 내 고향 뒷산 이름을 다 알지는 못하니. 김밥집에서 나와 역 광장에 대기 중인 택시에 오른다(07:12). 오르자마자 택시기사에게 주릿재를 물었다. 대답이 일사천리다. 한 달에 한 번 정도는 종주객들을 태운다면서 자랑이라도 하듯 가는 동안 주릿재와 존제산에 대해서 자세히 설명한다. 김밥집에서 얻으려던 정보를 택시 기사로부터 다 듣는다. 주릿재에는 7시 23분에 도착(요금 15,000원). 잿등에 '태백산맥 문학비'와 팔각정 쉼터가 있다.

소설 태백산맥의 배경지로서 이를 기리기 위해 이곳을 공원화했다. 그런데 문학비 앞에 방치된 쓰레기가 꼴불견이다. 들머리는 잿등 중앙에서 벌교읍 방향으로 조금 이동하면 나오는 산길 오르막이다. 이정표와 표지기가 있고, 인증 샷을 날리고 바로 출발한다(07:39). 초입은 뚜렷한 오르막 세로. 반가운 표지기를 발견한다. '부산 수요산 들산악회' 10여 분 만에 외서삼거리에 이른다(07:51). 동소산은 직진으로, 등로는 거의 90도 방향으로 꺾이는 우측으로 이어진다. 벌목지대가 나오고, 쓰러진 나무들이 많다. 좀 더 내려가니 갑자기 등로가 사라진다. 좌측은 숲이고, 직진에는 양 가장자리에 보호석이 두 개나 있는 묘지가 있다. 순간 당황할 수도 있다. 그러나 묘지를 지나 벌목지대로 내려가면 절개지 상단부에 이르고, 절개지 아래는 2차선 포장도로가 지난다. 등로는 도로를 건너 맞은편 절개지를 넘어 삼거리로 이어진다. 삼거리에서 좌측으로 돌아서서 우측으로 오르니 뚜렷한 길이 나온다. 우측은 벌목지대다. 등로는 제초되어 뚜렷하고, 어린 편백나무가 자주 보인다. 가파른 오르막 끝에 485.5봉에 이르고(08:23), 내려가니 등로가 말끔하게 정비되었다. 안부에서 오르니 좌측에 공처럼 보이는 바위 두 개가 있고, 오르막 끝에 무명봉에 이른다(08:35). 무명봉에서 내려가니 많은 소나무가 나오고, 등로엔 솔잎이 깔렸다. 밤나무와 키 큰 편백나무도 보인다. '농장 출입금지'라는 경고판이 보이고, 안부에서 오르니 소나무숲과 편백나무가 보인다. 좌측은 억새밭이다. 계속 오르다가 갑자기 길 흔적이 사라진다. 대신 좌측에 임도가 나타난다(08:42). 좌측 임도에 들어서자마자 좌측 방향에 '출입 금지' 안내판이 있고, 쇠줄로 출입을 통제한다. 임도에서 우측으로 100여 미터 오르니 삼거리에 이르고, 한쪽에 컨테이너가 있다. 삼거리에서 우측 임도를 따라가니 좌측 골짜기에 주택이 보이고, 한참 후 좌측 큰 바위가 있는 곳에서(08:56) 임도가 중단되고 세로가 이어진다. 안부에서(09:03) 낮은 봉우리 두 개를 넘고 내려가니 등로 주변은 참나무와 소나무가 섞인 가을 숲이다. 두세 개의 낮은 봉우리를 넘고 415봉에 이른다(09:24).

415봉에서(09:24)

정상에 작은 구덩이가 있고, 우측 아래에 추동 저수지가 보인다. 완만한 내리막에 이어 낮은 봉우리에 이르고(09:32), 이곳에도 작은 구덩이가 있다. 군 훈련용인 것 같다. 급경사 내리막길 앞쪽에 도로가 보인다. 자동차 소리도 들린다. 벌목지대가 나오더니 급경사 내리막으로 변하고, 주변에 어린 묘목이 많다. 임도를 따라 좌측으로 내려가다가 다시 우측으로 틀어서 내려가니 등로는 직진 방향인 농장 안으로 이어진다. 농장에는 받침대를 세운 어린 묘목들이 가득 심어졌다. 농장 한가운데를 무단으로 통과하니 시멘트 포장도로에 이른다. 비교적 차량이 많은 석거리재다(09:44). 석거리재는 순천시 외서면과 보성군 벌교읍 경계를 이룬다. 우측은 벌교읍, 좌측은 외서면이다. 우측에 석거리재 주유소와 기사식당이 있다. 이곳에서 등로는 벌교 방향으로 50m 정도 가다가 도로를 건너 계단으로 이어진다. 막 계단을 오르려는 순간 5명의 등산객이 나타나더니 존제산 가는 길을 묻는다. 통나무 계단을 오르니 많은 표지기가 나오고 오르막이 시작된다. 숲속에 들어서니 안부사거리에 이르고, 직진으로 올라 봉우리 두 개를 넘고 내려가니 채석장에 이른다. 엄청난 규모의 채석장 좌측 가장자리를 따라 진행한다. 안전 로프가 설치되었고(10:35), 가파른 오르막을 한참 오르니 백이산 전이봉에 이른다(10:53). 전이봉은 백이산 정상 직전에 있는 봉우리란 뜻인 것 같다.

내려가는 등로는 제초되어 걷기에 편하다. 양쪽에 키 작은 철쭉이 빽빽하다. 한참 내려가니 안부에 이르고, 소나무숲길인 가파른 오르막이 시작된다. 커다란 바위가 있는 곳을 지나 돌아서 오르니 백이산 정상에 이른다(11:06).

백이산 정상에서(11:06)

정상은 고운 잔디가 깔렸다. 마치 고관댁 안마당 같다. 정상석, 이정표, 삼각점이 있고, 주변 조망은 환상적이다. 동쪽으로 순천시 낙안면 일대의 평야와 낙안 민속마을이, 북쪽으로는 고동산을 거쳐 앞으로 걷게 될 마루금이, 뒤돌아서면 희미하게나마 존제산의 중계탑까지 보인다. 내려가는 등로가 잘 정비되었고, 양쪽은 철쭉으로 빽빽하다. 한참 내려가니 우측에 편백나무 단지가 나오고, 급경사가 시작된다. 완경사로 바뀌면서 2차선 포장도로인 빈계재에 도착한다(11:38). 빈계재는 순천시 외서면과 낙안면 경계를 이루는 잿등으로 좌측은 외서면, 우측은 낙안면이다. 도로를 건너 산으로 오르니 송신타워가 나오고(11:46), 철망 울타리를 좌측에 두고 오르니 편백나무 숲에 들어선다. 철망과 헤어져 무명봉을 넘으니 철망 울타리를 만난다. 다시 무명봉에 올라 식사를 하고(12:16), 출발한다(12:28). 내려가다가 철망 울타리와 헤어지고(12:31), 안부에서 오르니 억새지대가 나온다. 10여 분 더 오르니 519봉에 이르고(12:43), 내려가는 길에 철쭉이 빽빽하지만 길은 터졌다. 가파른 오르막에 쓰러져 썩어가는 나무들이 많다. 좌측은 벌목했는지 나무가 없고, 키 큰 풀들만 자리를 지킨다. 이곳도 등로는 없지만 고맙게도 풀을 벤 흔적이 자동적으로 등로가 된다. 잠시 후 벌목지를 벗어나 무명봉에서(13:03) 우측으로 내려가니 등로 양쪽은 철쭉이 빽빽하다. 다시 좌측이 벌목된 곳에 이른다(13:09). 그런데 등로 흔적을 찾을 수 없다. 벌목지대를 지나 소나무숲, 편백나무숲을 따라 오르니 511.2봉에 이른다(13:17). 정상에는 삼각점과 쓰러진 나무에 걸린 준·희 씨의 표지판이 있다. 완만한 능선으로 내려가자마자 벌목이 진행 중인 곳에 이르고, 등로는 온데간데없이 아수라장이다. 표지기도 찾을 수 없다. 막힌 등로를 피해서 우측으로 우회하니 간신히 다시 등로를 만난다. 큰 바위를 지나(13:29) 완만한 능선이 이어지고, 모처럼 한적한 가을을 느낄 수 있는 평온한 숲속이다. 다시 오르막에 이르자 마치 원시림처럼 전혀 다듬어지지 않은 숲이 시작된다. 가시덤불이 많고, 벌목지대에 이른다. 뿌리째 뽑힌 나무들이 많다. 좌측에 두 개의 큰 바위가 보이고(13:46), 앞쪽에는 고동산이 우측에는 금전산이 코앞으로 다가선다. 한참 내려가다 임도에서(14:05) 우측으로 7~8분 진행하니 임도사거리인 고동치에 이른다(14:12). 고동치는 상당히 높은 잿등이다. 다음 구간 때 이곳까지 올라오려면 어려움이 예상된다. 오늘은 이곳에서 마치기로 한다. 더 이상 진행할 경우 교통로 확보를 장담할 수 없어서다. 고동치 좌·우측은 시멘트 임도다. 우측 임도를 따라 수정마을로 내려가야 순천으로 들어가는 버스를 탈 수 있다. 미래는 기다림이 아니라 창조의 대상이라고 했다. 나의 미래는 지금 걷는 발걸음에 따라 달라질 것이다.

🚶 오늘 걸은 길
주릿재 → 485.5봉, 석거리재, 백이산, 빈계재, 519봉 → 고동치(11.5㎞, 6시간 49분).

🏔 교통편
- 갈 때: 순천역에서 기차로 벌교까지, 주릿재는 택시 이용.
- 올 때: 고동치에서 목천마을 버스 정류장까지 도보로, 순천까지는 16번 군내버스로.

스물일곱째 구간
고동치에서 노고치까지

한 번씩은 속게 되는 세상살이. 김이 무럭무럭 나는 푸드 트럭의 순대 맛이, 신장개업한 음식점의 설렁탕도, 심지어 친구마저도 그렇더라.

스물일곱째 구간을 넘었다. 순천시 송광면과 낙안면 경계를 이루는 고동치에서 승주읍과 월등면 경계를 이루는 노고치까지다. 이 구간에는 고동산, 장안치, 700.8봉, 큰굴목재, 조계산 장군봉, 오성산, 닭재, 훈련봉 등이 있다. 출발 전에 일기예보와 현지 노면 상태까지 확인하고 갔는데도 고지대에는 눈이 10㎝ 이상 쌓여 있었다. 한 가지 새로운 사실은, 지금까지 선답자들이 장안치라고 알고 있던 곳은 장안치가 아니었다. 다른 위치에 '장안치'라는 이정표가 또렷하게 있었다.

2013. 11. 30. (토), 맑음. 조계산에 많은 눈

새벽 3시 34분에 순천역 도착. 새벽 공기에 접하는 순간 신선함을 느낀다. 아침에 타고 갈 버스 정류장을 미리 확인해둔다. 낙안읍성으로 갈 버스는 역 광장 우측 세븐일레븐 앞에서 출발한다. 5시

30분도 안 됐는데 정류장에는 할머니 두 분이 버스를 기다리신다. 궁금해서 물었다. 날씨가 찬데 왜 이렇게 빨리 나오셨느냐고. 역 근처 중앙시장에서 물건을 팔고 집에 가는 길이라고 하신다. 이런 할머니들의 노고를 따뜻한 아랫목에서 자고 있을 자식들은 알고나 있을까? 63번 낙안행 버스에 오른다(06:05). 아직도 차창 밖은 캄캄. 낙안에 도착할 무렵, 승객은 나 혼자뿐. 기사님께 다소곳한 음성으로 부탁한다. 16번으로 갈아타야 하니, 낙안면사무소에서 좀 내려달라고. 내 말은 들은 기사님은 16번으로 갈아타려면 면사무소 앞이 아니라 읍성에서 내리라고 한다. 하마터면 큰일 날 뻔. 묻길 잘했고, 세심한 배려를 해준 기사님이 고맙다. 낙안읍성에 도착(06:42). 아직도 날이 덜 샜는지 사방은 어둑어둑. 정류장 뒤엔 '만세운동' 집결지를 기념하는 기념탑이 있고, 그 우측 전통가옥인 낙안 민속마을이 새벽을 맞는다. 정류장 앞엔 상가들이, 그 너머에는 금전산이 우뚝 서 있다. 정말 신기하다. 지난번 종주 때 백이산을 지나면서 희미하게 조망했던 금전산과 낙안 민속마을을 바로 눈앞에서 보게 될 줄이야. 이게 바로 정맥 종주의 묘미가 아닐까! 이게 바로 대중교통을 이용하는 홀로 종주의 참맛이 아니겠는가! 낙안읍성은 조선 시대 읍성이다. 임경업 장군이 쌓았다고 전해지는 성곽과 내부 마을이 원형에 가깝게 보존되었고, 전통 한옥에 주민들이 거주 중이다. 수정마을행 버스는 7시 20분에 출발하여 7시 29분에 도착. 이곳에서 오늘 산행의 들머리인 고동치까지는 걸어가야 한다(1시간 정도). 논둑밭둑을 거쳐 수정마을에 이르고, 마을 한가운데를 관통하여 고동치에 오른다(08:24).

　두 번째 걸음이라선지 생각보다 멀지 않게 느껴진다. 낯익은 고동치의 임도사거리. 양쪽이 탁 트여선지 바람이 차갑다. 초입은 흙길. 서릿발 탓에 흙이 부풀어 푸석하다. 좌측엔 편백나무, 햇빛이 나오기 시작한다. 넓은 흙길 세로는 눈으로 덮여 등로 표시가 어렴풋하다. 주변은 온통 억새. 이어서 철쭉지대가 나오고 다시 임도처럼 넓은 다듬어지지 않은 흙길이 나온다. 잠시 후 고동산에 도착(09:05). 정상은 눈으로 덮였고 정상석과 이정표(조계산 장군봉 6.6), 산불감시초소와 산불감시카메라가 있다. 조망도 사방으로 막힘이 없다. 우측 아래는 방금 낙안읍성에서 올려다보던 금전산이, 그 아래에는 조금 전까지 내가 서 있던 낙안면 일대가 시원스럽게 내려다보인다. 오늘

고행이 예상된다. 일기예보도 확인하고 현지 통화로 적설 상태까지 확인했지만 이렇게 눈이 많을 줄은 몰랐다. 내려가는 길은 시멘트 포장길, 하얀 눈으로 덮였다. 임도 주변은 온통 억새. 억새밭 사이를 눈을 헤치며 나아가니 우측에 큰 바위가 나오고 조금 더 진행하니 이동통신탑이 나온다(09:26). 오르는 길은 눈 덮인 넓은 임도. 잠시 후 무명봉에서 내려가니 소나무가 많은 안부에 이른다. 또 무명봉을 넘고(09:35), 내려가는 등로는 임도처럼 넓다. 인터넷 정보로는 이곳도 잡목이 우거져 아주 불편하다고 했는데, 그게 아니다. 도착한 안부 좌측에 소나무가 많다. 낮은 봉우리를 넘으니 송전탑이 나오고(10:01), 잠시 후 696봉에 이른다(10:02). 내려가는 이곳도 잡목이 무성해 어려움이 컸다고 했는데, 임도가 개설되어 속보로 주행이 가능할 정도다. 10여 분 후 잣나무 군락지가 나오더니 장안치에 이른다(10:12). 좌우 방향은 길 흔적이 전혀 없다. 다시 눈 덮인 임도를 오른다. 아무도 밟지 않은 눈길, 처음으로 발자국을 내는 이 기분. 임도사거리를 지나(10:16) 계속 오르니 700.8봉에 도착한다(10:26). 정상에는 삼각점과 바위가 있다. 내려가다 안부를 지나 산불감시 초소가 있는 무명봉에 이른다(10:34). 초소 안은 깨끗하게 정리되었다. 눈길을 내려가니 저절로 내달려진다. 우측에 잣나무 군락지가 나오더니 다시 임도에 이른다. 그런데 이상하다. 세워진 이정표를 보니 이곳이 장안치라고 표시되었다(10:41). 장안치는 좀 전에 지나왔는데? '장안치'라고 뚜렷하게 새겨진 이정표와 차량 통행이 가능할 정도로 넓은 임도를 보니 이곳이 장안치임에 틀림없다. 그렇다면 정맥 종주자들이 알고 있는 개념도 이제는 수정되어야 할 것 같다. 임도를 가로질러 직진으로 오르니 산죽 지대가 나오고(10:53), 7~8분 진행하니 큰굴목재에 이른다(11:01). 이곳에서 오늘 처음으로 등산객을 만난다. 이정표가 있다(우측 선암사 2.3, 4.2, 직진 작은굴목재 1.0). 드디어 조계산에 거의 다 왔다. 우측 선암사 쪽에서는 계속 등산객이 올라온다. 나도 오른다. 초입은 나무계단으로 시작되고 양쪽엔 산죽이 도열해 있다. 한참 오르니 663봉에 이르고, 내려가니 작은굴목재에 이른다(11:19). 나무의자와 등산 안내도가 있다. 조계산 장군봉을 향해 오른다. 갈수록 가팔라지는 오르막에 힘이 든다. 배바위를 지나고서부터 듬성듬성 바윗길이 나오더니 잠시 후 장군봉에 도착한다(12:07).

장군봉에서(12:07)

정상석과 돌탑이 있다. 지체된 것 같아 바로 내려간다. 등로는 북쪽으로 이어지고, 안부를 거쳐(12:19) 오르자마자 등로는 좌측으로 틀어진다. 바닥에는 인조 멍석이 깔렸고, 목재 계단이 이어진다. 잠시 후 삼거리인 접치갈림길에서(12:29) 우측으로 오르자마자 장박골 정상에 이르고, 우측으로 진행하니 한동안 산죽길이 계속되더니 급경사 내리막으로 이어진다. 눈이 부분적으로 녹아 미끄럽다. 몇 번을 넘어진다. 공터가 나오고, 간간이 산죽도 보인다. 긴 내리막이 지루할 정도다. 올라오는 사람들 심정이 이해간다. 노송을 지나 안부에서 내려가니 송전탑이 나오고(13:12), 등로 양쪽에 어린 편백나무가 식재되었다. 완만한 능선이 이어지고 또 송전탑을 만난다(13:19). 자동차 소리가 들리고, 잠시 후 4차선 포장도로인 접치에 이른다(13:22). 접치는 순천시 주암면과 승주읍 경계를 이루는 고갯마루로 조계산 등산 안내도가 있다. 접치에서 우측으로 조금 가면 다리가 나오고, 다리 아래는 호남고속도로가 지난다. 다리 좌측 끝에는 '레이크헬스 순천CC'라는 안내판이 있고, 등로는 도로를 건너 산으로 이어진다. 산으로 조금 올라가서 시설물 울타리를 지나니 묘지 2기가 나오고, 등로는 묘지 뒤로 이어진다. 묘지를 두 번 더 지나고, 세번째 묘지에서부터 등로 흔적이 사라져 버린다. 고민을 하다가 무조건 위쪽으로 오른다. 빽빽한 밀림 속으로 들어선다. 태풍으로 부러진 나무들이 사방에 널려 있고, 앞으로도 뒤로도, 좌로도 우로도 움직일 수 없는 숲속에 갇힌다. 가시에 할퀴고 찔리고, 간신히 길을 찾는다. 생각해 보니 길을 잘못 들어섰다. 차라리 세 번째 묘지에서 오르막으로 오르지 않고 계속 더 횡단하다가 편백나무 숲을 찾았더라면 더 쉽게 등로를 찾았을 것 같다. 주의가 필요한 곳이다. 오성산을 향해 오른다. 완만한 오르막이 가팔라진다(14:05). 로프가 설치되었고, 잠시 후 좌측에 편백나무 단지가 있는 곳에 이르러(14:14) 또 가팔라진다. 역시 로프가 설치되었다. 완경사와 급경사 능선이 반복되고, 갈림길에서 좌측 능선으로 오르니 돌탑이 나오고, 암릉이 시작된다. 가파른 오르막 우측에 묘지가 있다. 이어서 헬기장을 지나니 오성산 정상에 이른다(14:38). 오성산은 승주읍과 주안면을 경계 짓는다. 정상에는 정상석, 삼각점, 의자가 있다. 한쪽에 산불감시 초소가 있고 그 앞에는 신발이 놓여 있다. 깜짝 놀라 미리 인기척을 하니 키 큰 노인이 자다가 일어나는지 슬며시 고개를 내민다. 초소 안에는 담배꽁초, 냄비, 라디오 등이 있다. 노인과 대화 중에 오늘 노고치까지 간다고 하니 놀라는 눈치다. 실은 나도 염려가 된다. 대략 계산해 보니 세 시간은 더 가야 할 것 같다. 서두른다. 급하다고 눈길을 맘대로 내달릴 수는 없다. 이곳에서도 몇 번을 넘어진다. 큰 바위가 나오고, 소나무가 있는 전망바위에서(14:58) 내려서니 완경사와 급경사 내리막이 반복된다. 잠시 후 편백나무 지대가 나오고(15:15), 이어서 안부사거리에서(15:16) 등로는 좌측으로 10m 정도 이동하여 오르게 된다. 초입에 울타리와 안내문이 있다. 사유지이고, 수종 갱신 중이니 출입하지 말라는 것이다. 안부에서 급경사를 오르니 완만한 능선이 이어지고, 10여 분 진행하니 391봉에 이른다 (15:28). 내려가니 우측에 편백나무 단지가 나오고, 오르막이 시작된다. 다시 안부사거리를 지나(15:44), 벌목지 좌측 가장자리를 따라 오르니 우측 아래에 마을이 내려다보인다. 한참 오르니 401봉에 이르고, 한동안 낮은 봉우리를 오르내린다. 다시 안부사거리에서(16:19) 직진으로 오른다. 4시가 넘으니 마음이 급해지고, 산속은 어두워지기 시작한다. 늦어도 5시까지는 닭재에 도착해야 하는데…. 완만한 능선에 이어서 무명봉을 넘고, 안부에서 오르니 474봉에 이른다. 서둘러야 한다. 완만한 능선을 오르내리고, 바위가 나오더니 유치산 정상에 이른다(16:29). 바로 내려간다. 갈림길에서 우측으로 내려가니 산죽에 이어 바위들이 나온다. 바위를 지나서 또 안부에 이르고, 오르다가 내려가니 닭재에 도착한다(16:45). 현 위치가 유치고개라고 적힌 안내판에는 좌측은 닭재마을이 1.4, 직진으로는 뱃바위가 0.7km라고 적혀 있다. 좌측으로 길 흔적이 보이고, 우측은 베어진 나무들로 막혔다. 이곳에서 또 갈등이 시작된다. 해는 지려는데 최종 목적지인 노고치는 아직도 멀었다. 눈앞엔 급경사 오르막이 떡 버티고 있다. 비상수단을 쓰기로 한다. 힘든 오르막을 피해 옆 등을 탄다. 이제부턴 등로고 뭐고 생각할 여유가 없다. 어찌하든 목적지까지 내달려야 한다. 잠시 후 버들재에서 오르자마자 편백숲길을 지나 작은 봉우리에서 오른쪽으로 진행하니 훈련봉에 이른다. 이곳에서부터 노고치까지는 높은 봉우리가 없고 대부분 내리막이다. 달리기로 한다. 훈련봉에서 왼쪽으로 내려가니 많은 고사목들이 널려 있고, 긴 내리막이 이어진다. 날이 많이 어두워졌다. 안부를 지나 오르막 끝에 413.2봉에 이르고, 한참 내려가니 자동차도로가 보이더니 잠시 후 오늘의 최종 목적지인 노고치에 이른다(17:40). 잿등 중앙에 노고치를 알리는 표석이 있고, 우측으로 조금 내려가니 고산 버스 정류소가 있다. 어둠과 함께 11월의 마지막 날이 저문다.

🚶 오늘 걸은 길

고동치 → 고동산, 장안치, 700.8봉, 조계산 장군봉, 오성산, 닭재, 훈련봉 → 노고치(19.3㎞, 9시간 16분).

⛰ 교통편

- 갈 때: 순천역에서 버스로 낙안읍성까지, 16번 군내버스로 수정마을까지, 고동치까지는 도보로.
- 올 때: 노고치에서 15번 군내버스로 순천종합터미널까지.

스물여덟째 구간
노고치에서 죽정치까지

살다 보면 기분 좋은 날이 있기 마련. 내게는 오늘이 그런 날이다. 위기에 처한 나를 자기 일처럼 안타깝게 여기며 배려한 고마운 분이 생각나서다. 아직도 그때 그분의 모습이 생생하다. 벌써 2주도 넘은 일. 호남정맥 28구간을 넘기 위해 순천에 내려갔을 때다. 새벽 5시 30분. 순천역 버스 정류장에 들어서는 버스마다 물었다. '노고치' 가느냐고. '안 간다'는 한마디만 하고 휙 사라진다. 111번 동신교통 버스가 들어선다. 똑같이 물었다. "17번 버스는 없어졌다. 대신 15번 버스가 가는데, 8시쯤에 출발한다."고 알려주신다. 이 시간에 꼭 노고치를 가야 할 사정이 있다고 말씀드리니, 일단 자기 버스를 타라고 하신다. 올라탔다. 설명하신다. "내려주는 곳에서 기다리다가 15번 버스가 오면 앞을 가로막아서라도 타고 가라."고 하신다. 그리고 성산교삼거리 갓길에 버스를 세우고 직접 전화를 하신다. 먼저 버스 회사에 전화를 해서 담당 기사를 확인한 후, 다시 담당 기사에게 전화를 해서 사정 이야기를 하고 꼭 좀 태워주라고 부탁까지 하신다. 말씀하신 대로 10여 분 후에 15번 버스가 오고, 나는 그 버스를 타고 무사히 노고치까지 갈 수 있었고, 그날 산행을 계획대로 마칠 수 있었다. 알고 보니, 그 시각 15번 버스는 회사에서 출발해서 그날 운행을 시작하기 위해 첫 출발지로 들어가는 중이고, 이런 경우 회사 규정상 승객을 태울 수 없다. 산행 중에 고마운 분들을 더러 만나지만, 이런 분 같은 경우는 드물다. 외지인의 심정을 이해하고 적극 배려하신 분. 그분을 통해 인생사 여러 가지를 생각하게 된다.

스물여덟째 구간을 넘었다. 순천시 승주읍과 월등면 경계를 이루는 노고치에서 순천시 황전면과 서면 경계를 이루는 죽정치까지다. 이 구간에서는 622봉, 문유산, 바랑산, 송치재, 농암산 등을 넘게 된다. 한 가지 명심할 게 있다. 원래는 새벽 5시 55분에 순천역에서 노고치를 가는 17번 버스가 있었는데, 15번 버스로 대치되면서 첫 출발이 8시로 늦춰졌다. 유의해야 할 것이다.

2013. 12. 8. (일), 맑음

새벽 03:23분에 순천역에 도착. 서둘러 대합실로 직행한다. 대합실엔 10여 명의 승객들이 최대한 움쿠리고 있다. 이곳에서 5시 30분까지는 시간을 죽여야 한다. 버스 운행 때까지 기다리기가 지루해서, 확인 겸 역 앞 버스 정류장으로 나간다. 노선도를 살살이 뒤져도 17번이라는 버스는 없다. 당황스럽다. 그런데 주변에 물어볼 사람이 없다. 밤공기가 매서워 다시 역 안으로 들어와서 5시 30분이 되자 미리 버스 정류장으로 나간다. 버스 기사들을 붙잡고 물어보기 위해서다. 5시 50분이 되자 버스들이 오기 시작하고, 이어서 111번 버스가 온다. 기사님께 물었다. 17번 버스는 언제, 어느 정류장에 정차하느냐고. 17번 버스는 없어졌다고 한다. 청천벽력이다. 대신 15번 버스가 그 노선을 뛴다고 한다. 그런데 15번 버스는 종점에서 7시에 출발해서 이곳 순천역엔 8시가 넘어야 들어온다고 한다. 황당하다. 출발하려는 기사님께 사정 이야기를 했다. 서울에서 내려왔고, 이 시간에 꼭 노고치를 가야 할 사정이 있다고. 일단 자기 버스를 타라고 한다. 버스 안에 승객은 서너 명. 내가 자리에 앉자마자 설명한다. 자기가 어느 지점에서 내려줄 테니 그곳에서 기다렸다가 15번 버스가 오면 무조건 앞을 가로막고 손을 흔들라고 한다. 그러면 태워줄지도 모른다면서. 태워줄지도 모른다기에 안 태워 줄 수도 있는 이유를 물었다. 그 시각에 노고치로 들어가는 15번 버스는 운행을 시작하기 위해 버스회사에서 노고치로 가는 버스다. 그런 경우 회사 규정상 승객을 태울 수 없다고 한다. 이해가 간다. 드디어 내려주겠다던 지점에 이른다. 기사님은 승객들에게 양해를 구한 후 버스를 갓길에 세우고 다시 나에게 설명을 한다. 그리고도 염려가 되는지 버스회사에 전화를 해서 오늘 담당 기사를 확인하고, 그 기사에게 다시 전화를 한다. 내가 했던 그대로 말한다. 서울에서 온 사람인데, 성산교 앞에서 꼭 좀 태워주라고. 안 태워주면 하루를 허탕 친다고. 얼마나 고마운 일인가! 생면부지의 이방인에게 이런 호의를 베푸는…. 몇 번이고 감사 인사를 드리고 버스에서 내린다. 주변은 칠흑의 어둠. 내려선 곳은 삼거리이고 다리가 있다는 것뿐, 어디인지는 알 수 없다. 111번 버스는 직진으로 목적지인 송광사를 향해 떠나고, 나는 도로 우측으로 비켜선다. 핸드폰을 켜서 무슨 다리인지 확인해 둔다. '성산교' 어둠 속에서 벌벌 떨기를 10여 분. 몇 대의 차량이 지나고, 드디어 불빛이 높게 달린 차량이 들어온다. 직감으로 알아차린다. 버스다. 번호는 확인할 수 없지만 무조건 세운다. 15번 버스다. 문을 열어준다. 이미 기사들끼리 약속된 때문인지 두말 않고 태워준다. 10여 분 만에 목적지에 이른다 (06:50). '고산 정류장' 15번 버스의 첫 출발지점이다. 이곳에서 100m

위에 오늘 산행 들머리인 노고치가 있다. 버스에서 내리기 전에 기사님께 111번 버스 기사의 이름과 전화번호를 물었다. 나중에라도 감사 인사를 드리기 위해서다. 그런데 전화번호는 안 된다면서 이름만 가르쳐 준다. 동신교통 서정욱 씨다. 빛나는 이름. 어디에서라도, 누구에게라도 칭찬하고 싶은 은인이다. 세상은 살만하다고들 하는데, 이런 분들 때문일 것이다.

노고치에서(06:50)

버스에서 내린 곳은 고산 마을 앞. 몇 채의 가옥이 보인다. 도로를 따라 100여 미터 올라 잿등에 이른다. 노고치다. 아직도 어둠이 깔려 산을 오르기엔 이르다. 좀 더 기다리기로 한다. 그사이 '노고치' 표석과 이정표, 표지기들을 촬영해 둔다. 이곳에서 들머리는 도로 우측 농가 쪽으로 이어진다. 출발한다(07:10). 도로 우측엔 대밭이, 허물어져 가는 폐가에 농기계가 있다. 그런데 길을 막아 버렸다. 안내문도 있다. 개인 소유의 토지에 농작물을 재배하고 있으니 등산객 출입을 금한다는 내용이다. 미안하지만 가로막은 쇠줄을 넘는다. 임도가 시작된다. 잠시 후 갈림길에서 우측 임도를 따라 오른다. 그런데 등로가 보이지 않고, 표지기도 없다. 하지만 앞에 보이는 산 정상을 향해 오르면 될 것 같다. 산을 깎아 이룬 농장 가운데 도로를 따라 오른다. 위아래 모두 농장이다. 한참 가다가 억새가 밀집한 위쪽 농장 안으로 들어선다. 길이 있어서가 아니라 앞에 보이는 산 정상을 오르기에 가장 적합한 곳이어서다. 예상은 맞았다. 억새지대를 지나 농장을 통과하니 소나무 숲에 이르고 표지기가 발견된다. '백두장군' 자주 본 '산똘뱅이'도 있다. 등로 흔적도 있다. 이 기쁨! 모든 것이 해결되었다. 이젠 오르기만 하면 된다. 바위를 지나 표지기가 계속 나온다. 가파른 오르막에(07:48) 밤나무 단지가 나오더니 작은 바위들이 보이기 시작한다. 조금 더 오르니 점토봉에 도착한다(07:58). 정상에는 표지판, 바위가 있다. 내려가는 길엔 갈참나무 잎이 깔렸고, 햇빛은 청량하다. 안부에서 오르막이 시작되고 뾰족 바위봉에 이른다(08:12). 축성 흔적을 확인하고 내려간다. 다시 안부에서 솔잎이 깔린 길을 걷는다. 짧은 암릉 지대를 지나 내려가다가 가파른 오르막이 시작되고(08:21), 통나무 계단이 나온다. 그런데 통나무를 고정시킨 것은 쇠말뚝이 아니고 나무 말뚝이다. 특이하다. 갈림길에서(08:26) 좌측으로 진행하니 바로 622봉에 도착(08:27), 내려가자마자 묘지 좌측으로 진행하여 문유산갈림길에 이르러 바랑산을 향해 직진으로 내려간다. 비슷비슷한 오르막 내리막이 반복된다. 쓰러진 나무들이 발길을 붙든다. 긴 오르막이 끝나고 한참 내려가니 임도에 이른다(09:09). 차량 통행이 가능할 정도로 넓다. 임도를 건너 산으로 오르니 590봉 정상에 이른다(09:21). 정상에는 소나무가 있고, 10시 방향에 바랑산이 보인다. 직진으로 내려가니 돌길이 시작되고, 묘지를 지나 안부에서(09:39) 직진으로 오르니 갑자기 등로가 사라져 위만 보고 오른다. 500봉에 도착한다(09:48). 정상에는 베어진 나무들이 쌓였다. 좌측으로 급경사 내리막이 길게 이어지고, 등로 좌측은 벌목되어 묘목이 자라고 벌목지 안에 주택이 있다. 잠시 후 비포장 임도에 이른다(09:56). 좌측은 군장마을, 우측은 월내마을이다. 임도를 건너 산으로 100m 정도 오르다가 좌측으로 올라 무명봉에 이른다(10:18). 좌측에 바랑산이 보인다. 좌측으로 내려가다 신기한 것을 발견한다. 쓰레기를 담을 수 있는 주머니를 나무에 걸어 놓았다. 허물어진 묘지 주변에 나무토막들이 널려 있고(10:28), 가파른 오르막이 시작되더니 방공호가 있는 갈림길에 이른다(10:37).

직진은 바랑산으로, 등로는 우측으로 이어진다. 일단 바랑산 정상으로 간다(10:38).

바랑산 정상에서(10:38)

산불감시 초소 근무자와 인사를 나누고 방금 지나왔던 갈림길로 되돌아가서 좌측 급경사로 내려간다. 한참 내려가다 안부에서(10:57) 오르니 큰 바위가 나오고 잠시 후 무명봉에 이른다. 내리막에 낙엽이 쌓여 운치가 있다. 다시 안부에서(11:29) 우측으로 내려가니 암릉이 나오고, 등로 우측에는 억새로 덮인 묘지가 있다. 잠시 후 교통호가 나오고(11:35), 바로 무명봉에 이른다(11:36). 정상에 큰 묘지 2기가 있다. 내려가는 길은 로프가 설치된 급경사. 묘지가 자주 나오고, 10여 분 내려가니 2차 산 포장도로인 송치재에 이른다(11:45). 송치재 앞에는 큰 건물과 넓은 주차장이 있다. 신기해서 살펴보니, 큰 건물에는 '송치재 유도관 야망연수원'이라는 현판이 걸렸다. 주차장에는 기차처럼 생긴 차량이 연결되어 있다. 교육장인지, 식당인지 알 수 없다. 이곳에서 등로는 주차장 우측 시멘트 포장도로로 이어지고, 오르다가 좌측으로 틀어지는 지점에서 산으로 오른다. 등로가 뚜렷하지는 않다. 교통호가 자주 나오고, 산불감시 초소처럼 보이는 시설물도 나온다. 헬기장을 지나 8기의 묘지가 있는 가족묘지를 만난다. 그 아래에 대리석으로 둘러친 2기의 묘지가 있다. 이 지역에도 묘지가 참 많다. 가족묘지를 지나자마자 시멘트 도로를 만나고, 바로 우측 산으로 올라 묘지 4기가 있는 무명봉에 이른다. 좌측으로 내려가다가 시멘트 도로를 따라 50m 정도 진행하여 전봇대가 있는 곳에서 좌측 산으로 오른다. 봉우리를 넘어 임도를 따라가다가 고로쇠 판매 농장(12:25) 뒤 임도를 따라 계속 오른다. 30여 분 후 병풍산삼거리에 이른다(12:56). 이정표가 있고 그 옆에는 '道'라는 시멘트 말뚝이 있다. 삼거리에서 우측으로 내려가다가(13:07) 오르니 무명봉에 이른다(13:21). 우측으로 내려가니 암벽이 나오고(13:34) 로프가 설치되었다. 우측으로 우회하니 급경사 내리막이 시작되고, 안부에서(13:43) 큰 바위를 지나 무명봉에 이른다(13:49). 내려가다가 오르니 농암산 정상이다(13:51). 삼각점과 팻말이 있다. 하산길에 허물어진 묘지가 나오고, 편백나무 단지에(14:05) 이어 밤나무단지로 들어선다(14:06). 좌측은 편백나무 단지가 계속되고, 우측 철망 울타리 안에는 묘목이 자란다. 밤나무 단지가 끝나고 편백나무 숲으로 10여 분 오르니 안부사거리에 이르고(14:14), 직진으로 5분 오르니 376봉이다(14:19). 정상에 쓰러진 나무가 있다. 봉우리를 넘고 또 넘는 사이에 기분 좋은 격려문을 발견한다. "산님 여러분 힘내세요." 천안 불교 산악회에서 설치했다. 철쭉군락지를 지나(14:44) 오르막이 시작되고, 편백나무 단지를 지나 무명봉에 이른다(14:53). 정상 우측에 구덩이가 있다. 우측으로 내려가다 주변에 철쭉이 많은 안부에서 오르니 477봉에 이른다(15:07). 우측 아래에 승주청소년수련원이 보인다. 좌측으로 내려가니 암릉이 나오고 로프가 설치되었다. 잠시 후 오늘의 종점인 죽정치에 이른다(15:15). 힘들었다. 여기까지 온 것도 새벽에 만난 동신교통 서정욱 기사님 덕분이란 걸 잘 안다. 그분을 닮고 싶다. 잊지 않을 것이다.

🚶 오늘 걸은 길

노고치 → 622봉, 문유산, 바랑산, 송치재, 농암산, 477봉 → 죽정치(15.0㎞, 8시간 25분).

⛰ 교통편

- 갈 때: 순천역에서 8시쯤에 출발하는 15번 버스로 노고치까지.
- 올 때: 승주청소년수련원에서 32번 버스로 순천종합터미널까지.

스물아홉째 구간
죽정치에서 깃대봉까지

도행역시(倒行逆施). 교수들이 선정한 올해의 사자성어다. 거꾸로 가고 거꾸로 행한다는 것을 지적한 것이다. 위정자들이 새겨들어야 할 것이다.

스물아홉째 구간을 넘었다. 순천시 황전면과 서면의 경계를 이루는 죽정치에서 순천시 황전면과 서면, 광양시 봉강면 등 3개 면이 만나는 지점인 깃대봉까지다. 이 구간에는 갈매봉, 502봉, 마당재, 636봉, 708봉, 미사치, 깃대봉 등이 있다. 원래는 한재까지 갈 계획이 었는데 순천에서 첫 버스를 타지 못하는 바람에 차질이 생겼다. 드디어 광양 땅을 밟았다.

2013. 12. 27. (금), 맑았으나 강한 바람

겨울 산행이라 기상 상태에 신경 쓰인다. 확인 결과 이번 주는 금요일이 적기라는 판단. 모처럼 시도하는 금요일 산행. 기대 반 염려 반으로 설렌다. 기차표까지 확인하고 직장에는 휴가를 낸다. 철도파업에도 불구하고 밤 10시 45분에 출발하는 여수행 무궁화호 열차는 예정대로 정시에 출발. 기차에 오르자마자 잠을 청한다. 눈을 떴을 때는 새벽 3시 30분을 넘고 있다. 깜짝 놀라 주변 승객에게 물었다. "순천 지나버렸습니까?" 아니란다. 곧 도착이란다. 휴~ 천만다행. 평상시대로라면 이미 지났을 시각. 원래 3시 21분에 도착 예정인데 26분이 지연되어 3시 47분에 도착. 오늘은 지연 덕을 톡톡히 본다. '세상이 이런 거라고' 누군가 말하는 것만 같다. 이곳에서 산행 들머리인 죽정치까지는 다시 버스를 타야 한다. 승주 청소년수련원행 32번 버스는 순천역 버스 정류장에서 6시 15분에 출발한다. 혹시 몰라 미리 나선다(06:07). 매서운 바람이 쌩쌩 분다. 기다려도 오지 않던 버스는 6시 32분에 도착. 기사님께 늦은 이유를 물으니, 늦은 게 아니라고 한다. 수련원 버스는 6시 15분이 아닌 6시 5분에 순천 정류장에서 출발하고, 이 버스는 두 번째 버스란다. 그리고 이 버스는 수련원까지 가지 않고, 죽정마을까지만 간다고 한다. 황당하다. 지난번에 32번 버스 기사는 그렇게 말하지 않았는데. 당황스럽다. 오늘 일정에 차질이 예상된다. 종점인 죽정마을에는 6시 50분에 도착. 아직도 주변은 캄캄하다. 수련원까지는 택시를 이용하기로 하고 택시를 부른다. 목적지를 묻더니 못 간다고 한다. 예상했던 터라, 포기하고 걷기로 한다. 새벽 찬바람은 멈출 줄을 모른다. 어둠은 아직도 그대로지만 망설일 수가 없다. 수련원을 통과하고서도 한참 더 오른다. 산길이지만 지난번에 한 번 내려왔던 길이라 조금은 낫다. 등에 땀이 고이고 어둠이 가실 때쯤 목적지인 죽정치에 이른다(07:50). 들머리인 이정표 옆으로 오른다. 완만하고 넓은 능선. 20여 분 오르자 갈매봉에 이른다(08:15). 정상에 소나무와 삼각점이 있다. 갈림길에서 우측은 수리봉으로, 등로는 좌측으로 이어진다. 낙엽 쌓인 길. 예상보다 눈이 많고, 내려가는 길이라 미끄럽다. 아이젠을 착용할 정도는 아니지만 조심해야 할 것 같다. 마음이 급해 평지는 내달리기로 한다. 이상한 기분이 든다. '아침부터 내가 뭘 하고 있지?' 잠시 후 안부에서 오르다가 갈림길에서 좌측으로 진행하니 무명봉에 이른다. 다시 502봉을 넘고(08:35) 우측으로 내려가니 짧은 암릉이 나오고, 주변은 잡목으로 울창하다. 안부에서(08:41) 둔덕을 넘어 내려가니 마당재에 이른다(08:44).

주변에 편백나무가 있고, 이정표는 쓰러져서도 제 역할은 다한다 (갓거리봉 0.7, 청소리 2.0). 불쌍한 것. 내 힘으로는 세울 수가 없다. 표지기가 우측에 한 뭉텅이 걸려 있다. 지난번 종주 때 이곳까지 마쳤어야 했는데, 생각할수록 아쉽다. 조금 전 갈매봉에서 본 이정표는 거리 표시가 잘못되었다. 마당재까지 0.5km라고 했는데 훨씬 더 된다. 마당재에서 직진으로 올라 낮은 봉우리를 넘으니 억새가 나오고 636봉에 이른다(09:19). 정상은 헬기장인 듯 평평하고 넓다. 내려가니 암릉이 시작되고, 오를수록 많은 눈이 쌓였다. 오르막이 시작되고(09:26), 계단을 넘으니 갓걸이봉이다(09:39).

갓걸이봉에서(09:39)

정상에는 산불감시 초소와 무인산불감시카메라가 있고, 우측에 정상석이 있다. 그런데 정상석에는 '갓거리봉'이라고 적혔다. 뭐가 맞는지 헷갈린다. 고지대여서 바람이 세고 눈도 다 얼었다. 서 있기가 어려워 바로 내려간다. 눈은 얼어서 밟으면 0.5cm 정도만 들어간다. 봉우리를 넘고 708봉에 이른다(10:13). 역시 많은 눈이 쌓였다. 완만한 내리막에 참나무가 많고, 우측은 편백나무 지대. 잠시 암릉길을 거쳐(10:24) 전망바위에서 좌측을 바라보니 황전면 일대가 한눈에 들어온다. 마치 한 폭의 그림같이 따스하게 다가선다. 내려가다가 쉰질바위에 이른다(10:31). 이정표가 있다(미사치 0.9). 20여 분 내려가니 의자와 운동기구가 있는 미사치에 이른다(10:54). 미사치는 순천시 서면과 황전면을 잇는 잿등이다. 이정표가 있고, 한쪽에 계족산 등산 안내도가 있다. 이곳에서 갈등이 생긴다. 오늘 목표는 한재까지인데, 아직도 7시간 이상을 더 가야 한다. 무리를 해야 하는데, 자신이 없다. 그렇다고 벌써 중단하는 것도 내키지 않는다. 별 계산을 해봐도 답이 나오지 않는다. 일단 오르기로 한다. 깃대봉까지 가서 다시 생각하기로 한다. 바로 오른다(11:19). 계족산 등산 안내도 우측으로 오르는 길은 넓고 완만하다. 한참 오르니 송전탑이 나오고(11:31), 5분 정도 더 오르니 우측에 편백나무 숲이 있다. 한참 후 무명봉에서 내려가니 작은 바위들이 나오고, 안부에서 다시 오르니 산죽이 보이기 시작한다(11:55). 역시 완만한 걷기 좋은 길. 다시 무명봉을 넘고(12:01), 안부에 이른다. 주변에 산죽이 많고, 우측은 키 큰 소나무 군락지다. 바로 오르니 우측 1시 방향에 '철쭉 군락지'라는 간판이 있다. 그 뒤는 전부 앙상한 철쭉들이다. 철쭉군락지를 넘어서니 능선갈림길에 이르고(12:20), 갈림길에는 바위가 있고 좌측으로 깃대봉이 올려다보인다. 깃대봉 정상은 하얀 눈으로 덮였다. 계속 오르니 큰 바위가 나오고, 잠시 후 3개면 경계 안내판이 세워진 봉우리에 이른다(12:41). 정상은 순천시 서면과 황전면, 광양시 봉강면 등 3개 면의 경계를 이룬다. 드디어 광양시 땅을 밟게 된다. 정상에는 표지기가 있고, 철의자도 있다. 여수지맥분기점이라는 표지판이 나뭇가지에 걸려 있고, 정상은 삼거리갈림길이다. 우측은 계족산으로, 좌측은 깃대봉으로 오르는 길이다. 이곳에서 잠시 쉰다. 현직 퇴직 이후에도 당분간은 일을 해야 할 것 같다. 경제 활동으로서의 일. 누구를, 무엇을 위해서일까? 한동안 마음의 정리를 하고 나서 깃대봉을 향해 좌측으로 오른다. 5분 정도 오르자 깃대봉 정상에 이른다(13:01). 정상에 철의자, 삼각점, 이정표가 있다. 특이한 것은 정상석이 별도로 있지 않고 이정표 맨 꼭대기에 정상을 알리는 표지판이 부착되었다. 또 계족산 등산 안내도가 이곳에도 있다. 앞으로 눈길을 돌리는 순간, 탄성이 절로 터진다. 호남정맥의 마루금이 장쾌하게 늘어서서 겨울 산의 정취를 그대로 보여준다. 여기에서도 한참 고민한다. 이곳에서 중단해야 할지, 아니면 좀 더 가야 할지를. 결론은 중단이다. 최종 목표지점인 한재까지는 도저히 갈 수 없고, 그렇다고 가다가 중단하면 교통로 확보를 장담할 수 없어서다. 오늘을 위해 투자한 시간과 비용을 생각하면 많이 아쉽다. 또 다음 종주 때

이 높은 곳까지 올라와서 시작해야 한다는 것을 생각하면 부담스럽
지만, 안전을 위해서다. 겨우 오후 1시를 넘어서고 있다. 여기서 순천
행 교통편을 찾아가기 위해서는 미사치를 거쳐 심원마을로 내려가
야 한다. 쌩쌩거리는 겨울바람은 아직도 멈출 줄을 모른다.

🔼 오늘 걸은 길

죽정치 → 갈매봉, 마당재, 636봉, 708봉, 미사치 → 깃대봉(8.0㎞, 5시간 11분).

⛰ 교통편

- 갈 때: 순천역에서 32번 버스로 승주청소년수련원까지, 죽정치까지는 도보로.
- 올 때: 깃대봉에서 심원마을로 내려와 53번 버스로 순천종합터미널까지.

서른째 구간
깃대봉에서 한재까지

한 번쯤 이별을 생각해 볼 필요가 있다. 무엇, 누구와의 이별도 다 해당된다. 미리 생각하면 깨닫게 될 것이다. 이별의 순간에 후회하지 않기 위해 미리 대비해야 된다는 것을.

서른째 구간을 넘었다. 순천과 광양의 경계인 깃대봉에서 광양과 구례의 경계를 이루는 한재까지다. 이 구간에는 월출봉, 844봉, 형제봉, 등주리봉, 도솔봉, 989봉 등이 있다. 암릉이 많지만, 위험한 곳에는 대부분 계단이 설치되었다. 특히 이정표와 이정표 사이에 꼬마 이정표를 설치해 편의를 배가시켰다. 광양시청의 세심한 배려. 드디어 광양 입성. 2014년 첫 산행에서다.

2014. 1. 18. (토), 구름 많고, 강한 바람, 눈 조금 내림

순천역에 도착하니 새벽 3시 27분. 생각보다 춥지 않다. 바로 대합실로 직행한다. 노숙자 등 단골손님을 주축으로 10여 명의 대기자들이 보인다. 의자에 앉지도 않고 역사 밖으로 나선다. 심원마을행 군내버스를 미리 확인하기 위해서다. 빨간 글씨로 53번, 첫차 출발이 06:00. 확인 후 다시 역사 안으로 들어간다. 잠이 오지 않아 TV

로 시선을 돌린다. 전직 아나운서 오영실 씨와 프로야구 투수 출신 박철순 씨 그리고 전직 국회의원 정봉주 씨가 선술집에서 토크 하는 프로그램이 진행된다. 5시 50분이 되자 버스 정류장으로 나선다. 밖은 아직도 한밤중. 6시 22분에 53번 버스에 승차, 나도 모르게 잠이 들고 깨어날 때는 버스가 청소리 마을을 지나고 있다. 6시 59분에 심원마을 버스 종점에 도착. 밖은 아직도 캄캄하다. 종점이라 버스는 10여 분 있다가 출발한다고 해서 기사님의 양해를 얻어 버스 안에서 잠시 대기한다. 어둠과 추위를 피하기 위해서다. 나에게 묻는다. 어디 산을 가려고 이렇게 일찍 나왔느냐고. 설명을 해주니 놀라는 기색이다. 그새 어둠이 많이 걷혔다. 포장도로를 따라 오른다(07:13). 한참 오르다가 앞쪽을 올려다보니 좌우로 늘어선 도로가 보인다. 아래에서 보면 마치 다리처럼 보인다. 원을 그리듯 돌면서 오르니 다리처럼 보이던 도로에 이른다. 좌·우측에 터널이 있다. 우측으로 진행한다. 터널 입구 직전 우측에 있는 계족산 등산 안내도(07:28)를 보니 지난번 계족산 등산 안내도를 보고 의아했던 의구심이 풀린다. 안내도는 '한국제지'에서 회사 소유의 산을 알리기 위해서 설치했다. 터널 입구에서 우측 절개지를 따라 오르니 바로 산길로 연결된다. 어둠은 가셨지만 아직도 주변은 깨어나지 못하고 있다. 잠시 후 미사치에 이른다(07:43). 두 번째 밟는 미사치. 깃대봉을 향해 오른다.

깃대봉에서(08:53)

깃대봉에 도착한 때가 8시 53분. 지난번보다 무려 30분이나 단축되었다. 주변을 두리번거리지 않고 바로 올라왔기 때문이다. 그때 본 그대로다. 달라진 것은 바닥을 덮었던 눈이 보이지 않는다. 날씨가 몹시 흐리다. 사방은 온통 잿빛으로 시야가 제로다. 금방이라도 눈이 내릴 것 같다. 등로는 북쪽으로 이어진다. 완만한 능선 위를 걷는다. 전에 내린 눈이 얼어 등로를 덮었다. 험로가 예상된다. 오르막이 시작되더니 이내 833봉에 이른다(09:03). 정상은 삼거리이고 등로는 우측으로 이어진다. 쌓인 눈이 갈수록 많다. 선답자가 밟았던 발자국을 따라 걷는다. 약간의 경사가 있어 조금은 미끄럽다. 안부 주변엔 말라빠진 잡목들이 볼품없이 자리를 지킨다. 갈림길에서 직진으로 한참 오르다가 무명봉을 넘고 내려가니 월출재에 도착. 오르막에서 차량이 다닐 정도로 넓은 임도를 가로질러 오른다. 오를수록 경사가 심해지고 다시 임도를 만난다. 좀 전의 임도와 거의 같은 형태의 임도다. 이 높은 지대에 좌우로 늘어진 임도라니. 그것도 두 개씩이나. 이번에도 임도를 가로질러 올라 월출산에 이른다(09:41). 정상 좌측에 갈미봉이, 우측에는 형제봉이 있다. 등로는 우측으로 이어진다. 몇 번의 안부를 거쳐 무명봉 두 개를 넘고 좌측으로 내려가니 암릉이 이어진다. 다시 무명봉 넘기를 반복. 갈수록 날씨는 흐려진다. 눈가루도 그치질 않고 바람도 세차다. 무명봉에서 내려가는 길에 키 작은 산죽이 하얀 눈과 대비되어 더욱 새파랗다. 오르막 끝에 844봉에 이른다. 잔뜩 낀 구름 때문에 아무것도 볼 수 없다. 한참 내려가니 안부 주변 억새들이 초라한 모습으로 겨울을 견뎌 낸다. 봉우리 같지 않은 봉우리를 몇 번 더 넘고, 갑자기 등로에 설치된 삼각점이 발길을 붙잡는다. 걸음을 떼자마자 갈림길에 이르고, 갈림길 이정표는 우측이 성불사로 가는 길이라고 알린다. 이정표를 보니 비로소 생각난다. 지난번 29구간 종주 때 깃대봉에서 더 이상 진행하지 못하고 망설였던 것은 이 성불사로 내려가는 길을 확신하지 못해서였다. 그런데 그 성불사로 내려가는 길이 이곳에 있다니!

많은 바위를 지나 형제봉에 도착한다(11:01). 눈 덮인 정상에는 정상석과 안테나 비슷한 것이 있고, 아래쪽엔 작은 비석처럼 생긴 4각기둥이 있다. 정상에서 내려가는 길은 목재 데크로 이어지고, 층층이 눈이 쌓여 얼음으로 변했다. 계단이 끝나자마자 다시 오르막이 시작되고, 또 목재 데크를 통과하자마자 온통 바위로 된 봉우리에 이른다. 계속해서 북쪽으로 진행하는데 큰 바위가 앞을 막는다. 우측으로 우회하니 내리막길이 시작되고, 흔적이 희미한 잿등에 이른다. 새재다. 이곳 이정표도 우측이 성불사로 내려가는 길이라고 알린다. 이정표를 볼 때마다 자꾸 지난번 종주 때 망설였던 기억이 떠오른다. 새재에서 직진으로 오른다. 바람이 그치지 않고, 사방은 온통 잿빛이다. 눈길에 남았던 발자국마저 사라져버린다. 내린 눈이 덮어버렸다. 할 수 없이 아이젠을 착용한다. 낮은 봉우리 몇 개를 넘고 안부에서 오르니 목재 데크에 쌓인 눈이 얼었고 그 위에 내리는 눈이 또 덮친다. 가파른 오르막 끝에 등주리봉에 도착한다.

도솔봉을 향해 좌측으로 내려간다. 무명봉 두 개를 넘고 직진으로 오르니 큰 바위가 자주 나오고, 그 틈새로 오른다. 연속해서 몇 개의 무명봉을 넘고 내려가니 갈수록 눈이 많고, 계속해서 낮은 봉우리가 나온다. 눈길이라 그런지 벌써 힘에 부친다. 오르막 갈림길에서 좌측으로 올라 눈이 쌓인 미끄러운 오르막을 힘겹게 오르니 도솔봉에 이른다(13:18). 삼각점, 정상석, 이정표가 있다(따리봉 2.0). 정상에서 내려다보는 주변 설경이 장관이다. 날이 좀 갠 덕분이다. 우측은 성불사로 내려가는 길이고, 등로는 두 시 방향으로 이어진다. 가파른 목재 데크 계단이 끝나고도 급경사 내리막길은 한참 계속된다. 등로 주변은 눈꽃으로 가득하다. 놓치고 싶지 않은 비경이다. 카메라를 켤 수 없음이 한이다. 전망바위에 이르러 주변 풍광을 마음속에 꾹꾹 담는다. 목재 데크 내리막길은 계속된다. 산죽과 큰 바위도 나온다. 잠시 후 안부삼거리에서 등로는 직진이고, 우측으로 내려가는 길도 뚜렷하다. 아마 논실로 이어지는 길인 것 같다. 직진 완만한 능선으로 한참 오르니 비교적 넓은 공간이 있는 989봉에 이른다. 정상은 헬기장이고, 두 시 방향으로 따리봉이 보인다. 우측 목재 데크 계단을 통과하고 한참 내려가니 삼거리인 참샘이재에 이른다. 참샘이재에서 가파른 오르막을 넘으니 완만한 능선이 이어지더니 다시 등로는 험해지면서 목재 데크 계단을 넘으니 암릉이 이어진다. 또 계단이 이어지기를 반복한다. 암릉에 이어 암벽을 우회하니 계단이 이어진다. 눈과 계단과 암릉이 반복된다. 산죽이 나오고, 암릉과 계단을 넘으니 따리봉에 이른다(14:38). 정상에는 정상석과 전망대가 있고, 주변은 눈꽃으로 절경을 이룬다. 내려간다. 산죽이 나오고, 아주 심한 급경사가 이어진다. 등로 양쪽에 설치된 로프를 잡고 내려간다. 아이젠을 착용했지만 그대로 미끄러진다. 완만한 능선으로 바꿰고, 한참 후 안부에서 올라 봉우리에서 내려가니 아주 가파른 내리막길이 짧게 이어지더니 소나무 군락지 속으로 들어선다. 잠시 후 한재에 도착(15:24). 한재는 넓고 깨끗하다. 비포장이지만 조금만 내려가면 시멘트 포장도로로 변한다. 이정표가 있다(우측 논실, 좌측 구례, 좌측 8.0 화개장터). 또 구례군에서 설치한 대형 하천산 등산 안내도와 광양시에서 설치한 백운산 등산 안내도가 있다. 오늘은 이곳에서 마치기로 한다. 날씨 예측을 잘못해서 의외로 힘이 들었다. 한 가지 아쉬운 것은, 오늘도 휴대폰 배터리 관리 실패로 도솔봉에서 내려오면서부터는 사진 촬영을 못 했다. 눈꽃으로 황홀했던 비경을 담지 못한 것이 못내 아쉽다.

🚶 오늘 걸은 길

깃대봉 → 833봉, 월출봉, 844봉, 형제봉, 등주리봉, 도솔봉, 989봉 → 한재(11.2㎞, 6시간 31분).

⛰ 교통편

- 갈 때: 순천역에서 53번 버스로 심원마을까지, 도보로 미사치까지.
- 올 때: 한재에서 진틀마을까지 내려와서 21-2번 버스로 광양버스터미널까지.

서른한째 구간
한재에서 토끼재까지

하루가 다르게 햇볕과 바람 끝이 다르다. 내일은 그 느낌이 더할 것 같다. 벌써 봄인가? 저 아래 남쪽 광양 땅은 따스했다. 산길을 걷던 중 쉴 때는 그늘을 찾기까지 했다. 다음 주에 거는 기대가 크다. 운 좋게 분위기 파악 못 하고 미리 뛰쳐나온 꽃망울이라도 보게 될지….

서른한째 구간을 넘었다. 광양과 구례를 넘나드는 한재에서 광양시 진상면과 다압면의 경계를 이루는 토끼재까지다. 이 구간에는 신선대, 백운산, 1115봉, 매봉, 천황재, 갈미봉, 쫓비산 등이 있다. 호남에서 두 번째로 높다는 백운산을 오르고, 쫓비산을 오를 때는 유유히 흐르는 섬진강 줄기와 내내 함께한다. 또 섬진강변에 점점이 박힌 정겨운 시골 풍경을 감상할 수 있다.

2014. 2. 22. (토), 맑음

심야 고속버스로 광양으로 직접 갈까도 생각했지만 그곳 찜질방 사정이 탐탁지 않아, 안전하게 순천으로 가서 새벽에 광양으로 이동하기로 한다. 용산역에서 22:45분에 출발한 열차는 새벽 3시 30분에 순천역 도착. 역사 안 TV에서는 소치 동계올림픽 플라워 세리머니가 진행되고 있다. 역사 밖으로 나선다. 광양행 버스 정류장을 미리 확인하기 위해서다. 새벽 4시가 가까운 시각. 다리가 불편한 할머니 한 분이 편의점 근처에서 빈 박스를 챙기신다. 저 일이 할머니의 생계 수단일 수 있다는 생각에 심사가 불편하다. 맘속으로 인사를 드리고 정류장으로 향한다. 첫 버스가 05:50분임을 확인 후 다시 역사 안으로 들어간다. 열차가 도착할 때마다 역사 안은 미세한 술렁임을 보인다. 역사 안에서 5시 반까지 힘들게 버티다가 이른 듯하지만 버스 정류장으로 다시 나선다. 정각 6시에 광양행 버스에 승차, 광양터미널에는 6시 30분에 도착. 그 자리에서 바로 한재행 21-3번 버스에 오른다. 승객은 나 혼자뿐. 라디오를 들으면서 운전에만 열중하는 버스 기사. 졸다 깨다를 반복하는 나. 헤드라이트의 불빛을 따라 어둠을 헤쳐 산길을 오르는 군내 버스. 모두가 말이 없다. 진틀마을을 거쳐 종점인 논실마을에는 7시 5분에 도착. 그새 어둠이 사라지고 날이 밝았다. 달리던 내내 말이 없던 버스 기사와 나는 종점에 이르러서야 인사를 나눈다. 이곳에서 한재까지는 도보로 오른다. 도중에 '서울대 남부 학술림'이란 간판을 목격하고 7시 41분에 한재에 도착. 포근한 날씨, 바람 한 점 없이 조용하다. 산등에 드문드문 흰 눈이 보인다. 서둘러 이정표와 백운산 등산 안내도를 카메라에 담고, 잿등 우측 산으로 오른다. 잣나무 숲이 나오고 완만한 오르막이 이어진다. 등로 표시도 뚜렷하다. 바닥은 얼어서 미끄럽다. 좀 더 오르니 좌측에 큰 바위가 보이고(08:02), 목재 데크 계단을 넘으니 이정표가 나온다(08:06. 백운산 2.1). 가파른 오르막이 눈으로 덮여 옆 등으로 오른다. 드디어 햇빛이 나오고, 잠시 후 헬기장에 이른다(08:11). 마른 억새가 늦겨울의 쓸쓸함을 알린다. 등로는 완만

한 능선으로 이어지고, 우측에 큰 바위가 있다. 이어서 산죽이 보이
고, 좌, 우측 큰 바위를 지나자 다시 헬기장이다(08:16). 공터 주변의
산죽 사이를 통과하니 큰 바위가 자주 나온다. 등로는 꽁꽁 얼었다.
10여 분 진행하니 또 꼬마 이정표가 나온다(08:26. 백운산 1.1). 큰 바
위 사이에 목재 데크 계단이 설치되었고 암릉이 계속된다. 몇 번의
목재 데크 계단을 오르고 내린다. 암릉과 산죽 사이를 넘으니 신선
대에 도착(08:42). 신선대 아래에 갈림길이 있고, 앞에는 아주 큰 암
벽이 가로막는다. 좌, 우 양쪽에 표지기가 있다. 잠시 망설이다가 계
단이 보이는 좌측으로 진행한다. 암벽을 돌아서자마자 목재 데크 계
단이 나오고, 계단을 넘어서자 백운산 정상이 지척으로 다가선다.

정상석을 멀리서 보니 마치 사람이 서 있는 것 같다. 계속되는 암릉을 넘어 암벽 아래에 도착해서 로프를 타고 오른다. 백운산 정상이다(09:07).

백운산 정상에서(09:07)

암봉인 정상은 사람이 앉을만한 공간이 없다. 맨 꼭대기에 정상석이 있고, 시원스러운 조망이 펼쳐진다. 앞과 뒤로 호남정맥의 마루금이 한눈에 들어온다. 바로 내려간다. 갈림길에(09:20) 이정표가 있다(좌측 매봉 3.6, 우측 억불봉 5.9). 좌측으로 진행하자마자 청색 카파로 씌워진 사각형 더미가 나타난다. 뭔지는 모르겠다. 무서운 생각이 들어 바로 내려간다. 한참 내려가다 안부에서(09:44) 간식을 먹고 출발한다(09:53). 안부에서 오르니 묘지가 있는 공터에 이르고(09:55), 공터는 마른 억새로 가득 차 을씨년스럽다. 눈길을 한참 내려간다. 1,115봉을 넘고(10:17), 내려가니 갈림길에 이르고(10:21), 매봉 방향으로 내려간다. 걷다 보니 등로에서 공통점이 발견된다. 내리막길은 눈이 남았는데 오르막길엔 다 녹았다. 안부에서 오르니 1,016봉에 이른다(10:26). 넓은 공터에 억새만이 자리를 지킨다. 완만한 능선으로 내려가니 눈 대신 낙엽이 수북하다. 마치 가을 길을 걷는 것 같다. 한참 내려가다가(10:43) 안부에서 오르니 827봉에 도착한다(10:51). 정상에는 표지기와 꼬마 이정표가 있다(매봉 0.8). 다시 오른 무명봉에 공터가 있고, 시멘트로 된 직사각형 구조물이 표지석처럼 묻혀 그 위에 숫자가 적혀 있다. 95-707-54. 내려가다 안부에서 올라 매봉 정상에 도착(11:16). 헬기장, 삼각점, 이정표가 있다(직진 관동 7.1). 정상에서 내려가다 갈림길에서(11:20) 우측으로 틀어서 쫓비산으로 향하니 좌측 아래에 강이 보인다. 섬진강이다. 내려가는 등로를 따라 섬진강도 따라 온다. 우측은 광양시 진상면, 좌측은 하동읍이다. 20분 정도 내려가니 갈림길이 나오고(11:44), 직진 내리막길에 이어 무명봉을 넘는다(11:54). 내려가다 안부에서 오르니 주변에 소나무와 잡목이 많고, 등로에 솔잎과 솔방울이 뒹군다. 분위기가 겨울 같지 않다. 다시 무명봉을 넘고(12:01), 10분 정도 오르니 512.3봉에 이른다(12:10). 넓은 공터에 헬기장 표시가 있고, 억새와 삼각점도 보인다. 표지기와 함께 나뭇가지에 준·희 씨의 정상 팻말이 걸려 있다. 이곳에서 점심을 먹고, 출발한다(12:31). 잠시 후 천황재에 도착(12:38). 완만한 능선을 오르내리다가 437봉에 도착한다(12:47). 눈보다 더 미끄러운 낙엽길을 경험한다. 잠시 후 좌우가 뚜렷한 안부사거리에 이르고(13:06), 오르막 좌측 아래에 마을과 강이 내려다보인다. 평화로운 농촌이다. 바위가 자주 나오더니 395봉에 도착(13:11). 내려가는 등로 주변에 작은 바위들이 많고, 바로 게밭골이라는 안부삼거리에 이른다(13:16). 게밭골도 그렇지만 쫒비산이라는 이름이 독특하다. 매화마을이 코앞이다. 쫒비산을 향해 직진으로 오른다. 가파른 오르막 끝에 갈미봉에 도착(13:39). 등로는 우측으로 90도 틀어서 이어진다. 묘지를 지나(13:53) 안부에서 오르니 442봉에 이르고(13:59), 내려가는 길에도 계속 바위가 나온다. 무명봉을 넘고, 바위가 많은 496봉에 이른다(14:18). 이 지역에도 바위가 참 많다. 또 봉우리를 넘고 이어서 538봉에 이른다(14:44), 특이한 잡목 한 그루가 정상에 있고, 좌측 완만한 내리막 양쪽에 철쭉이 많다. 잠시 후 안부에서 오르니 쫒비산에 이른다(14:53).

쫓비산 정상에서 (14:53)

배낭을 내려놓고 잠시 숨을 고른다. 좌측은 광양시 다압면, 우측은 진상면이다. 정상에는 삼각점과 준·희 씨의 정상 표지판이 있고, '계곡 강우량 측정기'라는 구조물이 있다. 앉아 쉴 수 있는 나무토막들이 규칙적으로 놓였다. 우측으로 내려가니 주변에 잡목이 많고, 좌측 아래 섬진강변 마을들이 가까이 다가선다. 오르막 끝에 506봉으로 가는 갈림길에 이르고(15:12), 좌, 우측에 표지기가 있어 주의가 필요하다. 506봉은 좌측에 조금 떨어져 있고, 등로는 우측으로 이어진다. 우측으로 내려가다가 좌측에 있는 묘지를 지나(15:15) 오르니 큰 구덩이가 나오고, 오르막길 양쪽에 큰 바위가 있다(15:26). 이어서 소나무 군락지를 지나서도 큰 바위가 계속 나온다. 내리막에 이어 완만한 오르막을 넘으니 무명봉 정상 좌측에 녹슨 철망이 있다(15:31). 내려간다. 철망은 도중에 끊겼다가 다시 나타난다. 쓰러진 소나무들이 많다. 안부에서(15:36) 등로는 좌측으로 이어지고, 내리막길이 시작된다(15:40). 좌측 아래에 조경이 잘된 시설물이 있고, 시멘트 도로도 보인다. 3~4분 후 임도를 만나고, 임도 끝에서 시멘트 도로를 따라 내려가니 잠시 후 2차선 포장도로인 토끼재에 이른다(15:48). 등로는 2차선 포장도로를 건너 이어진다. 앞쪽 2시 방향에 물이 가득 찬 저수지가 있다. 오늘은 이곳에서 마치기로 한다. 아직도 한낮이다. 새벽에 편의점 근처에서 빈 박스를 챙기시던 할머니의 모습이 떠오른다. 주어진 여건에서 능력의 최대치를 발휘하고 계셨다. 나를 돌아보게 된다.

🚶 오늘 걸은 길

한재 → 신선대, 백운산, 1115봉, 매봉, 천황재, 갈미봉, 538봉, 쫓비산 → 토끼재 (15.6㎞, 8시간 7분).

🔺 교통편

- 갈 때: 순천중앙초교 버스 정류장에서 77번 버스로 광양버스터미널 까지, 21-3번 버스로 논실마을까지, 한재까지는 도보로.
- 올 때: 토끼재에서 도보로 죽전 버스 정류장까지, 30번 버스로 광양터미널까지.

마지막 구간
토끼재에서 외망포구까지

호남정맥 마지막 구간을 넘었다. 광양시 진상면과 다압면의 경계
를 이루는 토끼재에서 외망포구까지다. 이 구간에는 불암산, 국사
봉, 정박산, 천왕산, 망덕산, 상도재, 삼정치 등이 있다. 주의해야 할
것은 194봉에서 내려와서 2번 국도를 횡단하는 것이다. 중앙분리대
가 2단으로 높게 설치되어 넘을 수가 없다. 지하차도나 우회로가 보
이지 않아서 할 수 없이 분리대와 바닥 사이의 좁은 공간으로 통과
해야 한다. 오늘로써 호남정맥 종주도 막을 내린다. 2년 11개월 만이
다. 너무 길었다.

2014. 3. 8. (토), 맑음

새벽 3시 31분에 순천역에 도착. 대합실로 향하면서 승객들 속에
서 깜짝 놀랄 인물을 발견한다. 전날 저녁 서울 지하철 안에서 봤던
배낭 멘 부부 등산객이다. 특이한 행동으로 지하철 안에서도 각인되
었던지라 보자마자 알아봤다. 이곳 순천에서 다시 보게 될 줄이야.
세상이 이렇다. 5시 20분까지 대합실에서 버티다 '심가네' 김밥집으
로 향한다. 김밥 한 줄에 반찬을 다섯 가지나 준다. 그중에는 갓김
치도 있다. 7천 원짜리 백반을 주문해도 맛볼 수 없는 귀한 갓김치.

점심용까지 챙겨 김밥집을 나선다. 버스 정류장으로 향하던 중 낯익은 할머니의 뒷모습을 발견한다. 그때처럼 절뚝거리며 손수레를 끌고 가신다. 지난번 새벽에 버스 정류장을 가르쳐준 폐지 줍는 할머니다. 달려가 인사를 드린다. "왜, 또 왔어."라고 하신다. 반가움에 던진 말일 것이다. 내가 더 반갑다. 광양행 첫 버스가 중앙초교 버스 정류장에 도착(05:59), 바로 승차. 6시 27분에 광양농협 앞에 이른다. 이곳에서 목적지인 죽전마을행 교통편이 아주 복잡하다. 죽전까지 바로 가는 버스는 30번인데 불과 1~2분 차이로 출발해 버렸다. 이런 경우, 17번이나 15번을 타고 가서 현지에서 해결책을 강구해야 한다. 택시를 부른다던가…. 15번 버스는 옥곡과 진상을 거쳐 상탄치에는 7시 22분에 도착. 바로 진상 개인택시를 호출한다. 택시를 타고 가던 중 기사로부터 아주 귀중한 정보를 듣는다. 토끼재 좌우에 시행 중인 공사가 왜 진척이 없는지, 느랭이골 자연휴양림이 왜 개장하지 못하는지를 알려준다. 소송 때문이란다. 지난번 종주 때 토끼재에 도착해서 현장을 보고 궁금했던 것들이 일거에 해소된다. 목적지인 토끼재에는 7시 40분에 도착. 노련한 택시기사 덕분에 들머리까지 쉽게 왔다. 원래는 토끼재에서 불암산을 향해서 직진으로 가면 되는데, 공사를 핑계로 출입을 통제하기 때문에 할 수 없이 잿등에서 좌측으로 5분 정도 내려가서 우회하여 올라가야 한다. 말하지 않았는데도 택시 기사가 알아서 그 지점까지 데려다준 것이다. 임시 들머리에는 사람들이 드나든 흔적이 역력하다. 표지기가 걸렸고, 길은 아니지만 종주자들이 오르내려 멀쩡했던 산이 등로로 변했다. 초입은 산으로 오르자마자 비탈로 이어지고, 등로엔 낙엽이 쌓였다. 좌측에 편백나무 단지가 나온다. 비탈을 따라 2~3분 진행하니 골짜기에 이르고, 등로는 우측으로 이어진다. 이곳에도 편백숲이 있고, 조금 더 오르니 능선에 이른다. 아마도 토끼재에서 직접 올 경우에는 이 능선에서 만나게 될 것이다. 능선에서 좌측으로 오르니 무명봉에 이른다(08:00). 정상은 갈림길이다. 좌측 내리막에 낙엽이 푹신하게 쌓였다. 5분 정도 내려가니 안부에 이르고, 우측에 적송이 있다. 오름길 좌측에 녹슨 철망이 있고, 우측에는 이끼 낀 바위가 있다. 바위 사이를 통과한다. 잠시 후 288봉에서(08:12) 뒤돌아보니 토끼재 좌우에 걸친 공사 현장이 뚜렷하다. 정상에서 좌측으로 2m 정도 내려가다가 우측으로 오르니 등로 양쪽에 밤나무가 있고, 오르막 주변은 잡목들이 빽빽하다. 좌측 아래에 마을이 보이기 시작하고, 오르막 끝에서 우측으로 오른다. 좌측에 큰 바위가 있고, 우측에 저수지가 보인다. 수어저수지다. 한참 후 마른 억새가 나타나더니 불암산 정상에 도착한다(08:31).

불암산 정상에서(08:31)

정상에는 정상석과 이정표, 삼각점, 평상, 산불감시 초소와 산불감시 무인카메라가 설치되었고, 광양시 깃발이 펄럭인다. 뒤돌아보면 백운산이 뚜렷하고, 앞쪽에는 조금 후 도달하게 될 국사봉이 우뚝하다. 또 좌측에는 유유히 흐르는 섬진강과 아파트가 밀집된 하동읍이 지척으로 다가선다. 말로만 듣던 하동이다. 바로 출발한다(08:41). 완만한 내리막에 억새와 잡목이 많다. 좌측에 바위가 나오고 두 번의 안부를 지나니 소나무가 보이기 시작한다. 세 번째 안부를 지나 갈림길에서 우측으로 내려가니 우측에 묘지가 있다. 낮은 봉우리를 넘고 내려간다. 묘지가 자주 나오고, 밤나무 단지 사이로 내려가니 2차선 포장도로인 탄치재에 이른다(09:01). 좌측에 공장이 있고, 포장도로 우측으로 50m 정도 올라가니 삼거리가 나온다. '보정스틸'이라는 대형 표석이 있다. 등로는 이 표석이 세워진 곳으로 이어진다. 발길을 옮기는 순간 갑자기 사이렌이 귀청을 때린다. 무단 침입에 경고하는 비상 사이렌이다. 표석이 세워진 방향으로 20m 정도 이동하니 꼬마 이정표가 나온다(국사봉 가는 길 2.8). 우측 산으로 오른다(09:06). 넓은 임도를 따라서 150m 정도 가다가 좌측 산으로 오르니 임도 끝에 있는 소각장에서 시커먼 연기가 피어오른다. 산길로 올라 249봉에 도착한다(09:18). 정상에서 우측으로 틀어서 내려간다. 소나무가 많은 짧은 급경사 내리막이다. 낮은 봉우리 두 개를 넘고, 내려가다가 우측을 내려다보니 수어저수지의 아랫부분이 보인다. 돌더미와 이정표가 있는 안부사거리에 이른다. 그런데 이정표의 거리 표시가 잘못되었다. 조금 전 탄치재 이정표에도 국사봉이 2.8이라고 적혀 있었는데 이곳도 2.8이다. 직진 오르막 초입부터 목재 계단이 시작되고, 우측 과수원 가장자리에 경고문이 있다. "사냥개 풀어 놨으니 감나무밭에 들어가지 마시오." 과수원 가장자리를 따라 오르니 No45 송전탑이 나오고(09:36), 오르막 목재 계단 좌측에 로프가 설치되었다. 잠시 후 286봉에 도착(09:47). 정상에는 녹슨 구조물이 있다. 내려가자마자 밤나무밭이 나오고, 이어서 우측에 편백나무 단지가 있다. 바위가 자주 나오더니 큰 바위 두 개가 양쪽에 있는 봉우리에 이른다(10:01). 내려간다. 계속해서 바위가 나오고 멧돼지가 파헤친 흔적도 자주 보인다. 잠시 후 돌이 쌓인 국사봉에 도착(10:22). 이정표(차동 3.7) 윗부분에 정상 표지목이 얹혀 있고, 삼각점과 산불감시 무인카메라도 있다. 좌측에 짙은 연기가 피어오르는 공장지대가 보인다. 광양제철소일까? 내려가자마자 우측에 묘지가 나온다(10:35). 무명봉에서 우측으로 내려가니(10:40) 진한 밤나무 향이 콧속을 파고든다. 큰 바위가 계속 나오지만 등로가 정비되어 걷기에는 불편함이 없다. 내달릴 수 있을 정도로 완만한 능선이 계속된다. 소나무 숲길이 이어지더니 우측에 편백나무 숲이 있는 안부사거리에 이른다(10:55). 직진으로 오르다가 내려가니 좌측에 편백나무 숲이 있고, 좀 더 내려가니 좌측에 송전탑이 있다(11:02). 가족묘지를 지나니 대나무 숲이 보이고, 시멘트 포장도로에서 50m 정도 내려가니 상도재에 이른다(11:07). 좌·우측 모두 농지다. 우측에 목과촌이, 좌측에는 차동마을이 있다. 등로는 도로를 건너 감나무밭으로 이어진다. 초입에 석재가 쌓였고, 여러 기의 묘지와 꽃이 만발한 매화나무가 있다. 감나무밭을 관통하여 임도를 따라서 좌측으로 진행하다가 갈림길에서 좌측 산으로 오른다. 무명봉에서(11:20) 내려가니 청솔나무가 자주 나오고, 바로 정박산에 이른다(11:24). 정상에 묘지가 있고 주변에 바위가 있다. 준·희 씨의 정상 팻말도 보인다. 잠시 쉰다. 정신없이 달려 올 때는 몰랐는데, 이렇게 한적한 산골에서 멈추니 부스럭 소리만 들려도 귀가 쫑긋해진다. 다시 내려간다(11:39). 주변 산은 온통 푸른 줄기식물로 덮였다. 나무도, 바닥도, 바위에도 줄기식물이 휘감고 있다. 내려가는 동안 계속해서 줄기식물이 나온다. 묘지를 지나 밤나무 단지 안으로 들어간다. 여러 기의 묘지가 있는 중앙으로 내려가니 2차선 포장도로인 뱀재에 이른다(11:51). 뱀재는 광양시 진상면과 진월면 경계를 이룬다. 도로 우측으로 50m쯤 가서 낙석방지 철망이 끝나는 지점에서 옹벽을 넘어 절개지를 따라 오른다. 과수원이 나온다. 가족묘지가 있고, 중앙에 시멘트 도로가 개설되었다. 시멘트 도로 끝에서 좌측 산으로 오르니 산길에 큰 소나무와 편백나무가 그늘을 만든다. 그늘도 잠시, 바로 잼비산에 도착(12:05). 정상에서 내려가자마자 좌측에 바위가 있다. 이 구간도 바위와 묘지가 참 많다. 안부사거리에도 묘지 3기가 있다. 그중 1기는 최근에 조성한 듯 깨끗하다. 우측에 고속도로가 지난다. 사거리에서 직진으로 오르니 소나무 숲이 나오고, 매화밭 가운데를 통과하니 시멘트 도로가 지나는 삼정치삼거리에 이른다(12:18). 도로를 건너 직진 포장도로를 따라 오르니 앞 풍경이 마치 한 폭의 수채화처럼 아름답다. 남해고속도로에 자동차들이 쌩쌩 달린다. 그 뒤의 갯벌과 갯벌 위의 천왕산이 어우러지는 구도는 환상적이다. 시멘트 도로로 내려가니 삼거리에 단독주택이 있다. 밭작물에 피해가 가지 않도록 가장자리를 따라 조심스럽게 걷는다. 밭 끝에 철조망이 있어 아래로 한참 내려가서 밭을 빠져나간다. 원래 통과했어야 할 위치로 올라와서 등로를 따라 한참 내려가니 가족묘지가 나온다. 잠시 후 밭과 밭 사이로 진행하니 공사가 한창인 골짜기에 이른다. 몇 년 후엔 이곳 정맥길도 변화가 있을 것 같다. 골짜기에서 능선으로 오르니 좌측 아래에 '망덕배수장'이 보이고, 우측은 고속도로가 통과한다. 한참 후 큰 바위가 있는 과수원에 이르고, 헬기장, 대나무 숲을 통과하자 바로 주택 안으로 이어진다. 실례를 무릅쓰고 주택 안으로 들어가서 대문을 통해 빠져나오니 2차선 포장도로에 이르고, 우측에 남해 고속도로가 보인다. 우측으로 100m 정도 이동해서 지하차도를 통해 고속도로를 통과한다(12:50). 절개지 앞에서 옹벽을 넘으니 배수로가 나오고, 우측에 '(주) 대신 E&S'라는 건물이 있다. 배수로를 따라 절개지 상층부로 올라 과수원 중앙으로 통과하자(13:07) 시멘트 포장도로가 나오고, 30m 정도 가다가 좌측 산으로 오르니 앞쪽 공장 굴뚝에서 짙은 연기가 피어오른다. 오르막을 힘들게 오르니 천왕산 정상에 이른다(13:36).

천왕산 정상에서(13:36)

　정상은 넓은 암반으로 이뤄졌다. 준·희 씨의 정상 팻말이 있고, 바위 틈새에 소나무 한 그루가 자란다. 앞쪽에 남해고속도로가 내려다보이고, 호남정맥의 마지막 산인 망덕산의 우뚝 선 모습도 보인다. 암릉길로 내려가니 소나무와 편백나무가 숲 그늘을 이루고, 무명봉을 넘어(13:56) 194봉에 도착한다(14:05). 정상은 온통 바위다. 망덕산이 더욱 가까이 다가선다. 완만한 능선을 오르내린다. 마지막 사거리에서 좌측으로 내려가다가(14:22) 배수로를 따라서 우측으로 진행하니 4차선 포장도로인 2번 국도에 이른다(14:26). 도로 건너편에는 '진주 67, 하동 19'라는 교통 표지판이 있고, 1시 방향에 '㈜진주기업'이라는 간판이 있다. 그 뒤에는 망덕산이 자리 잡고 있다. 등로는 포장도로를 건너 망덕산으로 이어진다. 그런데 난감하다. 포장도로는 중앙분리대가 2단으로 높게 설치되어 넘을 수가 없다. 그렇다고 지하차도가 있는 것도 아니다. 우회로도 없다. 할 수 없이 분리대와 땅바닥 사이의 좁은 틈으로 건너기로 한다. 차가 뜸할 때를 이용해 중앙분리대까지 가서 먼저 배낭과 스틱을 땅바닥으로 밀어 넣고, 낮은 포복으로 기어들어 간다. 도로를 건너니 진주기업 차량들이 주차된 공터에 이른다. 이곳에서 등로는 좌측 임도로 이어진다. 과수원인 듯 꽃 핀 과수가 보이고, 산 능선에 진입해서 오늘 처음으로 바람기를 느낀다. 가느다란 소나무가 군집된 숲길이 이어진다. 큰 비석이 세워진 원형묘지를 지나 진주 강씨 제단 뒤로 오른다. 호남정맥의 마지막 산이라는 생각으로 힘듦을 이겨낸다. 가파른 오르막에 갑자기 큰 바위가 앞을 막아 철망과 바위 사이로 오른다. 전망암에서(15:05) 직진으로 오르니 묘지 위 소나무에 망덕산 팻말이 걸려 있다. 주변에 많은 표지기가 걸려 있고, 바로 앞에는 삼각점이 있다. 순간 이곳이 정상인 줄 알았는데 아니다. 정상은 조금 위에 있다. 위로 발길을 옮기자마자 정상에 이른다(15:07). 넓은 공간에 정상석이 있다.

정상석 앞면에는 '망덕산 해발 197.2M 호남정맥 시발점'이라고 적혀 있고, 뒷면에는 '이 표지석은 호남정맥으로부터 비롯된 망덕산을 널리 알리기 위해 진월면 이장단, 어울림 산악회, 금강산 산악회에서 설치하였습니다. 2008.1.1.'라고 적혀 있다. 정상석 앞에 음식과 배낭, 스틱, 표지기, 목장갑 등 내내 함께한 장비들을 모아놓고 감사 인사를 올린다. 그동안 무사히 마칠 수 있게 해 주심에 감사하고, 이후의 종주 일정도 계속 지켜 주십사 간구한다. 이렇게 2011년 4월에 시작한 호남정맥 종주가 막을 내린다. 도중에 조난사고도 있었지만 극복했다. 이젠 외망포구로 내려가면 된다(15:22). 내려가니 우측에 전망 안내판이 있고, 사거리 갈림길에 이른다(15:29). 좌측으로 내려가서 주택가 골목을 통과하니 포장도로인 삼거리에 이르고, 우측으로 2~3분 진행하니 횟집들이 즐비한 외망포구에 이른다(15:35). 우측으로 좀 더 진행하니 호남정맥 등산 안내도가 있다. 비로소 호남정맥 끝을 밟는 순간이다. 이로써 지난 2011년 4월 16일 시작해서 장장 454㎞를 달려온 호남정맥 종주의 대미를 장식한다. 드디어 해냈다. 감개무량 외 무슨 말이 더 필요할까!

🚶 오늘 걸은 길

토끼재 → 불암산, 국사봉, 상도재, 정박산, 삼정치, 천왕산, 망덕산 → 외망포구 (15.2㎞, 7시간 55분).

⛰ 교통편

- 갈 때: 순천중앙초교 버스 정류장에서 77번 버스로 광양 농협까지, 농협에서 15번 버스로 상탄치까지, 토끼재까지는 택시로.
- 올 때: 외망포구에서 군내버스로 중마동 버스터미널까지.

호남정맥 종주를 마치면서

2014. 3. 15.

9정맥 중 가장 긴 호남정맥을 마쳤다. 감개무량하다. 물론 어려움도 있었다. 특히 재작년 9월 1일, 열다섯 번째 구간은 잊을 수가 없다. 담양 지역 북산 직전에서 길을 잃었다. 119 조난신고도 허사였다. 장대비가 쏟아지는 어둠 속에서 밤을 새웠다. 그날의 순간들을 이렇게 기록했었다. '이젠 119 대원들도 지쳤는지 연락이 없고, 간간이 문자 연락만. 폭우로 억새와 땅바닥은 모두 물에 잠겼고 잔잔한 바람이 일기 시작. 지칠 대로 지친 몸은 가누기조차 힘들 정도. 그 와중에도 잠은 쏟아지고 정신은 갈수록 몽롱. 바람막이가 되는 키 큰 풀 옆에서 잠시 쉬기로 한 것이 그대로 잠으로 빠진다. 깨어보니 새벽 2시쯤. 젖은 몸 그대로 잠든 탓으로 한기가 엄습. 온몸이 떨려 옷을 갈아입고, 우의로 중무장. 한기를 떨치는 것이 급선무라고 판단. 몸을 움직이기로 한다…' 그때의 사고를 통해서 큰 것을 배웠다. 산행 기본을 철칙처럼 준수해야 된다는 것이다. 이렇게 정맥 종주를 통해서 많은 것들을 배우고 있다. 일면식도 없는 낯선 사람들이 베푸는 조건 없는 도움도 그중 하나다. 운행 중인 버스를 갓길에 세우면서까지 교통편을 수소문해 다른 버스와 연결해 주신 순천 시내버스 기사님. 대중교통이 없는 화천의 어느 산중에서 갈 길 몰라 초조해하는 나를 태우고 귀경 버스 시각에 맞게 터미널까지 데려다주던 군인. 시골의 교통정보를 몰라 쩔쩔매던 나에게 2차, 3차 교통편까지 제시하며 산골까지 찾아갈 수 있도록 버스 연계 노선을 세세하게 일러주던 광양교통 직원. 산행은 단순히 산길을 걷는 것만이 전부가 아니다. 생의 스승을 찾아 나서는 구도의 길이다. 감사할 것이 하나 더 있다. 재작년 조난 사고 후 '이제는 절대 산에 못 가!' 하던 아내의 단호한 최후통첩이 누그러졌다. 인정은 아니겠지만 눈 감아준다. 이해한다. 지아비 집 떠나는 뒷모습에서 눈을 떼지 못하는 그 심경을. 반드시 그에 보답할 것이다.

7

금남호남정맥

금남호남정맥 개념도

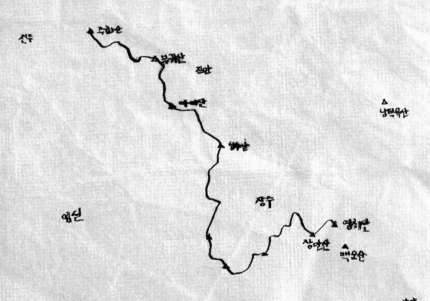

무주

△ 묘장산

진주

△ 남덕유산

△ 수란산

△ 무개산
진안

△ 수만산

임실

장수

△ 영취산
장안산
△ 백운산

남원

금남호남정맥은 우리나라 13개 정맥 중의 하나로 백두대간 상에 있는 전북 장수의 영취산에서 분기하여 전북 진안의 주화산까지 이어지는 산줄기이다. 백두대간이 남쪽으로 내려오면서 영취산에서 서쪽으로 뻗어 장안산, 수분재, 신무산, 차고개, 팔공산, 서구리재, 삿갓봉, 시루봉, 신광재, 성수산을 거쳐 탑사로 유명한 마이산을 지나 3정맥분기점인 진안의 주화산에 이르러 끝이 난다. 금남정맥과 호남정맥으로 나누어지는 산줄기로 금강과 섬진강의 분수령이다. 이 산줄기에는 오룡고개, 부귀산, 활인동치, 봉두봉, 마이산 암마이봉, 은수사, 가림고개, 옥산동고개, 성수산, 신광치, 삿갓봉, 오계치, 팔공산, 차고개, 신무산, 수분치, 사두봉, 밀목재, 장안산, 무령고개, 영취산 등의 산과 잿등이 있다. 도상거리는 영취산에서 주화산분기점까지 총 70.7㎞이다.

첫째 구간
영취산에서 수분재까지

　금남호남정맥 종주를 시작했다. 총 길이가 70㎞ 정도로 남한 9개 정맥 중 가장 짧다. 4구간으로 나눠 2주에 1회 종주한다면 2개월 이내에 마칠 수 있을 것 같다. 종주는 장수의 영취산에서 진안의 주화산을 향해 서북진할 계획이다. 금남호남정맥이 위치한 전북 내륙지역은 교통이 좋지 않은 오지 중의 하나이다. 그래서 구간마다 들고 날 때 교통편의 어려움이 예상된다. 첫째 구간은 영취산에서 수분재까지다. 영취산은 경남 함안군 서상면과 전북 장수군 장계면의 경계를 이루고, 수분재는 장수군 번안면과 장수읍의 경계를 이룬다. 이 구간에는 장안산, 955봉, 947.9봉, 960봉, 밀목재, 민둥봉, 사두봉, 당재 등이 있다. 날머리인 수분재에 버스 정류장이 있어 교통편이 좋다.

2014. 3. 22. (토), 맑음

　3월 21일 밤. 강남 고속버스터미널에서 출발, 전주에는 자정을 넘긴 12시 10분에 도착하여 택시로 '전주한옥스파'로 향한다. 호남정맥 종주 때 몇 번 이용했던 찜질방이다. 새벽에 시외버스터미널에서 (06:12) 장수행 첫버스에 올라 진안터미널을 거쳐 장계에는 7시 38분에 도착. 들머리인 무룡고개까지는 택시를 타야 한다. 택시기사가 묻는다. "간혹 두세 명씩 종주하는 것은 봤지만, 혼자 하는 것은 못 본 것 같다. 뭔 재미냐?" "혼자도 괜찮다."고 하니 고개를 갸웃거린다. 꾸불꾸불한 산골을 넘어 7시 53분에 무룡고개에 도착. 무룡고개는 금남호남정맥 시발지이자 장수군과 함안군을 잇는 잿등이다. 날씨가 쌀쌀하다. 땅바닥은 꽁꽁 얼었다. 좌측에 주차장, 창고 비슷한 건물과 영취산으로 오르는 계단이 있고, 우측은 장안산으로 오르는 길목인데 큼지막한 등산 안내도와 계단이 있다. 잿등은 터널을 뚫어 그 위로 동물 이동로를 만들었다. 종주는 영취산 정상에서부터 시작된다. 바로 영취산으로 오른다. 긴 목재 계단이 끝나고, 영취산 정상에 이른다(08:10).

영취산 정상에서(08:10)

정상은 파헤쳐졌고, 부분적으로 파란색 포장으로 덮였다. 매장문화재 발굴 중이라는 안내문이 있다. 중앙에 정상석과 삼각점, 돌탑이 있고 많은 표지기가 나뭇가지에 걸려 있다. 이정표도 있다(좌측 육십령 11.8, 우측 중치 8.2). 영취산은 백두대간이 북에서 남으로 내려오면서 덕유산을 거쳐 지리산으로 가는 중간에 있다. 몇 년 후가 될지는 모르지만, 백두대간을 종주할 때에 들르게 될 지점을 오늘 미리 밟는다. 정상에서 주변을 조망하는 것만으로도 행복하다. 북쪽으로는 덕유산, 남쪽으로는 백운산으로 이어지는 백두대간의 마루금이 장엄하게 드러나고, 서쪽으로는 장안산을 거쳐 사두봉으로 이어지는 금남호남정맥의 마루금이 시원스럽다. 손이 시릴 정도로 쌀쌀하다. 바람도 약간 있다. 준비한 음식과 배낭을 정상석 앞에 놓고 무사 종주를 기원한 후 하산한다(08:26). 이제부터 금남호남정맥 종주가 시작된다. 올라왔던 길로 내려가 다시 무룡고개에 이른다(08:38). 도로를 건너 장안산을 향해 오른다. 초입에 등산 안내도가 있고, 계단이 이어진다. 삼거리에서 우측으로 진행한다. 등로는 좁지만 뚜렷하다. 10분 정도 오르니 임도에 이르고(08:50), 좌측으로 10여 미터 내려가니 갈림길삼거리에 이른다. 장안산 방향으로 3~4분 오르니 사거리에 이르고(08:54), 돌무더기와 이정표가 있다. 좌측으로 진행하니 양쪽에 산죽이 깔렸고, 계단이 나온다. 등로 우측에 장수군에서 세운 팻말이 있다(구조 요청번호 1009). 다시 20여 분 오르니 삼거리가 나오고(09:13), 얼었던 바닥이 녹기 시작해 질퍽거린다. 길은 좁지만, 주변을 정비해 걷기는 좋다. 삼거리에서 7~8분 오르니 앞이 환해지면서 넓은 공터에 이른다(09:20). 공터 주변은 억새밭인데 아주 짧게 제거해 마치 텅 빈 광장처럼 보인다. 시간이 흘러서일까? 새벽 찬 기운도 스러지고, 따스한 기운이 감도는 햇살이 뺨에 닿는다. 짧게 자른 억새 군락지를 지나자 산죽이 나오고, 가파른 오르막 계단과 전망대를 지나니(09:33) 마치 구름다리처럼 보이는 목재 다리가 나온다. 구름다리를 통과하니 산죽과 억새 군락지가 나오고, 등로 주변이 깨끗하게 정비되었다. 계단을 넘으니 전망대가 나오고, 다시 가파른 계단을 힘겹게 넘으니 장안산 정상에 이른다(09:52). 정상은 꽤 넓고, 헬기장 표시가 뚜렷하다. 등산 안내도, 산불감시 무인카메라, 정상석, 삼각점, 이정표가 있다(우측 밀목재 9.3, 좌측 범연움 5.0). 장수군이 자랑하는 명산답게 주변 조망이 막힘이 없다. 뒤돌아 동쪽으로는 백운산에서 영취산과 깃대봉으로 이어지는 백두대간 마루금이 한눈에 들어오고, 서쪽으로는 앞으로 밟게 될 팔공산과 삿갓봉으로 이어지는 금남호남정맥 마루금이 아스라이 펼쳐진다. 정상에 잠시 머무르는 사이에 3인의 등산객이 올라온다. '굿부산'이라는 닉네임을 가진 부산 출신 종주자들이다. 나 정도의 연배다. 이들은 카니발 자동차를 렌트해서 종주에 이용한다면서 나에게 무릎 보호대를 착용할 것을 권한다. 이들에게 부탁해서 오랜만에 정상석을 배경으로 인증 샷을 남긴다. 등로는 정상석 뒤로 이어진다. 계단 끝에 산죽이 나오고 잠시 후 긴 계단이 이어진다. 등로 주변은 키 작은 산죽이 쫙 깔렸다. 로프가 설치된 가파른 내리막이 나오더니 돌길이 한참 이어지고 키 큰 산죽이 나온다. 돌길은 흙길로 바뀌고 통나무 계단이 나오더니 안부삼거리에 이른다(10:27). 목재 의자가 있고, 주변은 온통 시퍼런 산죽이다. 직진으로 통나무 계단을 오르니 985봉삼거리에 이르고(10:36), 직진으로 내려가는 등로는 로프가 설치된 돌계단이다. 계단이 끝나고 완만한 능선을 오르내린다. 산죽이 많은 안부를 지나 무명봉에 이른다(10:56). 정상에 산죽과 작은 웅덩이가 있다. 웅덩이는 묘지를 이장한 흔적이다. 직진 내리막에 낙엽이 쌓였고, 주변은 산죽이 감싸고 있다. 걷기에 좋다. 혼자 누리기엔 아까운 호사다. 이정표가 있는 안부사거리에서 (11:03) 직진으로 오르니 우측 아래에 마을이 보인다. 통나무 계단을 넘으니 통나무 벤치 두 개가 있는 955봉에 이르고(11:16), 다시 10여 분 만에 947.9봉에 이른다(11:27). 삼각점만 확인하고 좌측 통나무 계단으로 내려간다. 안부에서(11:33) 좌측으로 진행하니 우측 아래에 마을이 보인다. 장수읍이다. 사거리에서(11:41) 능선은 계속되고, 좌측에 큰 바위가 나오면서 언덕진 곳을 넘으니 왼쪽은 낙엽송 지대다. 무명봉에서(11:51) 점심을 먹고, 출발한다(12:02). 등로 주변에 키큰 소나무가 많다. 무명봉에서(12:09) 우측으로 내려가니 안부사거리에 이르고(12:11), 직진으로 오르다 897봉 정상 직전에서 좌측으로 우회하니 소나무가 벌목된 지대가 나온다. 잠시 후 무명봉을 넘고 (12:34), 완만한 능선을 오르내린다. 좌측은 낙엽송 군락지. 다시 통나무 계단으로 올라 무명봉을 넘고(12:41), 좌측으로 내려가니 산죽이 나오면서 등로는 가파른 오르막으로 변하면서 이정표가 있는(밀목재 0.82) 960봉에 이른다(12:51). 우측으로 내려가니 돌계단이 나오고, 나무 벤치 두 개와 돌계단을 지나 급경사 내리막이 시작된다. 잠시 후 임도를 따라서 우측으로 조금 가다가 다시 산길을 따라 내려가니 2차선 포장도로인 밀목재에 도착한다(13:08).

밀목재에서(13:08)

밀목재는 장수군 번암면에서 장수읍으로 들어가는 잿등으로 금남호남정맥 안내판이 있다. 등로는 도로 좌측으로 70m 정도 이동하여 덕산마을 안으로 이어지고, 마을 입구에 버스 정류장이 있다. 덕산마을은 최근에 건축한 듯 현대식 주택들이다. 이유가 있다. 이 근처에 댐이 설치되면서 수몰민들이 이곳으로 이주한 것이다. 마을 안 도로를 따라 오르니 신덕산마을회관이 나오고, 우측으로 오르니 시멘트 포장도로가 산 입구까지 이어진다. 이곳에서 잠시 쉰다. 지친 탓인지 더 이상 걷기가 어렵다. 시멘트 바닥에 그대로 누워 휴식을 취한 후 산으로 오른다. 잠시 후 조금 전의 임도와 다시 만난다. 임도 우측에 간이 화장실이 있다. 임도가 특이하다. 가운데에 계단처럼 층계를 만들어 놓았다. 미끄러운 겨울을 대비한 것 같다. 임도가 끝나는 갈림길에 이정표가 있고, 갈림길에서 가운데 계단으로 오르니 고운 잔디가 깔린 민둥봉 정상에 이른다(13:45). 정상은 잔디뿐이고, 의자 두 개와 빨간 깃발이 날리고 있다. 깃발 옆에는 '논개활공장'이라는 안내판이 있다. 잠시 후 무명봉에서(14:01) 직진으로 내려가 완만한 능선을 오르내리니 좌측에 저수지가 보인다. 아마도 저 저수지를 설치하면서 수몰지구 이주민이 발생되었을 것이다. 무명봉을 넘고(14:18) 돌길로 내려가, 오르니 사두봉 정상에 이른다(14:24). 정상에는 묘 2기, 정상 표지판, 삼각점이 있다. 산길 풍경은 볼 때마다 새롭다. 주변은 온통 산죽으로 둘러싸였다. 이젠 오늘의 마지막 지점인 수분재가 2.8㎞ 남았다. 갑자기 힘이 솟는다. 내려간다. 돌탑이 나오고, 주변이 돌로 축성된 것으로 봐서 옛날에 봉수대였던 것 같다. 낙엽이 수북한 낙엽 길과 딱딱한 돌길이 반복된다. 쌓인 낙엽을 보면 마치 늦가을을 걷는 기분이다. 두 번째 무명봉에서 내려가니 소나무 군락지가 나오고(15:06), 좌측에 묘지가 있다. 큰 바위가 있는 봉우리 직전에서 암벽을 피해 우측으로 우회하자마자(15:11) 갈림길에서 우측으로 내려가니 가늘은 소나무가 군집된 곳에 이르고, 능선 길을 따라 한참 진행하니 사거리 표시가 뚜렷한 바구니봉재에 이른다(15:14). 바구니봉재는 좌측 방화동 마을과 우측 송계마을을 잇는다. 직진으로 소나무 군락지에 진입해 솔길을 걷는 동안 진한 소나무 향이 코끝에 스민다. 온몸의 기운이 다 빠진 듯 힘은 들지만, 기분은 참 좋다. 연속해서 무명봉을 넘으니(15:38) 통나무 계단이 나오고 임도삼거리인 당재에 도착한다(15:47). 약간 좌측으로 옮겨 임도를 건너 산으로 오르니 초입에 애석한 사연을 담은 대리석 비석이 있다. 이곳 금남호남정맥을 종주하다가 사망한 산악인의 비석이다. 무명봉을 넘고(15:57), 우측으로 내려가서 임도를 만난다(16:03). 우측으로 이동하여 임도를 버리고 아래쪽 산길로 내려가니 시멘트 도로에 이르고, 좌측으로 내려가다 포장도로에서 좌측으로 내려가니 수분재 교차로에 이른다(16:08). 교차로에서 좌측 도로로 진행하니 수분 버스 정류장이 나오고, 이어서 S-oil 주유소와 휴게소가 나온다. 땡까땡까 울리는 음악이 한적한 봄날 오후를 자극한다. 오늘은 이곳에서 마치기로 한다. 불안과 염려를 안고 시작한 첫 구간이 이렇게 마무리된다. 상큼한 출발, 이 기운을 진안의 주화산까지 이어갈 것이다.

🚶 **오늘 걸은 길**

영취산 → 장안산, 955봉, 960봉, 밀목재, 민둥봉, 사두봉, 바구니봉재 → 수분재
(18.2km, 7시간 58분).

⛰️ **교통편**

- 갈 때: 전주시외버스터미널에서 장계까지, 무룡고개까지는 택시로.
- 올 때: 수분 버스 정류장에서 군내버스로 장수읍까지.

둘째 구간
수분재에서 신광재까지

앙상한 나뭇가지에만 익숙해진 눈길, 드디어 호사한다. 연둣빛 산수유를 보았다. 겨우내 움츠렸던 그 생명, 다시 새로운 시작을 열려나 보다. 몇 년째 쌓여 온 나와의 추억, 이젠 그들 없이 봄을 맞을수 없다. 그들 없이 산을 찾을 수 없을 것 같다.

둘째 구간을 넘었다. 수분재에서 신광재까지이다. 신광재는 장수군 천천면과 진안군 백운면을 잇는 잿등이다. 이 구간에는 신무산, 차고개, 팔공산, 1,136봉, 1,080봉, 홍두깨재, 시루봉 등이 있다. 오후에 갑자기 하늘이 회색으로 변하더니 때아닌 4월에 눈이 쏟아졌다. 삽시간에 등로가 사라졌고, 내리막길은 감당하기 어려울 정도로 미끄러웠다. 이 구간은 봉우리 간의 고도차가 커서 다른 구간에 비해 힘이 든다.

2014. 4. 5. (토), 오전 맑음, 오후 고지대 산간에 눈

금요일 저녁 서울남부버스터미널. 버스 출발 30분 전에 도착했지만 표는 매진. 그러나 포기할 수 없는 상황. 출발 시각까지 기다렸다가 오지 않은 승객의 빈자리에 앉는다. 휴~ 천만다행. 버스는 자정이 되어 전주시외버스터미널에 도착. 바로 금안동에 있는 금강산 찜질방으로 향한다. 다음날 새벽, 시외버스터미널에서 장수행 첫 버스에 오른다. 장수터미널에서 다시 군내버스에 승차, 수분재에는 8시 28분에 도착. 들머리는 수분재에서 번안 방향으로 100여 미터를 가서 우측 시멘트 길로 들어서면 나온다. 도로 우측에 철망이 있고, 밭 가장자리를 따라 진행하니 능선 안부에 이른다. 등산객들이 오르내린 흔적이 뚜렷하다. 안부에서 좌측으로 올라서자마자 편백나무들이 군집되었고, 이어서 작고 가는 소나무가 늘어선 솔숲이 이어진다. 산길은 들어설 때마다 새롭다. 주변에 화사한 진달래가 수줍은 듯 웅크리고 있다. 새 장비를 사용하는 첫날이다. 무릎보호대와 등산화 깔창, 지난번 산행 때 부산 팀들이 알려준 장비다. 등산화 깔창 촉감이 좋다. 진작 준비할걸. 젊은 등산객이 뒤따라온다. 어디까지 가느냐고 물으니, 땜빵 산행이라며 쏜살같이 앞서간다. 젊음이 부럽다. 묘지를 지나 2~3분 더 진행하니 송전탑이 나오고(08:47), 오르막 우측에 자작나무가 많다. 좌측으로 짧은 임도가 시작되고, 등로 좌측은 낙엽송 단지다. 임도를 따라 50m 정도 가다가 우측으로 오르니 넓은 임도삼거리가 나오고, 가운데 산길로 오르니 낙엽송 숲길에 연둣빛 산수유가 눈에 띈다. 잠시 후 시멘트 임도를 가로질러 산으로 오른다(09:01). 가파른 소나무 숲길을 힘겹게 오르니 무명봉에 이르고(09:21), 좌측으로 틀어서 내려가니 가시덤불이 많다. 숲이 무성한 여름에는 힘들 것 같다. 주변에 철쭉이 많다. 묘지를 지나(09:40) 가파른 오르막을 넘으니 신무산 정상에 이른다(09:47). 정상에는 전일 상호신용금고에서 세운 스테인리스판이 있다. 정상에서 철망을 따라서 좌측으로 내려간다. 안부를 지나(10:07) 내려가니 큰 바위와 웅달이라 급경사 내리막에 살얼음이 있다. 절개지 상단부에 가까워지니 이동통신 안테나가 보이고, 좌측으로 내려가니 자고개에 이른다(10:21). 자고개는 장수읍 용계리와 산서면 대성리를 잇는다. 이동 화장실, 신무산 팔공산 등산 안내도가 있다. 등산 안내도를 살피는데 갑자기 화장실 문이 '쾅' 하고 덜컹거린다. 깜짝 놀라 뒤돌아봐도 아무도 없다. 바람 때문이었다. 오름길은 통나무를 박은 계단이다. 임도를 지나 이정표가 나온다(팔공산 4.5). 팔공산이 4.5라니? 좀 전의 자고개 이정표에는 3.5라고 적혀 있었는데. 임도갈림길에서(10:38) 우측으로 진행하니 또 이정표가 나온다(팔공산 정상 4.0). 임도는 산길로 변하고, 바닥에 깔린 바위를 지나(10:47) 합미성에 도착한다(10:49).

합미성에서(10:49)

합미성은 길지 않은 석성으로 주변에 산죽이 많다. 오르자 바위와 성터 흔적이 나온다. 돌무더기를 넘어서자 합미성 안내문이 있다. 후백제 시대에 돌로 쌓은 성, 둘레는 300m, 높이는 4.5m라고 적혀 있다. 가파른 오르막을 넘으니 삼거리에 이른다(11:03). 좌측은 대성리에서 올라오는 길, 우측 돌길로 진행하니 산죽이 많고 우측에 로프가 설치되었다. 다시 산수유와 잡목이 많은 삼거리를 만나(11:20) 직진으로 오르자마자 주변에 편백나무가 많다. 팔공산 철탑이 가까이 보이고, 돌길이 시작되면서 주변에 찔레나무가 많다. 오르막 끝에 철탑을 지나 팔공산 정상에 이른다(12:00). 이동통신 안테나와 난잡하게 설치된 시설물이 있다. 우측 서구이재 방향으로 내려가는 주변엔 산죽이 많고, 잠시 후 1,136봉에 이른다(12:07). 정상은 고운 잔디가 깔린 헬기장이다. 뚜렷하지는 않지만, 덕유산에서 지리산으로 이어지는 백두대간 마루금이 보인다. 한쪽에 이정표가 있다(서

구이재 2.8). 내려가는 길은 돌길로 등로 우측에 로프가 설치되었고, 바위봉 직전에서 좌측으로 우회해서 내려간다. 잠시 후 무명봉을 지나(12:22) 철계단을 오르니 암봉에 이르고, 내리막길에도 로프와 철계단이 설치되었다. 다시 오르니 896봉에 이른다(12:37). 두 시 방향 앞쪽엔 꿈틀거리는 듯한 하얀 선이 길게 보인다. 장수에서 서구이재로 올라가는 도로다. 통나무 계단으로 내려가니 우측 아래에 송천리 단평저수지가 보이고, 억새 군락지를 오르내리다가 삼거리에 이른다(12:41). 우측으로 내려가니 2차선 포장도로인 서구이재에 이른다(12:46). 포장도로 우측에 장수와 무주를 알리는 교통 표지판이 있고, 포장도로를 따라 좌측으로 30m 정도 진행하니 민가와 터널이 나온다. 나를 본 개들이 산이 떠나갈 듯 짖어댄다. 등로는 터널 우측 절개지 위로 이어지고, 초입에 '와룡 자연휴양림 입구'라는 안내판이 있다. 안내판을 따라 오르니 터널 위 동물 이동로와 만나는 지점에 이정표가 있다(와룡자연휴양림 4.9). 종주 초반에 이렇게 힘이 드는 것도 처음이다. 봉우리마다 고도차가 크기 때문이다. 이곳에서 점심을 먹고, 누워서 휴식을 취한 후 출발한다(13:08). 우측 능선으로 20분 정도 오르니 985봉에 이르고(13:31), 고만고만한 봉우리를 오르내리다가 한참 후 데미샘삼거리에 이른다(14:07). 의자 두 개와 이정표가 있다(좌측 데미샘 0.67, 우측 오계재 1.56). 데미샘 유래가 흥미롭다. 진안군 백운면 신암리에 위치한 이 작은 샘이 섬진강의 발원지라고 한다. 산 중턱의 작은 샘이 큰 강의 발원지인 것처럼 인간 세계도 그럴 것이다. 우린 그동안 모태에 대하여 너무 무관심했다. 지금 서 있는 데미샘삼거리가 아마도 천상데미일거라고 생각된다. 왜냐하면 천상데미라는 의미가 하늘로 오르는 봉우리라는 뜻이고, 이곳이 데미샘 위에 있는 봉우리이기 때문이다. 오계재 방향인 우측 완만한 능선으로 내려간다. 안부에서 돌길로 오르니 1,075봉에 이르고(14:18), 119 구조대 전화번호(063-350-2422)와 위치 번호(1021)가 적혀 있다. 필요할 것 같아서 적어 둔다. 좌측 완만한 길로 내려가니 삼거리에 이르고(14:23), 앞쪽에 우뚝 선 삿갓봉을 바라보니 걱정이 앞선다. 좌측 오계재 방향으로 완만한 능선을 오르내리다가 목재 계단을 지나 오계재에 이른다(14:37). 주변에 기운 빠진 억새가 있다. 고봉을 또 올라야 할 것을 생각하니 먹먹하다. 견디기 힘들어 잠시 바닥에 드러누웠다가 전망대를 향해 직진으로 오른다. 통나무 계단이 끝나고 암릉을 우회하여 나무 사다리를 타고 오르니 좌측에 팔각 정자가 있다(15:12). 뒤돌아서면 지나온 마루금의 아늑한 정취에 절로 취하게 된다. 갈림길에서 우측으로 오르니 삿갓봉에 이른다(15:23).

삿갓봉에서(15:23)

 정상에 의자 4개가 있다. 그런데 날씨가 수상하다. 바람이 그치질 않고 갈수록 어두워진다. 좌측으로 내려서자 산죽이 우거진 내리막이 시작되고 안부에 이른다. 오르는 등로엔 자작나무가 군집되었다. 갑자기 눈이 내린다(15:37). 당황스럽다. 일기예보엔 전혀 눈이 없었는데. 날마저 어두워진다. 체력은 고갈됐지만, 속도를 낸다. 아직도 가야 할 길은 멀다. 힘겹게 오른 끝에 1,080봉에 이른다(15:43). 정상에 바위가 있고, 눈은 폭설로 변한다. 내려간다. 삽시간에 눈이 쌓여 산은 하얗게 변한다. 4월인데…. 아직도 목표 지점은 멀었는데 난감하다. 내리막길이라 미끄럽기까지 하다. 갈수록 어두워지고 바람까지 분다. 갑자기 아래에서 사람이 나타난다. 젊은 등산객이다. 얼굴을 모두 가린 채 두 눈만 내놓고 힘겹게 올라온다. 나에게 묻는다. 선각산이 얼마나 남았느냐고. 이 상태로는 위험해서 갈 수 없으니 되돌아가라고 했지만, 일단 가보겠다고 우긴다. 만약을 대비해서 서로가 전화번호를 교환한다. 한참 후 안부에 이르고, 다시 낮은 봉우리 두 개를 넘고 내려가니 키 큰 나무들이 나오더니 잣나무 숲으로 빽빽한 홍두깨재에 이른다(16:23). 이곳에서 고민을 한다. 중단할 것인지, 당초 목적지인 신광재까지 갈 것인지를. 체력은 완전히 고갈되어 한 걸음도 걷기 힘들다. 산은 완전히 설산으로 변해 등로를 확인하기도 어렵고 미끄럽기까지 하다. 중단하고 하산하더라도 문제는 크다. 교통로 확보도 쉽지 않을뿐더러 많은 시간이 걸릴 수 있다. 계속 가기로 한다. 직진으로 한 걸음 한 걸음 세면서 고갈된 힘을 짜내 오른다. 무명봉을 넘고(16:43) 오르자 바위들이 나오면서 갈수록 가팔라진다. 10여 분 만에 오르막이 끝나고 능선삼거리에서(16:55) 우측으로 진행하니 헬기장이 나오고(16:58), 직진으로 나서자 갈림길이 나온다. 좌측은 시루봉, 등로는 우측으로 이어진다. 이제 어느 정도 안심이 된다. 목적지까지는 오르막이 없다. 미끄러지든 기어서 내려가든 내려만 가면 된다. 한참 후 안부에서 낮은 바위봉을 넘고 가파른 내리막을 한참 내려가니 아래에 개간지가 보이기 시작한다. 밭 너머 산도 모두 개간된 고랭지 채소밭이다. 밭을 보면서 계속 내려간다. 밭 좌측 가장자리에 일렬로 심어진 여섯 그루의 소나무를 통과하고 비닐하우스를 지나자 등로 흔적이 사라진다. 우측으로 내려가니 골짜기에 폐가가 보이면서 오늘의 최종 목적지인 신광재에 이른다(17:32). 우측은 중리마을로, 등로는 좌측으로 이어진다. 힘든 하루였다. 봉우리마다 고도차가 컸고, 도중에 때아닌 눈이 내려 더욱 힘들었다. 눈 속에서 선각산을 묻던 젊은 등산객이 걱정된다.

🚶 오늘 걸은 길

수분재 →신무산, 차고개, 팔공산, 1,136봉, 1,080봉, 홍두깨재, 시루봉 → 신광재
(17.8㎞, 9시간 4분).

🏔 교통편

- 갈 때: 장수터미널에서 시내버스로 수분재까지.
- 올 때: 중리마을 중상정류장에서 군내버스로 천천버스 정류장까지, 천천에서 시외버스로 전주까지.

셋째 구간
신광재에서 강정골재까지

친구 모친 백수연 소식이 들린다. 축하할 일이다. 말이 쉽지 아무에게나 있을 수 있는가? 그동안 주변에 쌓아 온 인연은, 무수할 추억은 또 얼마나 될까? 오는 봄인지, 가는 봄인지 쏜살같은 생태의 순환에 어지럽다. 시간의 누적, 쌓여가는 추억의 두께. 점점 헤어짐이 어려운 나이로 내달리는 것만 같은 요즘이다. 심란하다.

셋째 구간을 넘었다. 신광재에서 강정골재까지다. 신광재는 장수군 천천면과 진안군 백운면을 잇는 잿등이고, 강정골재는 진안읍과 연장리를 잇는 잿등이다. 여기서 말하는 잿등이란 도로가 거의 없던 그 옛날에 그나마 마을과 마을을 연결해 주던 산봉우리와 봉우리 사이의 샛길을 말한다. 이 구간에는 성수산, 1,008봉, 마이산, 봉두봉, 532봉 등이 있다. 532봉을 지나고서부터 강정골재까지는 임도를 많이 개설해 길 찾기가 어렵게 되었다.

2014. 4. 19. (토), 오전 흐리고 바람, 오후 1시부터 해

이번 주부터 물 2천㎖를 준비했다. 그동안 산에서 음식을 넘길 수 없었던 이유가 과도한 땀 배출이 원인이었기 때문이다. 자정이 막 넘은 시각에 전주 고속버스터미널에 도착. 바로 찜질방으로 향한다. 구면이라고 찜질방 주인이 배낭까지 넣을 수 있는 긴 사물함 키를 준다. 새벽에 시외버스터미널로 이동, 천천행 시외버스에 오른다. 천천 버스 정류장에 도착하자마자 택시에 오른다. 기사는 이 지역 토박이로 무용담을 늘어놓는다. 젊은 시절에는 하루에 뱀을 사오십 마리씩 잡았다고 하고, 중상 마을은 중리와 하리를 합해서 부른다는 이 지역 역사까지 알려 준다. 10여 분 후 중상마을에 도착, 도보로 신광재삼거리에 이른다(08:10). 산골의 아침은 적막하다. 임도를 따라 올라 삼거리에서 좌측으로 오르니 고랭지에 이르고, 좌측에 외롭게 서 있는 이정표를 발견한다. 등로는 고랭지 밭 끝에서 산으로 이어지고, 초입부터 계단이 시작된다. 잠시 후 무명봉에서(08:43) 우측 계단으로 5~6분 내려가서 고랭지 밭을 통과하자 바닥 전체가 시멘트로 포장된 헬기장에 이른다(08:49). 억새가 많은 고랭지 밭 가장자리를 따라 산으로 오른다. 계단을 지나 우측으로 오르니 좌측에 낙엽송이 있고, 진달래가 절정이다. 구름이 잔뜩 끼었고, 바람은 갈수록 심하다. 몇 번의 계단을 넘어 성수산 정상에 도착한다(09:25).

성수산 정상에서(09:25)

정상석, 삼각점, 전일 상호신용금고에서 설치한 이정표가 있다(30번 국도 7.0). 내리막 갈림길에서(09:30) 좌측 완만한 능선으로 내려가니 또 헬기장(09:35). 억새가 무성하다. 소나무 숲을 지나 우측으로 낙엽송 지대가 이어지고 계단 끝에 무명봉에 이른다(09:53). 이어서 복지봉에 이른다(10:01). 정상에 박건석 씨의 표지판이 상수리나무에 걸려 있고, 만개한 진달래와 이정표가 있다(우측 옥산동 3.8). 내려간다. 험한 돌길에 이어 완만한 능선길이 한동안 이어지고, 안부에서 오르니 910봉 정상이다(10:21). 아직까지도 주변은 구름에 가려졌다. 우측으로 내려가니 칼날처럼 날카로운 능선이 이어지고, 이런 지형과는 어울리지 않게 굵은 소나무가 있다. 등로에 떨어진 꽃잎이 깔렸고, 산은 만개한 진달래로 꽃산이 되었다. 바위 봉우리에 직면해서 우회하니 소나무가 군락진 봉우리에 이르고(10:34), 내려가다가 다시 오른 무명봉에도 진달래가 많다(10:40). 급경사 계단으로 내려가다가 안부에서 5~6분 오르니 775봉에 도착한다(10:50). 이곳에서 간식을 먹고 우측으로 내려간다(11:06). 완만한 능선 좌측 아래에 마을이 보인다. 선인동 마을이다. 안부에서 가파른 오르막을 넘으니 옥산봉에 이르고(11:18), 정상은 원형 헬기장으로 누렇게 변색된 억새가 가득하다. 박건석 씨의 옥산봉 표지판도 나무에 걸려 있다. 내려가다가 갈림길에서(11:27) 우측으로 한참 내려가니 또 갈림길(11:34). 이번에는 좌측으로 내려간다. 가끔 고사리가 보이고, 등로가 뚜렷하지는 않지만 목적지가 육안으로 보이기에 큰 염려는 없다. 등로가 좌측으로 돌아서 이어지지만 시간 절약을 위해 직선으로 내려간다. 한참 내려가니 벌목된 나무가 쌓여 진로를 막는다. 판단 착오다. 시간이 걸리더라도 좌측 우회로를 따라 내려갔어야 했다. 내려오는 동안 마이산의 두 봉우리가 뚜렷하게 보인다. 비경이다. 나무 더미를 통과 후 임도에 이르고, 계속 내려가니 옥산동 고개에 도착한다(11:51). 길 건너 산으로 오르자마자 개간한 밭이 나오고, 밭 왼쪽 가장자리를 따라 오른다. 밭이 끝나고 잣나무 숲속으로 들어서니 어둡다. 7~8분 오르니 무명봉에 이르고(12:01), 내려가는 길에 소나무와 진달래가 많다. 다시 작은 봉우리를 넘고(12:07), 안부사거리에서(12:09) 직진으로 오르니 많은 소나무가 나온다. 우측은 낙엽송 지대, 시들은 억새가 많다. 잠시 후 옥녀봉에 도착한다(12:23). 옥녀봉은 삼거리로 바닥엔 낙엽이 쌓였고, 박건석 씨의 비닐 표지판이 있다. 이곳에서 점심을 먹고, 우측으로 내려가자마자(12:50) 벌목지대를 걷게 된다. 등로 주변엔 억새가 많고, 갈림길에서(12:56) 좌측 밭 가운데로 진행하니 좌측의 가름내마을과 우측의 솔안마을을 잇는 1차선 포장도로에 이른다(13:03). 등로는 도로를 건너 산으로 이어진다. 도로변의 시멘트 옹벽을 넘어 가족묘지 뒤로 올라, 잠시 후 능선 삼거리에서(13:13) 우측으로 내려가니 좌측은 벌목지대인데 잡목이 무성하다. 벌목지 끝지점에서 우측으로 내려가니 갑자기 파란색 비닐 띠가 나타난다. 멀리서 볼 때는 놀랐지만 가까이서 보니 산 경계 표시다. 비닐 띠를 따라 좌측으로 한참 진행하니 갈수록 마이산은 뚜렷하게 다가서고, 등로에는 아직까지도 마른 풀이 빽빽하다. 숲이 무성할 여름철엔 종주가 어려울 것 같다. 소나무가 울창한 곳에서 (13:32) 좌측으로 내려가니 등로 주변은 잡목과 시든 억새가 무성하다. 소나무가 많은 곳에서 좌측으로 내려가다가 또 소나무가 많은 곳에서 우측으로 내려간다. 잠시 후 2차선 포장도로에서(13:43) 우측으로 30m 정도 이동해 도로를 건너 절개지를 넘으니 밭이 나오고, 밭 좌측 가장자리를 따라 산으로 오른다. 그동안 구름에 가려졌던 해가 나온다. 완만한 오르막 끝에 갈림길에 이르고(13:59), 우측으로 오르다가 내려가니 능선 주변은 간벌치기를 하여 등로가 뚜렷하다. 소나무 숲을 지나 안부사거리에서(14:06) 직진으로 오르니 이젠 숫마이봉이 손에 잡힐 듯 가까이 다가선다. 거대한 암봉, 위압적인 자세로 우뚝 선 숫마이봉. 보기만 해도 경외롭다. 뚜벅뚜벅 오른다. 묘지 3기를 연속해서 지나니 숫마이봉 암벽 아래에 이른다(14:30).

숫마이봉 암벽 아래에서(14:30)

숫마이봉의 거대한 형상을 어떻게 표현해야 할까? 상상이 어려울 정도다. 암봉의 규모는 물론, 마치 돌에 시멘트를 바른 것처럼 우둘 툴툴하게 보이는 표면도 신기하다. 마이산의 풍화혈은 타포니 현상 이라고 하여 학술적으로 매우 가치가 높다고 한다. 거대한 숫마이봉 의 암봉을 한 번 더 올려다보고 암벽을 따라 좌측으로 이동한다. 등 로엔 크고 작은 돌이 깔렸다. 암봉 밑을 걷기가 불안하다. 혹시 낙 석이라도…. 7~8분 내려가니 사찰 지붕이 보이고 관광객들의 왁자지 껄하는 소리가 들린다. 잠시 후 은수사에 도착(14:41). 먼저 약수터를 찾아 시원한 물을 맘껏 마시고 빈 병도 가득 채운다. 은수사 경내는 독경 소리와 관광객들의 떠들썩함으로 난리법석이다. 우측 계단으 로 올라 암마이봉에 도착하니 진입로 입구에 등산로 폐쇄 공고문이 붙어 있다.

등산로 폐쇄공고

제 2004-226호

본 등산로는 자연환경이 심하게 훼손되어 식생복원을 위하여 자연공원법 제28조의 규정에 의거 다음과 같이 등산로를 폐쇄하오니 등산을 일체 금지하여 주시기 바랍니다.

♣ 폐쇄 등산로 구간(2개 노선 1.5km)
　－천황문~암마이봉 정상(0.6km)
　－천황문~물탕골 정상(0.9km)
♣ 폐쇄기간 : 2004. 10. . ~ 2014. 10. .(10년간)
♣ 폐쇄목적 : 식생을 복원하기 위한 자연휴식년제 실시

2004. 10. .

진 안 군 수

※경고 : 폐쇄된 등산로에 무단출입하는 자는 자연공원법 제86조 제2항의 규정에 의하여 50만원이하의 과태료처분을 받게 됩니다.

식생 복원을 위해 2014년 10월까지 10년간 자연휴식년제를 실시한다는 것이다. 아쉽지만 은수사로 되돌아 내려온다. 암마이봉은 건너뛰고 그다음부터 이어 오르기 위해서다. 포장도로를 따라 탑사에 이른다(15:04). 이곳도 관광객들로 발 디딜 틈이 없다. 탑사와 상가를 지나 주차장에 이르니(15:14) 모퉁이에 이정표가 있다(봉두봉 2.4). 엉터리다. 1㎞도 되지 않는 거리를 2.4㎞라니. 봉두봉을 향해 철 난간이 설치된 돌계단을 힘겹게 20여 분 오르니 안부삼거리에 이른다(15:29). 이 안부삼거리는 암마이봉을 넘어오면 도착하는 바로 그 지점이다. 안부삼거리에서 좌측으로 긴 계단을 오르니 봉두봉에 도착한다(15:39). 정상 직전에 정상석이 있고, 정상에는 헬기장이 조성되었다. 우측 계단으로 내려가다가 안부삼거리에서 직진으로 오르니 540봉에 이른다(15:48). 나무의자 6개가 있고, 의자마다 등산객들이 앉아 있다. 가장자리에 이곳이 제2쉼터라고 알리는 표지판이 걸려 있고, 주변은 이곳에서만 볼 수 있는 황홀경이 펼쳐진다. 북서쪽으로 나봉암 비룡대가 한 폭의 그림같이 나타나고 그 아래 호수도 절경이다. 완만한 능선 길로 내려간다. 나무계단을 지나 안부사거리에서(15:56) 직진으로 올라 암봉인 532봉 앞에 이르러(16:02) 암봉을 피해 우측으로 돌아서 오른다. 짧은 암릉길을 지나 10여 분 만에 다시 암봉을 만나(16:12) 급경사로 내려가니 완만한 능선이 길게 이어지고, 다시 급경사와 완만한 능선이 반복되다가 묘지 2기를 만난다. 등로엔 마른 억새가 그대로 남아 있고, 묘지가 연속 나온다(16:33). 이곳에서부터는 상당한 주의가 필요하다. 개발이랍시고 샛길을 모두 임도로 바꿔버렸다. 표지기도 모두 없어졌다. 묘지 아래로 내려가 9기의 가족 묘지를 지나(16:41) 임도가 끝나는 지점에서 다시 산으로 올라 억새가 무성한 산길을 걷는다. 우측에 세 가닥의 철선이 이어지고, 철선에는 고압감전에 주의하라는 경고문이 부착되었다. 좌측은 벌목지대. 한참 내려가다가 배수로를 만난다(17:03). 이 배수로는 강정골재에 큰 도로를 개설하면서 산을 절개한 절개지 상단부에서부터 절개부분을 보호하기 위해 설치되었다. 배수로를 따라 내려가니 자동차 소리가 들리고 넓은 포장도로가 보인다. 강정골재다. 그런데 높게 설치된 철망 때문에 넘어갈 수가 없어 할 수 없이 철망 아래 좁은 배수구를 통해 빠져나가 오늘의 마지막 지점인 강정골재에 이른다(17:05). 강정골재는 4차선 포장도로답게 많은 차량이 씽씽 달린다. 우측은 진안읍으로, 좌측은 전주로 들어가는 방향이다. 아침에 잔뜩 흐렸던 날씨는 언제 그랬느냐는 듯 석양의 훈훈한 햇빛과 함께 맑은 바람이 떠돈다.

🚶 오늘 걸은 길

신광재 → 성수산, 1,008봉, 옥산동고개, 678봉, 마이산, 봉두봉, 532봉 → 강정골재(14.8㎞, 8시간 55분).

🏔 교통편

- 갈 때: 전주에서 직행버스로 천천까지, 천천에서 군내버스로 중리까지, 신광재까지는 도보로.
- 올 때: 강정골재에서 도보로 진안버스터미널까지.

마지막 구간
강정골재에서 조약봉까지

하루가 다르게 봄이 익어간다. 더해지는 푸르름이 몸과 마음을 기쁘게 한다. 안타까운 것은, 지금도 이 땅에 세월호 참사로 찢기는 가슴을 부여잡고 소리 없이 통곡하는 어버이들이 있다는 것이다. 천길 바닷속에서 공포에 떠는 와중에도 "엄마, 내가 말 못 할까 봐 보내 놓는다. 사랑한다."라던 어느 고교생이 엄마에게 보낸 문자 메시지. 눈에 선하다.

마지막 구간을 넘었다. 진안읍 소재 강정골재에서 조약봉까지다. 이 구간에는 부귀산, 우무실재, 645봉, 질마재, 600봉, 오룡동고개, 645봉 등이 있다. 이 구간에서 유의해야 할 것은 강정골재에서 들머리 찾는 것과 오룡동 고개에서 등로 찾는 문제다. 강정골재에서 원래의 정맥길은 절개지를 연결해주는 동물 이동로일 텐데 현재 그곳은 사람이 통행할 수 없을 정도로 90도 절벽이라 불가능하고, 오룡동 고개는 4차선 포장도로인데 중앙분리대를 높게 설치해버려 통행이 불가하다.

2014. 5. 17. (토), 맑음

자정이 넘어서 전주터미널에 도착. 바로 금강산 찜질방으로 향한다. 주인아저씨가 반갑게 맞는다. 긴 사물함 키를 주면서 묻는다. 내일은 어디로 가느냐고. 특별한 밤일 수도 있다. 전주에서의 마지막 밤이다. 간단히 샤워만 하고 잠을 청한다. 전주시외버스터미널에서 새벽 6시 5분에 출발한 버스는 6시 42분에 진안 인삼조합 앞에 정차. 바로 오늘 산행의 들머리인 강정골재로 향한다. 7시 1분에 강정골재에 도착. 이곳에서 들머리 찾기에 주의해야 한다. 도로변 어디를 봐도 등로 흔적이 없다. 도로 우측 모텔단지 울타리는 동물 이동로가 설치된 지점까지 계속된다. 울타리 중간쯤에 문이 하나 있다. 이 문을 열고 들어가야 한다. 다행스럽게도 이른 아침이어서 사람이 없다. 들어가면 바로 정자가 나오면서 주변에 많은 물건들이 전시되었고, 뭔가 조성 중인 듯 복잡하다. 정자를 지나 울타리를 따라 오르니 울타리 쪽에 벌통이 있다. 50m 정도 오르면 바닥이 시멘트로 포장된 곳이 나오고, 이곳에서 우측으로 난 숲속으로 오른다. 이곳이 오늘의 들머리인 셈이다. 숲속의 등로는 아주 좁고 흔적도 뚜렷하지 않다. 바로 출발한다(07:24). 5분 정도 오르니 공터에 세워진 전망대가 나오고, 사람들의 통행이 전혀 없는 듯하다. 이곳에서 좌측은 강정골재의 동물 이동로가 있는 방향이다. 아마도 그 옛날 강정골재가 절개되기 전에는 이곳으로 능선이 연결되었을 것이다. 우측으로 내려가는 등로는 마치 원시림처럼 가시나무와 잡목이 우거지고 사람이 다닌 흔적이 없다. 겨우 정맥 종주자들만이 다녔을 것으로 추정된다. 가끔씩 새소리가 들리고, 잠시 후 시멘트 임도를 건너니(07:41) 바로 '등山입구'라는 소박한 안내판이 나온다. 우측은 오미자밭이고, 좌측은 언덕진 곳으로 그 위는 밭이다. 산으로 5분 정도 오르니 갈림길이 나오고, 좌측에 가족묘지가 있다. 직진으로 오르니 가족묘지 뒤로 올라오는 길과 만나고, 잠시 후 삼거리에서(07:53) 우측으로 내려가니 좁지만 뚜렷한 산길로 이어진다. 호젓하다. 안부에서 올라(07:55) 뒤돌아보니 마이산의 두 봉우리가 우뚝 서 있다. 마치 지금까지 나의 뒷모습을 지켜보고 있었던 것처럼. 묘지 2기를 지나고(08:04) 오르막에 이어 벌목지대를 오르내리다가 좌측으로 올라 인조목 계단을 넘는다(08:19). 벌목지대가 끝나고(08:27), 475봉을 좌측 사면으로 돌아서 오르니 좌측은 절벽, 우측에는 로프가 설치되었다. 좀 더 오르니 우측에 녹슨 철조망이 나온다(08:35). 날씨는 초여름답게 청명하고 숲 사이로 바람이 살랑거린다. 549봉 직전 갈림길에서(08:40) 우측으로 가파른 오르막이 시작되고 로프가 있다. 한참 후 절골삼거리에 이르고(09:18), 우측 철조망에 입산 금지를 알리는 경고문이 부착되었다. 산양삼 집단재배지니 출입을 금한다는 진안산림조합에서 세운 경고문이다. 삼거리에서 직진으로 오르니 바위와 이정표가 나오고(부귀산 0.7) 겨우 100m 지나 이정표를 또 세웠다. 등로 우측 철조망 너머에 창고 같은 건물이 있고, 10여 분 후 삼거리에서(09:33) 좌측으로 오르니 주변은 상수리나무로 빽빽하다. 갑자기 인기척을 느낀다. 약초를 채취하는 중년 두 사람이 내게 묻는다. 어디서 올라왔느냐고. 마치 내가 자기들의 경쟁자라도 되는 듯이. 허름한 묘지를 지나니 바로 부귀산 정상에 이른다(09:41).

부귀산 정상에서(09:41)

정상에는 스테인리스 정상 표지판과 삼각점이 있고 조금 아래에 묘지가 있다. 묘지를 지나 100여 미터 내려가니 허름한 묘지가 나오고, 묘지 아래는 천 길 낭떠러지다. 이곳에서 조심해야 될 것 같다.

묘지까지 가지 말고 바로 직전에서 좌측으로 우회해야 한다. 자칫하면 놓치기 쉽다. 로프를 잡고 바윗길을 내려간다. 암벽이 끝나고 가파른 내리막을 한참 내려가니 안부에 이르고(10:20), 고만고만한 구릉 3개를 넘어 제법 가파른 오르막을 넘는다. 숲속이지만 땀이 비 오듯 한다. 무명봉에 이어(10:44) 653봉에 이른다(10:46). 653봉은 복호봉이라고도 부르는 모양이다. 괄호 안에 복호봉이라고 적혀 있다. 훼손된 표지판을 손으로 다독여 펴놓고서 촬영한다. 정상에서 10여 미터 가다가 좌측으로 내려간다. 안부에서 오르다가 암벽을 피해 좌측으로 우회하여 무명봉을 넘으니 작은 바위들이 자주 나오더니 우무실재에 이른다(11:03). 옛날에는 이곳이 부귀면 미곡마을과 진안읍 원정곡마을을 잇는 교통로였다. 그 흔적이 다 어디로 갔을까? 다시 고만고만한 봉우리 두 개를 넘고 날등을 따라 오르니 645봉에 이른다(11:16). 돌이 깔린 날등을 따라 내려가니 가파른 내리막이 시작되더니 질마재에 이른다(11:39). 질마재는 광주동마을과 미곡마을을 잇는 고개인데 표식도 흔적도 없다. 이곳에서 점심을 먹고(12:09), 가파른 오르막을 오르다가 무명봉 직전에서 좌측 사면으로 돌아서 오른다. 잠시 후 600봉 정상에 이른다(12:31). 바닥에 많은 표지기가 내팽개쳐졌다. 누가, 왜 그랬을까? 우측으로 90도 틀어서 내려가다 무명봉을 넘고(12:44) 내려가니 나뭇잎 사이로 좌측 아래 마을이 가득 들어온다. 좌측 벌목지대를 지나 잠시 후 가정고개에 도착한다(12:53). 사거리가 뚜렷하고 표지기가 많다. 가정고개에서 올라 무명봉 정상 직전에서 우측으로 내려가, 다시 무명봉을 넘고(13:06) 내려간다. 잠시 후 안부에 이른다(13:13). 우측 아래에 저수지가 보이고, 근처가 모두 벌목지대다. 민둥봉인 490봉을 넘고(13:20), 우측으로 내려가니 거대한 돌무더기가 나오고(13:27), 7~8분 내려가니 절개지 상단부인 오룡동 고개에 도착한다(13:35). 이곳에서 주의가 필요하다. 절개지는 철조망으로 통제되고 그 아래는 4차선 포장도로가 지난다. 도로로 내려가면 안 된다. 중앙분리대를 높게 설치해서 건널 수 없다. 이곳에서 철조망을 따라 우측으로 올라가서 동물 이동로를 찾아야 한다. 한참 헤매다가 동물 이동로를 따라 도로를 건너(13:54) 2~3분 정도 오르니 넓은 묘지가 나오고, 다시 2~3분 올라 삼거리에서 우측으로 내려가자마자 비석이 두 개 세워진 묘지를 지나 내려간다. 주변은 숲과 잡목으로 어수선하고, 길 흔적도 뚜렷하지 않다. 잠시 후 안부에 이른다. 우측엔 도로가 있고, 도로 우측엔 논이 있다. 논 건너편에 폐가처럼 보이는 가옥이 있다. 다시 산으로 들어서니 쭉쭉 벋은 낙엽송과 잡목이 숲을 이룬다. 가족묘지 뒤로 올라 한참 후 능선을 따라서 우측으로 오르니 520봉에 이르고(14:29), 다시 안부에서 오르니 큰 바위가 나온다. 다시 만난 안부(14:35) 좌측에는 파란 천막이 보이고, 많은 표지기가 있다. 가파른 오르막을 한참 힘겹게 올라 622봉에 도착해서(15:06) 좌측으로 내려가니(15:16) 산죽이 나오고, 안부에서 오른다. 그런데 이곳에서 약간의 주의가 필요하다. 안부에서 오르면 암봉에 이르는데, 암봉 정상 직전에 좌측으로 우회하는 등로 흔적이 있다. 무심코 이 우회로를 따라갈 수 있는데, 잘못이다. 10여 분 이상을 헛걸음한 후 잘못된 길임을 알고 되돌아와서 암봉에 오른다(16:35). 암봉에서 내려와 좌측으로 내려가니 온통 바윗길이다. 안부에서 오르니 645봉에 이르고(15:51), 좌측으로 내려간다. 이어지는 560봉 직전에서 좌측으로 내려가 가파른 오르막을 한참 오르니 641봉에 도착한다(16:32). 정상은 좁은 공터인데 누군가 돌에 641봉이라고 적어 놓았다. 바람이 일기 시작한다. 배낭을 내려놓고 잠시 지친 발걸음을 달랜다. 갑자기 생각난다. 정맥 마루금의 개념도를 작성한 사람, 컴퓨터를 만든 사람들이. 우리는 이들의 공헌을 이용하거나 누리며 산다. 나도 이 사회에 뭔가 역할을 하고 싶다. 내려가는 길은 급경사. 산죽이 끝나는 지점에서 우측으로 내려간다. 623봉을 향해 중턱쯤 오르다가 좌측으로 틀어서 사면으로 진행하니(16:47) 세봉임도에 이른다(16:52). '세봉임도 개통기념식'이라는 큰 표석이 있다. 벌써부터 가슴이 설렌다.

코앞에 있는 봉우리 하나만 넘으면 오늘 종주를 마치게 되고, 금남호남정맥을 완주하게 된다. 잠시 후면 3정맥분기점을 눈으로 확인하게 된다. 그리 높지 않은 봉우리지만 힘이 든다. 오르막이 끝날 무렵에 '주화산' 표지판이 먼저 보이고 수많은 표지기들이 지친 나를 맞는다. 주화산 정상에 도착한 것이다(17:01). 이로써 금남호남정맥 종주를 마치게 된다. 주화산은 금남정맥, 호남정맥, 금남호남정맥이 만나는 3정맥분기점이다. 정상 표지판과 수많은 표지기들이 그것을 입증한다. 표지기 속에 나의 표지기도  건다. '1대간 9정맥 Joing54' 후답자들에게 조금이라도 도움이 되었으면 한다. 한 가지 아쉬운 것은, 아직도 이 봉우리의 정확한 이름이 정해지지 않았다는 것이다. 많은 사람들이 '조약봉'이라고 부르는데 이곳 정상에는 주화산으로 적혀 있다. 누군가는 정리를 해야 할 것 같다. 그 사람이 나일지도 모를 일이다. 큰 과제를 안고 주화산을 내려간다.

🚶 오늘 걸은 길

강정골재 → 637봉, 부귀산, 653봉, 우무실재, 645봉, 질마재, 600봉, 오룡동고개,
641봉 → 조약봉(15.3㎞, 10시간).

⛰ 교통편

- 갈 때: 진안에서 택시 또는 도보로 강정골재까지.
- 올 때: 모래재에서 전주행 시외버스 이용.

금남호남정맥 종주를 마치면서
2014. 5. 24.

정맥 종주를 하나 마칠 때마다 새로운 감회에 젖는다. 이번에도 예외는 아니다. 보람 혹은 발전일 수 있는 한 발자국을 또 내딛었다. 늘 그렇듯 종주 첫날의 기억이 아직도 새롭다. 그때, 3월의 영취산 정상은 꽁꽁 얼어 있었다. 간절히 기도했다. 무사히 마칠 수 있도록 해달라고. 그날 영취산 정상에 세워진 백두대간 이정표를 보는 순간 이 이정표를 등대 삼아 분주히 오고 갈 종주자들의 모습이 저절로 그려졌고, 몇 년 후 그곳을 지나게 될 나 자신의 모습도 오버랩 되었다. 금남호남정맥은 짧지만 강한 인상을 남겼다. 마이산의 두 봉우리, 암석 덩어리인 암마이봉과 숫마이봉의 형성 과정의 신비는 지질학에 문외한인 나에게 밤새 인터넷을 검색하게 만들었고, 마지막 봉우리인 조약봉에 대한 기대감은 그 입구인 세봉임도에 이르러서 설레는 가슴을 주체할 수 없게 만들었다. 세월호 충격으로 전국이 꽁꽁 얼었다. 희생자 가족의 슬픔은 날로 깊어가고 남은 자들에 대한 추궁이 매섭다. 총체적 책임의 중심에 선 정부는 어찌할 바를 모른다. 엊그제까지만 해도 한강의 기적을 들먹이며 찬사를 아끼지 않던 외국도 이젠 대한민국을 삼류 국가라고 조롱하고 나섰다. 심기일전이 절실한 때다. 생명을 중시하고 안전을 제일로 하는 기본으로 돌아가야 할 것이다.

8

낙동정맥

낙동정맥 개념도

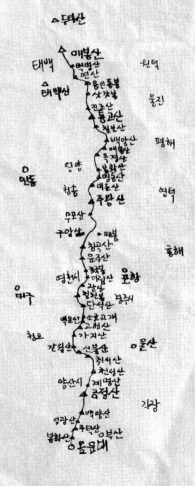

두타산

△ 오대

매봉산
태백 연화산
곤산
용인동봉
삿갓봉
△ 태백산
전종산
통고산
청보산

백양산
매봉산
영양 목전산
불화산
안동 청송 명동산
대둔산
주왕산
무포산
구암산
+ 매봉
청록산
운주산
영천시 화봉
어림산
관산 포항
대구 철천봉 경주시
단석산
백운산 소호고개
고헌산
청도 가지산
간월산 신불산
취서산
천성산
양산시 계명산
금정산
백양산
염광산 구덕산 엄부산
불화산
△ 몰운대

원덕

울진

평해

영덕

홍해

포항

울산

기장

낙동정맥은 우리나라 13개 정맥 중의 하나로 태백 매봉산에서 시작해서 부산 다대포까지 이어지는 산줄기이다. 백두대간 마루금이 피재에서 매봉산으로 오르기 전 1,145봉 직전(보통 매봉산으로 부름)에서 남동쪽으로 분기하여 강원도와 영남 내륙을 관통한 후 부산 다대포 몰운대에서 그 맥을 다한다. 낙동강의 동쪽을 따라 이어지는 산줄기로, 이 산줄기에는 백병산, 구랄산, 면산, 묘봉, 삿갓봉, 진조산, 통고산, 칠보산, 검마산, 백암산, 독경산, 맹동산, 봉화산, 명동산, 대둔산, 주왕산, 침곡산, 운주산, 봉좌산, 도덕산, 삼성산, 어림산, 남사봉, 관산, 백운산, 고헌산, 가지산, 능동산, 간월산, 신불산, 영축산, 정족산, 천성산, 원효산, 운봉산, 계명산, 금정산, 백양산, 엄광산, 구덕산, 봉화산, 아미산 등이 있다. 도상거리는 매봉산분기점에서 몰운대까지 419.0㎞로 남한에 있는 9개의 정맥 중에서 두 번째로 길다.

첫째 구간
피재에서 통리역까지

　낙동정맥 종주를 시작했다. 낙동정맥은 멧돼지가 많고, 들고 날때 교통로가 좋지 않아 단독 종주자들이 애를 먹는다고 한다. 어려움이 예상된다. 갈수록 체력에 대한 부담도 커간다. 그래서인지 한해라도 빨리 끝내야겠다는 조바심이 앞서고, 사고에 대한 불안감도 떨칠 수 없다. 깊은 산중을 홀로 걷는 것이기에 그렇기도 하지만, 나이 들수록 약해져 가는 마음은 어쩔 수 없는 것 같다. 산길에서만은 순리를 따르고 자연에 순응하려 한다. 정맥 종주를 처음 시작할때의 초심이다. 종주는 주말을 이용하여 1박 2일 일정으로, 매봉산에서 부산 다대포 몰운대를 향해 남진할 것이다. 첫째 구간은 태백시 피재에서 통리역까지로 구봉산, 서미촌재, 922봉, 유령산, 느릅령, 우보산 등을 넘게 된다.

2014. 5. 24. (토), 맑음

　오고가는 차편을 예매하였기에 느긋한 마음으로 집을 나선다. 청량리역 대기실은 초만원. 열차 안도 붐비기는 마찬가지다. 내일을 위해 잠을 청한다. 새벽 2시 58분에 태백역에 도착. 내린 승객들이 역사를 빠져나가고, 나를 포함 등산객 일부만 역사에 남는다. 대기실에는 대형 TV가 틀어져 있다. 날이 새고, 아침 6시 10분에 시외버스 터미널을 출발한 피재행 버스는 올망졸망한 고개를 넘어 6시 21분에 피재에 도착. 휴게소가 먼저 눈에 띄고, 휴게소 위에 주차장, 삼수령 표지석, 삼수령탑, 팔각정이 있다. 피재는 소위 말하는 삼수령이다. 이곳에서 남쪽의 낙동강으로, 서쪽의 한강으로, 동쪽의 오십천으로 빗물이 흘러내린다. 낙동정맥 시발점은 이곳에서 좀 더 위에 있다. 시발점을 향해 출발한다(06:30). 오르는 길은 도로 좌측으로 난 시멘트 길. 100여 미터쯤 오르자 좌측 산속으로 등로가 이어진다. 이정표가 가리키는 대로 시멘트 길을 버리고 숲속 능선을 따른다. 돌길이다. 좌측에 삼수령 목장 철망 울타리가 있고, 잠시 후 나무계단이 나온다. 다시 시멘트 길과 만나 100여 미터쯤 가다가 산으로 오른다. 초입에 이정표가 있다(매봉산 1.9). 주변은 낙엽송이 군락을 이루고, 묘지가 나오면서 바로 임도를 만난다(06:59). 임도를 가로질러 직진 능선으로 오르니 낙동정맥분기점에 이른다(07:07).

낙동정맥분기점에서(07:07)

분기점은 백두대간상의 1,145봉 정상 아래에 있다. 분기점에는 '낙동정맥 에서 갈래 치다.'라고 적힌 표지석, 낙동정맥의 유래를 알리는 안내판과 많은 표지기, 또 부산 건건 산악회에서 설치한 이정표가 있다(구봉산 0.85). 위를 올려다보면 바람의 언덕에 설치된 풍력발전단지의 거대한 바람개비가 아주 가깝게 보인다. 수많은 표지기들 속에 나의 표지기도 하나 걸고, 표지석 앞에 서서 기원한다. 종주 내내 무사하게 해달라고. 출발한다(07:29). 삼수령 목장 방향으로 조금 내려가니 키 작은 소나무가 밀집한 숲이 나온다. 이어서 로프가 설치된 내리막이 이어지고, 소나무 군락지를 지나 이정표가 있는 (작은 피재 0.5) 임도를 만난다. 임도를 건너 내려가니 로프가 설치되었다. '발원지 탐방길'을 알리는 표지판이 자주 나오고, 좌측에 삼수령 목장에서 설치한 철망 울타리가 있다. 상수리나무가 많은 지대에 이르고, 잠시 후 35번 국도를 건너 넓은 공터에 이른다. 작은 피재다(07:53). '양대강 발원지 탐방길 안내도'가 있다. 안내도에는 검룡소가 한강의 발원지이고, 황지연못이 낙동강의 발원지라고 표시되었다. 안내도에서 남쪽으로 50여 미터쯤 옮기니 이정표가 나오고, 산속으로 들어선다. 100여 미터쯤 오르니 묘지가 연속해서 나오고, 잠시 후 구봉산 정상에 이른다(08:03). 정상 표지판과 긴 나무의자 3개가 있다. 급경사로 내려가니 주변에 소나무가 많고, 곧바로 임도를 만나 2~3분 내려가다가 좌측 산으로 오른다. 둔덕을 넘고 다시 임도를 만나 산으로 올라가다가 내려와 또 임도를 만난다(08:16). 이곳에도 이정표가 있다(대박등 0.6). 임도를 따라서 진행하다가 '낙동정맥 등반로'를 따라서 산속으로 들어간다. 뒤돌아보니 이곳에서도 바람의 언덕에 세워진 풍력발전단지의 거대한 바람개비 모습이 보이고,

잠시 후 무명봉에 이른다(08:27). 철골 조형물이 설치되었다. 임도로 내려가다가 해바라기 꽃밭에서 좌측으로 오르니 등로 주변에 키 작은 산죽이 있고, 가파른 오르막이 시작되더니 대박등 정상에 이른다(08:41). 정상 표지판과 긴 나무의자 2개가 있다. 대박등은 '가파른 절벽 능선 중의 꼭대기를 의미한다'라고 적혀 있다. 주변 조망이 좋다. 완만한 능선으로 내려가니 좌측은 절벽으로 일반적으로 한반도 지형이 동고서저인데 이곳도 그것을 반영한다. 임도를 걷다 송전탑을 지나(08:54) 올라가니 대조봉삼거리에 이른다. 우측은 대조봉 방향, 등로는 좌측 통리역 쪽으로 90도 틀어서 이어진다. 등로 우측에 묘 3기가 있고, 좌측은 자작나무 군락지다. 완만한 능선을 오르내린다. 쭉쭉 뻗은 소나무가 많고, 이정표가 또 나온다(유령산 2.4). 좌측에 묘지가 있고(09:26), 걷기 좋은 길이 계속된다. 소나무가 많은 곳에서 돌길 급경사 내리막이 시작되고, 좌측 비석이 있는 묘지를 지나(09:31) 시멘트로 포장된 서미촌재에 이른다(09:33). 우측에서 기계음이 들려오고 좌측에 넓은 공터가 있다. 좌측으로 2~3분 오르자 아주 넓은 공터에 도착한다. 뭔가 공사가 있었던 듯 돌더미가 쌓였고 산이 절개되었다. 등로를 알리는 어떤 표식도 없지만 직감으로 알아차린다. 절개지 상층부가 등로를 잇는 능선임이 거의 확실하다. 절개지를 향해 오르니 상층부 나뭇가지에 걸린 표지기가 보인다. 이곳에서 공터를 내려다보니 공터가 되기 이전의 실체가 상상된다. 아마도 이곳에 큰 돌이 많아서 채석을 했다든지, 아니면 건축을 위한 터를 닦았다든지. 다시 출발한다(09:53). 완만한 능선을 따라 한참 오르니 돌길이 시작된다. 무척 덥다. 잠시 후 긴 나무의자 3개가 있는 전망대에 이른다(10:18). 삼척 시내가 뚜렷하게 보인다. 잠시 혼란이 온다. 지도상의 922봉이 이곳이 아닌가 하는 생각이다. 바로 내려가서 오르다가 17번 송전탑을 지나니(10:24) 유령산 정상에 도착한다(10:33). 정상석, 삼각점, 유령산 안내판, 긴 나무의자 3개, 이정표가 있다(느티고개 0.5). 내려간다. 상층부가 서로 연결된 전봇대 두 개가 나란히 서 있다. 이어서 잣나무 군락지를 지나 느티고개에 도착한다(10:52). '유령산령당'이라는 사당과 그 좌측에 유래비가 있고, 능선 쪽에 이정표가 있다(통리역 하산길 1.7). 이정표 좌측으로 이어지는 능선을 따라 오르니 좌측 잣나무지대는 최근에 작업을 한 듯 주변에 잘린 잔가지들이 널렸다. 가파른 오르막을 넘다가 큰 바위와 전망대를 지나 오르니 우보산 정상에 이른다(11:20). 내려가다가 안부에서 좌측으로 90도 틀어서 내려가니(11:25), 나무계단이 낙엽에 묻혀 보이지 않고, 10여 분 후 긴 나무의자 4개가 설치된 느릅령에 이른다(11:34). 돌무더기가 두 개 있고, 주변은 온통 잣나무다. 완만한 능선으로 내려가니 시멘트 길이 나오고, 통리마을이 보이기 시작한다. 2층 건물이 보이더니 통리역에 도착한다(11:53). 역사 외관은 멀쩡하지만 이미 폐쇄된 상태다. 요즘 시골의 현실이다. 버스 정류장이 있고, 맞은편에 여관, 미용실, 다방, 통리 발전대책위원회 사무실이 있지만, 모두가 낡고 허름하다. 거리는 싸늘하다. 폐촌의 단면을 확인하게 된다. 오늘은 이곳에서 마치기로 한다. 늦봄의 햇빛은 쨍쨍하고 무척 덥다. 나이가 든다고 꿈조차 시드는 것은 아니다. 오히려 하나의 목표에 올인하기 좋은 때다. 끝까지 파이팅!

🚶 오늘 걸은 길

피재 → 구봉산, 대박등, 서미촌재, 922봉, 유령산, 느릅령, 우보산 → 통리역(8.0㎞, 4시간 46분).

- 갈 때: 태백시외버스 정류장에서 버스로 피재까지.
- 올 때: 통리역 버스 정류장에서 시내버스로 태백시내까지.

둘째 구간
통리역에서 석개재까지

'사람이 미끄러지는 것은 미끄러질 자세를 취하니까 미끄러지는 것이다.' 많은 것을 생각하게 하는 문장이다.

둘째 구간을 넘었다. 태백시 통리역에서 삼척시 가곡면과 봉화군 석포면의 경계를 이루는 석개재까지다. 이 구간에는 1090봉, 고비덕 재, 백병산, 큰재, 구랄산, 면산, 1009.3봉 등이 있는데, 날머리인 석 개재에는 버스가 없기 때문에 미리 대비해야 한다.

2014. 6. 21. (토), 하루 종일 이슬비

6월 20일 금요일. 청량리역에서 출발(23:25)한 강릉행 열차는 다음 날 새벽 태백에 도착(03:08). 태백시외버스터미널에서 6시에 출발한 통리행 시내버스는 15분 만에 통리에 도착. 금방이라도 비가 내릴 듯 잔뜩 흐리다. 이른 아침이라선지 마을은 조용, 통리재로 향한다. 버스 하차 지점에서 150m를 후퇴해서 철길을 건넌다. 2~3분 걸어 38번 국도에 올라서서 좌측으로 조금 가니 동해, 삼척 방향의 38번 국도와 원덕, 신리 방향의 427번 지방도로가 갈라지는 통리삼거리에 이른다. 이곳이 통리재다. 교통 표지판이 있고 제법 많은 차량들이 빠르게 오간다. 우측으로 이어지는 427번 지방도로를 따라 오른다. 바로 우측에 '백두 한방숯불갈비'라는 허름한 간판이, 조금 더 오르니 역시 우측에 '백병산 민박식당'이 있다. 식당 쪽으로 들어가 '태현사'라는 대형 표지석을 지나 위로 오르니 태현사라는 작은 사찰과 함께 이정표가 보인다(06:33. 고비덕재 3.3). 이곳에서 약간의 주의가 필요하다. 무조건 이정표를 지나 10여 미터 이동해서 표지기가 있는 곳에서 산으로 오르면 된다. 날은 아직도 잠에서 덜 깬 듯 어둠 속에 묻혔고, 산으로 오르자마자 잣나무 숲으로 들어선다. 송전탑을 지나면서부터 오르막 경사가 심해지고, 수종도 잡목으로 변한다. 잡목의 넓적한 잎에 고인 빗물을 모두 털면서 오르니, 바지가 젖기 시작한다. 오르막 경사가 완만해지더니 나무의자 두 개가 보인다. 좌측은 낙엽송, 우측엔 소나무가 많이 보이더니 경사가 가팔라진다. 듬성듬성 설치된 통나무 계단 오르막 끝에 이르자 경사는 완만해지고 이정표가 나온다(07:26. 고비덕재 2.9). 이슬비에 근방 군부대의 함성이 실려 내린다. 이정표가 있는 갈림길에서(07:33) 좌측 위로 오르니 이정표가 또 나온다(고비덕재 2.3). 이어서 1,090봉에 도착해서(08:00) 이정표만 확인하고(백병산 2.9) 우측 아래로 내려가니 좌측에 L자 모양의 바위가 있다. 이슬비는 그쳤지만, 안개 때문에 시야는 좋지 않다. 산죽이 많은 안부에서(08:11) 5분 정도 오르니 작은 웅덩이가 있는 무명봉에 이르고(08:16), 웅덩이 주변이 돌로 쌓였다. 내려가니 나무의자 4개가 나오고(08:22), 등로 주변이 산죽으로 가득 찬 산죽 지대에 이른다. 키 작은 산죽이 넓고 길게 퍼졌다. 완만한 능선을 오르내리다가 면안등재에 이른다(08:32). 좌측은 우왕촌, 우측은 원통골로 내려가는 잿등인데 길 흔적은 보이지 않는다. 직진으로 오르니 곳곳에 고목이 눈에 띄고 고사목도 있다. 큰 바위를 지나 한참 오르다가 내려가니 앞이 훤해지더니 넓은 공터가 나온다. 고비덕재다(08:54). 좌측은 백산골, 우측은 원통골로 내려가는 길이다. 가운데에 헬기장 표시가 뚜렷하고, 가장자리에 산림청이 설치한 고비덕재 안내문이 있다. '고비덕재는 원통골에서 구사리 안쪽 백산들로 가는 잿등이다. 꼭대기가 편편한데 이곳에 고비나물이 많이 자생한다고 해서 고비덕재라고도 하고, 옛날 지금의 태백 황지 사람들이 동해안에서 나는 소금을 비롯하여 각종 해산물을 물물교환하기 위해 넘나들던 주요 교통로이기도 하다'라고 적혔다. 다시 돌길에 이어 가파른 오르막을 넘고 삼거리에 이른다. 이정표에는 '낙동정맥삼거리'라고 적혀 있는데, 산꾼들은 통상 백병산삼거리라고 부른다. 백병산은 낙동정맥에서 가장 높다. 낙동정맥상에 있지는 않지만 다녀오기로 한다. 순간 햇빛이 반짝 나타났다가 다시 흐려진다. 완만한 능선을 따라 우측으로 4분 정도 가니 백병산 정상이다(09:31).

백병산 정상에서(09:31)

정상에는 정상석, 백병산 안내문이 있다. 다시 백병산삼거리로 돌아와서(9:39) 이정표가 가리키는 대로 면산 방향으로 향한다. 등로 양쪽은 넓게 산죽이 퍼졌고, 등로는 누군가 깔끔하게 정비하였다. 다시 산죽이 나오고 완만한 능선을 오르내린다. 통나무 계단을 거쳐 무명봉에 이르고, 다시 통나무 계단을 밟고 내려가니 한참 후 좌측에 '큰재'라는 안내문이 있다(10:01). 큰재는 인근 고비덕재와 더불어 옛날 태백 통리 주민들이 동해로 소금을 구하기 위해 넘던 길이고, 무거운 소금 가마니를 지고 다니느라 힘이 들어 큰재라고 부르게 되었다고 한다. 큰재에서 직진 아래로 내려가니 노송이 있는 봉우리에 이르고, 우측으로 내려가니 좌측에 '육백지맥분기점'이라는 안내판이 나뭇가지에 걸려 있고, 계속 산죽이 이어지고, 등로 역시 잘 정비되었다. 산죽만 나타나면 걷기 좋은 길이 이어진다. 완만한 능선 내리막에서 통나무 계단을 지나니 바위가 나오고, 다시 산죽이 있는 등로를 오르내리다가 무명봉에 이른다(11:01). 정상에 통나무 토막을 그대로 세운 간이 의자 10개가 나란히 일렬로 놓였다. 내려간다. 여전히 이슬비가 내린다. 한참 걷다가 이상한 것을 발견한다. '큰재'라는 안내문이다. 분명히 이미 지나왔는데 또 큰재라니? 귀신이 곡할 노릇이다. 아무리 살펴보아도 조금 전에 지나온 그 큰재가 맞다. 스마트폰을 꺼내 촬영해 놓은 사진을 대조해 봐도 이미 지나온 큰재. 웬일일까? 지나온 길을 또 역으로 찾아가다니. 아무리 생각해도 이유를 모르겠다. 순간 정신을 잃었나? 부랴부랴 제자리로 달려간다. 1시간 정도를 알바한 후 간식을 먹던 그 자리로 다시 찾아가 새롭게 진행한다. 답답할 노릇이다. 아직도 갈 길이 창창한데 1시간씩이나 알바라니? 완만한 능선을 따르니 바로 송전탑에 이르고(11:44), 내려가는 등로 주변에 어린 잣나무 묘목이 식재되었다. 안부에서(11:50) 오르니 통나무 계단이 시작되고 무명봉에 이른다. 정상에서 내려와 안부에서 봉우리로 오르지 않고 좌측 사면으로 돌아서 진행하다가 다시 좌측 사면으로 돌아서 올라가니(12:05) 일출 전망대갈림길에 이른다(12:09). 갈림길에서 좌측 능선으로 오르니 걷기 좋은 길이 이어지고, 다시 우측 사면으로 돌아서 오르니 이번에는 휴양림삼거리에 이른다(12:22). 덕거리봉 안내판이 있다. 직진으로 오르니 또 산죽이 나오고, 갈림길에서 우측 능선 산죽 사이를 오르내리다가 안부에서 오르니 1,085봉에 이른다(12:40). 봉우리에 오를 때마다 아쉬움이 크다. 주변을 볼 수 없어서다. 이곳에서 점심을 먹고, 내려간다(13:01). 등로에 큰 바위가 나오고 로프도 설치되었다. 한참 후 좌측 아래에 낙엽송 지대가 보이고(13:16), 낙엽송 지대를 지나면서부터 키 큰 산죽이 나오고 계속 내려가니 토산령에 이른다(13:25). 공터가 있고, 사거리 표시가 뚜렷하다. 산림청에서 설치한 토산령 안내판에는, '토산령은 유난히 토끼가 많다고 해서 토산령이라 불렀다.'라고 적혀 있다. 직진으로 오르니 통나무 계단이 시작된다. 이 구간은 3가지 특색이 있다. 빽빽한 산죽 지대를 잘 정비했고, 급경사에는 통나무계단을 설치하였으며, 주요 지점마다 자세한 안내문을 설치했다. 통나무 계단을 오르니 무명봉에 이르고(13:42), 좌측 아래로 내려가다 낮은 봉을 넘으니 좌측은 절벽이다. 또 무명봉을 넘고 돌길 오르막을 올라 구랄산 정상에 이른다(14:06). 정상석과 산 안내문이 있다. 좌측으로 내려가다 안부에서(14:17) 통나무 계단을 오르니 무명봉에 이르고(14:25), 내려가다가 안부에서 오르니 주변에 산죽이 엄청 많다. 오르다가 우측 옆 등으로 내려가니 사거리 흔적이 뚜렷한 안부에 이른다(14:31). 완만한 능선을 걷다가 무명봉을 두 개 넘으니 돌길이 군데군데 나오고, 가파른 오르막을 넘으니 산죽과 잡목이 나오더니 면산에 도착한다(15:36). 정상 공터에 정상석, 산 안내문, 이정표가 있다(석개재 4.2). 안내문에는 '삼척시 상사미리에서 이곳을 바라보면 멀리 보인다 하여 먼산이라고 하다가 이후 말이 변해 면산이라는 설이 있고, 또한 옛날 난리 때 이 산으로 피신을 하여 화를 면했다고 해서 면산이라는 설도 있다.'라고 적혀 있다. 서둘러 내려간다. 갈수록 날씨는 험해지는데 갈 길은 아직도 멀다. 목적지까지는 두 시간은 더 가야 할 것 같다. 내려가는 길은 좁은 산죽 길. 지금까지의 산죽과는 차원이 다르다. 야생 산죽 그대로다. 산죽에 맺힌 물기를 모두 털면서 내달린다. 하의가 젖기 시작한다. 무섭기도 하다. 우거진 산죽 속에 뭐가 있을지도 모른다. 한참 내려가다가 안부에서(16:06) 암봉을 넘지 않고 우측 옆 등으로 돌아서 내려간다. 다시 무명봉을 넘고 내려가니 산불 난 흔적인 까맣게 그을린 곳이 나온다. 새파란 산죽이 타버렸다. 날씨는 갈수록 험해진다. 이젠 상하의 모두 젖었고, 등산화도 물이 차서 무거울 정도다. 급속도로 어두워져 초조해진다. 안부에서 오르니 우측은 낙엽송 군락지이고, 잠시 후 삼각점이 있는 무명봉에 이른다(16:45). 가도 가도 끝이 없다. 혹시 길을 잘못 들었나, 하는 의구심이 든다. 정상에서 내려가다 오르니 잠시 후 마지막 봉우리인 1009.3봉에 이른다(17:34). 삼각점 옆에 메모지를 놓고 촬영을 한다.

급경사로 내려가니 우측 숲속에 시멘트 벽돌 건물이 보이는데 지붕은 없고 벽체만 남았다. 건물을 통과하니 등로 양쪽에 연두색 철망 울타리가 나온다. 쏜살같이 내달린다. 잠시 후 오늘의 마지막 지점인 석개재에 도착하는 순간(17:43) '하늘이 내린 살아 숨 쉬는 땅! 강원도'라는 큰 표지석이 눈에 띈다. 도로 건너편엔 팔각정이 있고, 이젠 비도 굵어졌다. 오늘은 이곳에서 마치기로 한다. 초여름 비는 하염없이 내린다.

🚶 오늘 걸은 길

통리역 → 1,090봉, 고비덕재, 백병산, 큰재, 육백지맥분기점, 구랄산, 1,009.3봉 → 석개재(16.5km, 11시간 28분).

⛰ 교통편

- 갈 때: 태백시외버스 정류장에서 버스로 통리재까지(첫차 06:10).
- 올 때: 석개재에서 택시로 석포역까지, 석포역에서 열차로 영주까지.

셋째 구간
석개재에서 답운치까지

어느 심령가가 말했다. 가족이 세상을 떠나더라도 나와의 관계가
끊어지지 않고, 저세상에서 음으로 양으로 우리를 도우려 한다고.
홀로 종주 중에 느끼는 것 중의 하나가 바로 이거다. '누군가 나를
돕고 있는 것 같다.'는.

셋째 구간을 넘었다. 삼척시 가곡면 풍곡리와 봉화군 석포면 석
포리를 잇는 석개재에서 답운치까지이다. 답운치는 울진군 서면에
서 봉화군 소천면으로 넘어가는 잿등이다. 이 구간에는 용인등봉,
997.7봉, 삿갓재, 934.5봉, 한나무재, 굴전고개 등이 있다. 12시간 이
상이 소요되고, 들머리와 날머리 접근 시 교통이 좋지 않아 장거리
택시를 이용해야 한다. 산행 중 기이한 기상 현상이 발생했다. 오후
3시가 넘자 갑작스럽게 짙은 안개가 산 전체를 덮어버렸다.

2014. 7. 5. (토), 맑음. 오후 한때 짙은 안개

7월 4일 금요일 밤. 고민거리를 듬뿍 안고 집을 나선다. 차질 없이
들머리까지 찾아가야 할 텐데…. 청량리역에서 부전행 열차에 오른
다(21:13). 좌석은 출발부터 만원. 핸드폰 알람을 이중 삼중으로 맞춰

놓고 잠을 청한다. 밤 12시가 조금 넘어 영주역에 도착. 지난번에 이어 두 번째 찾는 영주역. 이곳에서 새벽 3시까지 시간을 보내야 한다. 의자에 앉아 잠을 청해보지만 쉽지 않다. 역 광장에 있는 사각 정자로 가서 긴 나무의자에 누워보지만, 모기 때문에 다시 역 안으로 후퇴. 한숨도 못 자고 3시 정각에 강릉행 열차에 올라 목적지인 석포에는 새벽 4시 28분에 도착. 내리는 사람은 나 혼자. 좁은 역사는 불이 훤하게 켜졌고, 창구에 낯익은 얼굴이 보인다. 지난 2구간을 마치고 돌아올 때 이곳에서 내게 호의를 베푼 청년이다. 먼저 인사하니 바로 알아보고 반갑게 맞아준다. 개인택시를 불러 석개재로 향한다. 석개재는 아직 어둠이 깔렸다(05:21). 공터에는 사각 정자, 화장실, 돌무더기가 있고, 들머리 초입에는 낙동정맥 트레일이라는 안내판이 있다. 날이 밝으면 출발하려고 정자에서 잠깐 대기하다 어느 정도 밝자 출발한다(05:37). 도로에서 정자가 위치한 우측 산으로 오르니 많은 표지기들이 나뭇가지에 걸려 있다. 우측에 임도가 있어 산길 대신 임도를 택한다. 이슬과 뱀 등 산 짐승의 위험을 피해서다. 임도는 꽤 넓은 흙길. 군데군데 물이 고였고, 한참 후 사각 정자가 나온다(05:58). 이곳에서 좌측 산으로 오르니 등로는 산죽 천지다. 오른 지 6분 만에 능선 꼭대기에 이르고(06:04), 표지기가 가리키는 대로 좌측 아래로 내려간다. 안부에서 오르니 주변에 잡목이 많고, 맑은 햇빛이 나뭇가지 사이로 들어온다. 날벌레들이 빛을 반겨 유영한다. 이곳은 이들의 세상이다. 산죽이 나타났다가 사라지기를 반복하고, 한동안 오르니 좁은 공터가 나온다(06:33). 공터에서 직진으로 오르니 북도봉에 이른다(06:47). 높이를 보니 1,121m. 이곳 표지판도 서래야 박건석 씨가 설치했다. 고마운 분. 정상은 삼거리 갈림길. 우측은 묘봉으로, 등로는 좌측 아래로 이어진다. 경고판이 나온다. '실종 조난사고 빈번 지역'이라고 적혀 있다. 좀 더 진행하니 삼거리에 이른다(06:55).

우측은 묘봉으로 가는 길, 좌측 능선으로 내려가다가 오르니 작은 바위가 있는 곳에 이른다. 이곳 바위에 걸터앉아 아침 식사를 하고, 내려간다. 큰 바위를 지나서 긴 오르막에 잠시 돌길이 나오더니 바로 흙길로 바뀐다. 낮은 봉우리를 넘어 우측으로 내려가다가 오르니 용인등봉이다(07:43). 정상의 작은 공터에 준·희 씨의 표지판이 있다. 좌측 아래로 내려가니 숲이 무성하고, 우측은 키 큰 소나무 군락지인데 일부는 고사되어 그대로 서 있다. 적색을 띤 늘씬한 소나무가 보기에도 예사롭지 않다. 잠시 후 키 큰 산죽 지대에 이르고, 안부에서 오르니 997.7봉에 이른다(08:23).

997.7봉에서(08:23)

정상은 삼거리 갈림길. 좌측 위로 10여 분 진행하니 다시 삼거리 (08:33). 우측으로 오르다가 잡목이 많은 안부에서 오르니 등로 주변에 키 작은 산죽이 있다. 오르막 끝에 봉우리에 이르고(08:52), 우측으로 내려가 완만한 능선을 오르내리다가 무명봉에 이른다(09:02). 무명봉에서 삿갓재를 지나(09:20) 우측으로 한참 가다가 갈림길에서 좌측 산 능선을 따라 오른다. 시간 절약을 위해 임도로 빠져나와 계속 간다. 좌측으로 90도 틀어지는 지점에서 300m 정도 가다가 좌측 산으로 오르니(10:03) 잠시 후 걷기 좋은 내리막이 이어지고 (10:07), 임도 우측으로 200m 정도 가다가 우측 산으로 오르니 등로 좌측에 임도가 따라온다. 10여 분 만에 무명봉에 이르고(10:19), 3~4분 내려가 임도삼거리에서(10:22) 임도를 건너 산으로 오르다가 내려가니 다시 임도와 만난다. 좌측으로 2분 정도 내려가다가 우측 산으로 올라 봉우리에 이른다(10:37). 정상에 큰 줄기가 6개인 아주 큰 참나무가 있다. 바로 내려간다. 갈림길에서 우측으로 내려가니 산죽이 무성한 안부에 이르고(10:43), 좌측으로 올라 큰 바위를 지나 무명봉에 이른다(11:20). 정상 갈림길에서 우측으로 내려가니 주변에 마른 산죽들이 추욱 늘어졌다. 노화일까? 화재 때문일까? 처량하다. 백병산갈림길에서(11:28) 좌측으로 내려가서 바위를 지나 우측으로 오르니 '진조산, 통고산 가는 길'이라는 표지판이 나오고(11:48), 이곳에서 좌측으로 내려가니 주변에 실처럼 가느다란 초록색 풀포기들이 쫘악 깔렸다. 안부를 거쳐(11:55) 무명봉을 넘고 좌측으로 내려가 돌이 하나도 없는 매끈한 흙길 임도에서(12:12) 점심을 먹고, 출발한다 (12:33). 등로는 임도를 가로질러 산으로 이어지고, 초입에 많은 표지기가 있다. 산속 희미한 갈림길에서 우측 능선으로 오르니 무명봉에 이르고(12:49), 내려가다가 산불에 그을린 나무를 보고 깜짝 놀란다. 멀리서 보니 마치 사람이 서 있는 것 같다. 안타깝다. 이후에도 이런 검은 나무들이 자주 나타나 놀라게 한다. 낮은 봉우리를 오르내리다가 폐헬기장에 이른다(13:26). 바닥에 헬기장 표시용 벽돌들이 드문드문 깔렸고, 내려가는 등로에는 사람보다 더 큰 잡목들이 무성하다. 무명봉에서(14:08) 우측으로 내려가다가 낮은 봉우리 두 개를 넘으니 934.5봉에 이르고(14:21), 정상에 '승부산'이라는 표지판이 나뭇가지에 걸려 있다. 우측으로 내려가다 연속해서 헬기장을 지나(14:32, 14:42) 갈림길에서(14:53) 우측으로 내려가다가 오르니 좌측은 자작나무 군락지이고, 오르막을 넘어 헬기장이 있는 정상에서(15:06) 내려가는 좌측도 자작나무 군락지이다. 다시 무명봉을 넘고 안부에서 오르니 이곳 우측도 자작나무 군락지다. 내리막으로 바뀌면서 우측은 낙엽송이 온 산을 점령했다. 이어서 금강송으로 추측되는 소나무들이 나오고, 무명봉을 넘고 내려가니 한나무재에 이른다(15:20). 한나무재는 울진군 서면 소광리와 광회리를 잇는 잿등이다. 임도를 건너 산으로 20여 분 오르니 헬기장이 나오고(15:39), 이곳에 '낙동정맥 850미터'라는 표지판이 나뭇가지에 걸려 있다. 헬기장에서 무명봉을 넘고, 갈림길에서(15:59) 우측으로 90도 틀어서 내려가다가 오르니 또 무명봉에 이른다(16:14). 내려가는데 갑자기 어두워지더니 좌측에서부터 짙은 안개가 몰려오고 삽시간에 산속이 어두워진다. 10여 분 후 굴전고개에 이른다(16:23). 굴전고개는 울진군 서면 광회리와 쌍전리를 잇는 잿등이다. 임도를 가로질러 산으로 올라 야트막한 봉우리를 서너 개 넘고 임도에 이른다. 우측으로 내려가(17:06) 송전탑 아래로 통과하여(17:10) 갈림길에서 좌측으로 오르다가 내려가니 자동차 소리가 들린다. 안부를 지나 삼거리에서(17:23)

좌측으로 진행하니 헬기장에 이르고(17:25), 내려가니 도로가 보이면서 2차선 포장도로인 답운치에 이른다(17:29). 도로 건너 모퉁이에 '통고산 등산 안내문'이 있다. 오늘은 이곳에서 마친다. 광비로 들어가는 버스는 이미 늦어 택시를 이용해야 한다. 내일 후회하지 않기 위해 오늘 최선을 다하겠다는 각오는 여전히 유효하다. 9정맥을 완주하는 그날까지.

🚶 오늘 걸은 길

석개재 → 용인등봉, 997.7봉, 삿갓재, 934.5봉, 한나무재 → 답운치(23.5㎞, 11시간 52분).

⛰ 교통편

- 갈 때: 영주역에서 강릉행 기차로 석포까지, 석포에서 택시로 석개재까지.
- 올 때: 답운치에서 버스로 광비까지, 광비에서 동서울행 버스 이용.

넷째 구간

답운치에서 애미랑재까지

멀티태스킹. 요즘 사람들에겐 대세다. 종주산행. 긴 시간을 산길에만 올인해야 한다. 어쩐지 뒤처진다는 느낌. 메모랑 관찰, 사색 말고 다른 것을 더 찾아야 할 것 같다.

넷째 구간은 답운치에서 애미랑재까지다. 답운치는 울진군 서면 광회리와 쌍전리를 잇는 잿등이고, 애미랑재는 봉화군 소천면 남회룡리와 영양군 수비면 신암리를 잇는 잿등이다. 이 구간에는 889봉, 통고산, 937.7봉 등이 있다. 이번 구간을 결정하면서 엄청 고민했다. 원래 넷째 구간은 한티재까지이나 30㎞가 넘는 장거리이기 때문에 두 구간으로 나눴다. 그래서 넷째 구간은 짧게 잡아 당일 출발해서 마치고, 애미랑재에서 야영 후 다음날 한티재까지 가기로 했다.

2014. 7. 12. (토), 맑음

야영 장비 때문인지 평소보다 배낭이 무겁다. 동서울터미널에서 백암온천행 버스에 올라 기사님께 조심스럽게 부탁한다. 답운치에서 좀 내려달라고. 완고한 답이 돌아온다. 절대 안 된다고. 내 자신이 몹시 싫어질 때가 있다. 바로 이런 때, 협상을 못 할 때다. 협상이 불의와 타협하는 것도 아니고, 상대를 이기려는 것도 아닌 '설득과 이해'인데도 말이다. 하는 수 없이 답운치 직전 광비에서 하차, 이곳에서 답운치행 군내버스는 오후 1시가 넘어야 있다. 기다릴 수 없어 택시를 타려는데, 고맙게도 지나가는 승용차가 태워준다. 부부와 아들이 탄 주말여행 차량이다. 답운치에는 11시 37분에 도착. 답운치는 기역자 형태 커브 길이고, 오르는 초입에는 통고산 등산 안내문이 있다. 날씨는 예보대로 구름이 많고 바람도 살살 분다. 출발한다(11:56). 통고산 등산 안내문 좌측으로 등로가 뚜렷하다. 50m 정도 오르니 우측에 이동통신탑이 나오고, 등로는 흙길. 갈림길에서 우측으로 오르니 헬기장이 나오고(12:01), 우측으로 내려가서(12:04) 직진으로 완만한 능선을 오르내린다. 우측의 묘지를 지나자 산죽이 나오고, 오르막에 가느다란 로프가 길게 설치되었다. 잠시 후 산불감시 초소가 있는 무명봉에서(12:13) 좌측으로 내려가니 주변에 싸리나무가 무성하다. 걷는 데 방해가 될 정도다. 임도를 가로질러 오르니(12:19) 주변에 썩은 나무토막들이 쌓였고, 오르막 끝에서 좌측으로 오르니 헬기장에 이른다(12:39). 이곳에서 점심을 먹고, 출발한다(12:58). 우측으로 내려가다 올라 노송이 많은 무명봉에서 좌측으로 내려가니 등로가 뚜렷하고 노송이 많다. 약간의 공터가 있는 무명봉에서 내려가니(13:24) 돌길이 이어지고, 오르막 갈림길에서(13:33) 좌측으로 오르니 889봉에 이른다(13:37). 좌측으로 내려가니 역시 노송이 많고, 갑자기 깨끗한 등로가 나타난다. 그동안 키 큰 잡목들 때문에 불편했는데 깨끗하게 정비되어 앞이 훤하다. 10여 분 만에 안부에 이르고(13:46), 직진으로 오른 지 3~4분 만에 임도에 이른다(13:49). 의자 6개와 이정표가 있다(남회룡 4.9, 통고산 1.3). 좌측은 울진군 서면 쌍전리로, 우측은 봉화군 소천면 남회룡리로 이어진다. 임도를 가로질러 산으로 오르니 초입은 절개지로 풀 한 포기 없이 돌과 황토뿐이다. 절개지 위에 노송 한 그루가 외롭게 서 있고, 노송에 수많은 표지기들이 걸려 있다. 스틱 두 개를 이용해 절개지를 오르고, 봉우리를 넘는다. 잠시 해가 나왔다가 들어가고 바람이 불기 시작한다. 안부에서 올라 참나무 한 그루가 있는 무명봉에 이른다 (14:12). 어느 분이 말했다. 하루하루를 산에 오르는 것처럼 살라고. '정직'을 의미할 것이다. 좌측으로 내려가 안부에서 오르니 갈림길이 나온다. 좌측은 통고산 자연휴양림에서 올라오는 길이고, 직진은 통고산으로 오르는 길이다. 직진으로 오르니 '통고산 3번 기점'이라는 119 구조 요청안내판이 보인다. 구조가 필요할 때는 움직이지 말고 그대로 있으면서 구조를 요청하라고 적혀 있다. 이후에도 이런 안내문이 몇 번 더 나온다. 웅성거리는 소리가 들리고, 잠시 후 단체 등산객들로 초만원인 넓은 공터에 이른다. 공터에는 헬기장이 있고 그 위에는 통고산 정상석이 있다(14:40).

통고산 정상에서(14:40)

정상석 앞에 금줄을 둘러쳤다. 안내문에는 '통고산은 원래 부족국가 시대 실직국의 왕이 다른 부족들에게 쫓기어 이 산을 넘으면서 통곡했다 하여 통곡산으로 부르다가 이후 통고산으로 부르게 되었다.'라고 적혀 있다. 정상석 너머에 산불감시 무인카메라가 있다. 단체 등산객에게 인증 샷을 부탁했는데 흔쾌히 수락하면서 자기 자신과 소속 산악회 소개에 열을 올린다. 자신들은 '정운 산들 여행클럽' 소속으로 인천에서 왔으며, 30~40명이 단체로 산행을 하니 저비용 고효율로 산행을 할 수 있다면서 혼자 다니지 말고 자신들 클럽에 가입하라고 권한다. 상당 시간 이분과 이야기를 나누고, 내가 먼저 나선다. 한참 내려가니 119 안내판이 또 나오고, 발길을 옮기자마자 갈림길에서(15:09) 우측으로 능선을 오르내리다가 임도에 이른다(15:35). 임도는 꽤 넓고 돌멩이 하나 없는 황톳길이다. 좌측은 울진군 서면 왕피리로, 우측은 봉화군 소천면 남회룡리로 이어진다. 임도를 가로질러 산으로 오르니 등로 주변에 어린 묘목이 나온다. 주목이다. 한참 오르다가 갈림길에서 우측으로 오르니 937.7봉에 이른다(15:50). 정상에 준·희 씨가 설치한 표지판이 있어 제대로 가고 있음을 확신한다. 내려간다. 안부에서 올라 헬기장 흔적이 있는 곳에서(16:01) 내려가다가 오르니 걷기 좋은 등로가 이어진다. 잠시 후 무명봉에서(16:13) 우측으로 내려가다가 낮은 봉우리를 넘고 안부에서 오르니 수북이 쌓인 때아닌 낙엽 길을 걷게 된다. 다시 무명봉을 넘고(16:20), 내려가니 계속해서 금강송이 나온다. 능선 오르막이 이어지다가 아름드리 노송이 있는 봉우리에서(16:29) 내려가다가 공터가 있는 작은 봉우리에 이르고(16:37), 좌측으로 내려가니 산죽이 나오더니 잠깐이지만 돌길이 시작된다. 안부에서 좌측 사면으로 우회하여 오르다가(16:43) 내려가니 다시 안부에 이른다(16:51). 몇 번의 안부를 거쳐 오르내리다가 한동안 지그재그식 내리막길이 이어진다. 등로는 빗물에 씻겨 바닥이 딱딱하고, 한참 내려가니 절개지 상단부에 이른다. 절개지는 급경사 낭떠러지이고, 그 아래는 도로가 이어진다. 배수구를 따라 우측 아래로 내려가니 2차선 포장도로인 애미랑재에 이른다(17:19). 애미랑재는 울진군, 봉화군, 영양군 등 3개 군의 접경지로 낙석방지용 구조물만 썰렁하게 남아 있다. 오늘은 이곳에서 마치기로 한다. 길을 나서면 왜 그리도 고마운 사람들이 많은지. 오늘 아침 광비에서 답운치까지 태워준 분이 생각난다. 나도 누군가의 고마운 사람으로 남고 싶다.

🚶 오늘 걸은 길
답운치 → 889봉, 통고산, 937.7봉 → 애미랑재(12.4㎞, 5시간 42분).

⛰ 교통편
- 갈 때: 동서울터미널에서 광비까지, 광비에서 군내버스로 답운치까지.
- 올 때: 애미랑재에서 군내버스로 현동까지, 현동에서 버스로 영주까지.

다섯째 구간
애미랑재에서 한티재까지

상대의 정신세계도 나만큼 깊다는 걸 인정해야 한다. 내가 삶에 대해 고뇌하듯 상대도 그렇다는 걸 간과해선 안 된다. 존중과 배려가 필요한 이유다.

넷째 구간을 마치고 애미랑재 인근에서 야영 후 다섯째 구간을 넘었다. 애미랑재에서 한티재까지이다. 애미랑재는 봉화군 소천면 남회룡리와 영양군 수비면 신암리를 잇는 잿등이고, 한티재는 영양군 일월면 문암리에서 수비면 발리로 넘어가는 잿등이다. 이곳에는 칠보산, 새신고개, 842봉, 884.7봉, 612.1봉, 길등재 등이 있다. 금강송을 내내 보게 되고, 10지춘양목도 이 구간에 있다. 오후 내내 땀을 흘렸는데, 종주를 마치고는 갑자기 목소리가 나오지 않아 순간 당황하기도 했다.

2014. 7. 13. (일), 하루 종일 구름 끼다가 오후에 햇빛 쨍쨍

낯선 마을에 몰래 들어갔다가 슬며시 나간다는 것, 이게 쉬운 일이 아니다. 전날 4구간을 마치고 애미랑재 인근 남회룡마을 정자에서 야영했다. 밤 9시 저녁 뉴스 시간에 마을에 접근, 마을 정자에 텐트를 쳤다. 바로 잠에 빠지고, 눈이 떠졌을 때는 자정 무렵. 주변의 소란 때문이었다. 누적된 피로 때문에 그것까지도 무시하고 다시 잠에 빠졌지만 새벽 3시쯤에 또 눈이 떠졌다. 역시 주변에서 일하는 소리 때문이었다. 알고 보니 농작물 출하 시기를 맞추기 위한 야간 작업이었다. 조심스럽게 일어나 새벽 4시쯤 마을을 빠져나왔다. 마을에 폐를 끼친 것은 아니지만 죄인이 된 심정. 밖은 아직도 이슬거리가 내린다. 마을 앞 솔안교를 지나 버스 정류장으로 피신. 5시가 되자 버스 정류장을 출발, 애미랑재삼거리 민가에서 물통을 채워 애미랑재에는 5시 25분에 도착. 애미랑재는 밤새 내린 이슬거리 때문에 오르는 초입이 척척하다. 양손에 스틱을 쥐었지만, 왠지 오르기가 싫다.

전날에 이은 연속되는 고역 때문인지, 나뭇가지에 맺힌 물기를 털기 싫어서인지? 둘 다일 것이다. 그러나 어쩌랴. 출발한다(05:32). 애미랑재 서쪽 낙석방지 철망이 끝나는 지점에서 우측 절개지로 오른다. 절개지는 풀 한 포기 없이 경사도 70~80인 맨땅이다. 붙잡을 것이 없어 오로지 두 스틱만을 이용해서 조심스럽게 오른다. 절개지 상단부에서 능선으로 이어지는 곳에 표지기 하나가 보인다. 이렇게 반가울 수가! 등로는 뚜렷하지 않지만, 표지기를 따라 산 위로 오른다. 나뭇가지에 맺힌 이슬을 스틱으로 털면서 나아가지만, 완전히 피할 수는 없다. 바지가 젖기 시작한다. 낮은 봉우리를 넘고 내려가니 갈림길에 이르고(05:54), 우측으로 올라 무명봉에 이른다(06:10). 정상에 밑동만 남은 고목 등걸이 있다. 주변은 안개 때문에 시야가 제로다. 이곳에서 사과와 물로 아침 식사를 대신하고(06:25), 좌측으로 내려가 완만한 능선을 오르내린다. 등로엔 낙엽이 깔렸고, 잠시 후 바위가 있는 무명봉에서(06:34) 우측으로 내려가서 오르니 갈림길이 나온다(07:03). 우측 능선엔 금강송이 있고, 등로는 좌측 위로 이어진다. 바윗길에 또 금강송이 보이고, 가느다란 상수리나무가 많다. 가파른 오르막을 지나(07:13) 봉우리를 넘으니(07:18) 내의는 땀으로 범벅이 된다. 빗방울이 오락가락한다. 오르막에서 좌측 사면으로 우회하여 능선을 만나 우측 위로 오르니(07:26) 5~6분 후 칠보산에 이른다(07:32).

칠보산 정상에서(07:32)

정상에 삼각점, 시멘트 기둥, 준·희 씨의 표지판이 있다. 상의를 완전히 벗고 바람에 몸을 말린 후 출발한다(07:48). 이슬거리가 그치고 구름만 남는다. 봉우리를 넘고(08:01) 내려가다가 우측으로 돌아가니 쭉쭉 뻗은 금강송이 나오고, 다시 봉우리를 넘는다(08:07). 상수리나무가 많은 안부에서(08:12) 작은 봉우리를 넘고 내려가니 새신고개에 이른다(08:15). 새신고개는 좌측의 수비면 신내마을과 우측의 새신마을을 잇는 잿등이다. 표지판과 좌측에 전봇대가 있다. 직진으로 오른다. 그런데 벌써부터 힘에 부친다. 오르막 끝에 무명봉을 넘고(08:42), 묘지를 지나(08:48) 3분 만에 갈림길에 이른다(08:51). 우측으로 덕산지맥이 분기되고, 등로는 좌측 위로 이어진다. 오르자마자 시멘트 블록이 듬성듬성 놓인 폐헬기장이 나오고(08:53), 좌측으로 내려가 낮은 봉우리를 연속해서 넘으니 노송이 있는 안부에 이른다((09:04). 정말 힘이 든다. 아직까지 이정표를 보지 못했다. 하루 종일 산길을 오르내려야 하는 종주자들에게 이런 길은 고역이다. 또 무명봉을 넘고(09:15), 한동안 완만한 능선을 오르내리니 아름드리 노송이 계속 나오고 말로만 듣던 10지춘양목이 보인다(09:23). 소나무의 굵은 줄기 하나에 큰 가지가 열 개 이상 뻗었다. 오르다가 봉우리 정상 직전에서 좌측 사면으로 돌아서 오르니(09:30) 계속해서 노송 군락지가 이어진다. 그런데 안타깝고 수치스럽다. 노송의 밑동을 벗겨 송진을 채취한 흔적이 자주 나온다(09:36). 수십 년 수백 년 이 땅을 지켜왔을 노송의 핏줄을 끊어버리려는 것이다. 저러다가 만에 하나 죽기라도 한다면…. 잠시 후 깃재에 도착한다(09:51). 깃재는 좌측의 수비면 신내마을과 우측의 계리 절터마을을 잇는데, 사거리길이 뚜렷하다. 깃재에서 올라(09:59) 봉우리를 넘고 또 오르니 842봉에 도착한다(10:05). 연속해서 무명봉 두 개를 넘으니 두 번째 무명봉에 노송이 있다(10:28). 정상에서 내려가다 오르니 바위가 보이고, 이때 잠시 햇빛이 나온다(10:35). 낙엽이 수북한 안부를 지나(10:38) 오르막 끝에서 우측으로 내려가니 돌길이 이어진다. 키 큰 싸리나무가 나오고, 봉우리를 넘고 다시 오르니 884.7봉에 이른다(11:26). 정상 조금 옆에 폐헬기장이 있다. 내려가다 두 번째 안부에서(11:36) 오르는데 해가 또 나왔다가 들어간다. 잠시 후 노송 두 그루가 있는 봉우리에서(11:47) 작은 봉우리를 넘으니 완만한 능선이 한동안 계속된다. 4구간에서 보았던 그 풀포기가 또 나온다. 가늘고 긴 초록색 풀포기다. 조금 전에 본 10지춘양목이 또 나온다. 나는 이곳을 제2 10지춘양목터라고 명명하고 싶다. 이곳에서 잠시 쉰다. 나에게도 현직 퇴장의 순간이 다가오고 있다. 그 순간이 어떨지 심사가 복잡하다. 내려간다. 완만한 능선 오르막이 이어지더니 6분 만에 두 개의 큰 소나무가 있는 곳에 이른다(12:26). 우측으로 오르니 한참 후 공터가 있는 무명봉에 이르고(12:50), 90도 우측으로 틀어서 내려간다. 다시 봉우리 직전에서 좌측 사면으로 진행하는데 어느새 햇빛이 쨍쨍거린다. 두 개의 봉우리를 더 넘고 내려가니 긴 내리막 돌길이 이어진다. 주변에는 상수리나무가 많다. 낮은 봉우리 두 개를 넘고 무명봉에서(13:39) 우측으로 내려가 완만한 능선을 오르내리다가 폐헬기장에 이른다(13:55). 우측으로 내려가다 갈림길에서 우측으로 오르니 등로 주변에 키 큰 풀들만 있고 나무는 없다. 방화선을 설치하려는 것 같다. 잠시 후 612.1봉에 이른다(14:20). 정상의 삼각점 돌출 부분은 최근에 개설한 듯 바탕 부분과 달리 깨끗하다. 산속 좁은 등로를 따라 내려가다 오르니 좌측에 낙엽송 군락지가 나오고, 오르막 끝에서 우측으로 내려가니 우측은 소나무 군락지다. 잠시 후 안부사거리에서(14:32) 직진으로 오르다가 내려가니 로프가 나오고, 포장도로인 길등재에 이른다(14:36). 등로는 도로를 건너 산으로 이어진다. 시멘트 옹벽을 넘으니 로프가 끝나는 지점에 수많은 표지기들이 줄에 걸려 있다. 마치 표지기 전시장처럼. 이곳에서 좌측 산 능선으로 오르니 우측에 묘지가 있고, 오르막 끝에서 좌측으로 내려가다가 오르니 정점에 또 묘지가 있다. 내려간다. 낮은 봉우리 서너 개를 연속해서 넘으니 안부사거리에 이른다(15:16). 지겨울 정도로 비슷비슷한 오르내리막이 계속된다. 폐헬기장도 많다. 안부사거리에서 오르다가 낙엽송 군락지를 지나 내려가니 우측 아래에 도로가 보이기 시작하고, 다시 오르막 끝에서 내려가니 좌측에 이장한 묏자리가 나오고(15:29), 묏자리를 지나니 바로 소나무가 있는 낭떠러지에 이른다(15:30). 다시 안부사거리에서(15:33) 오르다 내려가니 한티재에 도착한다(15:42). 우측은 영양읍 방향이고, 좌측은 수비면 발리로 이어진다. 도로 건너편에 '한티재 해발 430m'라는 도로 표지판이 있다. 오늘은 이곳에서 마친다. 1대간 9정맥 종주. 이것만큼은 무엇과도 타협하지 않고 끝까지 갈 것이다(좌측으로 내려가면 한티재 주유소를 지나 수비버스터미널이 있다).

᭦ 오늘 걸은 길

애미랑재 → 칠보산, 새신고개, 842봉, 884.7봉, 612.1봉 → 한티재(19.5㎞, 10시간 10분).

᭦ 교통편

- 갈 때: 동서울터미널에서 현동이나 삼근까지, 택시로 애미랑재까지.
- 올 때: 한티재에서 도보로 수비버스터미널까지(20분), 버스로 안동까지.

여섯째 구간
한티재에서 검마산 자연휴양림갈림길까지

　6, 7구간을 한꺼번에 해결하려던 야심 찬 시도는 절반의 성공으로 끝났다. 원인은 여건을 무시한 무모함 때문. 과중한 배낭의 무게와 한여름의 무더위는 의욕이 앞선 계획에 제동을 걸었다. 첫날은 목적지까지 가지 못하고 도중에 철수해야만 했다. 45km 정도 되는 거리를 두 구간으로 나눠서 첫날은 한티재에서 백암산까지, 다음날은 창수령까지 가려던 계획이었다. 대부분의 단독 종주자들이 이 구간에서 많은 고민을 할 것이다. 애초부터 3구간으로 나누기도 하고, 일부는 나처럼 두 구간으로 나누기도 한다. 나도 많은 고민을 했다. 며칠 동안 정보를 수집하고 분석하여 결정했지만 실패였다. 지금 이 순간에도 이 구간 때문에 고민하는 사람이 있을 것이다. 고민의 관건은 소요경비와 교통 문제일 텐데, 절대 오버하지 말고 자신의 평소 페이스대로 임하라고 말하고 싶다. 안전하게 3구간으로 나누는 게 좋을 것 같다(한티재-검마산 자연휴양림갈림길-아랫삼승령-창수령). 여건이 되면 중간에서 야영을 해도 좋을 것이다. 야영지로는 검마산 자연휴양림이나 아랫삼승령 저시마을 정자를 추천한다. 여섯째 구간은 한티재에서 검마산 자연휴양림갈림길까지다. 한티재는 영양군 일월면 문암리에서 수비면으로 넘어가는 잿등이다. 이 구간에 추

령, 636.3봉, 왕릉봉, 덕재, 630봉, 683.4봉 등이 있다. 주의할 곳은 635.5봉을 지난 다음에 나오는 벌목지대다. 나무를 모조리 베어버렸기에 표지기가 하나도 없고, 능선은 사방으로 임도 비슷하게 파헤쳐져 등로 찾기가 쉽지 않다. 개념도를 지참하면 큰 도움이 될 것이다. 이번 구간은 특이하게도 이정표가 많이 훼손되었다. 아예 눕혀져 있고, 한쪽 날개가 떨어지기도 했다. 하루 전 현지에 도착해서 한티재 근처에서 야영했다.

2014. 7. 27. (일), 맑음. 하루 종일 무더위

45㎞ 정도인 거리를 고민 고민하다가 두 구간으로 나눠서 해치우기로 하고, 이틀 치 음식과 야영 도구를 챙겨서 동서울터미널로 직행. 버스는 안동, 진보를 거쳐 영양에 도착(19:58). 수비행 막차가 20시 35분임을 확인한 후, 이틀간 종주를 대비해 저녁 식사를 든든하게 할 요량으로 주변 식당을 뒤졌으나 모두 문을 닫았거나 장사가 끝났다고…. 하는 수 없이 그대로 수비행 막차에 승차. 승객은 나 혼자. 한티재를 지나 수비 버스 정류장에는 밤 9시에 도착. 이곳에서도 밥 먹을 곳을 찾았으나 역시 불발. 할 수 없이 가게에서 빵과 우유로 허기를 달래고, 야영 장소를 물색하여 마을 입구 소공원 정자에 텐트를 설치. 지난번 남회룡 마을 정자보다는 모든 면에서 유리하다. 마을 사람들 눈치 볼 필요가 없고, 주위에 교회와 파출소가 있어서 든든하기까지. 혹시 몰라 핸드폰 알람을 새벽 3시 50분과 4시로 맞춰놓고 취침. 새벽에 한티재로 도보 이동(04:56), 10여 분 만에 도착(05:05). 넓은 공터와 대형 수비면 관광안내도가 있고, 공터 우측 도로변에 '한티재 해발 430m'라는 교통 표지판이 있다. 잿등은 아직도 어둠 속이라 일부러 꾸물대며 여유롭게 준비, 출발한다

(05:31). 등로일 것으로 보이는 넓은 임도를 따라 10여 분 진행했으나 아무런 표식이 없는 것이 이상해서, 출발지로 되돌아와서 좌측 임도를 따라 10여 미터를 가니 바로 우측 산 능선으로 오르는 곳에 표지기가 보인다. 이렇게 쉬운 걸 모르고… 아까운 21분을 알바로 허비. 너무 쉽게 생각하는 평소의 습관이 오늘도 헛고생을 자초. 오늘 예감이 그리 좋지 않다. 우측으로 좁고 완만한 능선을 오르니 주변에 소나무가 많다. 한참 후 무명봉에서(06:06) 좌측으로 내려가다 봉우리를 넘고 내려가니 보호석이 있는 묘지가 나오고(06:15), 다시 무명봉에 이른다(06:29). 이곳에도 껍질을 벗겨 송진을 채취한 소나무가 있다. 벌써 온몸은 땀으로 범벅. 가파른 오르막 끝에 갈림길에 이르고(06:41), 우측으로 내려가다 올라 무명봉에 이른다(06:54). 좌측 계곡 쪽에서 동물이 울부짖고, 내리막 우측에 마을이 보이기 시작한다. 영양군 일월면 문암리이다. 연속해서 봉우리 3개를 넘고 내려가니 우측에 묘지가 있다(07:26). 소나무가 많은 능선을 따라 올라 묘지 4기와 보호석 2개가 있는 봉우리에 이른다(07:30). 내려가다 임도에서(07:32) 좌측으로 내려가니 우천재에 이른다(07:33). 주변은 모두 밭. 50m 정도 내려가다가 임도는 좌측 마을 쪽으로, 등로는 우측 산으로 이어진다. 초입은 풀이 무성해 바닥이 보이지 않는다. 금세 바짓가랑이가 젖고, 풀밭을 통과하니 잣나무 숲에 이른다. 임도를 만나(07:38) 우측으로 오르니 좌측 소나무에 번호가 매겨졌다. 지난 6월 로마 출장 시 외곽에서 본 그런 번호표다. 임도는 시멘트 길로 바뀌고, 좌측으로 틀어지는 곳에서 등로는 우측 산으로 이어진다. 잠시 후 사거리 안부에서(07:52) 우측 능선으로 올라 낮은 봉우리를 오르내린다. 등로 옆에 통나무 토막 3개를 묶어 만든 의자가 있고(08:07), 옆에는 한쪽 날개가 떨어진 이정표가 있다. 남은 한쪽 날

개에 추령이 1.5㎞라고 적혀 있다. 통나무 의자에 앉아서 잠깐 목을 축인다. 내려가다 오르니 좌측에 자작나무군락지가 보이고, 다시 봉우리를 넘고 나서야 직전에 636.3봉을 지나버렸다는 것을 알게 된다. 순간이라도 긴장하지 않으면 놓친다. 우측으로 내려가 잠시 후 추령에 도착(08:34). 추령은 영양군 일월면 가천리와 수비면 오기리를 잇는다. '추령쉼터'라는 안내판이 바닥에 떨어졌고, 우측 끝에 '공사 중. 성주군 산림조합'이라는 안내판이 있다. 임도를 건너 산으로 오르니 벌목지대다. 내리쬐는 햇빛을 몽땅 받으며 올라 임도가 좌측으로 틀어지는 지점에서 우측 산으로 올라 다시 임도를 만나 사거리 갈림길에서(09:04) 직진으로 오르니 635.5봉에 이른다(09:20).

635.5봉에서(09:20)

정상에 표지판, 삼각점, 이정표가 있다. 이정표는 쓰러져서도 제역할을 다한다(검마산 자연휴양림 7.5). 내려간다. 주변은 벌목으로 허허벌판이고 사방이 파헤쳐졌다. 이곳에서 상당한 주의가 필요하다. 등로를 찾기 위해서는 직진으로 60~70m 정도 내려가다가 좌측으로 틀어서 벌목되지 않은 빽빽한 소나무 숲으로 내려가야 한다. 소나무 숲속은 컴컴할 정도다. 덕분에 시원하다. 잠시 후 우측에 작은 전봇대가 나오고, 5m 정도 내려가니 안부에 이른다(09:44). 안부 주변은 마치 원시림처럼 빽빽하다. 작은 전봇대가 쓰러지지 않도록 사방으로 줄을 걸어 놓았다. 그런데 전깃줄은 없다. 연속해서 낮은 봉우리를 넘고 능선삼거리에서(10:15) 좌측으로 내려가다가 두 번째 안부에서 이상한 것들을 발견한다(10:27). 헌 장화, 녹슨 연통, 청색 가빠 등이 반쯤 땅에 묻혔다. 갑자기 무서움이 들어 걸음을 재촉한다. 완만한 능선을 오르내리다 왕릉봉에 이른다(11:01). 정상에 공터와 표지판이 있고, 주변에 노송 두 그루가 우뚝 서 있다. 내려가다 안부에서 좌측 철망 울타리와 함께 오른다. 작은 봉우리를 넘고 오르막 끝에서 철망은 좌측으로, 등로는 직진 아래로 이어진다. 잠시 후 무명봉에서(11:34) 좌측으로 내려가다 점심을 먹고, 출발한다(12:05). 낮은 봉우리를 연속으로 넘고 내려가니 덕재에 이른다(12:29). 덕재는 영양군 수비면 오기리와 죽파리를 잇는다. 도로를 가로질러 산으로 들어서니 수목의 향기가 콧속을 파고든다. 무명봉에서 우측으로 틀어서 내려가려는데 좌측 10여 미터 떨어진 나뭇가지에 600.3봉을 알리는 표지판이 걸려 있다. 하마터면 모르고 지나칠 뻔했다. 다시 되돌아가서 정상을 확인한다. 준·희 씨의 정상 표지판과 그 아래에 삼각점이 있다. 다시 가던 길로 되돌아와서 우측으로 내려간다. 이번에는 630봉에 이른다(12:55). 정상은 벌목되었고, 주변은 간벌치기 되었다. 우측으로 내려간다. 안부사거리에서(13:02) 직진으로 올라 무명봉을 거쳐(13:13) 683.4봉에 이르고(13:34), 10여 분 내려가니 비포장 임도에 이른다. 검마산 자연휴양림갈림길이다(13:42). 이곳에서 고민을 한다. 원래 계획대로 백암산까지 갈 것인지, 아니면 이곳에서 마칠 것인지를. 백암산까지는 앞으로도 5시간 정도는 더 가야 한다. 그런데 지금 몸 상태로는 6~7시간도 더 걸릴 것 같다. 아쉽지만 오늘은 이곳에서 마치기로 한다. 이틀 연속 종주를 위해 나름 철저하게 준비했지만, 결과적으로는 실패. 과중한 배낭 무게와 한여름 무더위 때문이다. 이곳에서 좌측으로 내려가면 검마산 자연 휴양림이 나온다. 남은 식수로 갈증을 풀고, 좌측 휴양림 방향으로 내려간다. 아직도 해는 중천인데 귀경이라니. 패잔병 신세가 이런 것일까? 그러나 어쩌랴! 자연이 허락하지 않고, 몸이 따르지 못하는데….

🚶 오늘 걸은 길

한티재 → 추령, 636.3봉, 왕릉봉, 덕재, 630봉, 683.4봉 → 검마산 자연휴양림갈림길(15.8㎞, 8시간 11분).

⛰ 교통편

- 갈 때: 영양 군내버스나 경북고속 버스로 한티재까지.
- 올 때: 검마산 자연휴양림에서 택시로 수비까지, 군내버스로 영양까지.

일곱째 구간
검마산 자연휴양림갈림길에서 아랫삼승령까지

통일 대비가 시급하다고 한다. 북한의 급변 사태가 언제 있을지 몰라서다. 독일도 그랬다고 한다. 백두대간 북쪽 줄기 종주, 섣부른 기대일까?

불길한 마음을 안고 출발한다. 예기치 않게 중요한 순간에 늦잠을 잤고, 20년 이상 간직해 온 손목시계 줄이 토막 나고, 정자에 세워놓은 배낭이 떨어져 엎어지는 불상사가 발생. 그것도 연속적으로…. 이런 뒤틀린 심사 속에 낙동정맥 7, 8구간 종주가 시작된다. 7구간은 영양군 수비면에 위치한 검마산자연휴양림갈림길에서 영양군과 영덕군 경계지점에 위치한 아랫삼승령까지이다. 이 구간에는 갈미산, 검마산, 주봉, 953봉, 매봉산, 지무터재 등이 있다.

2014. 9. 13. (토), 오전에 비, 오후에 갬

혹서기를 피해 잠시 중단한 지 47일이 지났다. 9월 중순, 산행에 더없이 좋은 때. 준비도 철저히 했다. 동서울터미널에서 출발한 버스는 영양터미널에 도착(18:20). 수비행 버스는 바로 1분 전에 떠났다. 크게 문제 될 건 없다. 아직 막차가 남았다. 덕분에 이곳 영양에서 저녁 식사를 하기로 한다. 목화 한식당 주인아주머니는 주방에서 손놀림을 하면서도 아는 체를 한다. 그런데 얼마나 바쁜지 자리에 앉은 지 10여 분이 지나도록 주문을 안 받는다. 잠시 후 나에겐 묻지도 않고 '한식당 정식'을 내놓는다. 다른 사람들에게도 마찬가지. 가격 대비 음식은 괜찮다. TV에서는 삼성과 기아의 야구가 중계되고 있다. 여유롭게 식사를 마치고 터미널로 향한다. 버스가 수비에 도착하자마자(20:58) 지난번 6구간 종주 때 이용한 수비 택시에 전화해서 내일 새벽 5시 30분 출발을 예약 후 야영 장소로 향한다. 전에 이용했던 마을 입구 정자다. 간밤의 텐트 안은 생각보다 추웠다. 밤새 뒤척이다 새벽에 잠든 것이 늦잠으로 이어졌다. 그런데 웬일인가? 플라스틱 시곗줄이 토막 났다. 시계를 바지 주머니에 넣고 잤는데 밤사이 뒤척이다가 그렇게 된 것 같다. 20년 이상 애용한 시계인데…. 정자 기둥에 세워둔 배낭이 땅바닥으로 떨어져 엎어져 버린다. 뭔가 이상하다. 서둘러 면사무소 앞으로 나가니 택시는 이미 나와 기다리고 있다. 택시는 검마산 자연휴양림 입구에 도착, 잠시 내려 지난번 6구간 종주 때 깜빡 놓고 온 스틱을 되찾아 다시 택시에 오른다. 휴양림갈림길에는 6시 16분에 도착. 48일 만에 보는 갈림길. 날씨가 흐리다. 멀리 보이는 산봉우리들은 모두 중턱에 구름을 감고 있다. 순간 생각에 잠긴다. '초입 능선으로 오르지 않고, 임도를 따라서 가버릴까?' 이곳에서 갈미봉 너머까지는 임도가 개설되어 있다. 날씨도 그렇고 새벽에 벌어진 불길한 상황들 때문에 마음이 심란해서다. 임도를 따라 걷는다. 우측으로 자작나무 단지가 나오고, 날씨가 점점 어두워지더니 급기야 빗방울이 떨어진다. 갈수록 떨어지는 속도가 빨라지고 굵어진다. 비가 와서는 안 되는데…. 작은 봉우리를 돌아서 갈미봉 너머까지 이르는 동안에 비는 제법 굵은 방울로 변한다. 옷이 젖을 정도다. 갈미봉 아래 임도삼거리에서 (07:03) 상죽파 방향으로 조금 가니 좌측 산으로 오르는 능선 초입에 이른다. 큰 소나무 밑으로 가서 비를 피한다. 빗줄기가 그칠 기미가 없어 우의를 꺼내 중무장을 한다. 마냥 그치기를 기다릴 수 없어 이 기회에 아침을 먹는다. 고개를 숙여 떨어지는 비를 가려가며 영양읍에서 준비한 김밥을 먹는다. 빗속에서 김밥. 그것도 이른 아침에 산속에 홀로 서서. 이게 뭔 짓인가? 뭔가 이상하게 돌아가는 느낌이다. 비가 그쳐(07:50) 서둘러 출발한다. 등로 주변에 우뚝 선 큰 소나무가 나타나더니 좀 더 오르니 의자 두 개가 보인다. 임도삼거리에서 보던 의자와 똑같다. 등로는 오래된 낙엽들이 층층이 쌓여 촉감이 좋다. 오를수록 싸리나무가 자주 나오고, 봉우리 중턱까지 완만한 능선이 이어지다가 정상 아래에 이르자 가팔라진다. 바람이 그치고, 주변도 덩달아 조용해진다. 안개는 점점 짙게 깔린다. 포성인 듯가끔 멀리서 소리가 들려온다. 다시 비가 내리고(08:30), 우의를 착용했음에도 속옷이 젖는다. 인조목 계단을 넘어 검마산 정상에 도착(08:35). 정상은 인조목으로 단장되었고, 최근에 조성한 듯 정상 표지목도 산뜻하다. 반대쪽 계단으로 내려서자마자(08:44) 전망대 주변에 의자가 보인다. 7~8분 내려가 검마산휴양림 갈림봉에서(08:52) 헬기장으로 향하니 주변에 단풍나무가 많다. 어느새 푹신푹신하던 낙엽길은 온데간데없고 딱딱한 돌길로 변한다. 로프를 타고 암벽을 넘으니 등로는 완만한 능선으로 변하고 검마산 주봉에 도착한다(09:20).

주봉에서(09:20)

정상에 삼각점 두 개와 의자 두 개, 이정표가 있고(옥녀당 4.37), 바닥에 시멘트 블록이 뒹군다. 긴급구조 안내판도 있고 가장자리에 베어진 나무들이 질서 없이 놓였다. 베어진 나뭇가지 속에 묻힌 하얀 아크릴판을 발견한다. 직감으로 안다. '칠산원山' 님이 애써 설치한 정상 표지판이다. 꺼내어 나뭇가지에 걸어 놓는다. 모처럼 역할을 했다는 뿌듯함을 안고 긴 통나무 계단으로 내려간다. 어느새 비가 그치고 햇빛이 나온다. 완만한 능선이 이어지더니 금장지맥분기점에 이른다(09:49). 준·희 씨의 표지판과 의자 두 개가 있다. 직진으로 올라 짧은 암릉을 지나니 918봉에 이른다(09:59). 안개가 자욱해 가시 거리가 10m도 안 된다. 긴 내리막 우측에 늘씬한 춘양목이 있다. 한참 내려가다가 작은 봉우리를 넘고 계속 내려가니 임도 좌측에 차단기가 설치되었고 긴급구조 안내판이 있다(10:31). 임도를 건너 직진으로 오르니 714봉에 이르고(10:45), 이어 779.8봉에 도착한다(10:59). 정상에 삼각점과 칠산원山님의 표지판이 있고, 가장자리에 큰 소나무가 쓰러져 있다. 내려간다. 무명봉을 넘고(11:19) 완만한 능선을 오르내리다가 백암산갈림길에 이른다(12:01). 좌측은 백암산으로, 등로는 우측으로 이어진다. 이곳에서 백암산을 갔다 올 것인지 말 것인지를 고민한다. 사실 출발 전에는 백암산을 갔다 오기로 맘먹었으나 포기하고 정맥 종주에 충실하기로 한다. 아쉽다. 마루금을 따라 우측으로 내려가서(12:18) 안부에서 888봉을 넘고(12:36) 내려가니 바윗길이 자주 나오고 쪽동백이 많다. 잠시 후 전망 바위에 이르러 좌우를 살피니 백암산이 보인다. 볼수록 가지 못한 아쉬움이 크다. 전망 바위에서 내려가니 임도에 이른다(12:49). 트럭이 한 대 있고, 그 옆 숲속에서 노인이 뭔가를 찾고 있다. 노인께 이곳이 어디쯤인지 물어도 모른다고 한다. 임도를 따라 10여 미터 가다가 좌측 산 능선으로 진입한다. 봉우리를 넘고 내려가니 식수삼거리에 이르고(13:10), 야생화가 지천에 널려 있다. 이곳에서 점심을 먹고, 출발한다(13:48). 직진 완만한 능선으로 올라 봉우리를 넘고 다음 봉우리 직전에서 우측 옆 등을 통해 오른다. 이제 더 이상 비는 오지 않을 것 같다. 이곳도 쪽동백 단지인 듯 사방이 쪽동백이다. 한참 오른 끝에 953봉에 이른다(14:23). 정상에 준·희 씨의 정상 표지판이 있다. 바로 내려간다. 10여 분 만에 무명봉에 이르고(14:35), 좌측으로 내려가다 오르막을 힘겹게 올라 매봉산 정상에 도착(15:08). 표지판과 헬기장 표시인 듯 시멘트 블록이 보인다. 정상 주위는 돌이 쌓였다. 좌측으로 내려가니 주변에 싸리나무가 자주 보이고, 비 온 뒤라선지 공기가 더없이 맑다. 안부에서 오르니(15:20) 고사목의 꼿꼿한 자태가 마치 살아 있는 듯하다. 그 모습에 뭔가 모를 섬뜩함이 엄습한다. 다시 오른 무명봉 정상에 시멘트 블록 세 장이 깔렸고, 키 큰 소나무가 많다. 세월이 흘러 이 소나무들이 굵게 자라면 멋진 풍광을 연출할 것이다. 등로 좌측으로 내려가니 춘양목이 나오고, 한참 후 윗삼승령에 이른다(15:42). 좌측 임도에 차단기가 한쪽으로 치워져 있고, 우측 임도는 통행이 이뤄지는 듯 깨끗하다. 좌측은 울진군 조금리로, 우측은 영양군 기산리로 이어진다. 이곳에서 등로는 임도 우측으로 10여 미터 가서 임도를 건너 산으로 이어진다. 10여 분 후 무명봉에 이르고(15:56), 다시 710봉에 이른다(16:05). 내리막길 주변에 키를 넘는 잡목들이 무성하다. 몇 개의 무명봉을 넘고 완만한 능선을 오르내리다가 지무터재에 이르고(16:22), 잠시 후 굴아우봉에 도착(16:34). 정상에 삼각점과 여러 개의 표지판이 있다. 이곳이 삼승령이자 칠보지맥 분기점임을 알리는 표지판들이다.

　메모와 촬영을 마치고 막 내려가려는 순간에 인기척도 없이 누군
가 뒤에서 갑자기 나타난다. 알고 보니 부천에서 온 정맥 종주자다.
두 명 중 한 사람은 뒤에 오고 있다고 한다. 인사를 나누고 보니 이
분들은 백암산을 들렀다고 한다. 생각할수록 백암산을 못 간 아쉬
움이 크다. 우측으로 내려간다. 다시 안부에서 오르는데(16:54) 소
나무 껍질을 벗긴 흔적이 자주 나온다. 잠시 바윗길이 나오더니 작
은 봉우리를 넘어 내려가니 춘양목 지대가 나온다. 오르다가 봉우
리 중턱쯤에서 우측으로 올라 내려가니 주변은 솎아베기를 해서 단
정하다. 쪽동백 사이로 비치는 석양의 햇빛이 싱그럽다. 영화에서나
볼 수 있는 영상이다. 잠시 후 좌측에 묘지가 나오고 많은 표지기
가 보이더니 오늘의 마지막 지점인 아랫삼승령에 이른다(17:19). 아랫
삼승령은 넓은 임도로 연결되었고, 공터는 쉼터처럼 조성되었다. 임

도 건너 8구간 초입에 정자가 있고 그 좌측에 수많은 표지기가 마치 빨래가 널린 듯 걸려 있다. 우측 저시마을에서 야영 후 내일 8구간을 종주할 계획이다. 출발 전 불길한 상황들이 겹쳐 불안했었다. 백암산을 오르지 못한 아쉬움이 크다. 최선을 다하자. 그래서 어느 날 뒤돌아봤을 때 너무 허무해 하지 않도록 하자.

🚶 오늘 걸은 길

검마산 자연휴양림갈림길 → 갈미산, 검마산, 주봉, 953봉, 매봉산 → 아랫삼승령
(19.0㎞, 11시간 3분).

🏔 교통편

- 갈 때: 영양 군내버스로 수비까지, 검마산 자연휴양림까지는 택시로.
- 올 때: 영해에서 출발한 버스로 영양터미널까지.

여덟째 구간
아랫삼승령에서 창수령까지

길이 길을 만든다고 했던가? 7구간을 마치니 8구간이 재촉한다. 북풍한설 몰아치기 전에 낙동정맥을 끝내야 한다는 강박관념, 소심한 내게 무모함을 부추긴다.

8구간을 마쳤다. 아랫삼승령에서 창수령까지다. 아랫삼승령은 영양읍 기산리와 영덕군 창수면을 잇는 고개이고, 창수령은 영양읍 무창리와 영덕군 창수리를 잇는다. 이 구간에는 학산봉, 쉰섬재, 706봉, 옷재, 714봉, 독경산 등이 있다. 일부 정상 표지판이 잘못 표기된 것 같고, 봉우리 사이의 표고 차가 커서 다른 구간에 비해 힘이 든다. 종주자들이 한 번쯤 생각해야 할 것이 있다. 이젠 표지기를 그만 걸었으면 한다. 현재 걸린 표지기만으로도 길 안내는 충분해서다.

2014. 9. 14. (일), 맑음

어제처럼 늦잠을 잤다. 텐트 안이 춥기도 했지만, 오늘은 구간이 짧아 편안한 마음에 긴장이 풀려서다. 기왕 늦은 김에 텐트 안에서 조식까지 하고 나선다. 정자 옆 포장도로를 따라 5분 정도 내려가니 저시마을삼거리에 이른다. 이곳 좌측 비포장도로를 따라 오르면 임도삼거리에 이르고, 우측 임도를 따라 10여 분 올라가면 8구간 들머리인 아랫삼승령에 이른다(07:40). 들머리는 임도 우측으로 이어진다. 임도에서 우측을 바라보면 정자 지붕이 보이는 곳이다. 정자 바닥이 낮아 멧돼지 침입 우려는 있지만 이곳 정자도 야영 장소로 괜찮을 것 같다. 과도한 표지기가 과시용으로 전락한 것 같아 씁쓸하다.

정자 좌측으로 통과하니 등로는 낙엽 깔린 흙길. 주변에 많은 소나무가 눈에 띄고 밤나무가 베어졌다. 오를수록 가팔라지고, 한참 오르니 학산봉에 도착한다(08:07). 표지판이 두 개나 있다. 약간 좌측으로 틀어서 내려가니 돌 섞인 흙길, 등로 양쪽은 경사가 심한 일종의 뾰족 능선이다. 아침 햇살이 싱그럽고 바람도 산뜻하다. 산길 풍경은 볼 때마다 새롭다. 어렸을 적에 뿌리가 빨간 당근을 보고서 신기해했던 적이 있다. 무는 하얀데 당근은 왜 빨갈까, 하고서. 자연의 오묘함이다. 벌초 된 묘지를 지나(08:25) 좌측으로 내려가니 참나무가 많은 평퍼짐한 능선이 이어지고, 돌이 없는 흙길로 바뀐다. 우측 아래에서 동물 울음소리가 들린다. 안부 우측에 황토색 구정물이 고인 습지가 있다(08:29). 멧돼지 목욕탕이다. 안부에서 오르니 검게 그을린 참나무 토막이 주변에 널려 있고, 한참 후 718봉에 이른다(08:54). 좌측으로 내려가니 등로는 돌 섞인 낙엽 길로 바뀌고, 주변은 싸리나무 등 잡목이 무성하다. 이어서 안부사거리인 쉰섬재에 도착(09:12). 쉰섬재는 영양읍 기산리와 영덕군 창수면 백청리를 잇는다. 준·희 씨의 표지판이 있고, 양쪽 길 흔적도 뚜렷하다.

쉰섬재에서(09:12)

꽤 높은 봉우리 두 개를 넘고(09:26) 좌측으로 내려가니 안부에 이르고(09:42), 우측에 임도가, 좌측 먼 곳에 논밭이 보인다. 완만한 돌길 능선 주변에 키를 넘는 잡풀이 무성하다. 2분가량 오르다가 표지기가 많은 곳에서 좌측으로 내려간다. 안부를 거쳐 오르니 참나무가 많은 봉우리에 이르고, 다시 무명봉에서(10:08) 내려가니 등로 주변에 풀이 많다. 잠시 후 706봉에 도착했는데(10:22), 이곳 표지판이 잘못된 것 같다. 옷재라는 표지판이 걸려 있다. 706봉에서 내려가니 안부에 이른다(10:32). 아마도 이곳이 옷재가 아닐까? 10여 분 넘게 오르니 다시 봉우리 정상이다. 표지판은 없지만 714봉인 것 같다(10:48). 앞쪽에 풍력발전기가 보인다. 안부에서(11:00) 봉우리를 넘어 내려가니 좌측 아래에 마을이 보인다. 영덕군 창수면 백청리 망상골 마을이다. 계속 내려가니 서낭당재에 이르고(11:13), 좌우는 옛길 흔적이 뚜렷하다. 직진으로 10여 분 넘게 오르니 645봉에 이르고(11:27), 내리막 좌측 아래에 마을이 보인다. 안부에서(11:33) 봉우리 두 개를 넘고 오르니 670봉에 이른다(11:52). 정상에는 준·희 씨의 '지경'이라는 표지판이 있다. 좌측으로 내려가니 등로 우측은 낙엽송 군락지다. 무명봉을 넘고(12:24), 좌측 사면으로 10여 분 내려가니 안부에(12:35) 벌목한 나무들이 쌓였다. 연속해서 봉우리 두 개를 넘고 내려가니 우측에 춘양목이 있고, 안부사거리에서(12:41) 완만한 오르내리막이 한참 이어지더니 접의자 두 개와 앉을 수 있는 통나무가 있는 쉼터가 나온다. 잠시 후 밤남골 임도에 이르고(12:45), 이곳에서 등로는 우측 임도를 따라 10여 미터 가다가 임도를 건너 산으로 이어진다. 초입에 표지기가 있고, 능선은 우측으로 틀어지면서 579봉에 이른다(13:01). 좌측으로 내려가자마자 앞쪽에 우뚝 선 독경산 정상이 보이고, 우측으로 내려가니 소나무가 많다. 안부에서(13:08) 올라 낮은 봉우리를 넘으니 풍력발전기가 보이기 시작한다. 내려가는 듯하다가 오르기를 반복. 독경산을 향해가는 중이다. 우측에 묘지가 있고(13:24), 좌측으로 내려가자마자 임도사거리에 이른다(13:25). 양쪽 길 흔적이 뚜렷하다. 직진으로 10여 분 이상 오르니 독경산 정상에 이른다(13:43). 정상엔 헬기장과 산불감시 무인카메라 탑이 있다. 정상 표지판은 나뭇가지에 걸렸고, 삼각점이 두 개나 있는데 높게 돌출된 삼각점은 쓰러졌다. 등로는 삼각점 우측의 숲속으로 이어진다. 그런데 좌측이 훤하게 뚫려있어 자칫 좌측으로 내려갈 수도 있겠다. 정상에서 내려가니 좌측 아래에 창수령으로 이어지는 918번 지방도로가 보인다. 안부에서 오르니 650봉에 이르고(13:56), 정상에 작은 웅덩이가 있다. 바로 좌측으로 내려간다. 갑자기 날이 어두워진다. 비가 올 모양이다. 절개지 상단부에서 우측으로 내려가니 창수령에 이른다(14:07). 소나무류 이동감시초소와 이정표가 있고, 그 좌측에 이동통신탑이 있다. 오늘은 이곳에서 마친다. 이로써 며칠간을 고민했던 한티재에서 창수령까지의 구간을 모두 마무리하게 된다. 묵은 난제를 해결한 것 같아 속이 시원하다.

🚶 오늘 걸은 길

아랫삼승령 → 학산봉, 쉰섬재, 706봉, 옷재, 714봉, 서낭당재, 독경산 → 창수령
(12.0㎞, 6시간 27분).

🏔 교통편

- 갈 때: 저시마을 입구 정자에서 아랫삼승령까지 도보로.
- 올 때: 영양행 버스로 영양까지 이동.

아홉째 구간
창수령에서 맹동산 임도사거리까지

말로만 듣던 청송. 벌써 몇 번을 지나는지 모르겠다. 얼마 전만 해도 오지라고 했는데, 그게 아니다. 차창으론 청정 계곡과 황금 들판이 줄을 잇는다. 기회의 땅으로 변하고 있다.

낙동정맥 9, 10구간을 넘었다. 창수령에서 황장재까지다. 창수령은 영양읍 무창리와 영덕군 창수리를 잇는 잿등이다. 이 구간도 길어 두 구간으로 나눴다. 그 분기점은 야영이 용이한 임도사거리로 정했다. 그래서 첫날 9구간은 창수령에서 맹동산 너머 임도사거리까지다. 이 구간에는 689.6봉, 울치재, 527.1봉, 맹동산 풍력발전단지, 맹동산 상봉 등이 있고, 울치재를 넘어서면서부터는 계속 임도만 따르게 된다. 우리나라 최대 풍력발전단지인 맹동산 풍력발전단지를 잇는 임도가 이곳에 있어서다. 임도에서는 표지기를 거의 볼 수 없고, 갈림길이 자주 나와 약간 불안하지만 시멘트 임도 큰 줄기만 따라가면 된다.

2014. 9. 20. (토), 하루 종일 맑음

영양터미널에서 창수령까지는 영덕 군내버스로 이동한다(11:59).

가는 동안 기사님과 승객 사이의 대화를 엿듣게 된다. 기사님이 송이 채취 비법을 전수하는 대화다. 일주일 만에 다시 밟은 창수령. 지난주 이곳에서 얼핏 봤을 때 산불감시 초소로 알았던 시설은 '소나무류 이동단속초소'로 확인된다. 9구간 초입은 이동통신탑 뒤로 이어진다. 출발한다(12:20). 약간 가파른 초입을 넘어서면 바로 평지로 바뀌면서 공터가 있다. 등로는 세로로 바뀌면서 완만한 능선 오르막이 시작되고, 50m 정도 오르니 바위가 나오면서 약간 가팔라진다. 소나무도 많다. 쪽동백이 나오고 등로엔 솔방울이 많이 떨어졌다. 잠시 후 '산불세계화 진압훈련장'이라는 안내판이 나오더니 689.6봉에 도착(12:45). 정상에는 몇 개의 표지기만 있다. 약간 우측으로 틀어서 50m 정도 내려가니 갈림길이 나오고, 좌측으로 내려가니 묘지 이장 터가 나온다(12:51). 주변에 참나무가 많고, 등로는 딱딱한 돌길로 변한다. 한참 내려간다. 초반부터 너무 많이 내려간다는 느낌. 골이 깊으면 오르막이 그만큼 길 텐데. 잠시 후 안부에서(12:55) 평지가 이어지고, 등로 양쪽은 돌이 쌓였다. 오르막 끝에 무명봉에 이르고(13:12), 정상엔 잡풀이 무성하다. 좌측으로 10여 분 내려가니 묘지 이장 터가 나온다(13:28). 관을 매장한 부분만 파내고 나머지 봉분은 그대로 있다. 빠른 걸음으로 지나간다. 좌측 아래에 창수저수지가 보인다. 완만한 내리막이 이어지고 앞쪽에 맹동산 풍력발전기가 보이기 시작한다. 잠시 후 정상에 이른다. 신기한 나무가 있다.

　큰 줄기가 아래서부터 꽈져서 원통을 이룬다. 내려가다가 낮은 봉우리 몇 개를 넘으니 울치재에 도착(13:53). 우측은 포장, 좌측은 비포장이다. 등로는 임도 우측으로 20m 정도 이동하여 임도를 건너 산으로 이어진다. 한참 오르니 527.1봉이다(14:03). 정상 표지판과 삼각점이 있는데, 삼각점은 바닥 콘크리트판이 깨져 벌어졌다. 원상태로 밀착시켜 놓고 내려간다. 청명한 날씨가 발걸음을 가볍게 한다.

노송이 나오고, 안부에 이를 무렵 당집 지붕이 보이기 시작한다. 등로는 당집 뒤로 이어진다. 5~6분 오르니 무명봉에 이르고(14:14), 안부에서 소나무 군락지를 지나 긴 오르막이 시작된다. 오르는 중에 도토리 떨어지는 소리가 '툭 툭' 들리고, 우측 아래에 임도가 보인다. 20분 정도 힘들게 오르는데 나뭇가지에 걸린 격려문이 보인다. '낙동정맥을 종주하시는 산님들 힘힘힘 내세요' 칠산원山님 작품이다. 잠시 후 정상에 이르고(14:36), 안부에서 다시 오른 봉우리에서는 거의 평지 수준의 등로가 펼쳐진다. 다시 봉우리 정상에 이르자 맹동산 풍력발전기가 눈앞으로 다가서고, 내려가니 맹동산 풍력발전단지가 시작되는 시멘트 임도에 이른다(15:01).

맹동산 풍력발전단지 임도에서(15:01)

임도 좌측에 거대한 풍력발전기 날개가 마치 뭔가에 걸리는 듯한 걸걸한 소리를 내면서 돈다. 시멘트 임도를 따라 150m 정도 오르다가 등로는 비포장 임도로 바뀐다. 잠시 후 등로는 능선으로 이어지는데 바로 임도와 다시 만나기 때문에 그냥 임도로 진행한다. 우측으로 틀어서 오르다가 내려가니 임도삼거리에 이른다(15:21). 이곳이 첫 번째 임도삼거리이자 옛 OK 목장갈림길이다. 아래에 변전소가 있고, 우측은 상삼의 마을로 내려가는 길이다. 좌측에 C-12번 풍력발전기가 있다. 좌측으로 진행하니 다시 시멘트 임도가 시작되고, 우측에 D-14 풍력발전기가 나온다(15:30). 이어서 우측에 목초지가 나오고 두 번째 임도삼거리에 이른다(15:34). 삼거리에서 직진하니 우측은 목장이고, 이후에도 갈림길이 자주 나오는데 주변에 표지기가 없어 자주 망설이게 된다. 사실은 갈림길에 구애받을 필요 없이 무조건 시멘트 임도의 큰 줄기만 따라서 직진하면 되는데 확신

할 수 없어 가던 길을 자주 뒤돌아보게 된다. 30분 이상을 알바. 마지막 갈림길에서(16:35) 좌우를 쳐다보면 좌측 봉우리가 더 높게 보여서 맹동산 상봉인 줄로 착각하게 되는데 사실은 우측 봉우리가 맹동산 상봉이다. 맹동산 상봉은 우측이 절개되어 반쪽만 남은 모습이 먼 곳에서도 확인된다. 맹동산 상봉 정상에 이르는 길이 다소 복잡한데 결론만을 말하자면, 맹동산 풍력발전단지가 시작되는 시멘트 임도에 들어서면서부터 무조건 임도 큰 줄기만 따라서 마지막 갈림길까지 그대로 가면 된다. 마지막 임도삼거리에서 우측으로 3~4분 오르면 맹동산 상봉 정상 아래에 이르고(16:39), 이곳에서 좌측 절개지를 따라 2분 정도 오르면 맹동산 상봉 정상이다(16:41). 정상에는 표지석이 두 개 있고, 그 좌측에 높은 표지목이 있다. 표지석의 표기명이 서로 다르다. 하나는 맹동산으로 다른 하나는 명동산으로 적혀 있다. 또 정상은 좁은 공간에 숲이 우거져 아주 답답하다. 내려간다. 등로는 온통 숲으로 덮여 바닥이 보이지 않는다. 숲을 헤치며 내려간다. 잠시 후 임도를 따라 내려가(16:45) 삼거리에서(16:56) 우측으로 2분 정도 진행 후 삼거리에 이르고, 그 옆에 I-35 풍력발전기가 있다. 삼거리에서 좌측으로 50m 정도 이동하니 다시 비포장 임도가 나오고, I-36 풍력발전기가 있는 곳에 이른다. 숲으로 내려가서 I-37 풍력발전기가 나오고, 시멘트 임도를 만나 내려가면 J-38 풍력발전기가 있는 곳에 이른다(17:12). 이곳에서 다시 비포장 임도를 따르니 잠시 후, 임도사거리에 이르고(17:16), 등로는 직진으로 이어진다. 오늘은 이곳에서 마친다. 생각보다 많은 시간이 걸렸다. 알고 보면 쉬운 길인데, 표지기가 없어 망설였고 재확인하는 바람에 30분 이상 알바를 했다. 이곳에서 우측으로 내려가 삼거리에서 우측으로 30분 정도 내려가면 하삼의 소공원이 나오는데, 오늘 밤 텐트를 칠 곳이다.

오늘 걸은 길

창수령 → 689.6봉, 울치재, 527.1봉, 맹동산 풍력발전단지, 맹동산 상봉 → 임도사거리(12.3㎞, 4시간 56분).

교통편

- 갈 때: 영양에서 창수령까지는 군내버스 이용.

열째 구간
맹동산 임도사거리에서 황장재까지

산속, 칠흑의 밤. 어둠이 두렵다. 지나가는 자동차 소리만 들려도 귀가 쫑긋. 날이 새기만을 학수고대한다. 사람이 그리운 게 바로 이런 때, 이런 곳.

열째 구간을 마쳤다. 맹동산 임도사거리에서 황장재까지다. 임도 사거리는 영양군 석보면과 영덕군 영해면을 경계 짓는 맹동산 풍력 발전기 J-40이 위치한 곳이고, 황장재는 청송군 진보면 신촌리와 영덕군 지품면 황장리를 잇는 잿등이다. 이 구간에는 봉화산, 명동산, 박짐고개, 여정봉, 화매재, 532봉 등이 있다. 과수원과 송이 채취 현장을 자주 보게 된다. 전날 하삼의 소공원에서 야영했는데, 추워서 뜬눈으로 밤을 새웠다.

2014. 9. 21. (일), 맑음

새벽 두 시에 잠이 깼다. 추워서다. 칠흑의 어둠 속에서 온갖 궁상을 다 떨다 아침을 맞는다. 아침밥을 찬물에 말아 먹고, 날이 새기만을 기다린다. 새벽 5시 15분. 사위는 아직도 깜깜. 헤드랜턴에 의지해 길을 나선다. 어제 오후에 내려왔던 길. 어둠이 큰 장애가 되지는 않는다. 오르막이지만 어제보다 속도를 더 낼 수 있다. 집중의 힘이다. 곰취 농장 안내석을 지나고, 폐가삼거리를 통과한다. 날이 조금씩 밝아온다. 어둠 속에서도 맹동산 풍력발전기의 날개들이 보이기 시작하고, 10구간이 시작되는 임도사거리에 선다(05:50). 모든 게 멈췄다. 하늘도, 바람도, 풍력발전기의 날개들까지도. 출발한다(06:02). 등로는 직진 시멘트 임도로 이어진다. 200m쯤 올라 삼거리에서(06:07) 배수로 좌측 숲속으로 들어서니 초입에 표지기가 있고, 등로가 뚜렷하다. 좌측 영덕 너머 하늘이 붉게 물든다. 완만한 능선이 이어지고 잠시 후 무명봉에 올라선다(06:16). 바위뿐, 바로 내려간다. 큰 바위 우측으로 우회하다 순간 낯익은 표지기를 발견한다. '똥벼락' 이후에도 큰 바위는 한 번 더 나오고, 그때마다 우회한다. 등로는 낙엽 길. 키 큰 잡목들이 진로를 방해한다. 안부에서(06:21) 직진으로 오를 때 태양이 떠오르고, 잠시 후 봉화산 정상에 이른다(06:36). 바닥은 시멘트, 주변은 칡넝쿨이 무성하다. 오르내리막이 이어지고, 큰 돌이 쌓인 봉우리가 나온다. 봉화대 터다(06:38). 이곳도 우회하여 안부에서 오르니 무명봉에 이르고(06:43), 하산길 우측에 소나무가 많고 좌측은 낙엽송 지대다. 긴 내리막을 달리는 수준으로 걷는다. 안부를 지나(06:55) 서너 번의 오르막을 넘어 무명봉갈림길에서(07:43) 좌측으로 오르니 우측에 큰 바위가 있고, 명동산 정상에 이른다(07:48).

명동산 정상에서(07:48)

정상 표지판과 삼각점, 산불감시 무인카메라탑이 있다. 아침 조망이 경이롭다. 지나온 맹동산 풍력발전단지가 시원스럽고, 동쪽 영해면 일대와 동해바다가 한 폭의 명화다. 우측으로 내려가다가 봉우리를 넘고, 오르니 화림지맥분기점에 이른다(08:15). 좌측은 화림지맥으로, 등로는 우측으로 이어진다. 5분 정도 내려가 안부에서(08:21) 오르다가 우측으로 틀어서 내려가니 방금 지나온 명동산이 보인다. 무명봉 직전에서 내려가니 노송이 있는 갈림길에 이르고(08:34), 좌측으로 90도 틀어서 내려가니 박짐고개에 도착(08:43). 넓은 공터가 있다. 좌측은 영덕군 지품면 도계리 상속마을로, 우측은 영양군 석보면 삼의리 박짐마을로 내려가는 길이다. '입산 금지 안내판'과 '무단으로 송이 채취 시 고발 조치한다.'는 경고문도 있다. 임도를 건너 조금 내려가다가 바로 오른다. 무명봉으로 가지 않고 좌측 사면으로 돌아서 내려가니 돌길이 시작되고, 안부에서(08:58) 오르다 희미한 사거리에서(09:05) 가파른 오르막을 10여 분 오르니 포도산분기점에 이른다(09:17). 우측은 포도산으로, 등로는 좌측으로 이어진다. 좌측으로 내려가니 주변에 곧게 뻗은 참나무들이 많다. 삼거리에서 (09:26) 우측으로 내려가니 우측에 노송이 많고, 평지 같은 완만한 능선이 계속된다. 조금 전부터 등로 좌측은 금줄이 설치되었다. 아마도 송이 채취 지역일 것이다. 완만한 능선 좌측은 낭떠러지다. 잠시 휴식을 취한 후 출발한다(09:59). 10여 분 만에 무명봉에 이르고, 우측으로 내려가니 주변은 소나무가 빽빽하다. 묘지를 지나 억새로 둘러싸인 송전탑(10:14) 아래로 통과해 갈림길에 이르고, 우측으로 오르니 삼거리에 이른다(10:25). 삼거리에서 억새가 많은 안부를 지나 (10:30) 오르는데 키 큰 싸리나무들이 진로를 방해한다. 4분 정도 오르니 여정봉에 이른다(10:34). 삼각점과 삼각점 설명판이 있다. 삼각점은 모든 측량의 기준이 되는 국가기준점으로서 지도 제작, 지적측량, 건설공사, 각종 시설물의 설치 및 유지관리 등에 사용되는 국가시설물로 전국에 16,000개 정도가 있고, 관리는 국토지리정보원이

맡는다고 한다. 여정봉에서 내려간다(10:40). 불에 그슬린 소나무들이 보인다. 날씨는 아침부터 쾌청하더니 지금은 더울 정도다. 삼거리(10:50) 우측에 '낙동 정맥 트레일 종합 안내도'가 있다. 직진으로 내려가서 빨간 사과들이 주렁주렁 열린 과수원 펜스를 따라 좌측으로 진행하다 숲속으로 들어선다(10:54). 갈림길에서(10:57) 우측으로 내려가 임도를 따라 오르니(11:00) 좌측에 '95'라는 번호표가 걸린 소나무가 있고, 임도를 따라 올라가다가 송전탑을 지나 다시 임도와 만난다. 임도를 따라 100여 미터쯤 오르다 좌측 산으로 들어서서 내려가니 천막이 나온다. 송이 채취자들의 숙소다. 천막 옆 나무에 송이 채취자들의 옷가지가 걸려 있다. 이 인근 전체가 송이 주산지인 것 같다. 임도 좌측에 38번이라는 번호표가 부착된 소나무를 지나니 바로 당집이 나오고(11:25), 당집 우측으로 진행하여 다시 임도와 만나니(11:31) 좌측은 소나무 군락지다. 임도를 따라서 70m 정도 가다가 좌측 산으로 내려가니 묘지가 나오면서 시멘트 임도에 이르고, 좌측 임도를 따라 조금 내려가니 포산마을갈림길이 나온다(11:41). 11번 번호판이 부착된 소나무가 있다. 좌측 숲속으로 올라가다가 내려가 갈림길에서(11:43) 우측으로 내려가니 시멘트 임도와 만난다(11:49). 이곳에서 점심을 먹고, 출발한다(12:00). 좌측으로 3분 정도 내려가 갈림길에서 좌측으로 임도를 따라 묘지 위로 내려가다가 오르니 갈림길에 이르고(12:07), 우측으로 오르니 한동안 등로가 파헤쳐진 곳이 나온다. 급경사로 내려가 오르막에 송전탑을 지나(12:14) 안부삼거리에서(12:18) 좌측 능선으로 오르니 송전탑이 나오고(12:20), 안부사거리에서(12:21) 직진으로 올라 갈림길에서(12:29) 좌측으로 내려가니 안부삼거리에 이른다. 직진으로 가파른 오르막이 시작되고 갈림길에서 좌측으로 내려가 안부삼거리에서(12:46) 우측으

로 오르니 무명봉에 이른다(12:55). 내려가다가 안부사거리에서 직진
으로 오르니 소나무 군락지가 나오고, 한참 후 밭이 나오면서 포장
도로인 화매재에 이른다(13:16). 좌측은 영덕군 지품면 황장리, 우측
은 영양군 석보면 화매리로 이어진다. 화매재에서 도로를 건너 우측
능선으로 오르니 묵은 밭과 묘지가 나온다. 계속 오르니 등로는 사
과밭 우측 가장자리로 이어지고, 잠시 후 봉우리 정상에서(13:25) 좌
측으로 내려간다. 이곳에서도 과수원 가장자리를 따라 빙 돌아가다
가 과수원과 이별하고 내려가다가(13:34) 계속 오르니 우측에 낙엽
송 단지가 이어진다. 문득 나 자신의 처지가 생각난다. '이 좋은 가
을날, 지금 뭘 하고 있지?' 갈림길에서(13:41) 직진으로 오르니 우측
은 칡넝쿨이 무성하고, 오르막 끝에 무명봉에 이른다(13:47). 다시 묘
지가 있는 봉우리를 넘어(13:53) 낮은 봉우리들을 넘고 약간의 공터

가 있는 무명봉에 이른다(14:10). 정상에 노송이 있다. 안부를 지나 오르막 끝에서 내려가니 돌길이 시작되고, 묘지가 나오면서(14:17) 완만한 능선을 오르내린다. 계속 오르다가 중턱쯤에서 좌측으로 우회하니 삼군봉에 도착한다(14:44). 삼군봉은 청송군, 영양군, 영덕군의 3개 군이 합쳐지는 곳이란 의미인 것 같다. 배낭을 내려놓고 잠시 지친 발걸음을 달랜다.

급경사로 내려가니 우측에 정자가 보이고 이정표(황장재 0.94)가 있는 삼거리에 이른다(14:57). 임도를 따라 내려가니 일정한 간격으로 이정표가 나오고 34번 국도에 이른다(15:16). 국도에서 좌측으로 4~5분 올라가면 황장재, 우측으로 4~5분 내려가니 청송군 괴정2리 버스 정류장이 나온다. 원래는 삼군봉에서 황장재로 바로 내려갈 계획이었으나 길을 잘못 들었다. 국도를 따라 황장재로 올라갈 생각도 했으나 그냥 괴정2리 버스 정류장으로 가기로 한다. 어차피 버스 정류장으로 내려와야 하기 때문이다. 국도를 따라 4~5분 내려가니 괴정2리 버스 정류장에 이른다. 오늘은 이곳에서 마친다. 국토의 숨결을 느끼게 되는 정맥 종주, 반드시 일생 최고의 선택으로 남게 할 것이다.

🚶 오늘 걸은 길

맹동산 임도사거리 → 봉화산, 박짐고개, 여정봉, 화매재, 532봉 → 황장재(24.5㎞, 9시간 26분).

⛰ 교통편

- 올 때: 황장재에서 진보행 또는 신촌행 군내버스로 진보까지.

열한째 구간
황장재에서 피나무재까지

열한째 구간을 넘었다. 황장재에서 피나무재까지다. 황장재는 청송군 진보면 신촌리와 영덕군 지품면 황장리를 잇는 잿등이고, 피나무재는 청송군 부동면 이전리와 내룡리를 잇는 잿등이다. 이 구간에는 대둔산, 명동재, 875봉, 먹구등, 대관령, 798봉, 주산재, 745.2봉 등이 있다.

2014. 9. 27. (토), 맑음

9.26. 동서울터미널에서 출발한 버스는 안동을 거쳐 진보터미널에 도착(17:50). 이곳에서 황장재행 군내버스를 타고 가다 신촌마을에서 하차. 이곳에 마을에서 직접 운영하는 찜질방이 있어서다(청송군 진보면 신촌리 '약수골찜질방'). 단독 종주자에게 들머리 근처에 찜질방이 있다는 것은 희소식이다. 종주 준비 중 숙소를 고민하다가 알게 되었다. 저녁 식사를 위해 식당을 찾았으나, 4개 식당 모두 단체 손님만 받기에(닭백숙) 식사를 포기하고 찜질방으로 향한다(19:40). 찜질방은 도로변에서 200m 정도 떨어진 마을 위에 있다. 시설은 소박하다. 아담한 냉탕과 온탕, 고온 중온 저온으로 구분된 크지 않은 3개의 찜질방과 수면실이 전부다. 이곳에서 컵라면으로 저녁을 때우고

샤워를 마친 후 바로 잠을 청한다. 새벽 4시 30분에 찜질방을 나서, 약수터에서 식수를 확보 후 황장재를 향해 출발한다(04:50). 주변은 칠흑의 어둠. 간간이 나타나는 가로등 불빛으로 어렴풋이 거리 감각을 살린다. 정적 속에서 집중해서인지 평소보다 발걸음이 빠르다. 잠시 후 황장재에 도착(05:30). 어둠 속에서도 황장재 식당은 대낮처럼 환하다. 어둠이 가시기를 기다리면서 출발 준비를 한다. 이 구간에 대비해 특별한 장비를 마련했다. 목이 긴 등산화와 발목까지 올라오는 두껍고 긴 양말, 그 위에 스패츠까지. 이 구간에 멧돼지와 독사가 많아서다. 출발한다(06:19). 초입은 영덕 방향으로 조금 가다가 우측의 등산로 폐쇄 안내판이 세워진 곳이다. 통나무계단으로 오른다. 싸늘한 바람이 일고 안개가 자욱하다. 일출이 시작되려는지 영덕 쪽 동해 바다 위가 붉어진다. 묘지가 있는 곳에서(06:25) 봉우리로 오르지 않고 좌측 사면으로 돌아서 오른다. 작은 봉우리를 넘으니 보호석이 있는 묘지에 이르고(06:38), 봉우리 직전에서 좌측 사면으로 우회하여 내려가니 안부사거리에 이른다(06:51). 주변에 소나무가 많다. 다시 오르다가 내려가니 갈평재에 이르고(06:55), 돌무더기가 있다. 차츰 안개가 걷히고 햇빛이 나온다. 긴 오르막 끝에 무명봉에 이르고(07:19), 좌측으로 내려가다가 우측 사면으로 우회하여 오르니 송이 채취자들 텐트가 설치된 곳에 이른다(07:35). 그 옆에 입산 금지 플래카드가 있다. 이 지역은 송이 주산지로 일반인의 출입이 금지되고, 가끔 종주자와 송이 채취자 사이에 충돌이 있다고 한다. 좌측으로 오르니 너덜지대가 나오고 평평한 등로를 100여 미터 진행하니 주왕산국립공원에서 설치한 출입 금지 안내판이 나온다(자연생태계 훼손방지를 위해 2008년 3월 1일부터 10년간 출입 금지). 주변엔 우람한 소나무가 있고, 좌측은 낙엽송 지대다. 오르다가 대둔산갈림길에서

(08:20) 등로는 좌측으로 이어지고 대둔산은 우측에 조금 비켜 서 있다. 대둔산 정상에 갔다 오기로 한다(08:23). 대둔산에서 되돌아와서 원래 마루금을 따라 내려가다가 오르니 799.7봉에 이르고(08:34), 내려가는 주변은 마치 원시림을 보는 듯하다. 안부에서 완만한 능선을 오르니 849봉에 이르고(08:55), 다시 안부를 지나(09:01) 평지 같은 능선이 이어진다. 돌에도 나무에도 이끼가 끼었다. 잠시 후 732.6봉에 이른다(09:08). 정상은 정글처럼 잡목이 무성하다. 다시 평지 같은 길이 이어지고, 짙은 안개로 자욱하던 산속은 청명한 가을 산으로 바뀐다. 큰 바위가 나온다(09:25).

소위 말하는 통천문을 피해 우측으로 돌아서 내려가니 신기한 나무가 있다. 처음부터 3갈래로 줄기가 나와 그 가운데에 물이 차 있다. 바위가 많은 암릉을 통과하고 오르니 무명봉에 이르고(09:48), 내려가니 사거리 흔적이 남은 두고개에 이른다(09:58). 주변 나뭇가지에 40이라는 숫자가 적힌 표지판이 걸려 있다. 가파른 오르막을 넘어 봉우리를 넘으니 등로를 파헤친 흔적이 자주 나오고, 갈림길에서(10:13) 좌측으로 오르니 바로 먹구등에 이른다(10:17). 이곳에서 부산 출신 종주팀을 만난다. 5명이 한 팀인데 2명, 3명으로 짝을 이뤄 서로 반대편에서 진행하고 있다(10:30). 좌측으로 1분 정도 진행하니 폐헬기장과 이정표가 나온다(10:31, 느지미재 2.8). 우측으로 내려가다 오르니 숫자 33이 적힌 표지판이 있는 봉우리에 이르고(10:56), 이어서 명동재에 이른다(11:02). 이상하다. 이 높은 봉우리가 잿등이라니? 표지판과 헬기장이 있다. 내려가는 듯 오르니 좌측에 큰 바위가 계속 나오고, 잠시 후 875봉을 넘으니(11:14) 헬기장이 나온다(11:15). 좌측으로 내려가니 위장 풀이 깔린 곳에 이른다. 느지미재다(11:38). 직진으로 긴 오르막을 힘겹게 오르니 우측 2시 방향으로 왕거암 정상이 올려다보이더니 왕거암삼거리에 이른다(12:12). 이곳에서 점심을 먹고, 출발한다(12:34). 봉우리 직전에서 우측 사면으로 내려가니 좌측 낭떠러지에 추락 방지용 난간이 설치되었다. 영덕지방이 시원스럽게 내려다보인다. 추락 방지용 난간이 한 번 더 나오고, 봉우리 직전에서 우측으로 우회하여 봉우리를 넘으니 대관령에 이른다(13:05). 바로 오르니 제단처럼 생긴 바위가 나오고, 위장 풀이 나오더니 잠시 후 갓바위전망대에 이른다. 아래에 갓바위가 내려다보인다. 이정표는 직진과 좌측 방향만 표시하고 마루금인 우측은 아무런 표시가 없다. 정맥 종주자를 위한 이정표가 아닐 수도 있겠지만, 혼란만 부

추긴다. 한참 망설인 끝에 우측으로 진행한다. 잠시 후 갈림길에서
(13:29) 우측 돌길로 내려가니 등로를 가로막는 로프가 있고, 심하게
파헤쳐진 곳이 나온다. 안부갈림길에서 직진으로 오르니 암릉이 나
오고, 좌측으로 오르니 798봉에 이른다(14:04).

798봉에서(14:04)

묘지를 지나(14:14) 돌무더기가 있는 안부에서 우측으로 우회하니
문인석이 나오고, 비석이 있는 묘지를 지나 무명봉에 이른다(14:41).
다시 무명봉을 넘고(14:52) 우측으로 내려가니 돌길이 시작된다. 작
은 봉우리를 넘으니 암릉이 나오고, 한동안 완만한 능선을 오르내
린다. 다시 작은 봉우리에서(15:23) 안부를 지나 우측 사면으로 우회
하니 주산재에 이른다(15:44). 삼거리갈림길 좌측은 양설령으로, 등
로는 우측으로 이어진다. 이곳도 돌길이다. 작은 봉우리를 오르내리
다 745.2봉에 이른다(16:12). 삼각점이 있고, 주변 조망이 시원스럽다.
많이 지쳤다. 시간도 많이 흘렀다. 정상에서 3~4m 정도 내려가서
좌측으로 내려가니 급경사 내리막이 시작되고, 암벽이 나온다. 흔히
말하는 통천문이다. 그런데 너무 위험해서 우측으로 우회한다. 한참
내려가다가 폐헬기장을 지나(16:45) 완만한 능선 오르막이 시작된다.
이젠 지칠 대로 지쳤다. 또 돌길이다. 자주 멈추게 된다. 쉴 때마다
눈이 절로 감긴다. 나는 왜, 무엇 때문에 이런 고통스런 정맥 종주
를 결심했을까? 나에게 돌아오는 것은 뭘까? 바위가 나오고 무명봉
에서(16:59) 한참 내려가도 봉우리는 끝날 줄을 모른다. 두 개의 봉우
리를 더 넘고 내려가니 좌측에서 자동차 소리가 들리기 시작하고,
주왕산국립공원에서 설치한 출입 금지 안내판이 나오더니 바로 2차
선 포장도로인 피나무재에 이른다(17:44). 우측은 이전리, 좌측은 내

룡리다. 이곳에서 등로는 도로 건너 맞은편 절개지에 설치된 낙석방지 철망 울타리를 뚫고 올라가야 된다. 오늘은 이곳에서 마친다. 이 구간에 독사와 멧돼지가 많다고 해서 단단히 준비를 했는데 의외로 봉우리 사이의 표고 차가 커서 고통스러웠다. 고통의 시간이 지나면 추억이 된다지만 한계를 넘는 고통은 사고로 직결될 수 있겠다는 걸 실감했다. 이곳에서 야영하고, 내일 12구간을 넘을 계획이다.

☝ 오늘 걸은 길

황장재 → 대둔산, 명동재, 875봉, 대관령, 798봉, 주산재, 745.2봉 → 피나무재
(26.2㎞, 12시간 14분).

🏔 교통편

- 갈 때: 진보에서 군내버스로 황장재까지.
- 올 때: 피나무재에서 버스로 이전리까지, 이전리에서 버스로 진보까지.

열두째 구간
피나무재에서 가사령까지

새벽부터 시작된 발걸음이 흐느적거릴 때쯤 등로에 주저앉아 휴식을 취한다. 우연히 마주친 눈길, 거미줄에 걸린 낙엽이 바람에 살랑인다. 마치 살아 있듯이. 좌측에서 또 다른 신비를 발견한다. 옻나무의 두 줄기 중 하나는 새파란 잎이 한창인데 다른 줄기는 빨갛게 물들어 가을을 알린다. 12구간 종주 때 체험한 자연의 신비다.

열두째 구간을 넘었다. 청송군 부동면 이전리와 내룡리를 잇는 피나무재에서 포항시 죽장면 가사리와 상옥리를 잇는 가사령까지다. 611.1봉, 질고개, 805봉, 통점재, 776.1봉 등이 있고, 등로에 잡목이 무성하다. 드디어 포항 땅에 진입한다.

2014. 9. 28. (일), 구름 조금 후 맑음

숲으로 둘러싸인 정자 덕분에 간밤에 추위를 모르고 보냈다. 정자 우측 위 계곡에서 식수까지 보충한 후 피나무재를 향해 출발한다(05:20). 아직도 주변은 캄캄. 헤드랜턴에 의지해 포장도로를 따라 오른다. 어제 내려올 때 지났던 정자를 통과하고 피나무재에 도착(05:40). 날리듯 움직이는 새벽안개의 빠른 움직임을 느낀다. 날이 밝기를 기다렸다가 출발한다(06:10). 이곳에서 마루금은 우측 절개지 낙석방지 철망 울타리를 뚫고 올라가야 한다. 이미 구멍이 뚫려 있어 사람 하나 간신히 들어갈 수 있다. 배낭과 스틱을 먼저 밀어 넣고 머리를 들이댄다. 절개지라 들어서자마자 가파른 오르막이 시작되고, 30m 정도 오르니 이동통신탑과 교통호가 나온다. 이슬이 벌써부터 등산복을 적신다. 봉우리를 향해 오르다 우측 사면으로 돌아간다. 갈림길에서(06:25) 우측으로 20m 정도 가다가 좌측 능선으로 오르니 좌측은 낙엽송 지대다. 잠시 후 우측 사면으로 돌아가 안부에서 봉우리를 넘고 좌측으로 내려가니 비석이 있는 묘지가 나오고, 잔디가 하나도 없는 큰 묘지가 나오면서 임도에 이른다(06:40). 임도에서 우측으로 30m 정도 진행하니 임도삼거리. 경고판과 이정표가 있다. 삼거리에서 시멘트 임도를 따라 좌측으로 5~6분 가다가

우측 산으로 오르니(06:47) 큰 소나무 아래에 표지목이 있고, 제사상을 차린 듯 사과와 배가 놓여 있다. 수목장이다. 등로에 도토리가 많이 떨어졌고, 좌측 아래에 임도가 따라온다. 어느새 해가 나왔다. 약간 오르다가 내려가서 임도를 건너(07:13) 무명봉에서(07:32) 좌측으로 내려가니 자작나무 지대가 나온다(07:39). 오르막 끝에 큰 돌이 나오더니 622.7봉에 이른다(07:51).

622.7봉에서(07:51)

정상엔 두 개의 표지판이 있다. 준·희 씨 것과 박건석 씨의 평두산이라는 표지판이다. 삼각점과 봉화대 흔적이 있고, 주변에 칡넝쿨이 어지럽게 널렸다. 좌측으로 내려가니 돌이 많고, 폐헬기장을 지나 완만한 능선을 오르내리니 웅덩이가 나오고 좌측 아래에 들판이 보인다. 소나무가 많은 곳을 지나(08:18) 완만한 능선을 오르다가 좌측 사면으로 우회한다(08:25). 벌써부터 목이 탄다. 좌측은 낙엽송지대(08:30). 잠시 쉰다. 정적이 감도는 이런 산속에도 쉼 없는 움직임이 있다. 귀를 기울이면 자연의 소리를 쉽게 들을 수 있다. 톡 톡 도토리 떨어지는 소리가 여기저기서 들린다. 거미줄에 걸린 낙엽도 바람에 살랑살랑 그네를 탄다. 또 신기한 것을 발견한다. 옻나무의 두 줄기 중 한 줄기는 새파란 잎을 달고 있어 아직도 여름인데, 다른 줄기는 벌써 빨간 가을 단풍으로 물들었다. 완만한 능선을 오르다가 봉우리 직전에서 좌측 사면으로 우회한다(08:44). 철망이 씌워진 묘지를 지나(08:48) 숲이 우거진 안부에 이른다(09:01). 묘지는 보이지 않는데 보호석이 2개나 있다. 잠시 후 2차선 포장도로가 지나는 질고개에 이른다(09:04). 교통표지판과 이동통신탑이 있다. 좌측은 부남면, 우측은 부동면이다. 도로 건너 절개지 철망에 준·희 씨 표지판이 있다. 도로를 건너 이동통신탑 뒤로 올라(09:10) 컨테이너 좌측으로 올라 산속으로 진입한다. 힘겹게 오른 정상의 산불감시 초소에(09:27) 사람은 없다. 좌측 아래에 보이는 마을이 한 폭의 그림처럼 아름답다. 우측에도 마을이 있다. 내려가다가 580봉을 넘고(09:43) 내려가니 안부에 고목나무가 쓰러졌다(10:03). 다시 두 개의 봉우리를 넘고 내려가니 우측에 뻘처럼 짓이겨진 웅덩이가 있고(10:10), 한참 진행하니 좌·우측이 낭떠러지인 안부에 이른다(10:29). 벌써부터 힘이 든다. 쉴 때마다 눈이 저절로 감긴다. 어제 과로한 여파다. 비슷한 봉우리를 계속 넘는다(11:06). 안부에서 잠시 쉬다가(11:22) 갈림길에서 우측으로 올라 무명봉에서(11:36) 좌측으로 내려가니 여기서도 비슷비슷한 안부와 봉우리가 반복된다(11:46). 안부에서 오르는 좌측은 소나무 군락지이고 잠시 후 폐헬기장에 이른다. 시멘트 블록과 포항시 산악구조대에서 설치한 표지판이 있다. 표지판에는 '시경계 구간 730.4봉'이라고 적혀 있다. 여기서부터 포항시다. 내려가다가 오르니 785봉에 이르고(12:34), 표지판 두 개와 자작나무가 있다. 좌측으로 내려가다가 오르니 805봉에 이른다(12:48). 시멘트 블록이 적재되었고, 805봉 유자산 등으로 표기된 표지판이 4개나 있다. 내려간다. 소나무 군락지에 이어 위장 풀이 계속 나오고 안부에서(13:17) 오르니 좌측에 잣나무 지대가 펼쳐진다. 작은 봉우리를 넘고 618.5봉 오르막 직전에서 좌측 사면으로 돌아 내려가니 간장현에 이른다(13:40). 사거리가 뚜렷하고 칠산원산님의 표지판이 있다. 2~3분 올라 좌측 능선으로 오르니 좌측에 큰 바위가 있다(13:59). 바위를 지나 4~5분 오르니 봉우리 정상에 이른다(14:05). 표지판에는 황장재까지 71.6㎞라고 적혀 있다. 좌측으로 내려가 봉우리를 넘고, 다시 올라 706.2봉에 이른다(14:25).

706. 2봉에 (14:25)

좌측으로 내려가니 묘지가 연속해서 나오고, 좌측에 마을이 내려다보인다. 잠시 후 절개지 상단부에서 좌측으로 내려가니 2차선 포장도로인 통점재에 이른다(14:45). 우측은 청송, 좌측은 포항이다. 도로를 건너 산으로 오르자마자 잡목이 무성하고 등로가 보이지 않는다. 무조건 직진으로 오른다. 배수로를 따라서 좌측으로 진행하니 계곡에 이른다. 우측 산 능선으로 오르니 묘지가 나오고, 우측에서 올라오는 제대로 된 능선과 만나게 된다. 알고 보니 길을 잘못 들었다. 통점재에서 산으로 올라와서 잡목이 무성한 곳에서 우측으로 이동하면 등로가 있었을 것이다. 지금 만난 능선은 그 등로로부터 올라오는 것이다. 한참 힘겹게 오른 후 봉우리에서(15:07) 좌측으로 내려가 완만한 능선을 오르내리다가 776.1봉에서(15:49) 좌측으로 내려간다. 여기서부터 또 특징 없는 완만한 능선을 한동안 오르내리다가 733.9봉에 이른다(16:26). 많은 표지기와 함께 '보현, 팔공기맥분기점'이라는 표지판이 있다. 좌측으로 한참 달리듯이 내려간다. 등로 주변은 소나무 군락지. 임도를 만나(16:44) 아래쪽으로 내려가니 임도갈림길에 이른다(16:46). 넓은 공터에서 아주머니 아저씨들이 모여 뭔가를 먹다가 내가 달려 내려오는 것을 보고 깜짝 놀란다. 이곳이 옛 가사령 임도이고, 좌측은 상옥 1리로 내려가는 임도이다. 이곳에서 임도를 건너 산으로 오르니 봉우리 정상에 안테나가 쓰러져 있고, 내려가다 절개지에서 우측으로 내려가니 2차선 포장도로인 가사령에 이른다(16:53). 부지런히 걸었는지 고통스럽게 걸었는지 해도 많이 넘어갔다. 오늘은 이곳에서 마친다. 무척 힘들었다. 어제 무리한 탓이다.

🚶 오늘 걸은 길

피나무재 → 611.1봉, 질고개, 805봉, 통점재, 776.1봉 → 가사령(22.5㎞, 10시간 43분).

⛰ 교통편

- 갈 때: 진보터미널에서 군내버스로 이전사거리까지, 택시로 피나무재까지.
- 올 때: 가사령에서 도보로 상옥 1리까지, 마을 회관에서 청하행 지선버스 이용,
  청하 또는 흥해환승센터에서 포항으로 이동.

열셋째 구간
가사령에서 한티터널재까지

갈수록 정맥 종주에 대한 기대와 불안이 커진다. 목표 달성에 대한 열망은 정점으로 치닫는 반면 지극히 단순하게 꾸려지는 자신의 인생 3막의 일상, 불의의 사고에 대한 별별 상상, 빚진 자의 부채 의식이 지금 이 순간에도 쉼 없이 꿈틀거린다.

열셋째 구간을 넘었다. 가사령에서 한티재까지다. 가사령은 포항시 죽장면 가사리와 상옥리를 잇는 잿등이고, 한티재는 기북면 가안리와 죽장면 정자리를 잇는 잿등이다. 이 구간에는 709.1봉, 사관령, 796.0봉, 배실재, 침곡산, 서당골재, 태화산, 먹재 등이 있고, 배실재에 낙동정맥 중간 지점을 알리는 플래카드가 설치되었다.

2014. 10. 28. (화), 맑음
이틀 치 짐이라서 배낭이 묵직하다. 동서울터미널에서 밤 12시에 출발한 심야버스는 경주터미널을 거쳐(03:40) 종점인 포항시외터미널에는 새벽 4시 2분에 도착. 널찍한 대합실은 텅 비었고, 기다란 실내 좌우 끄트머리에 있는 화장실 명판만이 빛을 발한다. 중앙에 자리 잡은 대형 TV도 침묵이고, 앞쪽 빵집 셔터도 꼭꼭 잠겼다. 일단 배낭을 내려놓고 주변을 살핀다. 청하행 버스는 5시 37분에 있다. 밖은 의외로 쌀쌀하다. 대기 중인 택시의 긴 줄과 24시 편의점 불빛만이 그나마 이 도시가 살아 있음을 알린다. 큰 도시답잖게 찾고자 하는 음식점 간판은 눈을 씻고 봐도 없다. 너무 이른가? 다시 대합실로 들어간다. 다섯 시가 넘자 사람들이 몰려들고, 터미널은 생기를 찾는다. 다시 밖으로 나가 음식점을 찾는다. 마찬가지다. 음식점은커녕 분식점조차도 없다. 포기하고 청하에서 해결하기로 한다. 5시 37분에 출발한다던 청하행 500번 간선버스는 8분이 지연된 5시 45분에 도착. 의외로 승객이 많다. 청하 환승센터에는 6시 35분에 도착. 그새 날이 밝았다. 이곳에서 다시 상옥리행 버스를 갈아타야 한다. 남은 시간에 이곳에서 아침을 해결하고 점심밥을 챙겨야 한다. 시장통 '시장식당'에 불이 켜졌다. 식사를 마치고 별도로 점심용 공깃밥까지 주문. 한시름 놓는다. 휴우~. 사는 게 전쟁이라더니… 되돌아온 환승센터 대기실에는 그새 몇 사람이 와 있다. 7시 10분이 가까워지자 버스가 들어서고, 올라타는 순간 깜짝 놀란다. 나도 기사님도. 반가워서다. 지난번 12구간을 마치고 상옥리에서 포항으로 들어갈 때 이용했던 그 버스 기사다. 그때 이분과 많은 이야기를 나눴었다. 나중에 다시 상옥리에 들어올 때의 교통편을 나에게 가르쳐줬던 분이 바로 이분이다. 서로가 알아보고 반갑게 인사를 나눈다. 세상이, 산다는 것이 바로 이렇다. 버스는 7시 34분에 상옥리에 도착, 기사님과 아쉬운 작별 인사를 나누고 바로 가사령으로 향한다. 이곳에서 가사령은 마을회관 맞은편 시멘트 임도를 따라서 오른다. 좌측에 샛길이 있지만, 관계없이 직진으로 오른다. 좌우 양쪽은 밭. 산 아래에 도착하여 무조건 산으로 들어서는 임도를 따라 오른다. 도중에 두 번 정도의 갈림길을 만나지만 무조건 위로 오른다. 마지막 임도갈림길이 나오는 곳에서 좌측으로 진행하니 가사령으로 이어지는 포장도로와 만난다(08:05).

가사령에서(08:05)

2차선 포장도로인 가사령은 사람은 물론 자동차도 구경할 수 없다. 예보대로 날씨는 청명하다. 장비를 챙기고 출발한다(08:20). 오르는 초입은 절개지에 설치된 낙석방지 철망 우측 끝이다. 시멘트 옹벽을 넘어 절개지 상단부까지 연결되는 배수로를 따라 오른다. 도중에 배수로에서 떨어져 나간 배수로 파이프가 발견되기도 한다. 좌측은 가파른 낭떠러지. 절개지 상단부에 이르니 우측 위로 능선이 이어진다. 낙엽이 얇게 깔린 등로. 잠시 후 599.6봉에 이른다(08:40). 중앙에 삼각점이 있고, 큰 나무가 쓰러졌다. 작은 봉우리를 넘어 내려간다. 좌측에 쓰러진 안테나가 있다. 아주 진하게 물든 옻나무가 예쁘다. 아직 늦가을이 아닌데? 다시 또 작은 봉우리를 넘어 안부사거리에(09:01) 이어 정상에 TV 안테나가 설치된 봉우리에 이른다. 내려가다가 연속해서 작은 봉우리를 넘고, 709.1봉에 이른다(09:40). 정상은 바닥 전체가 시멘트로 포장된 헬기장이다. 칠산원산님의 정상 표지판과 삼각점이 있다. 표지판은 좌측으로 '비학지맥'과 '내연지맥'이 분기된다고 알린다. 직진으로 내려간다. 수북하게 쌓인 낙엽 길을 걷는다. 바위가 자주 나오고, 무명봉에 이어 796봉에 도착한다(10:30). 다시 작은 봉우리를 넘고 오르니 사관령에 이른다(10:53). 정상 공터에 블록이 널려 있고, 폐헬기장과 아직은 싱싱한 억새가 드문드문 있다. 좌측으로 내려가니 등로 주변에 간간이 억새가 있고, 벌목지대라선지 숲이 우거지다. 싸리나무, 억새, 산딸기가 보인다. 잠시 후 풀이 무성하고 습기가 있는 안부에서(11:25) 올라 봉우리 직전에서 사면으로 우회하여 오른다. 갈림길에서 우측으로 내려가니 산 전체가 노란색 일색으로 가을이 깊어간다. 주변 나뭇잎들이 미세한 바람에도 쉽게 흔들거린다. 다시 오른 봉우리 정상에 묘지가 있다. 다음 봉우리도 특이하다. 마치 석축처럼 군데군데 돌이 쌓인 흔적이 있다. 내려가다가 오르니 이번에는 574봉에 이른다(12:14). 정상 중앙에 진달래나무 한 그루가 외롭게 서 있다. 이곳에서 점심을 먹고, 좌측으로 내려간다(12:34). 등로는 돌 반 낙엽 반. 한참 내려가니 배실재에 이른다(12:45). 배실재는 좌측의 덕동마을과 우측의 내침곡 마을을 잇는다. 이곳에서 반가운 것을 발견한다. '낙동정맥 중간 지점' 플래카드다. 우측으로 완만한 능선을 오르내린다. 돌인지 낙엽인지 구분이 안 된다.

모두가 가을 색이다. 잠시 후 492.4봉에 이른다(12:58). 준·희 씨의 정상 표지판이 있다. 내려가다 뚜렷한 안부사거리에서 오르니 등로는 작은 바위와 돌이 있는 능선으로 변하고, 무명봉을 넘고 가파른 오르막 끝 갈림길에서 우측으로 오르니 628봉 직전 갈림길에 이른 다(13:40). 좌측으로 내려간다. 조금 전부터 도마뱀이 자주 보인다. 앞서가던 도마뱀이 나를 봤는지 멈칫한다. 나도 놀란다. 묘지 아래로 진행하여 사거리가 뚜렷한 안부사거리에서(14:01) 직진으로 오르니(14:06) 바위가 있는 봉우리에 이르고(14:28), 내려가는 길은 돌길. 참나무가 많고, 묘지를 지나 침곡산에 이른다(14:39). 정상에 삼각점, 정상 표지석이 있다. 좌측으로 내려가니 좌측 아래에 용전저수지가 보이고, 작은 봉우리 정상 직전에서 좌측 사면으로 돌아서 내려가니 잠시 후 송전탑이 나온다. 주변에 억새가 많다. 송전탑을 통과해 내려가다가 오르니 서당골재에 이르고(15:04), '포항 팔도 산악회' 표지판이 있다. 좌측은 포항시 기북면 용기리로 내려가는 길. 직진으로 오르니 등로가 패인 곳이 자주 나온다. 다시 오르니 봉우리 정상에 돌무더기가 있고, 내리막길에 묘지와 잡목이 많다. 돌길이 이어지더니 산불감시탑이 있는 태화산에 이른다(16:03). 산불감시탑 주변 숲 너머는 온통 칡넝쿨이다. 이곳에서 주의가 필요하다. 생각 없이 진행하면 직진으로 내려가기 십상인데, 등로는 90도 틀어서 우측으로 이어진다. 그저 감으로 직진으로 내려갔다가 35분 정도를 알바하고 되돌아와서 우측 급경사로 내려간다. 지금 진행 중인 정맥 홀로 종주가 위험하단 걸 알고 있다. 알면서도 나서야만 하니 나도 답답하다. 한참 내려가다가 봉우리 정상 직전에서 좌측 사면으로 내려가니 벌목지대에 이어 422.0봉에 이른다(17:03). 날이 저문다. 내려가는 길 주변에 싸리나무가 많고, 한동안 묘지가 연속 나오더니 먹재에 이른다. 먹재는 포항시 죽장면 감곡리와 기북면 가안리를 잇는다. 직진으로 오르니 한티터널에서 죽장면으로 이어지는 지방도로가 내려다보이고, 잠시 후 334봉에 이른다(17:38). 한참 내려가니 사거리가 뚜렷한 한티터널 위 잿등에 이른다(17:45). 이곳은 종주자들 사이에서 지명을 놓고 이견이 있다. 한티재라고 부르는 사람도 있고 아니라는 사람도 있다. 산속은 이미 어둠이 깔리기 시작했다. 오늘은 이곳에서 마친다. 이곳에서 좌측으로 내려가면 한티터널 입구가 나오고, 포장도로를 따라 우측으로 600여 미터 내려가면 포항시 기북면 가안리가 나온다. 이곳에서 야영을 하고 내일 14구간을 종주할 계획이다. 내일은 또 어떤 길에서 무슨 인연을 만날지?

🚶 오늘 걸은 길

가사령 → 709.1봉, 796.0봉, 배실재, 침곡산, 서당골재, 태화산, 334봉 → 한티재
(18.3㎞, 9시간 40분).

⛰ 교통편

- 갈 때: 포항시외버스터미널 앞 정류장에서 청하행 버스 이용, 청하환승센터에서 상옥행 버스 이용, 상옥 1리에서 가사령까지는 도보로.
- 올 때: 가안리 마을 버스 정류장에서 기계행 버스로 기계환승센터까지, 기계환승센터에서 포항행 버스 이용.

열넷째 구간
한티터널재에서 시티재까지

　정맥 종주 중 가끔 애매함에 당황할 때가 있다. 주로 지명 때문이다. 그런데 이번 14구간 종주는 그걸 스스로 해결한 기분 좋은 하루였다. 그동안 14구간 출발지점인 한티터널 위의 잿등을 놓고 종주자들 사이에 논란이 있었다. '한티재다' '아니다'로. 그런데 이번에 직접 두 발로 밟고 확인한 결과 '한티재'가 아닌 것으로 결론지을 수 있었다. 한티재는 터널 위 잿등에서 남쪽으로 20여 분 내려간 곳에 있었다. 그리고 그곳에는 그 지역 전문 산악인들인 '포항팔도산악회'에서 '한티재'라는 명칭과 함께 이정표까지 설치해 놓았다. 그렇다면 지금까지 한티재라고 불렀던 한티터널 위의 잿등은 무엇이라고 불러야할까? 간단하다. 한티터널 위에 있으니 '한티터널재'라고 하면 될 것이다.

　열넷째 구간을 넘었다. 한티터널재에서 시티재까지다. 한티터널재는 포항시 기계면 가안리와 죽장면 정자리를 잇는 잿등이고, 시티재는 경주시 안강읍과 영천시 고경면을 잇는 잿등이다. 이 구간에는 544.9봉, 불랫재, 797봉, 이리재, 614.9봉, 오룡고개, 521.5봉 등이 있다. 구간 거리가 길 뿐만 아니라 급경사 내리막 너덜지대가 있어 상당한 주의가 필요하다. 또 봉좌산갈림길에서부터는 포항시를 벗어나서 경주시 땅을 밟게 된다.

2014. 10. 29. (수), 맑음

어제 쌓인 피로 때문인지 초저녁부터 잠에 빠져서 새벽 두 시에 눈을 떴다. 장거리에 대비해 새벽부터 걷기로 하고 서두른다. 어둠 속에서 텐트를 철거하고 한티터널로 향한다. 마을을 떠나려면서 마음속으로 감사드린다. 어제저녁 나에게 아무것도 묻지 않고 선뜻 식수를 내주시던 노부부에게. 이곳에서 한티터널까지는 600m 정도. 마을을 통과하는 내 발자국 소리에 마을 개들이 산골이 떠나갈 듯 짖는다. 한티터널을 향해 오르던 중 커브를 돌아서는 순간 갑자기 고정된 밝은 빛이 나타나 깜짝 놀란다. 터널 안 불빛이다. 잠시 후 한티터널에 도착(06:02). 아직도 어둠은 그대로다. 랜턴이 있지만 불안해서 오를 수 없다. 날이 밝기를 기다려 어제 내려온 기억을 더듬어 터널 좌측으로 오르니(06:31) 등로는 의외로 쉽게 발견된다. 초입의 잡목을 통과하니 소나무가 나오고 어제 내려온 등로가 보인다. 그동안 종주자들이 한티재라고 불렀던 잿등에 이른다(06:38). 어제 봐뒀던 대로 등로는 완만한 오르막, 반쯤 낙엽이 깔렸지만 길은 뚜렷하다. 갈수록 안개가 심하다. 터널을 떠난 지 꽤 됐는데 아직도 차량 소리가 들리고, 수호신이 있는 묘지 위로 통과하니(06:50) 갈림길이 나온다. 우측은 죽장면 감곡에서 올라오는 길, 좌측으로 진행하여 묘지 중간쯤에서 좌측으로 빠져나간다. 가파른 내리막 끝에 한티재에 이른다(06:58). 포항 팔도 산악회에서 세운 이정표에는 분명하게 이곳이 '한티재, 불랫재 1시간 30분, 운주산 3시간, 이리재 4시간 30분'이라고 적혀 있다. 이로써 그동안 종주자들 사이에서 논란이 됐던 한티재의 위치는 명확해진다. 이곳이 한티터널이 뚫리기 전에 있던 옛길이니 한티재임이 맞는 것 같다. 더구나 이 지역을 대표할 수 있는 포항시 산악회에서 그렇게 부르고 있으니 의심의 여지가 없을 것이다. 그렇다면 지금까지 한티재라고 불렀던 한티터널 위 잿등은 뭐라고 불러야 할까? 개인적인 생각으로는 '한티터널재'라고 부르면 될 것 같다. 좌측 임도를 따라 진행한다. 묘지를 지나 150m 정도 오르다가 좌측 산으로 오르니(07:05) 소나무군락지에 이어 돌길이 나오고 바위가 보이더니 무명봉에 이른다(07:34). 짙게 깔렸던 안개가 걷히고 해가 떠오른다. 오늘 날씨도 맑을 것 같다. 내려가다가 물기 서린 흙길로 올라 544.9봉에 이른다(07:56). 포항시 산악구조대에서 세운 표지판이 있다. 좌측으로 내려가니 등로 곳곳이 파헤쳐졌다. 낙엽이 깔린 완만한 능선을 오르내린다. 안부에서(08:09) 오를 때 좌측 골짜기에서 멧돼지 울음소리가 연속해서 들린다. 잠시 후 큰 나무가 쓰러진 무명봉에서(08:26) 좌측으로 내려가니 칡넝쿨이 많고, 소나무 숲을 지나 인조목 계단이 나오더니 불랫재에 도착한다(08:46). 불랫재는 도일리 중도일 마을과 남계리 불랫마을을 잇는다. 낙동정맥 트레일 안내도가 있다. 이곳에서 잠시 개념도를 펼쳐 갈 길을 점검한다(08:55). 임도를 가로질러 오르막을 넘어서니 능선 우측 아래에 마을이 보이고, 오르막 끝에서 내려가니 등로 옆에 삼각점이 설치되었다. 소나무 군락지를 지나 사거리길이 뚜렷한 안부사거리에서(09:20) 직진으로 올라 무명봉을 넘고 다시 오르니 421.2봉 정상이다(09:38). 삼각점과 두 개의 정상 표지판이 있다. 내려가는 길 주변에 소나무가 많다. 소나무는 참나무로 바뀌고, 잠시 후 소나무 숲길로 바뀐다. 봉우리 정상 직전에서 좌측 사면으로 우회하니 역시 주변에 소나무가 많다.

묘지를 지나(10:13) 괴상한 소나무가 있는 봉우리에 이르고(10:29), 이어 상안국사갈림길에 이른다(10:29). 계속 오르니 큰 바위가 계속 나오고, 갈림길에서(11:20) 좌측으로 오르니 797봉에 도착한다(11:26). 준·희 씨의 표지판, 돌탑이 있다. 좌측 아래에 마을이 보이고, 우측에 운주산이 있다. 좌측으로 내려가니 이리재갈림길에 이른다 (11:35). 이곳에서도 약간의 주의가 필요하다. 좌측 운주산 방향에 많은 표지기가 있어 헷갈릴 수 있다. 등로는 직진이다. 낙엽이 수북한 능선으로 오르니 곳곳에 멧돼지가 파헤친 흔적이 많다. 산 전체가 편안하게 보인다. 등로가 있는지 없는지 구분이 안 될 정도로 황갈색 낙엽이 온 산을 덮었고, 영천시 소방서에서 설치한 119 구조 안내판이 나온다. 이곳부터 포항과 영천의 경계지역이다. 넓적한 바위가 연속해서 두 번이나 등로에서 발견되고, 주변은 나뭇잎이 다 떨어진 나무들만 남아 가을 산을 지킨다. 이곳에서 점심을 먹고, 출발한다 (12:09). 10여 분 후 766.3봉에 이른다(12:18).

766.3봉에서(12:18)

다시 10여 분을 진행하니 등로는 우측으로 90도 틀어지고(12:26), 소나무군락지인 안부에서 3분 정도 내려가니 안부사거리에 이른다 (12:33). 직진 임도를 따라 오르니 임도가 풀로 덮여 임도인지 소로인지 분간이 어렵다. 임도 끝 좌측에 큰 바위가 있고, 임도는 소로로 이어진다. 잠시 후 안부에서 오르니 좌측 아래에 대구-포항 간 고속도로가 내려다보이고, 이어 617봉에 이른다(12:57). 포항 산악구조대에서 설치한 정상 표지판이 있다. 내려가는 듯하다가 오르니 영천소방소 119 안내목이 있는 봉우리에 이르고, 이어 돌탑이 있는 무명봉에 이른다(13:07). 내려간다. 돌길이 시작되고, 암릉을 지나 7~8분 만에 621.4봉에 이른다(13:15). 역시 포항 산악구조대에서 설치한 정상 표지판이 있고, 내려가는 길에 영천소방서에서 설치한 안내판이 일정한 간격으로 계속 나온다. 잠시 후 2차선 포장도로인 이리재에 도착(13:42). 이리재는 영천시 임고면 수성리와 포항시 기계면 봉계리를 잇는다. 이리재 내력을 알리는 안내판과 영천시 임고면을 알리는 교통 표지판이 있다. 좌측 아래에 대구-포항 간 고속도로가 이어진다. 이곳에서 등로는 우측으로 20여 미터 이동하여 포장도로를 건너 산으로 이어진다. 생각보다 시간이 지체되었다. 시멘트 옹벽을 넘자마자 표지기가 보이고, 완만한 오르막이 이어진다. 가을 날씨치고는 덥다. 오르막에서 속도를 내서인지 금세 온몸이 땀으로 젖는다. 계속되는 오르막은 끝날 줄을 모르고, 잡목들이 진행을 방해한다. 급경사 오르막을 지나 614.9봉에 이른다(14:21). 그런데 핸드폰 배터리가 나갔다. 난감하다. 614.9봉은 포항시, 영천시, 경주시 등 3개 시 경계를 이룬다. 이곳에서부터 포항시와 이별하고 새로운 땅 경주시에 들어선다. 좌측은 경주시 우측은 영천시 땅이다. 정상은 좌측 봉좌산으로 가는 갈림길이기도 하다. 나무에 봉좌산 방향을 알리는 표지판이 외롭게 걸려 있다. 우측으로 한참 내려가니 정자와 이정표가 있는 쉼터에 이르고(14:29), 완만한 능선을 오르내리다 묘지가 있는 무명봉에서(14:45) 우측으로 내려가 임도에 이른다(15:08). 정자, 낙동정맥 트레일 안내도가 있다. 임도를 따라 우측으로 100여 미터쯤 가다가 좌측 산으로 오르니 갈림길에 이른다(15:29). 천장산으로 가는 길목이다. 통나무 벤치가 있고, 나무에 '천장산'이라는 표지판이 걸려 있다. 양쪽에 표지기가 있어 자칫 마루금을 놓칠 수 있겠다. 좌측으로 20여 분 오르니 또 갈림길에 이른다(15:45). 직진은 도덕산으로, 등로는 완전히 우측으로 틀어 내려가게 된다. 수북하게 쌓인 낙엽도 발걸음을 어렵게 한다. 한참 내려가니 너덜지대로 이어지고, 너덜에 낙엽이 더해져 걷기에 불편하다. 잡고 내려갈 나무도 없다. 너덜지대를 통과하니 묘지가 나오고, 등로는 완만한 능선으로 바뀐다. 이제야 살 것 같다. 전나무 군락지를 지나 안부에서 오르다가 내려가니 비교적 넓은 길이 나오고, 묘지를 지나 안부사거리에서(16:15) 좌측으로 내려가니 밭이 나오면서 좌측에 마을이 보인다. 경주시 안강읍 오룡리다. 밭 가장자리를 따라서 내려가다 임도에서 좌측 능선으로 내려가니 포장도로인 오룡고개에 이른다(16:29). 오룡고개는 좌측의 경주시 안강읍 오룡리와 우측의 영천시 고경면을 잇는다. 이정표 옆에 전봇대가 있고, 전봇대에는 준·희 씨의 오룡고개 표지판이 있다. 도로를 가로질러 산으로 오르니 벤치와 낙동정맥 트레일 이 정표가 나오고, 묘지를 지나 10여 분 더 오르니 368.4봉에 이른다 (16:40). 삼각점 위에 '기계 470', 아래에 '1982년 복구'라고 적혀 있다. 바로 출발한다. 10여 분 오르니 407봉에 이른다(16:48). 많이 지쳤다. 온몸에서 쉰 냄새가 진동한다. 큰 비석이 있는 묘지를 지나 내려가 니 사거리에 이른다(16:57). 좌측은 경주시 안강읍 골말, 우측은 영천 시 사계 방향이다. 좌측 능선으로 한참 올라도 끝이 보이지 않는다. 봉우리 정상 직전에서 우측 사면으로 돌아서 오르니 갈림길이 나온 다(17:24). 좌측은 삼성산으로 가는 길이고, 나무에 '삼성산'이라는 작 은 표지판이 걸려 있다. 우측으로 내려가다 올라 521.5봉에 이른다 (17:28). 정상에 묘지가 있다. 완만한 능선을 내려가다가 오르니 무명 봉에 이르고(18:05), 어느새 어둠이 내린다. 헤드랜턴을 착용하고 내 려간다. 잠시 후 제단석이 있는 봉우리에 이르고(18:23), 앞쪽에 안강 휴게소와 국도를 달리는 차량이 보인다. 서둘러 내려가니 안강휴게 소 뒤에 이른다(18:39). 오늘의 마지막 지점인 시티재다. 어제저녁에 낯선 나그네에게 아무것도 묻지 않고 선뜻 식수를 내주시던 노부부 가 떠오른다. 그런 인연들을 결코 잊지 않을 것이다. 길 위의 순간순 간들에 감사한다.

🚶 오늘 걸은 길

한티터널재 → 544.9봉, 불랫재, 797봉, 이리재, 614.9봉 → 시티재(25.4km, 12시간 1분).

⛰ 교통편

- 갈 때: 포항시외버스터미널 앞 정류장에서 기계환승센터까지, 환승센터에서 죽장 행 지선버스로 가안리 정류장까지, 한티터널재까지는 도보로.
- 올 때: 시티재에서 포항(또는 영천)행 버스 이용.

열다섯째 구간
시티재에서 아화고개까지

'나는 산을 정복하러 온 게 아니다. 또 영웅이 되어 돌아가기 위해 서도 아니다. 두려움을 통해서 이 세계를 알고 싶다.'(라인홀트 매스너)

이틀 연속해서 15, 16구간을 넘었다. 동서울터미널에서 심야버스로 포항까지, 다음날 새벽 시외버스로 경주시 안강읍 시티재로 이동하여 15구간을 마쳤고, 현지 찜질방에서 하룻밤을 보낸 후 16구간까지 마쳤다. 15구간은 시티재에서 아화고개까지다. 시티재는 경주시 안강읍과 영천시 고경면을 잇는 잿등이고, 아화고개는 경주시 서면과 영천시 북안면을 잇는 잿등이다. 이 구간에 호국봉, 어림산, 마치재, 남사봉, 관산, 애기재, 만불산 등이 있다. 25㎞가 넘지만 완만한 능선이 계속되기에 그렇게 힘들이지 않고도 마칠 수 있다.

2014. 11. 18. (화), 맑음

포항으로 가야 할지 경주로 가야 할지 망설이다 포항으로 결정하고 11.17 밤 12시에 동서울터미널에서 출발하는 심야버스에 오른다. 경주로 가는 것이 경비가 적게 들지만 심야버스가 도착하는 시각에 경주시외버스터미널은 폐쇄되어 추운 새벽에 마땅히 있을 곳이 없어서다. 반면, 포항시외버스터미널은 24시간 개방될 뿐만 아니라 들머리인 시티재까지 한 번에 갈 수 있는 버스가 있다. 심야버스는 새벽 3시 55분에 경주를 통과하고 포항에는 4시 20분에 도착. 터미널 안에서 대기하다 6시 정각에 출발하는 영천행 시외버스에 오른다. 버스는 안강읍을 거쳐 목적지인 시티재(안강휴게소)에는 6시 35분에 도착. 하차 지점 바로 옆에는 대형 안강휴게소 입간판이 있다. 이른 아침이지만 비교적 차량이 많다. 이곳에서 들머리는 버스가 내린 곳에서 영천 방향으로 100여 미터 이동하여 도로를 건너 절개지를 따라 오르면 된다. 지난번 14구간을 마친 지점에서 도로만 건너면 바로 이어지는 바로 그 지점이다. 그런데 주의할 것은, 들머리가 시작되는 지점(영천 땅)까지 가서 도로를 건너면 안 된다. 그곳은 중앙분리대가 있어서 건널 수가 없다. 그래서 경주와 영천의 경계지점에서 미리 도로를 건너야 한다. 도로를 건너 시티재 절개지 우측 끝(진행 방향 기준)에 선다(06:53). 낙석방지 철망 울타리가 끝나는 지점이다. 배수로 우측을 따라 절개지 상단부까지 오른다. 잡풀이 무성하고 등로 흔적이 보이지 않는다. 표지기가 없어 감으로 해결한다. 봉우리 정상을 향해 오르면 되리라는 생각에 머릿속으로 등로를 그려가며 위로 오른다. 한참 후 제대로 된 등로를 발견. 낙엽이 쌓였지만, 흔적이 뚜렷하다. 처음 오를 때 길을 잘못 들었다. 제대로 오르기 위해서는 절개지 상단부까지 갈 필요 없이 처음에 20여 미터 정도 배수로를 따라 오르다가 봉우리를 바라보며 직선으로 오르면 될 것이다. 오르는 사이에 일출을 본다. 바위가 나오더니 오르막 끝에 이른다(07:15). 의자 두 개가 놓였다. 좀 더 진행하니 이동통신기지국에 이르고, 통나무 계단을 넘어서니 낙동정맥 트레일 안내도와 전망대가 있다(07:33). 잠시 후 호국봉에 이른다(07:38). 돌무더기가 있고, 가운데에 정상 표지목이 있다. 호국봉이라는 글씨도 한자로 정서되어 호국의 정취가 풍긴다. 알고 보니 국립영천호국원이 2001년 1월에 개원하였는데, 이 호국봉이 호국원을 품고 있다. 옆에 작은 돌탑이 있고 공터는 낙엽으로 덮였다. 주변은 참나무류 일색이다. 내려간다. 묘지를 지나 382.9봉에 이른다(07:42). 정상 중앙에 돌무더기가 있고, 특이하게도 돌무더기 가운데에 삼각점이 있다. 낙엽을 쓸어내리고 삼각점을 확인한 후 통나무 계단으로 내려가니 등로는 낙엽으로 덮여 미끄럽다. 우측은 영천시 고경면, 좌측은 경주시 안강읍이다. 우측 아래 저수지가 발길을 붙든다. 고경저수지. 완만한 능선을 오르내리다가 작은 봉우리를 넘고 다음 봉우리 직전에서 우측으로 우회하니 우측의 저수지가 코앞으로 다가선다. 낙엽이 수북한 등로 주변은 여전히 참나무가 많다. 다시 작은 봉우리를 넘으니 통나무 계단이 이어지고, 바람이 스산하다. 또 작은 봉우리에서(08:12) 우측으로 90도 틀어서 내려가니 우측에 녹슨 철망 울타리가 나오고 잠시 후 안부사거리에 이른다(08:18). 우측에 철망 문이 있고 좌우가 뚜렷하다. 긴 통나무 계단이 이어진다. 우측에 계속 철망 울타리가 따라오고, 이정표 있는 곳에서 우측으로 내려가 철망이 끝나는 지점에서 계속 오른다. 작은 방공호와 묘지를 지나 무명봉을 넘고(08:37) 계속 완만한 능선을 오르내린다. 이정표를 지나 우측으로 내려가니 잔디가 없는 묘지가 나오고, 잠시 후 서낭단재에 이른다(08:47). 직진으로 올라 완만한 능선을 오르내린다. 수북하게 쌓인 바삭바삭한 낙엽 때문에 저절로 미끄러진다. 낙엽이 수북한 안부사거리에서(09:08) 직진으로 오르니 갈수록 낙엽이 많아 등로와 산이 구분이 안 된다. 사방에 가을 아닌 것이 없다. 송전탑을 지나(09:14) 우측 아래에 저수지가 보이고, 긴 오르막을 30여 분 오르니 어림산에 이른다(09:44).

어림산 정상에서(09:44)

정상에 정상석, 표지판, 삼각점이 있다. 어림산은 이 구간에서 가장 높은 산이다(510m). 진행 방향은 벌목되어 시야가 탁 트인다. 우측으로 내려가 고도차가 거의 없는 완만한 능선을 200m 정도 가니 비석과 보호석이 있는 묘지가 나오고, 능선 우측은 벌목되었다. 한참 후 잡목과 소나무 숲길이 이어지더니 2차선 포장도로인 마치재에 이른다(10:25). 좌측은 경주시 현곡면, 우측은 영천시 고경면이다. 도로를 건너니 바로 대나무밭으로 이어지고, 묘지 2기가 나오면서 산으로 이어진다. 비석이 있는 묘지에서 좌측으로 내려가니 좌우 길이 뚜렷한 안부사거리에 이른다(10:37). 직진으로 올라 무명봉을 넘고(10:48), 좌측으로 내려가 임도를 따라 진행하니(11:03) 우측에 목장 관리소 같은 시설이 있다. 임도가 우측으로 휘어지는 곳에서 직진으로 오르니 좌측에 철망이 있고, 잠시 후 남사봉에 이른다(11:21). 이곳도 낙엽이 수북하여 등로와 산이 구분이 안 된다. 낙엽을 타고 조심스럽게 내려간다. 등산화에 찍히는 순간의 촉감이 좋다. 묘지를 지나 임도에 이른다(11:35). 이 임도는 좀 전에 지나온 임도의 연장선이다. 남사봉을 오르기 직전에 우측으로 이어지는 임도를 따라 왔더라면 바로 이 지점에 이르게 된다. 가장자리에 하꼬방 같은 작은 시설들이 있다. 임도를 건너 내려가면서 우측 공터의 풀을 확인하느라 시선을 우측에 준 탓에 낮게 깔린 철조망에 걸려 앞으로 넘어져 얼굴에 상처를 입는다. 잠시 후 다시 만난 임도에 경주시에서 설치한 구조 요청안내판이 있다(054-119). 내려간다. 좌측 아래에 축사가 보이고, 사거리에서(11:46) 좌측으로 진행하여 좌측에 철망을 끼고 안부에서 오르니 좌·우측 아래에 건물이 있다. 다시 안부사거리에서 직진하니 우측 아래에 마을이 보인다. 이곳에서 점심을 먹고, 출발한다(12:21). 완만한 능선을 오르내리다가 절개지 상단부에 이른다. 한무당재 직전이다(12:37). 이곳에서 등로가 끊긴다. 바로 아래는 대규모 공사가 진행 중인 한무당재다. 지금 서 있는 이쪽과 건너편 능선 사이는 엄청난 공간으로 남았다. 건물 4~5층 높이는 될 것 같다. 잿등을 파헤쳐 넓은 도로를 개설하는 공사가 진행 중이다. 서 있는 곳에서 우측 절개지를 따라 내려가서 도로를 건너 반대편 능선을 향해 오른다. 반대편 능선에 이르니 이동통신탑이 있고, 놀랍게도 때아닌 철쭉이 피었다. 여름이 가고 가을이 깊어지는 이때에…. 능선을 오르다가 갈림길에서 좌측으로 오르니 316.4봉에 이르고(13:01), 좌측으로 내려가 완만한 능선을 오르내린다. 무명봉을 넘고(13:17), 우측으로 내려가 안부사거리에서(13:22) 울창한 숲길로 진행한다. 잠시 후 삼거리에서(13:46) 직진하니 갈림길에 이르고, 좌측으로 오르니 묘지가 있는 봉우리에 이른다(14:01). 우측으로 내려가자마자 돌무더기가 있는 안부사거리에서(14:03) 직진으로 오르니 소나무 숲길을 지나 아곡재에 이르고(14:27), 직진으로 가파른 오르막을 힘겹게 올라 봉우리를 넘어서 좌측으로 오르니 관산에 이른다(14:57). 정상에 큰 묘지가 있는데 봉분 내에 삼각점이 있고, 대구 백운회에서 세운 표지판도 있다. 급경사 내리막이 시작되고, 오름길에 삼각점이 있다. 봉우리를 넘고, 내려가 낙엽이 수북한 안부사거리에 이른다. 비료 포대가 널려 있는 등 주변이 지저분하다. 직진으로 작은 바위가 있는 봉우리를 넘고 내려가니 좌측 아래에 큰 저수지가 보이고, 잠시 후 우측의 납골당을 지나 등로는 임도처럼 넓은 길로 바뀐다. 좀 더 진행하니 9기의 묘가 안치된 묘역이 나오고, 100여 미터 가니 넓은 길은 좌측으로 이어지고 등로는 우측 산길로 이어진다. 소나무 숲길에 누런 황톳빛 솔잎이 깔렸다. 가을 색이다. 잠시 후 묘지가 있는 안부에서(16:03) 임도를 따라 6~7분 오르니 축사가 나오고(16:190), 양계장 앞을 지나니 개들이 짖기 시작한다. 근로자들이 나와서 나를 주시한다. 죄송한 마음에 공손히 인사를 하니 표정이 바뀌고, 으르렁대는 개들을 말려준다. 계속 오르다가 마지막 건물 모퉁이에서 90도 틀어서 우측으로 진행하여 건물이 끝나는 지점에서 내려가니 좌측에 '영축산 200M'라는 작은 표지판이 있다. 이곳에서 시멘트 도로를 따라 7~8분 내려가니 애기재삼거리에 이른다(16:27). 도로를 건너 전봇대가 있는 곳에서 10여 분 오르니 만불산 정상에 이른다(16:38). 잡풀로 가득한 정상 공터에 진신사리탑과 불상이 있다. 등로는 좌측으로 이어진다. 그런데 내려가면서 상당한 주의가 필요하다. 내려가는 좌측에 표지기가 있지만 등로 흔적은 없다. 더구나 어두워지는 산속이라 등로에 깔린 낙엽 때문에 산인지 길인지 알 수 없다. 묘 3기를 지나니 임도처럼 보이는 곳에 이르고, 흙이 보이지 않을 정도로 마른풀로 가득하다. 등로를 따라 좌측으로 진행하니 우측은 탱자나무 울타리가 있고, 여전히 표지기는 보이지 않는다. 잠시 후 비교적 넓은 묵밭이 나오고 좀 더 내려가니 아주 넓은 초지가 나온다. 그 아래는 공장형 건물이 있다. 이곳에서 당황하게 된다. 표지기가 전혀 보이지 않고 허허벌판에 선 기분이다. 등로는 좌측으로 이어지는데 그냥 감으로 판단해 우측으로 내려간다. 이로써 잘 나가던 15구간 종주가 막판에 엄청난 실수로 이어진다. 반대편으로 내려간 탓에 여기저기를 헤매다가 1시간 정도를 알바한 후, 날이 어두워진 상태에서 물어물어 겨우 애기재 휴게소에 찾아간다. 유념할 것은, 표지기가 없고 등로가 애매할 때는 반드시 개념도를 확인해야 한다. 참고로 이곳에서는 초지가 있는 곳에서 우측 방향으로 가지 말고 송전탑이 이어지는 방향으로 내려가야 한다. 송전탑을 지나면 절개지 상단부에 이르고, 좌측으로 내려가면 4차선 포장도로인 아화고개에 이른다. 또 이곳에서 좌측으로 조금 가다가 굴다리를 통과하고, 다시 좌측으로 조금 내려가면 애기재 휴게소에 이르는데, 이게 제대로 된 루트다. 초지가 있는 곳에서 송전탑 방향을 생각하지 못하고 선불리 판단한 것이 화근이었다. 애기재 휴게소에는 18:04에 도착. 오늘은 이곳에서 마친다. 실수로 인해 또 하나 배운 하루, 소리 없이 어둠이 깊어간다.

🚶 오늘 걸은 길

시티재 → 호국봉, 어림산, 마치재, 남사봉, 한무당재, 관산, 애기재, 만불산 → 아화고개(24.6㎞, 11시간 29분).

교통편

- 갈 때: 포항시외버스터미널에서 시티재까지 버스 이용.
- 올 때: 아화 버스 정류소에서 300번 경주행 버스 이용.

열여섯째 구간
아화고개에서 당고개까지

새벽을 훔치느라 마을 입구를 어지럽히고, 고이 잠든 견공들의 심사를 뒤틀리게 한다. 이틀 연속 사람 한 명을 구경할 수 없는 산속을 종일 걷는다. 집에 연락을 한다. 마지못해 '네.' 하는 아내의 떨리는 목소리. '내가 지금 뭐 하는 건지? 이렇게 살아도 되는 것인지…'

16구간은 아화고개에서 당고개까지다. 아화고개는 경주시 서면 사라리와 영천시 북안면 도천리를 잇고, 당고개는 경주시 건천읍과 산내면을 잇는 잿등이다. 이 구간에는 숲재, 부산성 서문터, 청천봉, 651.2봉, 독고불재, 396.9봉 등이 있다. 경부고속도로를 건너야 하고, 고랭지 채소밭을 지나고, 산속 생식마을을 통과하게 된다.

2014. 11. 19. (수), 맑음

새벽 2시에 잠이 깼다. 이런저런 생각으로 시간을 보내다가 5시 50분쯤 찜질방을 나선다. 24시 김밥집에서 아침을 때우고 점심용 김밥 두 줄을 챙겨 건천시장 버스 정류소로 향한다. 6시 37분에 출발한 버스는 9분 만에 아화버스 정류소에 도착. 이곳에서 애기재휴게소(아화고개)까지는 도보로(6시 58분에 도착). 휴게소 굴뚝의 평온한 연기를 보니 갑자기 집밥이 생각난다. 바로 들머리로 향한다. 굴다리 방향으로 포장도로를 따라 300m 정도 가다가 도로 좌측 보호난간이 끊긴 곳에서 도로를 이탈하여 중앙선 철로가 지나는 곳으로 향한다(07:04).

좌우를 살핀 후 철로를 무단 횡단하여 시멘트 포장도로에 올라선다. 좌측에 저온 창고가 있고, 앞쪽 산기슭에 송전탑이 보인다. 등로는 이 송전탑을 지나게 된다. 이곳에서는 표지기가 없어 등로 찾기

가 애매할 수 있지만 무조건 송전탑을 찾아간다는 생각으로 진행하면 된다. 저온 창고에서 시멘트 포장도로를 따라 우측으로 진행하니 텃밭과 주택, 과수원이 나오면서 개들이 짖기 시작한다. 최대한 발걸음을 죽여 가며 조심조심 과수원을 통과하여 송전탑이 있는 곳에 이른다(07:19). 송전탑 우측 위에 파란 물탱크가 있고, 물탱크 좌측 임도를 따라 산으로 오른다(07:30). 마른 풀 위에 낙엽이 덮인 임도를 따라 진행하니 곧바로 송전탑이 나오고, 묘지를 지나 내려가니 비포장도로에 이른다. 200m 정도 올라가다가 우측의 송전탑 직전에서 좌측 과수원 안으로 들어간다. 잠시 후 1차선 포장도로 가장자리에 경부고속도로 철망 울타리가 있고, 그 너머는 경부고속도로다. 마루금은 경부고속도로를 관통해서 다음 능선으로 이어진다. 경부고속도로를 건너기 위해 포장도로에서 좌측으로 400m 정도 진행한 후 지하 통로를 통과한다(08:06). 이곳에서 또 결단을 해야 한다. 고속도로 절개지까지 가서 능선을 따라갈 것인지, 아니면 이곳에서 바로 지름길로 갈 것인지를. 지름길로 가기로 한다. 지하 통로를 통과해서 우측으로 20m 정도 가면 좌측으로 가지를 튼 지름길이 있다. 시멘트 포장도로다. 이 도로를 따라 좌측으로 10여 분 진행하면 좌측으로 비포장 임도가 가지를 뻗는다(08:20). 시멘트 포장도로를 버리고 이곳으로 한참 올라간다. 우측은 목장 초지이고, 고개에서 좀 더 진행하여 임도삼거리에서 우측으로 조금 더 가면 삼거리 갈림길이다. 직진으로 2분 정도 지나 좌측 가장자리의 단풍나무가 끝나는 지점에서 아래로 내려가자마자 여러 기의 묘지가 나온다(08:54). 등로 표시가 없어 약간 애매하지만 무조건 아래로 내려가면 된다. 잠시 후 절개지 상단부에서 배수로를 따라 좌측으로 진행하면 2차선 포장도로에 이른다(09:01). 이 도로는 좌측의 경주시 서면 서오리와 우측의 영천시 북안면 효리를 잇는다. 이곳에서 도로를 건너면 사룡산-구룡산 등산 안내도가 있고 그 좌측으로 능선 오르막이 시작된다. 초입은 마른 솔잎이 깔린 넓은 길. 양쪽에 로프가 있고, 100여 미터 오르니 세로로 변한다. 등로에 깔렸던 솔잎은 참나무잎으로 바뀌고, 등로 주변은 참나무 일색이다. 고도차가 거의 없는 능선을 20여 분 오르니 삼거리에 이르고(09:25), 우측으로 5분 정도 오르니 No14 송전탑이 나온다. 소나무숲을 지나 송전탑 아래를 통과하여 임도를 건너 오르니 넓은 임도가 시작되고, 임도에는 솔잎이 깔렸고 주변은 솔밭이다. 다시 사거리에서(09:52) 직진으로 묘지를 지나 솔밭길로 접어들고, 긴 오르막 주변은 온통 소나무다. 한참 후, 긴 오르막도 끝나고(10:32), 완만한 능선을 오르내리다가 올라가니 용계리갈림길에 이른다. 직진으로 올라 바위 틈새를 통과한다. 사룡산을 보기 위해 몇 개의 봉우리를 넘었는지 모르겠다. 질릴 정도다. 하루 종일 써야 할 힘을 이곳에서 다 쏟은 것 같다. 암릉이 이어지고 로프가 나온다. 큰 바위를 지나 가파른 오르막을 로프를 잡고 넘어서니 완만한 능선에 이른다(11:28). 사룡산갈림길이다.

사룡산갈림길에서(11:28)

이곳에는 밀양기맥 표지목과 낙동정맥 표지석, 이정표가 있다(사룡산 0.6, 생식촌 0.3). 등로는 좌측 아래로 이어지고 사룡산과 밀양기맥은 직진 위로 이어진다. 지금까지 힘들게 올라온 것을 생각하면 사룡산 정상을 오르고 싶지만 시간이 없어 마루금으로 향한다. 좌측 급경사 내리막이 끝나고, 건물 옆을 통과한다. 다시 슬레이트 건물 옆을 지나 시멘트 도로를 따라 내려가 생식촌 안을 통과한다. 곳곳에 경고문이 있어 조심스럽다. 특이한 건물이 있다. 이 깊은 산속에 이런 마을이 있다는 것 자체가 신기하다. 시멘트 도로를 따르니 생식마을 정문이 나오고, 정문에는 '식물분석장'이라고 적혀 있다. 정문을 통과하면 바로 좌측에 주차장 표석이 있고, 등로는 좌측 도로를 따라 10m 정도 오르다가 우측 산으로 이어진다. 능선에 진달래나무가 많다. 완만한 능선을 한참 오른 후 정상에 이른다(11:59). 급경사 내리막에 마른 낙엽이 있어 아주 미끄럽고, 묘지가 연속해서 나오더니 완만한 능선으로 이어진다. 참나무, 소나무, 잡목이 뒤섞여 아주 불편하다. 잠시 후 절개지 상단부에서 우측으로 내려가니 바로 생식마을 진입도로에 이르고(12:16), 좌측으로 20m 정도 내려가니 2차선 포장도로가 지나는 숲재에 이른다(12:16). 숲재는 경주시 서면 천촌리와 산내면 우라리를 잇는다. 버스 승강장과 '우라생식마을' 표지석이 있다. 등로는 '기원정사'라는 표석 좌측으로 이어진다. 임도를 따라 한참 오르다가 우측으로 휘어지는 곳에서 좌측 능선으로 오르니 한참 후 정상에 이른다(12:48). 소나무와 바위가 있다. 내려가자마자 임도 좌측으로 진행하니 목탁 소리가 들린다. 5~6분 후 철문이 있는 기원정사 입구에서(12:55) 좌측 산으로 오르니 우측에 녹슨 철망이 있고, 좌측에 오봉산 암봉이 보이더니 10여 분 만에 바위봉에 이른다(13:04). 신기한 소나무가 있다. 낮게 깔린 소나무에 걸터앉아 식사를 한 후 출발한다(13:18). 내려가다가 바로 임도를 건너 산으로 올라 축성 흔적을 넘으니 큰 바위가 나온다. 부산성 서문터다. 좀 더 오르니 정상에 이른다(13:30). 정상에 철쭉, 억새, 잡목이 섞여 있고, 눈에 가을이 가득 들어온다. 내려간다. 잠시 후 마른 풀로 가득한 넓은 묵밭에서 능선을 따라 내려가니 묵밭의 마른 풀이 작물처럼 보인다. 억새를 뚫고 계속 오르니 등로 주변은 잡목, 억새, 보리수나무가 이어지더니 정상에 이른다(12:43). 정상은 억새로 가득하고, 내리막 능선에도 억새가 나오고, 앞에 고랭지 채소밭이 보인다. 채소밭 우측 가장자리를 따라 진행하니 채소밭이 끝나고 억새밭이 시작된다. 마치 원시 밀림처럼 빽빽하다. 잠시 후 부산성 남문터에 이른다(13:57). 온통 돌이고 사이사이에 숲이랑 가지 줄기가 빽빽하다. 이곳에서 마루금이 약간 애매하다. 표지기도 보이지 않는다. 그러나 아래로 이어진다는 것만은 확실하기에 잡목과 수풀을 헤치고 내려가니 10여 분 만에 안부에 이르고(14:10), 한쪽에 '대부산 가는 길'이라는 표지판이 걸려 있다. 빽빽한 잣나무숲 옆으로 30분 정도 오르니 바닥 전체가 시멘트로 포장된 헬기장에 이르고(14:37), 억새로 덮인 임도를 1분 정도 오르니 청천봉 정상에 이른다(14:38). 정상은 억새로 가득하고, 정상 표지판과 산불감시 초소가 중앙에 있다. 좌측 아래로 내려가니 등로 옆에 '山'이라는 시멘트 말뚝이 나오고, 좌측에 큰 암벽이 있다. 산과 등로가 구분이 안 될 정도로 많은 낙엽이 깔렸다. 야간 산행은 위험할 듯. 다시 우측에 바위가 나오고, 좌측 아래에 넓은 채석장이 보인다. 급경사 내리막에 잡목까지 있어 아주 불편하다. 낮게 깔린 철조망을 넘어 빽빽한 소나무 숲으로 들어가 솔밭길을 걷는다. 억새를 지나니 목장이 보이고, 잠시 후 임도에서(15:09) 내려가니 목장 정문 진입로에 이른다. 독고불재다. 좌측에 어두목장이 있다. 등로는 목장 정문에서 우측으로 가다가 산으로 이어진다. 목장 앞에는 무슨 수련원에서나 볼 수 있는 시설들이 있다. 가파른 오르막 능선을 오르니 철망 울타리가 자주 나오고, 30여 분을 힘겹게 오르니 651.2봉 정상에 이른다(15:42). 삼각점과 준·회 씨의 표지판이 있다. 우측으로 내려가니 큰 바위가 나오고, 잠시 후 철조망을 넘어 안부에 이른다(16:01). 낙엽이 수북한 안부에서 7~8분 오르니 무명봉에 이르고(16:09), 내려가니 주변엔 참나무류가 대세다. 다시 봉우리를 넘고 내려가니 우측 울타리에 출입통제 경고판이 있다. 잠시 후 오리재에서(16:28) 오르니 묘지 이장 흔적이 나오고, 임도를 따라 내려가니 연속으로 묘지가 나온다. 묘지를 지나 좌측 산길로 내려가 임도사거리에서(16:43) 우측 산으로 오르니 소로가 이어지고, 묘지를 지나 좌측으로 능선을 따라 오르니 바위가 나오기도 한다. 좌측은 급경사 비탈로 아찔하다. 잠시 후 396.9봉에 이른다(16:56). 삼각점과 표지판이 있다. 날이 많이 어두워져 서둘러 내려간다. 절개지 상단부에서 배수로를 따라 우측으로 내려가니 오늘의 마지막 지점인 당고개에 이른다(17:07). 우측에 산내면 표석이, 좌측에는 당고개 휴게소가 있다. 휴게소에서 건천읍 방향으로 조금 내려가니 버스 승강장에 스님 한 분이 버스를 기다리고 있다. 가을도 내리막을 향한다.

♟ 오늘 걸은 길

아화고개 → 부산성 서문터, 청천봉, 651.2봉, 독고불재, 396.9봉 → 당고개(20.0㎞, 10시간 9분).

🏔 교통편

- 갈 때: 시내버스 정류소에서 아화 버스 정류소까지, 아화고개까지는 도보로.
- 올 때: 당고개 버스 정류소에서 시내버스로 경주시외버스터미널까지.

열일곱째 구간
당고개에서 외항재까지

경주에 대한 선입견이 지나쳤을까? 밤거리는 어두웠고, 밤공기는 싸늘했다. 나그네가 부담 없이 먹고 쉴 수 있는 24시 찜질방이나 음식점 찾기가 어려웠다. 새벽에 경주에 들어선 나그네는 어디에서 먹고 쉬란 말인가? 으리으리 무시무시한 모텔만 무성했다. 경주 전역이 그렇지는 않겠지만, 외지인의 첫 관문인 버스터미널 근처가 그랬다.

열일곱째 구간을 넘었다. 당고개에서 외항재까지다. 당고개는 경주시 산내면과 건천읍을 잇는 잿등이고, 외항재는 울산광역시 상북면 궁근정리와 와리를 잇는 잿등이다. 이 구간에는 단석산, 산내고원, 700.1봉, 백운산, 소호령, 고헌산 등이 있다. 단석산은 김유신 장군의 일화가 있고, 백운산 정상에서 소호령까지는 임도로 이어지고, 소호령에서 고헌산 정상까지는 방화선이 구축되었다.

2014. 12. 2. (화), 한파 특보. 종일 센 바람
금년 들어서 첫 한파 특보가 내린 12월의 첫날, 동서울터미널에서 밤 12시에 출발한 포항행 시외버스는 새벽 3시 40분에 경주에 도착. 텅 빈 얼어붙은 땅바닥에 승객을 내팽개친 버스는 뒤도 돌아보지 않고 포항으로 향한다. 한파 특보는 이곳 경주도 예외는 아니다. 살을 에는 매서운 추위에 광풍까지, 하차 지점에 서 있을 수조차 없다. 일단 추위를 피해야겠다. 다음 버스를 탈 때까지는 아직도 두 시간이 남았다. 상가는 모두 철시, 거리는 깜깜. 간간이 불빛을 보이는 것은 편의점뿐. 가까운 편의점에 들어가서 점원의 도움을 받아 24시간 영업하는 음식점을 찾았다. 중앙시장 인근 '원조 할매국밥'. 문을 열고 들어서자 두 분의 할머니가 억센 사투리로 반갑게 맞는다(03:53). 구석에서는 중년의 남녀 한 쌍이 소주잔을 기울인다. 국밥을 주문하고 버스 시각까지 이곳에서 보낸다. 당고개행 첫 버스는 6시 5분에 있다. 추위는 여전하지만 충분한 시간을 두고 미리 식당을 나선다. 만에 하나 첫 버스를 놓치면 오늘 하루가 꽝이기 때문이다. 버스는 예정대로 6시 5분에 터미널 앞 정류소에 도착, 가면서 기사님과 이런저런 대화 중에 중요한 정보를 얻는다. 종주를 마치고 돌아올 때에도 이 버스를 타게 된다는 것이다. 그러면서 오후 6시 5분까지는 외항마을 버스 정류소로 내려오라고 당부한다. 당고개에는 6시 35분에 도착. 좀 더 고지대로 올라선 때문인지 더 춥게 느껴진다. 좌측의 휴게소 건물은 아직도 검은 물체로만 보일 뿐 잿등은 적막강산이다. 어둡지만 오늘의 빡빡한 일정 때문에 바로 출발한다(06:40). 초입은 휴게소 우측에 있다. 탐방로안내도와 이정표가 있다. 스틱도 꺼내지 않고, 무릎 보호대도 착용하지 않고 버스에서 내린 그대로 배낭만 짊어진 채 바로 오른다. 어둡지만 등로는 뚜렷하다. 낙엽송이 나오고 점점 오르막이 가팔라지더니 소나무가 보이기 시작한다. 잠시 후 이정표를 지나(06:55, 단석산 정상 2.9) 16분쯤 더 올라 능선삼거리에서(07:11) 우측으로 진행하니 바람이 심하다. 무명봉에 올라서니(07:22) 소나무와 이정표가 있고, 이곳에서 일출을 맞는다. 떠오르는 태양을 향해 잠시 걸음을 멈춰 시선을 집중하고 마음을 모은다. 우측으로 내려가니 잔설이 보이고, 잣나무가 나온다. 좌측의 단석산은 경주에서는 꽤나 알려진 산이다. 김유신 장군이 단칼에 갈라놓았다는 두 조각난 바위가 있다고 한다. 여유가 있다면 다녀오겠지만 그렇지 못해 아쉽다. 바로 우측으로 완만한 능선을 오르내리다가 두 개의 무명봉을 넘고 내려가니 느닷없이 교회가 나타난다(08:22). 이런 산중에 웬 교회가? OK 그린연수원에 있는 교회인데 폐교된 것 같다. 표지기가 가리키는 대로 좌측의 넓은 길로 내려가 광활한 잔디밭 가운데로 진행한다. 우측 아래에 연수 시설인 듯 작은 건물들이 여러 채 있다. 잔디밭 가장자리에서 산으로 오른다. 초입은 시멘트 계단. 큰 바위가 나오고, 내려가니 등로가 사라지고, 표지기도 없다. 할 수 없이 우측 잔디밭으로 다시 내려가서 잔디밭 끝까지 진행하다가 앞산에 있는 이동통신탑을 바라보면서 진행한다. 차라리 처음부터 산으로 올라가지 않고 잔디밭 끝까지 간 다음에 산으로 올라갔더라면…. 잠시 후 512봉에 이른다(08:38). 옆에는 KT 이동통신탑이 있고, 주변 땅은 푸석푸석하다. 내려간다. 좌측에 마을이 보이고, 완만한 능선을 오르내리다가 무명봉에서(08:43) 내려가니 우측에 도회지에서나 볼 수 있는 조각 작품이 있다. 좀 더 내려가니 우측에 시설이 보이더니 소 울음이 들린다. 등로 좌측에 자작나무가 계속 이어지고, 넓은 길을 오르내리다 억새가 많은 안부를 거쳐(08:54) 535봉에 이른다(08:57). 정상에 소나무와 참나무가 있다. 내려가다가 묘지 2기 있는 곳에 이른다. 앞은 밭이고 그 너머에는 메아리농장 축사가 있다(09:27). 밭을 지나 축사 앞에 이르니 철조망으로 출입을 통제한다. 난감하다. 철조망을 넘기도, 먼 길을 우회하기도 그렇다. 잠시 고민하다 두렵기도 해서 일단은 우회하기로 한다. 끝까지 우회할 수만은 없어 적당한 지점에서 철조망을 넘는다. 철조망 안은 초지다. 마른 풀을 밟으며 미안한 마음으로 정상을 향해 오른다. 꼭 누군가 뒤에서 불러 세울 것만 같다. 바람은 갈수록 세차다. 잠시 후 605봉 정상에 이른다(09:47).

605봉 정상에서(09:47)

정상은 온통 낙엽으로 덮였다. 뒤돌아보니 지나온 마루금이 한 폭의 그림처럼 아름답다. 이곳에서 상당한 주의가 필요하다. 등로는 보이지 않고 온통 낙엽뿐이다. 마루금은 좌측으로 이어지는데 등로 흔적이 없어 막막하다. 낙엽과 함께 내려가니 철조망이 앞을 막는다. 철조망을 넘어가다가 다시 되돌아와서 철조망을 따라 내려간다. 소나무가 우거진 곳을 지나(09:59), 완만한 능선을 오르내리니 잡목에 이어 소나무가 나온다. 내리막길에 묘지와 평상이 나오더니 아래상목골 임도에 이른다(10:11). 임도 건너편은 전원주택을 조성 중이다. 임도 좌측으로 100m 정도 오르니 삼거리갈림길이 나온다. 좌측은 2차선 도로이고, 등로는 우측으로 이어진다. 시멘트 도로 아래는 전부 전원주택을 조성 중이다. 시멘트 도로를 따라가다가 산으로 오르니 파란 물탱크가 나오고 평상도 보인다. 다시 산으로 오른다. 또 파란 물탱크가 나오고(10:28), 암릉이 이어지는데 우측에 철망이 있다. 잠시 후 535.1봉에 이른다(10:34). 정상은 바윗덩어리이고, 바람이 무척 세다. 좌측 경주시 내남면 박달리 일대가 시원스럽게 보인다. 내리막에 로프가 설치되었고, 잠시 후 윗상목골 임도에 이른다(10:45). 좌측은 내남면 박달리로, 우측은 산내면 내일리로 이어진다. 옆에 '산내고원 쉼터 안내도'가 있다. 안내문에 의하면 이곳은 경북 녹색마을 시범 조성 대상지로 산내고원 목적형재로전원주택이 조성되고 있다. 놀랍다. 이 높고 깊은 산골에…. 등로는 시멘트 임도를 건너 비포장 임도를 따라 150m 정도 오르다가 긴 목의자가 설치된 곳에서 좌측 산으로 이어진다. 많은 낙엽이 쌓였다. 바위가 나오고 낙엽 천지가 계속된다. 한참 후 700봉에 이른다(11:32). 잠시 쉰후 내려간다(11:43). 소나무 군락지를 지나 오르니 억새가 나오고, 눈도 얕게 깔렸다. 이번에는 700.1봉 정상에 이른다(12:13). 억새와 준·희 씨의 정상 표지판, 삼각점과 설명문이 있다. 능선길로 한참 내려가니 비포장 임도인 소호고개에 이른다(12:25). 소호고개는 울산시 울주군 상북면 소오리와 두서면 내와리를 잇는 잿등이다. 임도를 건너 10여 분 오르니 송전탑에 이르고(12:38), 잠시 후 638.5봉에 닿는다(12:39). 내려가는 길에도 계속 바위와 억새가 있고, 가파른 오르막 주변에는 잡목이 많다. 전망바위를 지나(13:15) 긴 오르막에 암릉이 나오고, 바위도 자주 보인다. 고래등 바위를 지나(13:40) 호미기맥 분기점에 이른다(13:43). 호미기맥은 좌측으로 이어지고, 등로는 우측이다. 좌측 10여 미터 거리에 삼강봉이 있기에 가서 인증 샷을 날리고 되돌아와서 우측 백운산을 향해 오른다. 전망바위를 지나 로프가 설치된 암릉을 넘으니 갑자기 통나무 울타리가 등로를 차단한다. 좌측으로 돌아 백운산 정상에 이른다(14:15). 정상석이 두 개, 정상목이 1개 있다. 그런데 높이 표시가 제각각이다. 많은 표지기와 잔가지가 많은 소나무도 보인다. 앞으로 이어지는 고헌산 산줄기가 시원스럽고, 100여 미터 내려가니 넓은 임도가 소호령까지 계속된다. 아무도 없고, 말이 필요 없는 이 시공이 참으로 좋다. 한참 내려가다가 가운데에 설치된 삼각점을 발견한다(14:59). 잠시 후 '백운산 방화선 복원공사 안내도'가 설치된 곳에서(15:08) 우측 임도를 따라 오르니 밭과 시설물이 보이면서 임도삼거리인 소호령에 도착한다(15:16).

이곳에서는 고헌산으로 오르는 방화선이 뚜렷하다. 좌측 임도를 따라 200m 정도 오르니 좌측에 허름한 시설이 나타난다. '대성사'. 마치 허름한 판잣집 같은 가건물이다. 그리고 보니 좀 전에 밭일하던 농부는 이 대성사 스님들이었던 것 같다. 완만한 오르막으로 오르니 바로 고헌산 정상으로 이어지는 방화선에 이른다. 저물녘이 되니 땅이 얼기 시작한다. 방화선을 따라 한참 오르니 목재 데크 전망대를 지나 산불감시 초소에 이르고, 5~6분 후 고헌산 정상에 이른다 (16:26). 정상에 정상석, 큰 돌무더기, 목재 전망대가 있다.

　목재 계단으로 내려가니 서봉에 이르고, 우측으로 내려가니 10여 기의 조그만 돌탑들이 줄을 잇는다. 날이 많이 저물었다. 넓은 돌길이 한참 이어지다가 좁은 길로 바뀌고 억새와 굵은 소나무가 나온다. 리기다소나무 군락지에 이르고, 벌목지대를 통과하니 2차선 포장도로인 외항재에 이른다(17:15). 등로는 도로를 건너 산 능선으로

이어지지만, 날이 어두워서 좌측 도로를 따라 우회한다. 7~8분 내려가니 휘황찬란한 네온사인이 번쩍거리는 외항마을에 도착한다. 시골치고는 별난 동네다. 오늘은 이곳에서 마치기로 한다. 세찬 바람은 아직도 계속이다. 사거리 우측에 있는 휴게소에 들어가 따뜻한 우유로 얼어붙은 속을 녹이고, 건천행 버스 시각을 확인하니 그때서야 마음이 놓인다.

🚶 오늘 걸은 길

당고개 → 단석산, 산내고원, 700.1봉, 소호고개, 백운산, 소호령, 고헌산 → 외항재
(24.5㎞, 10시간 40분).

⛰ 교통편

- 갈 때: 경주고속버스터미널 앞에서 355번 버스로 당고개까지.
- 올 때: 355번 버스로 산내면 버스 종점까지, 350번 버스로 경주터미널까지.

열여덟째 구간
외항재에서 배내고개까지

"어디까지 가십니까? 내 차로 가입시다. 산에서 만나면 다 친구 아입니까. 아부지 고향은 언양이고, 나는 울산 삽니다. 매주 수요일은 이렇게 영남 알프스를 오릅니다…. 언양시장 안에 할배가 말아주는 잘하는 국수집이 있습니다. 거기 가서 국수 한 그릇 하고 가입시다." 지난주 18구간 종주를 마쳤을 때 나를 울산 배내고개에서 언양터미널까지 차로 데려다준 40대 등산객의 이야기다. 정맥 종주가 산길만을 걷는 게 아니다. 현지인들의 호의, 배려 등을 배우게 된다.

열여덟째 구간을 넘었다. 외항재에서 배내고개까지다. 외항재는 울산시 상북면 궁근정리와 와리를 잇는 잿등이고, 배내고개는 상북면 석남사 주차장과 이천리를 잇는다. 이 구간에는 894.8봉, 운문령, 상운산, 쌀바위, 가지산, 석남고개, 능동산 등이 있고, 경주시를 벗어나 울산시에 진입하고, 경북이 자랑하는 영남알프스를 걷게 된다.

2014. 12. 3. (수), 바람, 구름 조금. 매우 추움

새벽 5시 30분. 경주시 건천읍 건강나라 찜질방을 나선다. 날씨는 차갑지만, 어제보다는 덜하다. 인근 24시 김밥집에서 아침 식사를 마치고 도로 건너편 버스 정류소로 향하는데 갑자기 찜질방에 핸드폰 충전기를 놓고 나온 것이 생각난다. 순간 머릿속이 복잡해진다. '그냥 가? 가지러 가?' 찜질방을 다녀오는 소요 시간과 버스가 정류소에 도착할 시간이 엇비슷하다. 그런데 첫 버스를 놓치면 오늘 종주는 꽝이다. 요행을 바랬는지 가지러 가기로 하고 찜질방을 향해 우사인 볼트보다도 더 빠른 속도로 달린다. 충전기를 챙겨 부랴부랴 찜질방을 나오는 순간 버스는 이미 정류소를 출발해 커브를 돌아 달린다. 버스를 향해 소리치며 뛴다. 어둠 속에서 그 몸부림이 보일 리가, 들릴 리가 없다. 그런데, 기적처럼 버스는 멈춰 서서 나를 기다린다. 2014년 12월 3일. 새벽 6시 19분부터 23분 사이에 경주시 건천읍에서 벌어진 실제상황이다. 고맙게도 주인공은 355번 경주 시내버스 기사님이고, 칠칠맞은 조연은 당연히 나다. 어떻게 감사를 표해야 할지! 물론 전날 저녁 외항마을에서 산내면까지 그 버스를 이용하면서 그분과 많은 대화가 있었기에 오늘 새벽 첫 버스를 건천읍에서 내가 탈 것이라는 것을 그분은 알고 있었다. 그래서 건천읍 버스 정류소에 도착해서도 내가 보이지 않자 이상하게 생각하며 천천히 출발하고 있었다고 한다. 이런 배려가…. 이렇게 고마울 수가! 나 한 명을 태운 버스는 당고개, 산내면을 거쳐 목적지인 외항마을 대현3리 A 지구 버스 정류소에 도착(07:08). 기사님께 이틀간 정말 고마웠다는 인사를 드리고 하차. 18구간 들머리는 이곳에서 30m 정도 후퇴해서 대현식당 우측 골목으로 이어진다. 인증사진을 남기고 시멘트 포장도로를 따라 오른다(07:09). 좌우로 갈림길이 몇 번 나오지만 무조건 직진한다. 좌측은 주택용지로 터를 잡았고, 한참 오르니 우측에 축사가 나오고 잠시 후 산 아래 삼거리에 이른다. 삼거리에서 좌측으로 올라 '일송수목원'이라는 표석 우측 능선으로 오른다

(07:28). 바람이 조금 불고, 초입을 넘어서니 좌우에 온통 철쭉 일색. 바위라고 하기엔 좀 애매한 큰 돌이 자주 나오고 조망처에 이른다 (07:46). 뒤돌아보니 어제 지나온 고헌산 줄기와 그 아래 외항마을이 뚜렷하다. 완만한 능선 오르막이 계속된다. 오르막 끝에서 잠깐 동안 평지를 걷는다. 좌우엔 철쭉이 빽빽하다. 무명봉을 넘어(07:56) 줄기가 낮게 깔린 신기한 소나무에 걸터앉아 휴식을 갖는다. 다시 오르막을 넘고 평지를 걷다가 894.8봉에 이른다(08:14). 정상에 청도군에서 세운 정상석이 두 개 있다. 정상석에는 청도군 운문면 신원리라고 적혀 있다. 좌측으로 내려가니(08:25) 로프가 설치된 급경사 내리막이 끝나고, 평지에 이르니 소나무가 보이기 시작한다. 다시 오르막이 시작되면서 색 바랜 억새가 보이더니 이정표가 나온다(08:39, 운문령 1.2). 우측에 분재처럼 아름다운 소나무가 있다. 등로 주변 억새는 계속되고 완만한 능선을 오르내린다. 바람이 점점 거칠어진다. 잠시 후 좌측에 폐가가 나오더니 2차선 포장도로인 운문령에 이른다(08:55). 운문령은 청도군 운문면 신원리와 울주군 상북면 덕현리를 잇는다. 도로 우측에 '청도고로쇠 1호점'이 있다. 등로는 도로를 따라 좌측으로 30m 정도 가다가 도로를 건너 우측 시멘트 포장도로로 이어진다. 환경감시초소를 지나 좌측 헬기장에서 좌측 산 능선으로 오르니 시멘트 임도에 이른다. 좌측 산으로 오르니 울창한 소나무 숲과 산불감시 초소가 나오고(09:29) 1분 정도 오르니 헬기장에 이어 임도삼거리에 이른다. 이곳에도 이정표가 있는데(가지산 4.4), 이전 이정표의 거리 표시가 잘못되었음을 알 수 있다. 산으로 오른다. 가파른 오르막이 시작되고, 돌계단이 나온다. 다시 임도를 만나(09:51) 좌측 산으로 오르니 역시 가파른 오르막이 시작되고 로프가 설치되었다. 한참 오르다가 임도를 건너 산 능선으로 오른다. 돌길

주변은 잡목이 대세다. 역시 오르막에 암릉이 이어지고, 큰 바위가 나오면서(10:09) 가파른 오르막이 끝나고 좌측으로 이어지는 평지를 걷다가 귀바위에 이른다(10:22). 바윗길을 지나니 상운산 정상에 이른다(10:35).

상운산 정상에서(10:35)

좌측으로 내려가니 돌길이 계속되고, 모처럼 산죽을 만난다. '운문산 생태경관보전지역'이라는 표지판이 자주 나온다. 10여 분 내려가니 임도에 이르고(10:47), 헬기장과 목재 전망데크가 있다. 작은 봉우리를 넘고 내려가니 계속 돌길이다. 잠시 후 쌀바위에 이른다(11:09). 칡즙 판매소, 목재 데크, 쌀바위 표석과 쌀바위 전설 안내판이 있다. 쌀바위 뒤로 오르니 산죽이 나오고 목재 계단이 이어진다. 잠시 후 헬기장이 나오고(11:30), 이정표가 있다(가지산 0.9). 계속되는 돌길에 암릉이 나오고, 로프가 설치되었다. 목재 계단 끝에 가지산 정상에 이른다(12:01). 정상석 둘, 이정표, 국기봉, 대피소가 있고 사방으로 시원스러운 조망이 펼쳐진다. 북동쪽으로는 지나온 고헌산과 상운산, 남서쪽으로는 운문산으로 이어지는 산줄기, 남동쪽으로는 석남터널로 이어지는 마루금이 한눈에 들어온다. 도립공원으로 지정된 가지산은 영남알프스 산군 중에서 제일 높다. 정상 주변에 암릉과 기암괴석이 많고, 정상에서는 등산객들이 인증 샷에 열심이다. 이들에게 부탁해서 나도 인증 샷을 확보하고, 강한 바람에 떠밀려 부랴부랴 내려간다. 등로는 좌측으로 이어진다. 안부삼거리에서(12:23) 점심을 먹고(12:35) 직진으로 오르니 암봉인 중봉에 이르고(12:44), 좌측 바윗길로 내려가니 나무계단 끝에 석남터널갈림길에 이른다(13:01). 이곳에서도 좌측으로 내려가 나무계단을 통과하니 우측 석남재 대피소 앞에서는 막걸리를 팔고 있다. 내리막 돌길 주변에 철쭉이 널렸고, 석남사주차장갈림길에서(13:22) 직진 석남터널 쪽으로 내려가니 사거리 길이 뚜렷한 석남고개에 이른다(13:31). 큰 돌무더기와 이정표가 있다. 석남터널갈림길에서(13:38) 직진으로 올라 작은 봉우리를 넘으니 걷기 좋은 흙길이 이어지고, 주변은 철쭉 일색이다. 다시 무명봉을 넘고 완만한 능선을 오르내리다가 격산 정상에 도착한다(14:03). 작은 표지판과 예술적 감각이 돋보이는 정상석이 있다. 어떤 개인이 설치한 것 같다. 안부를 지나 오르니 멋진 노송이 나오고 813.2봉에 도착한다(14:18). 삼각점이 두 개 있고, 우측 아래에 밀양으로 이어지는 69번 지방도로가 내려다보인다. 세찬 바람을 온몸으로 맞으며 내려간다. 작은 봉우리를 넘고 오르니 주변에는 철쭉과 앙상한 잡목들이 겨울 산을 지킨다. 긴 나무계단 앞에 선다. 219개와 215개의 계단으로 이뤄진 두 개의 계단이 약간의 틈을 두고 연속된다. 계단이 끝나고 능동산갈림길에 이른다(14:53). 목재 전망데크와 이정표가 있다(좌측 배내고개 1.5, 우측 능동산 0.2). 등로는 좌측으로 이어지지만, 우측의 능동산을 다녀오기로 한다. 능동산 정상에는 큰 돌탑이 두 개, 정상석, 삼각점이 있고(14:58), 간월산과 신불산을 거쳐 영축산으로 이어지는 영남알프스가 보인다. 다시 능동산갈림길로 되돌아가서 배내고개를 향해 내려간다. 목재 계단을 지나 헬기장이 나오고, 다시 목재 계단이 나오더니 돌길과 계단이 반복된다. 주변은 앙상한 잡목들뿐, 한참 내려가니 배내고개 휴게소 건물이 보이면서 배내고개 공터에 이른다(15:20). 좌측에 '영남알프스 하늘억새길 안내도'가 있다. 공터 좌측에 휴게소가, 휴게소 우측에는 정자가, 그다음 산 밑에는 등산 안내도가 있다. 오늘은 이곳에서 마치기로 한다. 이제 귀경을 위해 언양터미널로 내려가면 된다. 휴게소 주인에게 언양터미널행 버스 시각을 묻는 나와의 대화를 듣고 있던 울산 남구에 산다는 등산객이 자기 차로 가자고 한다. 자기는 울산으로 가는데, 도중에 언양터미널에 들러 내려주겠다는 것이다. 이렇게 고마울 수가! 울산 등산객과 언양터미널 옆 언양시장으로 가서 국수 한 그릇씩 비우고, 나는 동서울행 버스로 귀경. '산에서 만나면 누구나 다 친구'라던 울산 등산객의 모습이 아직도 생생하다.

🚶 오늘 걸은 길

외항마을 → 894.8봉, 운문령, 상운산, 귀바위, 가지산, 석남고개, 능동산 → 배내고개(17.9㎞, 8시간 11분).

⛰️ 교통편

- 갈 때: 경주터미널 앞 버스 정류소에서 시내버스로 외항마을까지.
- 올 때: 배내골에서 328번 시내버스로 언양터미널까지.

열아홉째 구간
배내고개에서 솥발산 공원묘지까지

밤 11시, 학원 수업을 마치고 편의점에 들러 컵라면 하나를 들고나오는 세 명의 학생. 걸어가면서 같은 젓가락으로 세 사람이 차례로 컵라면을 먹는 모습. 이런 우정 변치 않기를.

송년 산행으로 19, 20구간을 연속해서 넘었다. 열아홉째 구간은 배내고개에서 솥발산 공원묘지까지다. 배내고개는 울주군 상북면 석남사 주차장과 이천리를 잇는 잿등이고, 솥발산 공원묘지는 양산시 하북면 답곡리에 있다. 이 구간은 영남알프스의 대표적인 산줄기다. 영남알프스란 백두의 등줄기가 경북과 경남의 경계인 울주, 경주, 청도, 밀양, 양산시에서 솟구쳐 1,000m급의 고산 9개를 중심으로 거대한 산악지형을 이루는 것을 말한다. 이 구간에 간월산, 신불산, 영축산, 지경고개, 406.6봉 등이 있다.

2014. 12. 28. (일), 맑음

동서울터미널에서 23:50에 출발하는 울산행 버스에 올라섰을 때 깜짝 놀랐다. 빈자리가 없다. '야~! 심야버스가…' 버스 출발 전에 미리 기사님께 정중하게 부탁한다. 언양에서 좀 내려달라고. 흔쾌히 수락하신다. 알람을 맞추고, 출발과 동시에 잠을 청한다. 선산휴게소에서 잠시 정차한다는 안내방송에 눈을 뜬다. 버스 기사님이 내게 다가와 1시간 30분 후면 언양에 도착하니 그때쯤 미리 앞쪽으로 나오라고 한다. 다른 승객들에 대한 예의이자 나에 대한 배려다. 더 이상 잠들지 않으려는 몸부림 끝에 버스는 언양에 도착. 기사님께 고맙다는 인사를 거듭 드리고 언양 땅을 밟는다(03:37). 내린 곳은 자동차가 쌩쌩 달리는 도로변. 주변엔 사람도 건물도 불빛도 없다. 먼발치에 아스라이 한줄기 전등빛이 보일 뿐이다. 당황스럽지만 정신을 가다듬고 일단 전등빛이 보이는 곳을 찾아간다. 사람을 만나든지, 간판을 보던지 해야 할 것 같다. 다행히도 사거리에 도로 표지판이 나오고, 언양읍 방향을 알려준다. 표지판이 가리키는 대로 걷는다. 하나둘씩 불빛들이 모이고 드디어 언양터미널에 도착. 배내고개행 버스 정류소를 미리 확인해 둔다. 터미널 후문에 있다. 정류소 뒤엔 평지보다 1m 정도 높게 조성된 소규모 공터가 있다. 또 뒤 건물 층층에 달린 간판에 무슨 무슨 병원이라는 글귀도 눈에 띈다. 인터넷에서 본 그대로다. 이젠 아침 6시까지 추위를 피할 곳을 찾아야 한다. 밤새 운영하는 음식점을 찾아간다. '장수촌 24시' 국밥집이다. 뜨끈한 국밥을 주문하고, 이곳 식당에서 아침까지 머물다가 정류소로 향한다(06:03). 기다리던 328번 버스는 정류소에 표기된 출발 시각보다 5분이나 빠른 6시 20분에 도착해서 달랑 나만 태우고 1초도 멈춤 없이 출발한다. 하마터면 큰일 날 뻔. 6시 25분으로만 생각하고 움직였더라면 어찌 됐을까? 버스는 쏜살같이 어둠을 헤친다. 기사도 나도 말이 없다. 배내골을 향한 꾸불꾸불한 오르막을 오르던 중 깜빡 잠이 들었다. '여기 아닌가요?' 기사님 음성에 깜짝 놀라 밖을 보니 배내고개다. 부랴부랴 내린다(06:53). 배내고개는 아직도 암흑이다. 휴게소 건물과 화장실, 그리고 8각 정자의 실루엣만 보일 뿐이다. 바람이 불고 날이 차갑다. 고지대라선지 언양읍보다 기온이 낮다. 바로 출발한다. 이틀 연속 종주의 첫걸음이다(06:59). 들머리는 배내고개 휴게소에서 배내터널 위를 통과하면 직면하는 산 아래의 능선 초입이다. 초입에는 나무 계단이 설치되었고, 그 옆에는 등산 안내도가 있다. 아직 날은 밝지 않았지만 계단을 따라 오르기에는 지장이 없다. 그런데 언양읍에서는 구경도 못 한 눈이 예상보다 많다. 나무계단을 따라 오른다. 주변에 억새가 보인다. 몇 번을 쉰 후 쉼터에 이른다(07:28). 나무의자 6개와 이정표가 있다. 잠시 숨을 고른다. 뒤돌아서니 지난번 18구간 종주 때 지나온 능동산이 지척이다. 우측 앞쪽에 잠시 후 도착할 배내봉이 보인다. 우측으로 오를수록 많은 눈이 쌓였다. 손에 잡힐 듯 배내봉이 가까이 다가서더니 배내봉에 이른다(07:42). 정상은 넓은 공터. 중앙에 정상석이 있고, 옆 공터에는 소형 텐트 두 동이 있다. 저 안에는 어제의 산행 피로에 지친 등산객이 세상모르고 자고 있을 것이다. 정상에서 사방을 둘러보니 가지산, 능동산, 천황산, 간월산, 신불산 등 영남알프스 산군이 보이는 것만 같다. 과연 영남알프스라 할만하다. 풍경도 보는 이의 눈에 따라 이뤄진다더니… 우측 능선으로 내려가다가 오른다. 눈길은 돌길로, 바윗길로 바뀌기도 한다. 주변은 잡목뿐, 능선 좌측은 절벽이다. 동고서저라는 말이 떠오른다. 동쪽은 가파른 절벽, 반대쪽은 완만한 비탈이다. 바람은 그칠 줄을 모른다. 안부에서 오르기를 반복한다. 키 작은 산죽에 이어 통나무 계단이 나오고, 눈길이라 약간 힘이 든다. 손에 잡힐 듯 가까이 다가서는 간월산. 로프가 나오고, 갈수록 눈은 많다. 드디어 간월산 정상이다(09:18). 정상석과 이정표가 있다. 영남알프스 고봉 하나를 넘고, 내려간다. 암릉길에 규화목이 있다. 규화목은 화산활동의 강한 힘에 의해 파괴된 목재조직이 산소가 없는 수중환경에 매몰된 후 목재조직의 세포내강에 물리·화학적으로 침적되어 형성된 것이라고 한다. 원통형 규화목이 두 개나 있다. 간월재에서 올라오는 등산객이 보이고, 그림처럼 아름다운 휴게소가 가까이 다가서더니 간월재에 이른다(09:42). 휴게소, 돌탑이 있다. 신불산을 향해 직진으로 오른다. 나무계단을 한참 오르니 목재 데크 전망대가 나오고(10:32), 다시 나무계단으로 오르니 또 전망대가 나온다(10:43). 신불산을 거쳐 영축산까지 이어지는 마루금이 한눈에 들어온다. 눈길 능선을 걸어 신불산 정상에 이른다(10:53).

신불산 정상에서(10:53)

또 하나의 영남알프스 고봉에 올랐다. 정상석과 돌탑, 삼각점, 전망데크 2, 이동통신탑과 풍향계가 있다. 좌측은 홍류폭포 방향이고, 등로는 우측으로 이어진다. 날씨는 구름 한 점 없이 맑다. 우측으로 내려가니 돌길에 이어 나무계단이 나오고, 잠시 후 신불재에 이른다(11:07). 중앙 광장 바닥 전체가 목재로 되었다. 좌측 아래에 휴게소가 있고, 주변은 온통 억새다. 직진 나무계단으로 올라 평지 같은 능선을 걷는다. 눈길은 내려가면서부터 돌길로 바뀌고 신불평원을 지난다. 끝없이 펼쳐지는 억새밭. 다시 평지 같은 완만한 능선으로 이어지더니 영축산이 보이기 시작한다. 돌탑이 있는 안부(11:45) 주변은 온통 억새다. 안부를 지나 암릉 끝에 영축산 정상에 이른다(12:08). 정상은 온통 바위다. 정상석과 삼각점이 있는 좁은 공간에 많은 등산객들이 올라와 인증 샷 날리기에 바쁘다. 정상 아래에 파란색 비닐 포장 덮개를 한 간이매점이 있다. 등로는 암봉이 위치한 좌측으로 이어진다. 암봉이 있어 좌측으로 우회한다. 급경사 내리막에 눈까지 많다. 할 수 없이 아이젠을 착용한다. 잠시 후 갈림길에서(12:38) 등로는 우측으로 이어지면서 눈길도 끝난다. 낙엽이 쌓였다. 아이젠을 탈착하고 15분 정도 내려가니 양지바른 언덕배기에 자리 잡은 아담한 취서산장에 이른다(12:54). 앞마당에서 라면을 먹는 등산객의 모습이 보기에 참 좋다. 빨랫줄 같은 긴 줄에는 수백 개도 넘을 것 같은 표지기가 걸려 있다. 나도 한 개 건다. 그 좌측에 이정표가 있다(지내마을 4.8). 등로는 산장 왼쪽 모퉁이 아래로 이어진다. 한참 내려가다 임도와 만난다. 임도는 지그재그로 산 아래까지 이어지지만, 도중에 7~8회 정도 이 임도를 가로질러 내려간다. 임도로만 가면 시간이 너무 많이 걸려서다. 이곳에서 비로소 많은 소나무를 보게 된다. 산 전체가 소나무다. 임도를 만날 때마다 이정표를 보게 되는데, 이정표마다 지내마을까지의 거리가 표시되었다. 지내마을만 생각하면서 내려가면 될 것 같다. 마지막 임도에서 우측으로 한참 내려가다가 좌측을 둘러보니 골드그린 골프장이 보인다. 계속해서 임도만 따라 내려가니 철망으로 막힌 곳에 이르고, 우측 산길로 우회하니 잠시 후 2차선 포장도로에 이른다(13:54). 도로변에 영축산 등산 안내도와 수십 개의 표지기들이 담장 울타리에 걸려 있다. 이곳에서 도로 우측으로 70m 정도 진행하니 도로 건너편에 대밭이 나오고, 그 앞에 '전통촌두부'라는 입간판이 있다. 입간판이 가리키는 대로 우측 골목길로 들어가서 '전통촌두부' 식당 앞을 지나 철망 울타리가 있는 삼거리에 이르고, 철망 울타리 좌측으로 진행하니 논밭이 나온다. 우측에 타지아콘도와 놀이시설이 있다. 이곳에서부터는 표지기가 없어 당황하게 되는데 무조건 농로를 따라서 계속 가다가 삼거리에서 우측 비포장도로를 따라 진행하면 2차선 포장도로를 만난다. 도로를 따라 우측으로 조금 진행하면 도로 건너편에 황태구이 식당 입간판이 보이고, 식당 좌측으로 진행하면 4차선 포장도로가 나온다(14:20). 좌측에 현대 오일뱅크 주유소가 있고, 이곳에서 우측으로 3~4분 진행하면 지경고개삼거리에 이른다. 횡단보도를 건너 좌측으로 이동하니 토점육교가 나오고(14:27), 육교 아래는 경부고속도로가 지난다. 토점육교를 건너 우측의 현대자동차 양산 출고센터 정문을 지나 2~3분 오르니 지경고개에 이른다(14:30). 이정표가 있다(정족산 6.9). 고개 좌측에 식당과 매점이 있고, 등로는 우측 산으로 이어진다. 우측 능선으로 올라서서 솔잎이 깔린 세로를 걷는다. 봉우리를 넘어 우측으로 내려가다 묘지 5기를 지나니 골프장에 이른다. 통도 C.C다. 등로 찾기에 상당한 주의가 필요한 곳이다. 골프장에 들어서면 어디가 어디인지 도무지 알 수가 없다. 홀을 구분할 수 있는 숫자 표시가 뚜렷하지 않기 때문이다. 또 골프장 관계자들을 만나게 될까 봐 두렵기도 하다. 많은 종주자들이 이곳에서 아까운 시간을 낭비했다는 소리를 들었다. 골프장을 가장 쉽고 빠르게 통과하는 최선의 방법은 골프장 관계자를 만나 도움을 청하는 것이다. 캐디든 골퍼든 누구든지 만나서 18번 홀 티그라운드를 물어 찾아가면 된다. 골프장 다음에 이어지는 봉우리인 406.6봉이 18번 홀 티그라운드 위에 있어서다. 골프장에서 한참 헤매다가 고생은 고생대로 하고 시간은 시간대로 허비하고 결국은 캐디의 도움을 받아 18번 홀 티그라운드를 찾았다. 18번 홀 티그라운드 위에 팔각정이 있고(15:54), 그 위에 큰 바위가 있다.

　팔각정에서 바위 좌측을 통해 산으로 오른다. 등로는 없지만, 숲을 헤치고 7~8분 올라 임도에서(16:02) 우측으로 4~5분 진행하면 임도삼거리에 이른다(16:08). '석광사'라는 팻말이 모퉁이에 있다. 이곳에서 시멘트 임도를 따라 좌측으로 올라 오르막 끝에서 좌측 산으로 오른다(16:14). 이곳도 등로는 없고, 간간이 표지기가 나타날 뿐이다. 3~4분 올라 아래에서 위로 가로지르는 능선을 만나 능선 우측으로 올라 406.6봉에 이른다(16:35). 표지판이 나뭇가지에 걸려 있고 정상에서 30m 정도 후방에 송전탑이 있다. 날이 어두워지기 시작한다. 우측으로 내려가니 참나무 잎이 수북한 세로가 나오고, 완만한 능선을 오르내리다 삼거리에 이른다(16:46). 우측은 솥발산 공원묘지 입구로 내려가는 길이고 등로는 좌측으로 이어진다. 좌측으로 오르다 봉우리에서 내려가니 솥발산 공원묘지가 보이고, 묘지 사이로 통과해 공원묘지 도로삼거리에 이른다(16:50). 좌측의 큼지막한 '삼덕공원묘지' 입간판이 눈길을 끈다. 가끔씩 묘소를 찾아 오가는 자동차들이 보인다. 좌측의 시멘트 도로는 삼덕공원묘지로 올라가는 길이고, 등로는 이곳 공원묘지 좌측 도로로 이어진다. 좌측은 울주군 삼동면, 우측은 양산시 하북면이다. 곧 날이 저물 것 같다. 오늘은 이곳에서 마치기로 한다. 등로 찾기에 시행착오도 있었지만, 목표 지점까지 오게 되어 다행이다. 오늘은 근처 찜질방에서 하룻밤을 보내고 내일 20구간을 마칠 계획이다. 바람 끝이 더 쌀쌀해졌다. 오늘 새벽 큰 배려를 보여주신 심야 버스 기사님의 나지막한 음성이 떠오른다.

🚶 오늘 걸은 길

배내고개 → 간월산, 신불산, 영축산, 지경고개, 406.6봉 → 솥발산 공원묘지(21.9 ㎞, 9시간 57분).

🏔 교통편

- 갈 때: 언양버스터미널 후문 버스 정류장에서 시내버스로 배내고개까지.
- 올 때: 솥발산 공원묘지에서 도보로 아랫마을까지, 마을버스로 신평터미널까지.

스무째 구간
솥발산 공원묘지에서 군지고개까지

'정상에 서는 순간 나도 모르게, '야~ 성공이다!'라는 환호성이 절로 터진다. 이젠 그렇게 가슴 졸이던 군지고개까지 갈 수 있다는 확신에 찬 기쁨이다. 사실 출발 전에 또 종주 중에 얼마나 불안했던가. 이런 기쁨, 이런 성취! 겪지 않은 사람은, 당해보지 않은 사람은 모를 것이다.' 종주기 본문 중의 일부다. 그랬었다. 군지고개까지는 반드시 가야만 했다. 귀경길 교통로 때문이다.

스무째 구간을 넘었다. 솥발산 공원묘지에서 군지고개까지다. 솥발산 공원묘지는 양산시 하북면 답곡리에 위치하고, 군지고개는 양산시 동면 산지와 여락리를 잇는 잿등이다. 이 구간에는 정족산, 주남고개, 812.7봉, 천성산 2봉, 723봉, 운봉산 등이 있다.

2014. 12. 29. (월), 맑음

새벽 두 시쯤 깬 몸을 다시 뉜다. 피곤해서다. 핸드폰 알람이 재촉한다. 할 수 없이 일어난다(05:00). 어제저녁 식당에서 얻은 콜택시 번호를 누르니 6시 20분까지 이곳 자비도량으로 오겠다고 한다. 택시기사는 이 지역 밤길이 익숙한 듯 노련한 솜씨로 어둠을 달려 솥발산 공원묘지삼거리에 도착한다(06:30). 주변은 아직 캄캄. 헤드랜턴을 켜고 출발한다(0632). 초입은 삼거리에서 묘지 좌측으로 난 오르막 시멘트 도로다. 무섭다는 생각을 떨치려고 앞만 응시한다. 가끔씩 묘지 쪽에서 불빛이 일어난다. 도로가 우측으로 휘어지는 곳에서 좌측 능선으로 오른다. 바위가 많다. 잠시 후 삼덕공원묘지에 이른다(07:03). 가장 넓은 도로를 따라 위로 오른다. 공원묘지 맨 위에 도착해서 도로를 따라 우측으로 공원묘지의 3분의 2쯤 이동하니, 삼거리에 이른다. 삼거리 모퉁이에 오래된 표지기가 하나 있다. 위로 뻗은 도로를 따라 오른다. 이제부터는 공원묘지를 벗어나 봉우리를 향해 오른다. 한참 오르니 도로가 끝나고 막다른 지점에 이른다. 갑자기 폐시설물 두 동이 나온다. 잠깐 망설이다가 시설물 좌측으로 오른다. 잠시 후 능선에 이르고 표지기가 보인다. 제대로 찾아왔다. 봉우리를 향해 좌측으로 이동하니, 누군가 등로를 개척한 흔적이 있다. 등로 주변 잡목들이 제거되었고, 요소요소마다 통나무 계단이 설치되었다. 큰 바위가 나오다가 662봉에 도착한다(07:33). 정상 표지판과 양산시에서 설치한 산불감시 무인카메라탑이 있다. 안개가 자욱하다. 뒤돌아보니 솥발산 공원묘지와 어제 지나온 산줄기가 내려다보인다. 평지처럼 고도차가 거의 없는 능선을 걷는다. 이정표가 나오고(정족산 1.3), 바위를 지나 잠시 후 임도에 이른다(07:43). 임도는 정족산 정상 직전까지 계속된다. 정족산 정상 직전에서 우측 능선으로 오르니 주변에 진달래나무가 빽빽하고 잠시 후 정족산 정상에 이른다(08:02). 정상은 완전히 바윗덩어리다. 정상석과 삼각점이 있고, 한쪽 바위에 태극기가 조각되었다. 정상에서 조금 떨어진 곳에 산불감시 초소가 있다. 바람이 강해 좁은 공간에 서 있을 수 없을 정도다. 바위봉을 오르던 곳으로 내려가 바위봉 우측으로 돌아 내려간다. 이곳도 등로를 정비한 흔적이 뚜렷하다. 그런데 이곳에서 주의가 필요하다. 바위봉을 돌면 좌우 양쪽에 표지기가 있는데 좌측으로 내려가야 한다. 바위봉을 반쯤 돈다는 생각으로 좌측으로 내려간다. 등로는 좁다. 작은 바위들이 나오다가 임도삼거리에 이른다(08:16). 직진으로 170m쯤 오르니 다시 삼거리에 이른다. 남암지맥분기점이다. 우측 능선으로 한참 오르니 662.1봉에 이르고(08:34), 조금 내려가니 세로가 이어진다. 안개가 자욱하고, 주변엔 잡목뿐이다. 바위가 있는 곳에서 내려가니 우측에 소나무 군락지가 나오고, 소나무 숲속을 걷게 된다. 바로 공터가 있는 대성재에 이른다(08:44). 나무의자 4개, 정자, 간이 화장실이 있다. 산 능선으로 오른다. 봉우리를 향하지 않고 고도차가 거의 없는 우측으로 우회한다. 시멘트 임도는 비포장 임도로 바뀌고, 3~4분 후 전봇대가 있는 곳에서 좌측 산 능선으로 오른다. 바위, 통나무 의자가 있는 무명봉에서(09:01) 좌측으로 내려가니 바위가 계속 나오고 우측에 소나무가 보인다. 한참 내려가니 시멘트 임도에 이르고(09:09), 임도삼거리에서 좀 더 진행하니 주남고개에 도착한다(09:15). 천성산 등산 안내도와 이정표가 있고 좌측 언덕배기에 정자가 있다. 이곳에서 잠시 휴식을 취한 후 출발한다(09:27). 넓은 임도를 따라 직진으로 오르니 '평상임도 3.0'이라는 바리게이트가 나온다. 계속 임도를 따라 오르니 이정표가 나오고, 5~6분 더 오르니 또 이정표가 나온다(09:48, 천성산 2봉 2.3). 그런데 이상하다. 이정표가 잘못된 것 같다. 5~6분 만에 1㎞를 넘게 지났다니. 특이한 표지기가 보인다. '산인의 추억. 천성산 등산 문의 010-6450-6337' 필요할 것 같아 메모해 둔다. 우측 능선으로 배수로를 따라 올라 무명봉에서(10:15) 내려가다가 능선을 따라 오르니 812.7봉에 이른다(10:34). 좌측으로 고도차가 거의 없는 능선이 이어진다. 천성산 2봉의 바위봉이 보이기 시작한다. 말로만 듣던 '천성산!' 속도를 낸다. 안부삼거리에서(10:40) 직진으로 올라 좌측 능선으로 아주 가파른 나무계단을 넘어서니 천성산 2봉에 이른다(10:53). 말로만 듣던 그 산, 천성산이다.

천성산 제2봉 정상에서(10:53)

정상에 양산시에서 세운 거대한 정상석과 이정표가 있다(천성산 1봉 2.7). 사방 조망이 막힘없다. 북쪽으로는 정족산에서 이곳까지의 마루금이, 남서쪽으로는 천성산 1봉이 뚜렷하다. 원래는 이곳이 천성산이고 지금 천성산 1봉이라고 부르는 봉우리는 원효산이었다고 한다. 그런데 양산시에서 원효산을 천성산 1봉으로, 이곳을 천성산 2봉으로 정리했다고 한다. 내려가니 세로가 이어진다. 우측에 큰 바위가 나오고 잠시 후 임도를 따라 진행하다가(11:06) 등로는 능선으로 이어진다. 이정표가 나오고(11:11), 우측으로 10여 분 내려가니 천성산 종합 안내도가 있는 은수고개에 이른다(11:22). 직진으로 오르

니 주변은 온통 억새. 좀 더 오르니 사방이 억새인 억새 평원이 나온다. 천성산 1봉이 보이기 시작하고, 잠시 후 마치 무슨 통로처럼 두 줄로 길게 설치된 연두색 철망 울타리가 있는 곳에 이른다.

화엄늪갈림길이다(11:52). 갈림길에는 천성산 1봉 정상으로 이어지는 철망 울타리와 이곳이 지뢰지대이므로 이동에 주의하라는 군부대 경고문이 있다. 주변은 지뢰 사고를 방지하기 위해 원형 철조망으로 통제한다. 정황으로 보면 철망 울타리 사이로 통과하라는 것 같은데, 아무래도 불안하다. 고민 끝에 조금 전에 메모한 '산인의 추억'에 전화하니 친절하게 알려준다. 예상대로 철망 울타리 안으로 이동하라고 한다. 그래도 불안해서 등산화도 조심스럽게 딛는다. 철망 울타리를 통과하니 앞에는 넓은 공터가 나오고, 그 뒤에는 천성산 1봉이 뭉턱하게 자리 잡았다. 이 공터는 예전엔 군부대였고, 그 당시엔 이곳 천성산 1봉도 출입이 통제되었다고 한다. 잠시 후 정상에 도착한다(12:19). 양산시에서 세운 정상석이 있다. 다시 공터로 내려와 예전에 군부대 정문이었을 시멘트 도로를 따라 내려간다. '위험지대' 경고판이 자주 나온다. 안내문에 의하면 천성산은 양산의 최고 명산으로 웅상, 상북, 하북 3개 읍면의 경계를 이룬다. 또 깊은 계곡과 폭포가 많고 경치가 빼어나 소금강산이라고 불렀으며 원효대사가 이곳에서 당나라에서 건너온 1천 명의 스님에게 화엄경을 설법하여 모두 성인이 되게 했다고 해서 '천성산'이라고 부른다고 한다. 특히 화엄늪과 밀밭늪은 희귀한 꽃과 끈끈이주걱 등 곤충들의 생태가 잘 보존되어 세계 어느 나라에서도 찾아볼 수 없는 생태계의 보고라고 한다. 한동안 지율스님과 도롱뇽이 천성산의 주인공이 된 적이 있다. 당시 KTX 통과를 위해 이 산에 터널을 뚫어야 한다는 정부 측과 환경 파괴라고 주장하는 자연 보호주의자들과의 대립이었다. 한참 내려가 도로 우측에 많은 표지기가 있는 곳에 이른다(12:28). 그 우측 위에 전봇대가 있다. 이곳에서 산길로 내려가자마자 임도를 만난다. 그런데 임도 좌·우측에 표지기가 있다. 감으로는 우측으로 이어질 것 같은데 아니다. 좌측으로 내려가야 한다. 이곳에서 아까운 시간을 한참 낭비한 후 겨우 등로를 찾았다. 이 임도에서 좌측으로 조금 내려가면 넓은 공터가 나온다. 원효암 주차장이다. 이 주차장에서 아래 가장자리를 빙 둘러보면 산줄기가 이어지는 것을 알 수 있다. 이 방향을 중심으로 가장자리를 살펴보면 표지기가 보이는데, 이곳으로 내려가야 한다. 독도에 약한 무지를 한탄하며 지체된 시간을 보상하기 위해 빠른 걸음으로 내달린다. 잠시 후 임도를 따라가다가 표지기가 있는 곳에서 산으로 오른다. 전봇대가 보이고, 배수로를 따라 올라 723봉에 이른다. 조금 내려가니 갈림길에 '용천지맥분기점'임을 알리는 표지판이 있다. 우측으로 내려가서 시멘트 임도를 따라 1분 정도 내려가니 삼거리에 이른다(13:29).

군부대 앞 임도삼거리에서(13:29)

직진은 다람쥐캠프장분기점을, 우측은 다석마을을, 좌측은 군부대 정문을 가리킨다. 원래 이곳에서 마루금은 좌측으로 이어지는데, 군부대가 있기에 직진으로 우회해서 돌아가야 한다. 좌측은 묵직한 군부대 철문이 굳게 닫혀 있다. 직진으로 내려간다. 등로 좌측엔 원형 철조망이 설치되었고, 경고판이 자주 나온다. 원형 철조망을 따라서 계속 오르내린다. 계곡을 건넌 후에도 계속 원형 철조망을 따라 진행한다. 등로가 울퉁불퉁하다. 지뢰 제거 작업을 한 흔적이다. 계곡이 나와 나무다리를 건너기도 한다. 작은 계곡을 여러 번 건넌 후 능선갈림길에 이른다(14:10). 능선 후방 10m쯤에 송전탑이 있다. 군부대 때문에 우회했던 등로가 비로소 다시 만난다. 능선을 따라 우측으로 내려가니 바닥에 참나무잎이 깔렸고, 완만한 능선을 오르내리다 우측의 낙엽송 지대를 지나 10여 분 진행하니 596.6봉에 이른다(14:25). 나무의자 3, 삼각점, 시멘트 기둥이 있다. 이어지는 봉우리 정상에도(14:28) 나무의자가 있다. 내려가자마자 방화선삼거리에 이르고(14:29), 이곳에서 운봉산 정상까지는 방화선으로 이어진다. 내려가니 주변은 온통 억새다. 잠시 후 등로는 거의 90도를 틀어 우측으로 이어진다. 아주 급경사다. 로프와 통나무 계단이 설치되었다. 몇 번을 멈췄다가 조심스럽게 내려가니 캠프장 사거리에 이르고(14:56), 부산시장 명의의 상수원보호구역임을 알리는 경고판이 있다. 사거리에서 직진으로 올라 시멘트 말뚝이 있는 봉우리를 넘어 내려가니 안부사거리에 이르고(15:00), 직진으로 오르니 헬기장인 428.6봉에 이른다. 좌측으로 한참 오르니 시멘트 말뚝 두 개가 나오고(15:13), 완만한 능선으로 한참 오르니 운봉산 정상에 이른다(15:36). 정상을 표시하는 시멘트 말뚝이 있다. 삼각점과 '군지산'이라는 표지판도 있다. 운봉산을 군지산이라고도 부르는 모양이다. 이정목에는 법기마을이 1.7㎞라고 적혀 있다. 방화선은 좌측으로 90도 틀어서 내려가고 등로는 우측으로 이어진다. 내려가니 허물어진 묘지가 있는 갈림길에 이른다(15:48). 그런데 이정표 표기가 잘못된 것 같다. 좌측으로 남락고개가 0.35라고 표기되었는데, 터무니없는 수치다. 남락고개는 아직 멀었다. 직진으로는 하늘농장이 1.4라고 표기되었다. 좌측으로 조금 내려가니 급경사 내리막이 이어지고, 로프가 설치되었다. 큰 바위가 나오더니 시멘트 임도에 이른다(15:56). 이곳의 이정표는 남락고개가 5.1㎞라고 적혔다. 시멘트 임도를 건너 능선을 오르내리다가 안부사거리에 이른다(16:11). 주변은 온통 소나무다. 좌·우측 길도 뚜렷하다.

직진으로 오르니 사거리에 이르고, 우측은 대나무 숲이다. 직진으로 오르니 우측에 철망 울타리가 있다. 또 사거리에서 우측으로 내려가다가 오르니 좌측에 송전탑이 있고, 다시 내려가다가 오르니 우측에 돌탑이 보인다. 갈림길에서(16:31) 좌측으로 내려가다가 반가운 표지기를 발견한다. '비실이 부부'. 송전탑을 지나 봉우리 정상에서(16:44) 우측으로 내려가다가 74번 송전탑을 만나 오르니 299.4봉에 이른다(16:50). 정상에 서는 순간 나도 모르게 '성공이다'라는 환호성이 절로 터진다. 이제는 그렇게 가슴 졸이던 군지고개까지 갈 수 있다는 확신이 선다. 사실 출발 전에 또 종주 중에 얼마나 불안했던가. 이런 기쁨, 이런 성취감! 겪지 않은 사람은, 당해보지 않은 사람은 모를 것이다. 한참 내려가니 임도가 나오고(17:00), 직진으로 내려가니 2차선 포장도로가 지나는 군지고개에 이른다(17:05). 우측에 '유락농원' 표지판이 있고, 등로는 도로를 건너 좌측 산으로 이어진다. 부산시까지 거의 내려온 셈이다. 욕심은 오늘 지경고개까지 갔으면 했지만, 최소한 이곳까지는 와야만 했다. 귀경을 위한 교통로 확보 때문이다. 오늘은 이곳에서 마친다. 그동안 경솔한 선택으로 많은 후회도 했지만, 정맥 종주만은 반드시 소중한 추억으로 자리하도록 할 것이다.

🚶 오늘 걸은 길

솔발산 공원묘지 → 정족산, 주남고개, 812.7봉, 천성산 2봉, 723봉, 운봉산 → 군지고개(25.0㎞, 10시간 35분).

⛰ 교통편

- 갈 때: 통도사에서 자비도량까지 버스로, 솔발산 공원묘지까지는 도보나 택시로.
- 올 때: 군지고개에서 양산시 동면 우체국까지 도보로, 노포터미널까지는 버스로.

스물한째 구간
군지고개에서 개금고개까지

한때 독재에 맞서 싸우는 것이 '정의'였던 시절이 있었다. 그들을 민주화 주인공으로 칭송했고 기대도 컸다. 실망스러운 소리가 들린다. 어느새 기득권자로 변해가고 있다는.

쫓기듯 달려 온 낙동정맥 종주길도 막바지를 치닫는다. 이틀 연속 21, 22구간을 넘었다. 21구간은 군지고개에서 개금고개까지다. 군지고개는 양산시 동면 산지와 여락리를 잇는 고개이고, 개금고개는 부산진구 개금동에 있다. 이 구간에는 225봉, 남락고개, 284봉, 금정산성, 611봉, 백양산 등이 있다. 들머리인 군지고개는 부산노포종합버스터미널과 가까이 있고, 부산역과는 상당히 떨어졌지만 고심 끝에 부산역으로 가는 기차행을 택했다. 이유는, 이제는 합리만을 고집하지 않고 좀 더 헐렁해지고 싶어서다. 우연이 깃들 여지를 남겨두고 싶었다. 그동안 정맥 종주 중에 만났던 고마웠던 분들의 얼굴엔 여유가 있었다. 따지지도, 계산하지도 않았다. 그들을 닮아야겠다고 다짐했다.

2015. 1. 13. (화), 맑음

월요일 밤 22시 50분. 서울역에서 부산행 무궁화호 열차에 오른다. 평일임에도 빈자리가 거의 없다. 마음이 편치 않다. 집 나올 때 보인 아내의 불편한 표정이 자꾸 떠올라서다. 억지로 잠을 청한다. 다음날 새벽 부산역에 도착(04:04). 예상대로 밤공기가 훈훈하다. 5시 27분에 출발한 지하철 1호선은 노포역에 6시 7분에 도착. 밖은 아직도 캄캄하다. 터미널 앞 버스 정류소에서 양산시 동면 우체국까지는 버스로 이동(06:27). 이곳에서 들머리인 군지고개까지는 걸어야 한다. 도로를 벗어나 마을 입구에 이르자 개들이 짖는다. 평소에는 귀찮았을 개 소리가 더없이 반갑다. 옆에 개라도 있다는 생각에. 잠시 후 군지고개에 도착(06:58). 주변은 어둑어둑하지만 바로 출발한다. 오늘 거리가 만만치 않아서다. 초입은 오던 길을 기준으로 도로 좌측에서 산길로 이어진다. 통나무 계단을 넘어 완만한 흙길 오르막. 우측은 과수원이다. 바람 한 점 없고, 산속이면 으레 나타나는 동물들의 울음소리조차도 없는 완벽한 정적. 분위기 때문인지 조심스럽지만 걸음은 저절로 가속도가 붙는다. 10여 분 후 이정표가 보이더니(남락마을 0.8) 시멘트로 포장된 임도에 이른다(07:16). 임도를 가로질러 산으로 오르니 송전탑이 나오고, 완만한 능선을 넘어 내려가니 시멘트 임도에 이른다. 좌측으로 100여 미터 내려가다가 우측 산으로 오르니 225봉 정상, 우측 송전탑을 지나 내려가니 시멘트 임도가 나오고 4차선 포장도로인 남락고개에 이른다(07:36). 좌측은 양산시 동면 여락리, 우측은 사송리다. 도로는 중앙분리대가 높게 설치되었고, 많은 차량들이 쌩쌩 달린다. 등로는 도로를 건너 산으로 이어지는데 좌우를 둘러봐도 도로를 건널 수 있는 지하통로가 보이지 않는다. 할 수 없이 무단 횡단한다. 차량이 뜸한 틈을 이용해 중앙분리대 바닥 틈새로 배낭을 밀어 넣고 기회를 봐서 낮은 포복으로 몸뚱이를 통과시킨다. 어휴~. 못 할 짓이다. 도로를 건너니 '무지개 사료' 탑 앞에 이르고, 탑 우측으로 진행하니 송전탑에 이어 조경수가 나오고, 탱자나무 울타리를 우측에 두고 오르니 잠시 후 안부사거리에 이른다(07:46). 사거리에서 우측 능선으로 올라 한참 후 홍살문 형태의 녹슨 철재 구조물을 지나니 정상 표지판이 있는 284봉에 이른다(07:53). 경부고속도로가 보이고, 10여 분 만에 대나무 숲을 지나 경부고속도로 위를 연결하는 능동육교를 건너니 6차선 포장도로인 지경고개에 이른다(08:06). 지경고개는 양산시와 부산시의 경계를 이룬다. 좌측에는 녹동마을이, 우측에는 사배마을이 있다. 횡단보도를 건너 우측으로 150m 정도 가서 주택 우측으로 오른다. 잠시 후 '자두농원' 표지판을 지나 시멘트 도로를 따라 계속 올라 삼거리에서 우측으로 오르니 개들이 짖기 시작한다. 시멘트 도로를 따라 산 아래까지 접근해서 오르니 등로가 보인다. 긴 오르막에 갈림길이 자주 나오지만 표지기만 주시하면 길 잃을 염려는 없다. 몇 번을 쉬면서 한참 오르니 암릉이 나오면서 계명봉에 도착한다(09:05). 11시 방향 아래에 범어사 기와지붕이 보인다. 잠시 휴식을 취한 후 우측으로 가파른 내리막을 15분 넘게 내려가니 안부사거리에 이르고(09:25), 사거리에는 금정산 종합 안내도와 함께 사각 정자, 이정표가 있다. 완만한 오르막 주변은 소나무 천지다. 10여 분만에 임도를 만나 우측으로 가다가 좌측으로 휘어지는 곳에서 등로는 우측 능선으로 이어진다. 한참 후 장군봉갈림길에 이른다. 좌측 11시 방향으로 보이는 고당봉이 한걸음에 달려갈 수 있을 듯 가까이 보인다. 좌측으로 조금 내려가니 삼거리 갈림길에 이르고, 좌측에 88번 송전탑이 있다. 이곳에서 상당한 주의가 필요하다. 고당봉은 우측 길로 가야 하는데, 이곳에서 고당봉을 바라보면 11시 방향으로 보이면서 좌측으로 내려가면 될 것처럼 보인다. 실제로 삼거리 좌측에 있는 송전탑을 지나면 넓은 도로가 이어지기도 한다. 그런데 우측 길이니…. 나는 좌측으로 내려가는 바람에 40분 정도를 헛돌이를 했다. 지칠 대로 지쳤지만 한시도 지체할 수 없어 다시 삼거리로 되돌아와서 우측으로 내려간다(10:45). 조금 내려가니 표지기가 많은 약수터가 나온다. 이정표도 있다(고당봉 1.5). 이정표를 보니 자신의 경솔함에 울화가 치민다. 조금만 더 생각했더라면, 1분만 더 좌우를 확인했더라면 금쪽같은 40분을 허비하지 않았을 텐데…. 다 내 탓이지만, 선답자들도 인터넷에 정보를 올릴 때는 신중해야겠다. 잠시 후 안부사거리에서 직진으로 올라 송전탑 89번과 잣나무 숲을

지나니 송전탑에 이어 좌측에 금정산 등산 안내도가 나온다. 통나무 계단과 철계단이 이어지고, 잠시 후 부산이 자랑하는 금정산 정상인 고당봉에 이른다(11:44).

고당봉 정상에서(11:44)

정상은 온통 바위다. 정상석을 배경으로 모처럼 인증 샷을 남긴다. 사방이 뻥 뚫린 조망이 펼쳐진다. 정상석을 중심으로 북동쪽으로는 지금까지 내려온 마루금이 쭈욱 이어지고, 서쪽으로는 낙동강의 긴 줄기가 마치 한 폭의 그림처럼 아름답다. 가야 할 남쪽 아래로 펼쳐지는 금정산성의 거대한 용틀임이 장엄하고, 바로 아래 북문의 아스라한 실루엣이 가물가물 시야를 어지럽힌다. 예상보다 지체된 탓에 마음이 급하다. 아래 북문 쪽에서 단단한 몸매의 중년 한 분이 올라온다. 그분께 물으니 이곳에서 개금고개까지의 대략적인 루트를 설명해주신다. 산성을 타고 가기 때문에 그렇게 험한 길이 없고, 다만 웅혈봉과 백양산을 오를 때만 약간 힘이 들 거라고 한다. 내려가는 길목 우측에 고모당이라는 허름한 기도처가 있어 들어가 살핀다. 고모당은 고모영신(고당할미)과 산왕대신(금정산 호랑이)을 모시는데, 부산 사람들이 어려울 때 자주 와서 기도를 올린다고 한다. 내려가는 길은 나무계단으로 이어진다. 평일인데도 올라오는 사람이 많다. 여성 남성, 노인 젊은이가 따로 없다. 이런저런 생각 끝에 바로 북문에 도착한다(12:07). 북문을 보는 순간 서울 북한산성의 성문들이 떠오른다. 유사하다는, 역사의 구수한 흔적은 좀 덜한 것 같다는, 다시 말해 인위적인 냄새가 더 풍긴다는 첫인상이다. 주변도 깨끗하게 단장되었고, 모든 것이 넉넉해 보인다. 이제 동문을 거쳐 남문까지는 이 성터를 따라 오르내리면 된다. 이곳 자료에 의하면, 금정산성(金井山城)은 우리나라에서 가장 큰 산성으로 4대문과 4대 망루가 있고, 지금의 산성은 임진왜란과 병자호란을 겪고 난 후인 조선 숙종 29년에 해상을 방어할 목적으로 축성되었다고 한다. 성은 내. 외성으로 이루어졌고 성벽은 자연석으로 쌓았지만 중요한 부분은 가공한 무사석으로 쌓았다고 한다. 다시 출발한다. 오르막을 넘어 완만한 능선을 오르내린다. 등로 좌측은 산성이 이어진다. 산성 훼손을 방지하기 위해 성터 우측으로 등산로를 만들었다. 등산로를 따라 오르내린다. 상미마을갈림길에 이르러 좌측에 원효봉이 올려다보인다. 성터를 따르지 않고 성터 우측 등산로를 따라 걷는다. 원효봉 아래를 지나 한참 내려가 임도삼거리에서 직진으로 오르니 의상봉 아래에 이르고, 내려간다. 산불감시탑을 지나 4망루에서(12:35) 다시 성벽과 간격을 두고 등산로를 따라 오르내린다. 3망루갈림길에서 우측으로 한참 진행하니 장전동갈림길에 이르고, 직진하니 평상이 나오면서 쉼터에 이른다. 이어서 바로 동문에 도착한다(13:15). 성터 우측을 따라 완만한 능선을 오르내린다. 날씨는 그야말로 봄 날씨다. 10여 분 진행하다가 내려가니 2차선 포장도로가 지나는 산성고개에 이른다(13:25). 산성고개는 좌측에 성문보다 더 큰 통행문을 두고 삼거리를 이룬다. 먼저 포토존 표시가 보이고, 포토존 위에 안내소가 있다. 식사 중인 관리인에게 등로를 물으니 우측 시멘트 포장길로 가라고 한다. 호젓한 길. 이제는 성터가 보이지 않는 등로를 따른다. 조금 진행하니 우측에 무지개 산장이, 이어서 금정산장이 나온다. 시멘트 도로를 따라 20여 분 진행 후 남문마을갈림길에서 우측으로 오르니 10여 분 만에 남문을 통과한다(13:55). 오늘 처음으로 성문 바깥을 보는 순간이다. 이곳 갈림길에서 우측 시멘트 길로 내려가니 남문마을을 지난다. 남문마을은 마치 관광지처럼 음식점과 간이 운동 시설이 있다. 마을을 지나 다시 산길로 들어선다. 파이프를 묻어 만든 샘을 지나 잠시 후 만덕고개갈림길에 이르고, 10여 분 후 만덕고개 안내문이 나온다. 계속 진행하니 전나무 지대가 나오고, 시멘트 포장도로에 이른다. 도로를 따라 우측으로 진행하니 만덕고개에 이른다(14:35). 고갯길 우측에 터널처럼 생긴 동물 이동로가 있고 그 아래로 차량이 통행한다. 바로 좌측 긴 나무계단으로 10여 분 오르니 송전탑과 전망데크가 나오고(14:46), '산어귀 전망대'라는 안내판이 있다. 전망대 옆에 산불감시탑이 있고, 좌측을 주시하니 아래에 부산 시내가 확 들어온다. 이동하자마자 365.9봉에 이르고, 정상에 KBS 중계탑이 있다. 내려간다. 잠시 후 '동래구' 안내판이 나온다. 15분 정도 내려가니 아주 넓고 가지런히 정돈된 소나무 숲이 나온다(15:03). '군민의 숲'이다. 완만한 등로를 따르니 이번에는 만남의 숲으로 가는 사거리에 이른다(15:11). 계단 위로 오르니 쉼터에 이르고(15:19), 좌측은 키 큰 나무들이 우거지다. 나무 사이에 휴식용 나무의자들이 설치되었다. 위로 오르니 긴 계단이 끝나고 또 계단이 이어지기를 반복한다. 계단이 끝나더니 험한 돌길이 이어진다. 가파르기도 하지만 큰 돌 작은 돌이 불규칙적으로 혼재되어 정말 힘이 든다. 한참 오르니 611봉 정상에 이른다(16:01). 큰 돌무지 좌측에 가느다란 나무 한 그루가 있고, 정상에서 우측으로 조금 비켜선 비탈에 산불감시 초소가 있다. 진행 방향에 불웅령의 큰 돌탑이 코앞으로 다가선다. 바로 내려간다. 날이 저물기 시작한다. 오늘의 목적지인 개금고개가 자꾸 생각난다. 무사히 도착할 수 있을지? 지쳤지만 속도를 낸다. 5~6분 오르니 불웅령에 이르고(16:07), 이젠 백양산이 지척이다. 내려가자마자 오르막길이 시작되고 우측에 낙동강이 보이기 시작한다. 인조목 계단이 이어지고, 등로는 넓게 터진 방화선이다. 주변엔 억새가 물결을 이룬다. 잠시 후 백양산 정상에 이른다(16:29). 정상석과 돌탑, 7개의 의자와 이정표가 있다(애진봉 0.75). 동쪽으로 부산시내와 월드컵경기장이 보이고, 서쪽으로는 낙동강의 석양 풍경이 한 폭의 그림처럼 아름답다. 내려서자마자 아주 넓은 헬기장에 들어선다. 애진봉이다(16:40). 그런데 좀 이상하다. 명칭은 봉우리이지만 실제로는 평평할 뿐만 아니라 내리막과 오르막 사이 즉 안부 비슷한 곳인데 '봉'이라고 하니···. 좀 전의 불웅령과 이곳의 애진봉은 명칭을 바꿔야 하지 않을까? 불웅령은 봉우리가 있으니까 불웅봉이라고 하고, 애진봉은 봉우리가 없이 안부처럼 생겼으니까 애진령이라고 하면 좋을 것 같다. 헬기장과 이정표를 지나 계단을 넘는다. 잠시 후 유두봉에 도착한다(16:47). '낙동정맥 유두봉'이라는 정상석이 있다. 내려가는 동안 큰 바위가 자주 나오고, 오르막 끝에 돌탑이 있는 봉우리에 이른다(16:59). 5~6분 내려가 안부사거리에서 직진으로 올라 24번 송전탑을 지나 암봉에 이른다. 삼각봉의 첫째 봉우리다. 이어서 둘째 봉우리에 이른다(17:09). 다시 삼각봉의 마지막 바위 봉을 넘어 내려가니 이정표가 있는(좌측 한효아파트 2.5) 삼거리에 이른다(17:19). 좌측 한효아파트 방향으로 내려가서 안부사거리에서 직진으로 올라 바위가 많은 능선을 오르내리다 바위로 이루어진 갓봉에 이른다(17:31).

갓봉에서(17:31)

한참 내려가니 산불감시 초소에 이어서 안부사거리에 이른다(17:41). 사거리에서 꽃동산 방향으로 출발하자마자 헬기장이 나오고, 이어서 이정표가 나온다(개금우드빌아파트 6.9). 날이 어둑어둑해졌다. 얼마나 더 가야 할지 불안하다. 다시 송전탑이 나온다(17:48).

그런데 등로가 보이지 않는다. 약간 내려가 살폈지만 등로나 표지기가 없고, 날이 어두워서 도저히 내려갈 수가 없다. 송전탑으로 되돌아 올라와서 좌측으로 내려간다. 길은 뚜렷하다. 한참 내려가니 임도가 나오고, 표지기와 등산 안내도가 있다. 이곳에서 헤드랜턴을 착용하고 우측으로 진행하여 임도사거리에 이른다. 좀 전의 송전탑 있는 곳에서 우측으로 내려왔으면 이곳 사거리에 이를 것 같다. 사거리에서 직진으로 오르니 13번 송전탑이 나오고, 이젠 헤드랜턴을 착용해도 등로를 구분하기가 쉽지 않다. 공중에 떠 있는 송전 선로를 보고 방향을 알아낸다. 송전탑에서 내려가니 사거리가 나오고, 직진으로 올라 14번 송전탑을 지나 내려가니 또 사거리에 이르고, 주변에 군용으로 보이는 시설물이 있다. 다시 오르니 15번 송전탑이 나온다. 그런데 이곳에서부터는 전혀 등로를 감지할 수 없다. 사방을 들쑤셔봤지만 등로 흔적을 찾을 수 없다. 공중에 떠 있는 송전선로를 보고 무조건 따라 내려간다. 날은 완전히 어두워진 캄캄한 밤이다. 어렵게 16번 송전탑을 찾았다. 어느 정도 안심이 된다. 우측 아래에 개금동 도로를 달리는 차량 불빛이 보인다. 잠시 후 텃밭 같은 오밀조밀한 밭뙈기 사이로 내려가니 높은 철망 울타리로 통제된 통로가 나온다. 마을에서 변전소를 드나들 수 있는 통로다. 좌우는 철재 울타리로 단단히 통제한다. 통로에 들어가서 아래로 내려가니 정문에 이른다(18:39). 그런데 정문은 꽁꽁 잠겼고, 정문 좌측에는 개화초등학교 정문이 있다. 잠긴 정문을 빠져나가려 사방을 들쑤셔봐도 나갈 곳이 없다. 정문 위에 원형 철조망까지 설치했다. 도저히 빠져나갈 수가 없어 다시 통로 위로 올라와서 보니 맞은편에 출구가 보인다. 그리고 보니 이곳에서 정문으로 내려갈 것이 아니라 이 출구로 빠져나갔어야 했다. 통로를 빠져나가니 이곳에도 텃밭 같은 밭뙈기가 이어지더니 잠시 후 주택가에 이른다. 골목으로 내려가니 개화초등학교 정문에서 내려오는 길과 만나고, 우측으로 내려가니 4차선 포장도로에 이른다(18:59). 개금고개에 거의 다 왔다. 그동안 졸았던 마음이 놓인다. 도로를 따라 우측으로 한참 올라가 육교를 건너 좌측 도로를 따라 오르니 최종 목적지인 개금고개에 이른다(19:15). 오늘은 이곳에서 마치고, 근처 찜질방에서 하룻밤을 보내고 내일 마지막 구간을 넘을 것이다. 도처에 스승이 있음을 오늘도 확인했다. 고당봉에서 만나 개금고개까지의 루트를 설명해 준 중년의 얼굴이 떠오른다.

🚶 오늘 걸은 길

군지고개 → 284봉, 지경고개, 금정산성, 만덕고개, 백양산, 삼각봉 → 개금고개
(25.0km, 12시간 17분).

⛰ 교통편

- 갈 때: 양산시 동면 우체국 앞에서 도보 또는 택시로 군지고개까지.
- 올 때: 개금고개에서 버스나 지하철로 부산역이나 노포종합터미널까지.

마지막 구간
개금고개에서 다대포 몰운대까지

2015년 1월 14일 17:00. 부산 다대포 몰운대 앞바다에 내려선 날, 낙동정맥을 완주하는 순간이다. 검푸른 바다는 말이 없고, 바닷속을 응시하던 나는 침묵으로 화답한다. 그 순간 낙동정맥 첫발을 내딛던 태백의 삼수령이, 울진 영양의 금강송이, 한밤중 텐트 속의 한기가…. 그리 멀지 않은 산길에서의 추억들이 새록새록 떠오른다. 행복하다.

낙동정맥 마지막 구간을 넘었다. 부산진구 개금동에 있는 개금고개에서 다대포 몰운대까지다. 이 구간에는 503.9봉, 구덕산, 대티고개, 246.8봉, 감천고개, 봉화산, 아미산 등이 있다. 이 구간은 개발로 인해 마루금이 주택이나 공장으로 변해버려서 복잡한 골목길을 누벼야 한다. 주의해야 할 곳이 두 군데 있다. 503.9봉에서 엄광산으로 이어지는 등로와 서구 4초소에서 승학산갈림길을 거쳐 구덕산에 오르는 등로다. 날머리인 몰운대에 들어서면 심장이 뛴다. 기대 이상의 감동과 희열을 줄 것이다.

2015. 1. 14. (수), 하루 종일 이슬비

찜질방에서 나와 개금역 5번 출구에 도착(05:58). 어둡지만 도로는 차량들의 헤드라이트로 번쩍거린다. 5번 출구 앞 백병원 위치를 알리는 표지판이 가리키는 대로 오른다. 두 번째 사거리에서 대각선으로 좌측 11시 방향을 바라보면 '나눔 생활 연대'라는 건물이 보이고, 그 건물 맞은편에 '소반 쭈꾸미'라는 음식점이 있다. 이곳 건물들 사이로 난 1차선 도로를 따라 오른다. 왼쪽에 태림맨션이 나오고 오름길 막다른 곳에 이르면 하성약국이 나온다(06:28). 하성약국 좌측 위로 올라 삼거리에서 우측으로 진행하면 고원아파트 5동 뒤에 이른다(06:36). 고원아파트 뒤 공터를 지나 철계단 좌측으로 조금 가면 돌계단이 나오면서 등로가 시작된다. 돌계단을 지나 산으로 오르지 않고 우측으로 계속 진행하면 우측에 약수터가 있는 공터에 이른다. 이곳에서 직진으로 한참 오르면 좌에서 우측으로 이어지는 능선갈림길에 이르고, 주변에 운동 시설 있다. 갈림길에서 우측으로 50m 정도 진행하면 비포장 임도에 이르고(07:17), 이정표가 있다(우측 개금배수지, 좌측 동의대학교). 임도를 가로질러 산으로 오른다. 빗방울이 떨어진다. 비 예보가 없었는데…. 비교적 가파른 오르막이다. 암벽 앞에서 우회하니 전망바위에 이르고, 로프가 있는 길을 넘어서면 큰 돌탑 4기가 있는 봉우리에 이른다(07:48). 이곳에서 상당한 주의가 필요하다. 이곳에서 엄광산은 우측 방향으로 이어지는데 좌측으로 1분을 이동하면 정상 표지판, 삼각점, 산불무인감시탑이 있는 503.9봉에 이른다(07:49). 이곳에서 마루금은 다시 큰 돌탑 4기가 있는 곳으로 되돌아가서 엄광산으로 가야 하는데, 큰 돌탑 4기가 있는 봉우리로 되돌아가지 않고 바로 직진하는 바람에 50분 이상을 헛돌이 한 후 큰 돌탑 4기가 있는 봉우리를 거쳐 엄광산에 도착(08:43). 정상석과 팔각 정자가 있고, 구덕산이 지척이다. 내려가는 길은 방화선처럼 넓다. 계단이 이어지고, 한참 후 갈림길 앞은(08:59) 철망 울타리로 막힌다. 우측으로 내려가니 넓은 길이 이어지고, 10여 분 내려가니 마을이 나오면서 2차선 포장도로에 이른다(09:08). 도로 우측 위에 놀이터 같은 공터가 있다. 부산시 서구 서대신동 꽃마을이다. 우측으로 50m 정도 이동하여 사거리에서 좌측으로 내려가니 바로 아래에 삼거리가 보인다. 이곳에서 시락국으로 아침 식사를 하고, 삼거리로 이동(09:29). 도로 건너편에 '꽃마을 작은 도서관'이 보이는데 마루금은 이 건물 우측으로 이어진다. 도서관을 좌측에 끼고 오르니 구덕문화공원 입구가 나오고, 조금 더 오르니 주차장이 나온다. 이어 '안나 노인 건강센터'를 지나 계속 오르니 '서구 4초소'에 이르고, 잠시 후 '서구 숲유치원' 입구에서 시멘트 도로를 한참 오르니 넓은 공터가 있는 승학산갈림길에 이른다(10:15). 이곳에서도 상당한 주의가 필요하다. 좌측 시멘트 도로를 따라 올라가야 되는데 도로를 따르지 않고, 좌측 산으로 오르는 바람에 헛고생과 시간 낭비를 했다. 좌측 시멘트 도로를 따라 오르면 이동통신탑이 있는 삼거리에 이르고, 좌측으로 오르면 구덕산 정상에 이른다(10:25).

구덕산 정상에서(10:25)

정상에서 이동통신탑이 있는 삼거리로 내려와 직진으로 국가 기상 레이더가 있는 곳으로 향한다. 시멘트 도로를 따라 진행하니 좌측에 시약정이 보이고, 잠시 후 기상관측소 정문에서(10:53) 좌측으로 내려가 기상관측소 뒤에서 좌측으로 내려간다. 봉우리를 넘고 막다른 곳에서 우측으로 내려가니 이정표가 나오고(대티고개 1.2), 소나무 숲을 지나니 산불감시인이 근무하는 '서구 10초소'가 나온다 (10:18). 초소 안에 50대 초반의 관리인이 있어 등로를 물었다. 오늘 다대포 몰운대까지 간다고 하니, 어려울 것이라면서 버스로 가도 한참 걸린다고 한다. 초소 앞 호화 묘지에 대해서는 비판적으로 말한다. 누구라면 다 알 수 있는 박씨 묘지라고만 알려준다. 작별 인사를 나누고 초소를 나서자마자 막다른 곳에 이르고, 등로는 좌측으로 이어진다. 낮은 봉우리를 넘으니 급경사 내리막이다. 잠시 후 '서구 12초소'에 이르고(11:33), 아래에 마을이 있다. 우측 밭 사이로 내려가다가 주택가 골목에 들어선다. 좁고 아무것도 보이지 않기에 감으로 내려간다. 2차선 포장도로를 찾는다는 생각으로 지름길로 내려가니 대티고개에 이른다(11:45). 도로 건너편에 버스 정류소가 있고, 우측으로 조금 이동하니 대티고개삼거리에 이른다. 맞은편 괴정2동 새마을금고를 우측에 끼고 도로를 따라 내려간다. 생각보다 복잡하다. 예전에는 산줄기였을 이곳이 개발된 탓이다. 잠시 후 금화맨션이 앞에 보이는 삼거리에 이르고, 아파트 좌측 도로를 따라 150m 정도 올라 우측 시멘트 계단을 넘어서니 삼거리가 나온다. 우측으로 진행하여 밭 가장자리를 걷다가 산으로 오르니, 긴 공동묘지가 끝나면서 226봉에 이른다. 정상에 바위와 소나무가 있다. 좌측으로 내려가다가 오르니 246.8봉에 이른다. 정상에 '우정탑'이 있고, 20m 정도 내려가다가 우측으로 7~8분 내려가니 임도삼거리에 이른다. 삼거리에서 직진하여 산으로 올라 무명봉에서 좌측으로 내려가다가 56초소를 지나니 마을에 이른다. 감천고개에 도착한 것이다(12:54). 이곳에서 등로는 직진으로 이어지는데 앞에 벽산블루밍 아파트와 군인 관사가 있어서 우회한다. 우측 도로를 따라가다가 사거리에서 좌측으로 진행하니 6차선 도로가 있는 큰길에 이른다. 도로 건너편에 세림신경외과가 있다. 이곳에서 좌측으로 진행하니 감천삼거리 육교가 나오고, SK주유소를 지나 좌측으로 이어지는 골목길로 내려가다가 국제아파트를 지나니 도로 건너편 골목길로 이어진다. 골목길로 들어가니 해동고등학교 정문에 이르고(13:19), 정문 좌측의 울타리를 빠져나가니 산길로 이어지고, 학교 울타리를 따라 계속 오르니 체육공원에 이른다(13:31). 주변에 군 훈련시설과 이정표가 있다(군부대 0.3). 직진으로 임도를 따라 오르다가 좌측으로 휘어지는 곳에서 우측 능선으로 오른다. 봉우리에서 내려가니 군부대 출입문이 나오고, 이곳에서 철망 울타리를 따르다가 안부에서 좌측으로 진행하니 자유아파트 뒤에 이른다. 이곳에서 우측으로 진행하여 아파트 놀이터와 정문을 지나 2차선 포장도로를 따라 우측으로 이동하니 대동 중·고교가 나온다. 잠시 후 4차선 포장도로가 지나는 장림고개에 이르고(13:53), 주변은 온통 냉장 건물이다. 앞쪽에 SK 다대로 주유소가 있다. 이곳에서 횡단보도를 건너 SK 다대로 주유소 좌측 도로를 따라 진행하다가 옹벽이 끝나는 곳에서 우측 산으로 계단을 넘어 한참 오르니 봉화산 정상에 도착한다(14:16). 운동시설과 청색 포장으로 설치된 가건물, 평상, 삼각점이 있다. 좌측으로 내려가다가 안부를 지나 우측 능선으로 우회하여 내려가니 2차선 포장도로에 이른다(14:26). 다시 능선으로 올라 묘지가 있는 무명봉에서(14:33) 내려가다가 밭 사이로 통과하니 구평 가구단지삼거리에 이른다(14:36). 삼거리에는 가구단지를 알리는 거대한 플래카드가 있다. 이슬비는 아직도 여전하다. 삼거리에서 가운데 도로로 진행하여 장인가구를 지나 농협 앞 삼거리에 이르고, 우측으로 진행하여 구 평산 마트 앞에서 좌측 도로를 따라 맛나식당을 지나 삼거리에서 우측 도로로 진행한다. 이번에는 동서식당을 지나 삼거리에서 좌측으로 진행하니 '김은희 우리 옷 연구실'이 나오고, 좌측으로 돌아가니 유진 부엌가구 공장이 나온다. 이곳으로 내려가다가 삼거리에서 우측으로 내려가면 조원 산업사가 나오고, 이곳에서 시멘트 도로를 따라 계속 내려가다가 우측으로 틀어지는 지점에서 우회전하니 철망 울타리에 준·희 씨의 낙동정맥 팻말이 보인다. 정말 복잡하다. 어지러울 정도다. 팻말도 흔들리고 내 걸음도 흔들린다. 훗날 이곳이 다시 생각날 것 같다. 계속 내려가니 삼환아파트 2차 102동 정문에 이르고(15:07), 정문에서 우측으로 진행하니 다송초교 입구를 지난다. 신다대아파트 105동 앞 육교를 건너 정문 앞에서 도로를 건너 계단으로 오르니 서림사 입구에 이른다. 입구에서 좌측으로 한참 오르니 '대웅전'이라는 암자가 나오고, 계속 오르니 무명봉에 이른다(15:34). 무명봉에서 우측으로 내려가 안부사거리에서 직진하여 오르막 끝에서 좌측으로 진행하니 아미산 정상에 이른다(15:51).

아미산 정상에서(15:51)

정상에 큰 규모의 응봉봉수대와 안내판이 있고, 주변 전망을 도식화한 안내판이 있다. 다대포 쪽 풍경이 흐린 날씨 속에서도 제 모습을 드러낸다. 빗방울이 점점 커져 바로 내려간다. 우측 나무계단으로 60~70m를 내려가 갈림길에서 좌측으로 내려가니 소나무 숲길이 이어지더니 홍티고개에 이른다(16:07). 바로 앞에는 롯데캐슬아파트가 있고, 등로는 11시 방향 몰운대로 이어지는데 아파트를 빙 돌아서 내려가야 한다. 롯데캐슬아파트를 좌측에 끼고 돌아 내려간다. 우측은 2차선 포장도로가 이어진다. 한참 내려가다가 삼거리에서 좌측으로 진행하니 다대포해수욕장에 이른다. 입구에 팔각 정자와 전망대가 있고, 좌측은 지하철 공사가 한창이다. 빗방울 떨어지는 석양에 철 지난 해수욕장을 거니는 사람이 있다. 지하철 공사 때문에 다시 도로로 건너와 계속 가니 성원상떼빌아파트 103동 앞에 이른다. 이곳에서 도로를 건너 우측으로 들어가니 몰운대 식당가와 주차장이 나오고, 이곳에서 산속으로 이어지는(몰운대로 들어가는) 입구에 서니(16:43) 몰운대 표석이 보인다. 시멘트 도로를 따라 들어간다. 햇빛이 차단되는 숲속으로 이어져 여름철엔 좋은 산책 코스가 될 것 같다. 삼거리에서 직진한다. 우측에 다대포 객사가 나오고, 삼거리에 이른다. 우측은 민간인 출입 금지 구역이어서 좌측으로 진행하니 한참 후 바다가 보이기 시작하고 초소가 있는 암벽에 이른다. 그 너머는 바다다. 드디어 다대포 몰운대 끝 지점에 이른 것이다 (17:05). 이로써 낙동정맥 마루금은 몰운대 바닷속으로 가라앉고, 길고 긴 낙동정맥 종주도 끝이 난다. 검푸른 바다는 말이 없다. 바닷속을 응시하는 나도 침묵으로 화답한다.

순간 낙동정맥 첫발을 내딛던 태백의 삼수령이, 울진 영양의 금강 송이, 산속 텐트 안의 한기(寒氣)가, 그리고 찜질방이…. 그리 멀지 않은 산길에서의 추억들이 새록새록 떠오른다. 그동안 산길에서 행복했다. 멧돼지와 고봉준령이 먼저 연상되어 미리 겁먹었던 낙동정맥이었다. 최악의 교통 오지일 것이라는 막연한 추측만으로 나섰었다. 어쩌면 무한정 늘어질지도, 마치지 못할지도 모른다는 방정맞은 예단으로 나섰던 낙동정맥 길이었다. 두려움과 궁금증을 안고 출발했었다. 8개월에 걸친 대장정! 이렇게 막을 내린다. 행복하다.

🚶 오늘 걸은 길

개금고개 → 503.9봉, 엄광산, 구덕산, 까치고개, 246.8봉, 감천고개, 아미산 → 몰운대(19.8km, 11시간 7분).

⛰ 교통편

- 갈 때: 부산역이나 노포역에서 지하철로 개금역까지.
- 올 때: 몰운대 대우아파트 앞에서 시내버스로 괴정시장까지, 지하철로 부산역까지.

낙동정맥 종주를 마치면서

2015. 1. 19.

　멧돼지와 고봉준령이 먼저 연상되어 미리부터 겁먹었던 낙동정맥이었다. 최악의 교통 오지일 것이라는 막연한 추측, 어쩌면 무한정 늘어질 수도 마치지 못할지도 모른다는 방정맞은 예단으로 나섰다. 한 마디로 두려움을 안고 출발했었다. 그러나 의외였다. 세상과 격리된 심산유곡 고봉에까지 잡목을 제거해 등로를 밝혀준 어떤 이의 노력은 실로 감동이었고, 무례한 불청객의 히치를 넓은 마음으로 받아준 승용차 운전자님, 넉넉한 인심을 보여 준 국밥집 할머니 등 따지지도 계산하지도 않는 대한민국의 따뜻한 인심을 산길에서 만났다. 반면 한때의 영화를 뒤로하고 소리 없이 쇠락해가는 탄광촌이 있었고 울진 금강송의 허리를 빨아대는 송진 채취 현장은 비통 그 자체였다. 말로만 듣던 영남알프스는 역시 백문이 불여일견임을 입증했으나 이젠 더 이상 인공 옷을 입히지 말아야 할 것이다. 산줄기를 파헤치고 묘지를, 산줄기를 걷어내고 아파트촌을 앉힌 현실 앞에서는 어쩌면 머잖아 이 땅의 산줄기 맥이 끊길지도 모른다는 불안감을 떨칠 수 없었다. 아픔이었다. 그런 길, 낙동정맥에도 끝이 있었다. 다대포 몰운대를 만났고 바닷속으로 가라앉는 낙동정맥을 목격했다. 8개월에 걸친 대장정, 내내 행복했다.

9

낙남정맥

낙남정맥 개념도

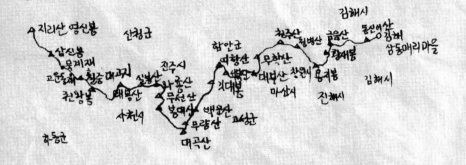

낙남정맥은 우리나라 13개 정맥 중의 하나로 지리산 영신봉에서 시작해서 낙동강 하류 매리마을까지 이어지는 산줄기이다. 백두대간상에 있는 지리산 영신봉에서 동남쪽으로 분기하여 진주, 하동, 사천, 마산, 창원 등지의 높고 낮은 산을 넘어 김해 분산에서 낙동강 하류 매리마을로 내려와 그 맥을 다한다. 낙동강의 남쪽을 가르며 길게 동서로 누워 우리나라 내륙과 남해안 지방을 분계하며, 남한 내 9개 정맥 중 가장 남쪽에 위치해 있다. 이 산줄기에는 지리산 삼신봉, 고운동치, 길마재, 돌고지재, 마곡고개, 태봉산, 계리재, 봉대산, 부련이재, 문고개, 천황봉, 가리고개, 대곡산, 큰재, 백운산, 덕산, 배치고개, 깃대봉, 큰정고개, 여항산, 서북산, 광려산, 쌀재, 무학산, 마재고개, 천주산, 신풍고개, 비음산, 냉정고개, 불티재, 황새봉, 망천고개, 나발고개, 영운리고개, 신어산, 감천고개, 동신어산 등의 산과 잿등이 있다. 도상거리는 지리산 영신봉에서 동신어산까지 총 232.7㎞이다.

첫째 구간
영신봉에서 고운동재까지

　지난 1월에 낙동정맥 종주를 마치고, 9정맥 중 마지막으로 남은 낙남정맥 종주에 나섰다. 종주는 지리산 영신봉에서 김해 동신어산을 향해 매주 금요일 밤에 출발해서 주말 이틀간 걸을 생각이다. 첫째 구간은 지리산 영신봉에서 고운동재까지다. 영신봉은 지리산의 주요 봉우리 중의 하나로 하동군, 함양군, 산청군에 걸쳐 있고, 고운동재는 하동군 청암면 묵계리와 산청군 시천면 양수상부댐을 잇는 1047번 지방도로 상에 있다. 이 구간에는 1237봉, 1278봉, 삼신봉, 외삼신봉, 묵계재, 991봉 등이 있다. 이 구간은 몇 가지 어려움이 있다. 들머리인 영신봉까지 접근하는데 도보로 3~4시간이 걸리고, 청학동갈림길에서 고운동재까지는 출입 금지 구역이다. 지난 1월 14일 낙동정맥을 마치고 줄곧 낙남정맥 출발일을 고민했었다. 불가피하게 야간산행을 해야만 하기에 어둠을 다소나마 덜어 줄 달빛 등을 고려하지 않을 수 없었다. 그래서 택한 날이 2월 13일이다.

2015. 2. 13. (금), 오전 맑았으나 바람, 오후 맑음
　2월 12일 밤 12시. 동서울터미널에서 출발한 심야버스는 새벽 3시 25분에 백무동터미널에 도착. 나를 포함 6명의 등산객이 내린다. 바로 화장실 앞으로 이동하여 전등빛 아래에서 산행 준비를 마치고, 음식점이 늘어선 도로를 따라 오르니 백무동 탐방지원센터에 이른다. 이 시각에도 직원이 근무하고 있다. 우리 같은 야간산행자들 때문이다. 직원의 지시에 따라 인적사항을 기록하고 주의사항을 듣는다. 나는 혼자인 까닭에 별도의 주의사항을 더 듣는다(03:45). 탐방지원센터를 벗어나자마자 갈림길이 나오고, 이정표가 있다(좌측 장터목대피소 5.8, 직진 세석대피소 6.5). 다른 일행은 모두 좌측 장터목대피소 쪽으로 오르고, 나만 혼자서 세석길로 향한다. 비로소 혼자가 된다. 한밤중에 랜턴 하나에 의지해 산속을 더듬는다. 우측은 깊은 계곡, 낭떠러지다. 밤중이라선지 계곡수 흐르는 소리가 크게 들린다. 잠시 후 갈림길에서 직진으로 오른다. 음력으로 12월 25일이라 반달이 보이지만 헤드랜턴의 기세에 밀리고 흐르는 계곡수에 덮여 달빛은 느낄 수 없다. 랜턴이 밝혀주는 앞만 보면서 오른다. 가끔 거리 표시가 된 이정표와 자연관찰로 표지판이 보일 뿐 아무것도 보이지 않는다. 나무도 산의 윤곽도 계곡의 형태조차도 알 수 없다. 목재 다리와 철재 다리가 반복해서 나온다. 깊은 계곡을 가로지르는 다리들이다. 그중 출렁다리도 있다. 출렁다리를 건널 때는 내 가슴이 철렁하기도. 첫나들이 폭포 표지판이 나오지만(04:35), 랜턴으로 확인만 할 뿐 볼 생각도 않고 오른다. 가내소 폭포에 이어 오층 폭포를 확인한다(05:25). 이정표도 있다(세석대피소 3.5). 마지막으로 한신 폭포를 확인하자 제대로 올라가고 있음을 확신한다. 계곡을 오를 때는 어둡고 춥고 다급해서 주변 상황을 기록할 수 없다. 간간히 촬영을 하지만 무엇이 찍히는지 알 수 없다. 어둠 때문에 먹통으로 나타날 것임을 알면서도 자동적으로 셔터를 누른다. 겨울철 야간 산행에서 어둠보다 더 무서운 것이 빙판이다. 등로는 수많은 발걸음으로 쌓인 눈이 다져져 미끄럼길로 변했고, 빙판으로 변한 얼음길도 있다. 어둠 속에서도 저 아래 계곡을 흐르는 물소리는 뚜렷하다. 달빛이 좀만 더 밝았더라면 계곡의 야경을 만끽할 텐데, 아쉽다. 하지만 대수는 아니다. 어쨌든지 빨리 이 어둠을 벗어나고 싶다. 무심코 뒤돌아보는 순간, 달빛으로 생긴 자신의 그림자를 보고서는 깜짝 놀란다. 간담이 서늘하다. 계속 나타나는 폭포를 통해서, 철다리를 지나면서, 이정표를 만나면서 세석대피소가 가까워짐을 알 수 있다. 달빛의 위력인지 시간의 흐름 때문인지는 몰라도 주변이 점차 윤곽을 드러낸다. 계곡이 끝나고 가파른 오르막이 시작된다. 40~50분 정도 된비알을 넘으니 세석평전에 이르고(08:10), 세석갈림길에서 이정표를 확인한다(좌측 장터목대피소 3.4, 직진 거림 6.0). 주변은 온통 새하얀 눈. 능선 아래에 세석 대피소가 유난히 쓸쓸하게 보인다. 영신봉을 향해 우측 능선으로 오른다. 이동통신탑이 가까이 다가서고 잠시 후 영신봉에 이른다(08:35).

영신봉 정상에서(08:35)

　정상에 정상목이 있고, 낙남정맥으로 이어지는 산줄기에는 출입 통제 금줄이 있다. 먼저 정상목 앞에 서서 무사 종주를 기원한다. 표지기가 하나도 보이지 않는다. 출발한다. 마루금은 출입 금지구역이라서 우회로인 세석대피소로 돌아서 내려가야 한다. 세석대피소에 도착(09:01), 안내소 직원은 자다 일어난 듯 두 눈을 비비면서 작은 유리문을 밀치며 얼굴을 내민다. 다른 옆 건물에 취사장이 있다는 것만 알려주고 바로 문을 닫는다. 텅 빈 취사장은 온기라곤 전혀 없이 싸늘하다. 바람막이가 될 뿐 노상이나 다름없다. 썰렁한 공간에서 홀로 비닐봉지에 담긴 찬밥을 억지로 쑤셔 넣는다. 못 할 짓이다. 바로 출발한다(09:10). 취사장 바로 앞 삼거리에 있는 이정표가 가리키는 대로 남쪽으로 내려간다. 쌓인 눈이 다져진 눈길. 잠시 후 음수대가 나오고 10분쯤 내려가니 갈림길에 이른다(09:21). 좌측은 거림으로, 등로는 우측 청학동 방향으로 이어진다. 우측으로 내려가니 주변은 온통 눈. 눈 발자국만 따라서 10여 분 내려가니 큰 바위가 있는 곳에 이른다(09:36). 평소에는 이곳 바위 사이에서 물이 나오는데 얼어버렸다. 돌길이 시작되고, 바람이 몹시 심해 갈수록 추워진다. 키 작은 산죽이 눈에 덮였다. 10여 분 만에 또 이정표가 나온다(청학동 8.3). 전망바위를 지나 뒤돌아보니 방금 지나온 영신봉과 촛대봉이 우뚝하다. 마치 홀로 쓸쓸히 내려가는 나를 지켜보는 것만 같다. 추위를 잊기 위해서 달린다. 잠시 후 의신갈림길에 이른다(09:59). 우측은 의신마을로, 등로는 직진인 삼신봉 방향이다. 암릉을 피해 우측으로 우회하여 내려가듯 오르니 고개에 이르고(10:15), 능선을 넘어 반대 방향으로 내려가니 주변은 온통 눈. 눈 속에 홀로 산죽이 푸르다. 이 지독한 바람은 언제 그칠지? 고개에서 내려가자마자 석문이 나온다(10:18). 상하좌우가 바위로 밀폐되고 가운데만 뚫렸다. 그 사이로 오르니 다시 눈길. 전망바위를 지나 산죽과 함께 한참 내려가니 이정표가 나오고, 암릉 오르내리기를 반복. 다시 산죽과 이정표가 나오고, 암릉도 계속된다. 양지는 눈이 녹아서 돌길이 드러나고, 음지는 여전히 눈길이다. 다행히도 등로의 산죽이 제거되어 진행에 불편은 없다. 낮은 봉우리를 넘고, 오르니 1,237봉에 이른다(11:09).

1,237봉 정상에서(11:09)

정상에 이정표(청학동 5.6)와 비상용이동전화중계기가 있다. 바닥은 눈으로 덮였고 주변은 온통 산죽이다. 내려간다. 잠시 후 희미한 갈림길에서 좌측으로 진행하니 이곳에도 비상용이동전화중계기가 있다. 직진으로 오르니 좌측에 천왕봉이 보이기 시작하고, 완만한 능선을 오르내리다가 1,278봉 바로 아래를 지난다(12:03). 정상은 눈 때문에 오르지 못하고 그냥 지나친다. 이후에도 무명봉을 만나지만 그때마다 사면으로 통과한다. 한참 후 삼신봉과 외삼신봉이 보이기 시작하고, 좌측에 천왕봉에서부터 촛대봉, 영신봉의 봉우리들이 뚜렷하게 나타난다. 삼신봉이 가까워지고, 삼신봉 암봉 직전에서 바닥에 안치된 추모비를 발견한다. 산을 좋아하던 어느 분의 사고사를 추모하는 비석이다. 잠시 명복을 빈다. 추모비가 있는 갈림길에서 좌측 암릉으로 오르니 사람들 말소리가 들리더니 삼신봉 정상에 이른다(12:46). 정상은 온통 바위다. 중앙에 정상석이 있고, 그 뒤에 '삼신봉에서 바라본 지리산 종주 능선'이라는 안내판이 있다. 정상석 주변에 등산객 세 분이 둘러앉아 있다.

삼신봉 아래 산골에 사는 청학동 주민들이다. 이들로부터 커피와 초콜릿, 사과까지 얻어먹고, 이들의 도움으로 정상석을 배경으로 인증 샷을 날린다. 주변 조망은 가히 환상적이다. 북쪽으로는 지리산 천왕봉에서 노고단까지 이어지는 지리산 주능선이 한눈에 들어오고, 바로 우측인 남서쪽으로는 내삼신봉이, 좌측인 남동쪽으로는 외삼신봉이 지척으로 다가선다. 특히 가슴 설레는 것은, 그동안 말로만 듣던 청학동마을이 바로 봉우리 아래에 있다는 사실이다. 정상에서 한참 갈 길을 점검한 후 내려간다. 등로는 외삼신봉이 있는 좌측으로 이어진다. 암봉에서 내려가니 갈림길이 나오고(13:19) 우측은 내삼신봉으로, 좌측은 청학동으로 내려가는 등로다. 좌측으로 7분 정도 내려가니 청학동갈림길에 이르고(13:26), 등로는 직진인데 통나무를 매달아 출입을 통제한다. 그 옆에는 출입 금지 안내판이 있다. 그러나 어쩌랴. 뚫고 지나가는 수밖에. 탐방로는 아니지만 등로는 뚜렷하다. 출입 금지구역이어서 산죽이나 잡풀은 그대로다. 키 큰 산죽 지대에 이른다. 반달곰 출현지역이라면서 즉시 되돌아가라는 경고문이 나온다. 다행인 것은 지금은 반달곰이 동면에 들어갔다. 갈림길이 한 번 더 나오고, 우측 능선으로 오르니 외삼신봉에 이른다(13:51). 암봉이고 정상석이 있다. 조금 내려가니 낭떠러지에 선다. 그 아래는 10여 미터는 될 것 같은 절벽이다. 다행히도 로프가 있으나 너무 가늘어 미끄럽고 중간에 매듭이 없어 위험하다. 많이 망설였지만 다른 방법이 없어 가늘은 로프를 타고 내려간다. 상당한 주의가 필요한 곳이다. 비록 탐방로는 아니지만, 엄연히 많은 종주자들이 통과하고 있는데 이렇게 방치해서야⋯. 로프를 좀 더 굵은 것으로 했으면 좋겠다. 어렵사리 수직 절벽을 내려와 위를 쳐다보니 아찔하다. 내려가니 암봉이 앞을 막아 좌측으로 우회하여 낮은 봉우리를 오르내린다. 등로가 험하고 암릉이 자주 나온다. 키를 넘는 산죽이 길게 이어지더니 갈림길에서(14:32) 좌측으로 진행하니 급경사 내리막이 이어진다. 엄청난 산죽 지대다. 산죽 속에 갇혀 아무것도 보이지 않는다. 하늘도 볼 수 없고, 바닥만 보면서 헤쳐나간다. 산죽 지대를 한참 내려가니 안부에 이른다. 묵계재다(15:20). 주위엔 키를 훌쩍 넘는 산죽만 있을 뿐 빈틈이 없다. 등로도 알아볼 수 없다. 직진으로 오르는 등로 역시 빽빽한 산죽 지대다. 등로 뿐만 아니라 산 전체가 산죽인 산죽 산이다. 빽빽한 산죽을 뚫고 40여 분 오르니 991봉에 이른다(15:59). 정상은 확인할 수 없다. 빽빽한 산죽 때문이다. 조금 내려가니 그 많던 산죽은 온데간데없고 부드러운 흙길이 나타난다. 사방이 터져 이렇게 시원할 수가! 완만한 내리막 능선이 이어진다. 잠시 후 좌측에 철망 울타리가 보이기 시작하고, 울타리 우측 끝으로 통과하니 2차선 포장도로인 고운동재에 이른다(16:15). 오늘은 이곳에서 마친다. 기대가 컸고 염려도 많았던 첫 구간, 새벽부터 야간산행으로 시작해서인지 내내 졸리기까지 했다. 세찬 바람도 어느새 그쳤다. 끝까지 무사 종주를 다짐한다.

🚶 오늘 걸은 길

영신봉 → 1,237봉, 삼신봉, 외삼신봉, 묵계재, 991봉 → 고운동재(13.6㎞, 7시간 40분).

⛰ 교통편

- 갈 때: 동서울터미널에서 지리산 백무동행 버스 이용.
- 올 때: 고운동재에서 도보로 묵계삼거리까지, 묵계삼거리에서 진주행 버스 이용.

둘째 구간
고운동재에서 돌고지재까지

　'꽃피는 4월이면 만사를 제치고 하남시 검단골을 찾을 것이다. 그곳에서 동갑내기 양봉 아저씨를 만나, 다시 한번 그때 못한 감사 인사를 전할 것이다. 그리고 말할 것이다. 그때 정말 고마웠었다고.' 지난주 진주 돌고지재에서 옥종까지 나를 태워 준 트럭 운전자를 향한 나의 다짐이다. 둘째 구간을 마치고 돌아올 때 예상치 못한 귀인을 만나 귀경길에 대한 큰 시름을 놓을 수 있었다. 날머리인 돌고지재는 노선버스가 없어 옥종까지는 장거리 택시를 이용해야만 한다. 고민 끝에 지나가는 트럭을 세웠고, 운 좋게도 트럭은 멈춰주었다. 그런데 이 트럭 운전자가 바로 동갑내기 하남 사람이 아닌가! 천릿길 남쪽에서 이런 이웃을 만날 줄이야!

　둘째 구간을 넘었다. 고운동재에서 돌고지재까지다. 고운동재는 하동군 청암면 묵계리와 산청군 시천면 반천리를 잇고, 돌고지재는 횡천면과 옥종면 경계에 있는 잿등이다. 이 구간에는 875봉, 798봉, 길마재, 584봉, 양이터재, 652봉 등이 있는데, 들머리까지는 50분 정도를 걸어야 한다.

2015. 2. 14. (토), 맑음

진주시외버스터미널 인근 찜질방에서 새벽에 터미널로 직행. 7시 5분에 출발한 청학동행 버스는 8시 38분에 묵계삼거리에 도착. 도중에 운구행렬을 만나 버스가 지체. 덕분에 지방의 독특한 상례를 목격했고, 젊은 버스 기사의 차분한 자제력에 감탄. 묵계삼거리에서 들머리인 고운동재까지는 걸어가야 한다. 고운동재에는 9시 28분에 도착. 들머리는 원래 고운동재에서 우측 산 능선으로 이어지지만 산야초 재배지라고 통제하기 때문에 산청양수발전댐 방향으로 30m 정도 이동하여 우측 능선으로 오른다(09:37). 초입에 몇 개의 표지기가 보이고, 눈이 쌓여 쉽게 등로임을 알 수 있다. 바로 바위가 나오고 키 작은 산죽이 보인다. 좌측 사면으로 비스듬하게 오르니 좌측에 양수상부댐이 내려다보이고, 잠시 후 능선갈림길에 이른다(09:51). 우측은 고운동재에서 올라오는 길이고, 등로는 좌측으로 이어진다. 산 전체가 산죽으로 덮였다. 산죽을 뚫고 좌측 능선으로 조금 내려가니 산죽이 끝나고 잡목이 이어진다. 우측에 하늘색 전선 울타리가 설치되었다. 산야초 재배지 울타리다. 안부를 지나 울타리와 함께 걷는다. 키 넘는 산죽이 이어지고 잠시 후 902.1봉갈림길에 이른다(10:07). 좌측은 902.1봉으로, 등로는 우측으로 이어진다. 우측으로 50m 정도 내려가니 산죽이 끝나고, 전기 철선은 여전히 등로 우측으로 따라 온다. 안부에서부터 다시 산죽이 시작되고, 직진으로 오르다 능선에서 내려가니 바닥에 작은 바위가 있다. 잠시 후, 키 큰 산죽 지대가 200m 정도 이어지다가 끝난다. 산죽 속을 빠져나오니, 마치 밝은 세상에 나온 듯 그동안 갑갑했던 답답증이 풀린다. 한 번 더 산죽 지대가 이어지고 무명봉에서(10:38) 내려가다가 오르니 또 산죽 지대가 이어지더니 875봉에 이른다(10:44). 정상 아래에 허물어진 묘지가 있다. 내려가다가 봉우리 직전에서 좌측 사면을 통해 내려가니 역시 이곳도 산죽, 한동안 계속해서 산죽 지대를 오르내린다. 우측에 바위가 보이고, 계속 오르니 798봉에 이른다(11:10). 날씨가 아주 좋다. 어제와는 달리 바람 한 점 없다. 특이한 것은 여기까지 오는 동안 소나무를 보지 못했다. 대부분 참나무류다. 안부 우측에 모처럼 소나무가 보이고, 안부에서 오르니 또 산죽 지대. 잠시 후 790.4봉에 이른다(11:50). 정상에 약간의 산죽과 참나무, 진달래나무, 정상 표지판, 감마로드가 설치한 삼각점이 있다. 내려가는 길도 산죽 지대. 소나무가 군락진 안부에서(12:01) 오르니 766봉갈림길에 이른다(12:06). 좌측은 766봉으로, 등로는 우측이다. 우측으로 내려가다 2개의 낮은 봉우리를 넘고 급경사 긴 내리막으로 향한다. 소나무 지대에 이어서 보호석이 있는 묘지가 나오더니 시멘트 포장도로인 길마재에 이른다(12:27). 길마재는 하동군 청암면 묵계리 장재기 마을과 옥종면 궁항리를 잇는다. 이동통신 중계기와 전신주가 있다. 길마재에서 잠시 기록을 정리하는데 자동차를 몰고 온 노인이 멈춰 삼신봉 가는 길을 묻는다. 어제 오른 산이기에 자세히 알려주며, 일단 청학동을 찾아가라고 말해 준다. 도로를 건너 산 능선으로 7~8분 오르니 555봉 정상에 이르고(12:42), 산불감시 초소가 있다. 초소 아래에 불을 지핀 흔적이 있고, 귤껍질이 널려 있다. 내려가니 우측에 소나무 군락지가 나오고, 안부에서 오르니 무명봉에 이른다(12:55). 다시 낮은 봉우리를 넘고 내려가니 소나무 군락지가 이어지다가 벌목지대에 이른다. 낮은 봉우리를 넘고 바위와 산죽을 헤치고 오르니 565.2봉에 이른다(13:22). 온통 산죽으로 덮인 정상에 삼각점과 준·희 씨의 표지판이 있다. 다시 무명봉을 넘고(13:38), 안부에서 올라 584봉에 이른다(13:50).

584봉 정상에서(13:50)

우측 아래에 마을이 보인다. 완만한 능선을 내려가니 작은 안테나가 보이더니 소나무 군락지에 이른다. 이어 등로는 좌측으로 90도 틀어지고, 좌측 아래는 널찍한 계곡이다. 잠시 후 비포장도로인 양이터재에 이른다(14:01). 양이터재는 하동군 옥종면 궁항리 양이터 마을과 청암면 평촌리 동촌마을을 잇는다. 좌측은 시멘트로 포장되었고 우측은 자갈이 깔린 비포장도로다. 간이 화장실과 나무의자 3개가 나란히 있고, 하동군에서 설치한 위태-하동호 둘레길 안내판이 한쪽 구석에 있다. 도로를 건너 산으로 오른다. 잠시 후 낮은 봉우리를 넘고

(14:11), 안부사거리에서(14:13) 직진으로 올라 소나무 군락지를 지난다. 다시 무명봉 직전 갈림길에서(14:31) 우측으로 내려가다가 낮은 봉우리 두 개를 넘고 내려가니 주변은 간벌치기 되었고, 3번째 봉우리에 이르니 정상에 바위가 있다. 바위가 나오는 완만한 능선을 오르내리다가 다시 무명봉에 이른다(14:58). 우측에 665.8봉이 솟아 있고, 등로는 652봉이 있는 좌측으로 이어진다. 갑자기 옛말이 생각난다. '눈길을 걸을 때는 함부로 어지러이 걷지 말라'고 했다. 이 발자국이 훗날 뒷사람의 이정표가 될 수도 있어서다. 주변 메모에 신경이 쓰인다. 좌측으로 내려가 안부에서 한참 오르니 652봉 정상에 이른다(15:19). 주변은 뿌옇게 안개가 깔렸고 바람도 일기 시작한다. 우측

으로 내려가다가 낮은 봉우리를 넘으니 등로 주변에 잡목과 가시덤불이 많다. 안부에서 오르니 이곳도 간벌치기한 흔적이 있다. 잠시 후 무명봉에서(15:43) 좌측으로 내려가니 완만한 능선 흙길이 이어지고, 등로 주변은 억새 천지다. 잡풀과 가시덤불도 나온다. 묘지가 연속되고, 돌길이 100m 정도 이어지더니 밤나무가 보이기 시작한다. 잠시 임도가 이어지더니 안부에 이른다. 직진으로 오르는 등로엔 억새가 많고, 10여 기의 원형 묘지를 지나니 375봉에 이른다(16:04). 정상에 4각 기둥 형태의 삼각점과 안내문이 있다. 내려가는 등로 우측에 잣나무가 일렬로 심어졌고, 바위를 모아 둔 곳이 나오더니 임도가 시작된다. 우측에 철망 울타리가 나오고 끝에 철망 문이 있다. 울타리 밖은 2차선 포장도로가 지난다. 철망 문을 지나 오르는 등로는 온통 억새로 덮였다. 낮은 봉우리를 넘고 내려가니 대나무 숲이 나오고, 좌측으로 40m 정도 내려가다가 우측 대나무 숲으로 들어가니 잠시 후 2차선 포장도인 돌고지재에 이른다(16:18). 도로 건너편에 주택처럼 보이는 건물이 있다. 오늘은 이곳에서 마친다. 이젠 사는 방식을 바꾸고 싶다. 멋도 내고 돈도 더 쓰며 살고 싶다. 정맥 마루금도 널리 알리면서 나를 좀 더 드러내고 싶다. 어제부터 연속된 종주, 무거운 마음으로 시작했으나 마치고 나니 개운하다.

🚶 오늘 걸은 길

고운동재 → 875봉, 길마재, 584봉, 양이터재, 665.8봉 → 돌고지재(14.3㎞, 6시간 50분).

⛰️ 교통편

- 갈 때: 진주시외버스터미널에서 묵계삼거리까지 버스로, 고운동재까지는 도보로.
- 올 때: 돌고지재에서 옥종까지는 택시로, 옥종에서 진주까지 버스로.

셋째 구간
돌고지재에서 원전고개까지

빙판을 오르던 그때, 2월은 온데간데없고 매화향 움트는 춘삼월이다. 그새 하동을 지나 오랑마을에 들어섰다. 낙남은 그렇게 흐른다. 세월과 함께, 인생도 같이….

이틀 연속 3, 4구간을 넘었다. 3구간은 돌고지재에서 원전고개까지다. 돌고지재는 하동군 옥종면 회신리와 횡천면 전대리를 잇고, 원전고개는 사천시 곤명면 봉계리 원전마을 위 잿등이다. 이 구간은 467봉, 546봉, 천왕봉, 백토재, 마곡고개 등이 있는 전형적인 육산으로 내내 포근한 낙엽길이 이어진다. 한 가지 유념할 것은, 진주에서 들머리인 돌고지재까지 가는 교통편이 아주 열악해 사전에 충분한 검토가 필요하다.

2015. 3. 7. (토), 맑음. 봄 날씨

서울남부터미널에서 밤 12시에 출발한 심야버스는 다음날 새벽 3시 21분 진주시외버스터미널에 도착. 바로 터미널 앞 김밥천국으로 향한다. 날이 샐 때까지 추위를 피하기 위해서다. 6시 40분에 진주터미널을 출발한 버스는 7시 26분에 옥종에 도착. 버스 안에서 전국의 산을 모두 다녔다는 자칭 산 도사라는 버스 기사로부터 중요한 정보를 얻었다. 옥종에서 돌고지재로 가는 버스는 하루에 한 번 9시 20분에 있으니, 옥종에서 무료하게 시간을 보내지 말고 일단 회신삼거리까지 가서 택시를 타던지 도보로 가라고 한다. 옥종터미널에서 내려 다음 교통편을 고민 중인데 누군가 나를 부른다. 택시를 세워놓고 타라는 것이다. 자기가 회신삼거리를 거치는데, 그곳까지 같이 가자는 것이다. 버스 안에서 버스 기사와 주고받던 대화를 들은 승객이다. 이렇게 고마울 수가! 회신삼거리에는 7시 38분에 도착. 삼거리 정면 중앙에 갈성 버스 정류소가 있고, 좌측에 위태보건진료소가 있다. 돌고지재까지는 걷기로 한다. 횡천면 방향인 좌측 도로를 따라 오른다. 산골의 아침 풍경이 평화롭다. 이른 아침 굴뚝 연기 피어오르는 풍경을 본 적이 얼마 만인가. 돌고지재에는 8시 27분에 도착. 도로 좌측에 산행안내도가 있고(천왕봉 2.7, 백토재 6.1), 이곳에서 들머리는 좌측 위 시멘트 도로다. 출발한다(08:40). 5~6분 오르니 우측 산으로 오르는 통나무 계단이 보이고, 그 앞에 많은 표지기와 이정표가 있다. 통나무 계단을 따라 오르니 주변엔 희끗희끗 잔설이 있고, 통나무 계단을 넘자마자 전나무 숲이 이어진다. 숲속 세로를 5~6분 오르니 시멘트 임도가 나오고, 임도를 따라 10m 정도 가다가 임도를 건너 좌측 능선으로 오르자마자 467봉에 도착한다(08:54). 특이한 산불감시 초소가 있다. 원목으로 된 초소 옆에는 목재 의자와 안테나가 있고, 주변은 마른 억새가 산봉우리를 지키고 있다. 내려가자마자 시멘트 임도로 바뀌고 40m 정도 가다가 좌측 능선으로 올라 낮은 봉우리를 넘으니 소나무 숲길로 이어진다. 전형적인 육산이다. 잠시 후 526.9봉에 이른다(09:12). 정상에는 준·희 씨의 표지판이 있고 잡목이 무성하다.

　우측 내리막도 여전히 소나무 숲길, 기분이 상쾌하다. 등로의 질에 따라 이렇게 기분이 달라질 수도 있다. 우측 아래는 여전히 임도가 따라온다. 잠시 후 546봉에 이르고(09:25), 정상은 삼거리 갈림길. 백두대간 우등지분기점이라는 표지판이 나뭇가지에 걸려 있다. 역시 준·희 씨 작품이다. 이곳은 주의가 필요한 곳이다. 우측에 표지기가 많지만, 등로는 좌측이다. 좌측으로 내려가니 등로 양쪽에 어린 잣나무 묘목이 식재되었고 바닥에는 폐타이어가 깔렸다. 좌측 더덕 재배지에는 파란 그물망이 설치되었다. 한참 내려가 임도에서(09:32) 좌측으로 내려가다가 오르니 넓은 임도가 이어지고, 양쪽은 온통 소나무다. 300m 정도 가니 이정표가 나오고(09:38, 백토재 3.8), 등로는 우측 산으로 이어진다. 통나무 계단이 이어지고, 주변 소나무는 하나같이 비쩍 말랐다. 잠시 후 삼거리에서(09:46) 위로 오르니 천왕봉에 도착한다(09:51). 정상석과 육각 정자가 있다. 이곳 천왕봉은 지리산 천왕봉과는 별개인 하동군 옥산에 위치한 봉우리다. 북쪽은 지리산 영신봉에서부터 이어지는 낙남정맥 마루금이 한눈에 들어오고, 우측에는 옥종면이 자랑하는 옥산이 우뚝 솟아 있다. 천왕봉에서 천왕봉을 바라보는 기이한 현상이다. 한참 내려가다가 오르막 끝에 옥산갈림길에 이른다(10:05). 옥산은 좌측에 있고 등로는 직진 내리막. 등로 중앙에 묘지가 있다. 계속 내려가다가 낮은 봉우리를 넘고 내려가니 긴 통나무 계단이 이어지고, 아담한 돌무더기가 연속해서 세 번이나 나온다. 돌무더기마다 초록 이끼가 끼었다. 완만한 능선을 오르내리다 청수갈림길에 이른다(10:41). 돌무더기와 이정표가 있다. 우측 소나무 숲길로 내려가 묘지가 있는 갈림길에서 좌측으로 가다가, 임도갈림길에서 우측으로 진행하니 임도사거리에 이른다(10:48, 백토재 0.6). 사거리에서 좌측 임도로 15m 정도 가다가 우측 능선으로 올라 나무의자 두 개가 있는 낮은 봉우리를 넘는다. 묘지가 있는 곳에서 우측으로 내려가니 통나무 계단이 이어지고 대나무밭이 나오면서 바로 시멘트 임도에 이른다(10:57). 우측에 이동통신탑과 이정표가 있다. 그런데 돌고지재와 백토재 방향이 반대로 표시되었다. 이럴 수가! 좌측으로 진행하니 넓은 공터가 나오고, 지리산 자연요양병원 옆을 통과하면서 2차선 포장도로인 백토재에 이른다(11:01). 백토재는 하동군 북천면 화정리와 옥종면 정수리를 잇는 잿등이다. 좌측에 '고향옥종'이라고 한자로 음각된 큼지막한 표석과 이정표가 있다(솔티재 23.53). 그리고 보니 아침에 진주에서 버스를 타고 이곳을 지날 때 버스 기사가 하던 말이 생각난다. 이곳이 백토재라면서 돌고지재에서 출발하면 이곳을 거치게 될 것이라고 했다. 도로를 건너 산으로 오르자마자 묘지가 나오면서 임도가 이어진다. 임도를 오르다가 내려가자마자 좌측 산으로 올라 밤나무 단지에 들어선다. 좌측 가장자리를 따라 내려가다가 단지를 벗어나 완만한 능선을 오르내린다(11:18). 30m 정도 가다가 우측 능선으로 오르니 길목에 표지기가 있고, 다시 임도를 만나 10m쯤 가다가 또 우측 산으로 오르자마자 새로 조성한 가족묘지가 나온다. 봉분 없이 넓적한 비석만(5기) 있다. 보기가 참 좋다. 좀 더 오르니 좌측에 콘셋 시설이 나오고, 247봉에 이른다(11:34). 정상에 원형묘 2기가 있다. 우측으로 내려가 임도갈림길에서 좌측으로 내려가니 바로 시멘트 임도에 이르고, 50m 정도 가다가 우측 능선으로 오르니 주변은 간벌치기가 되었다. 밤나무 단지를 지나 계속 오른다. 낮은 봉우리를 넘고 내려가니 좌측도 밤나무 단지다. 잠시 후 시멘트 임도에 이른다(11:52). 좌측에 묘지가 있다. 임도를 건너 오르막 끝 능선갈림길에서 우측으로 내려가니 바로 대단지 묘역이 나오고, 묘지 가운데로 내려가 시멘트 임도를 건너 흙길 임도로 진행한다. 사천시장의 안내문이 보인다. 좌측은 대나무밭이고 우측 아래에 민가가 있다. 임도를 따라 30m 정도 오르다가 좌측 산으로 진입한다. 등로를 나무로 막았으나 표지기는 그대로 있고, 등로 우측은 탱자나무 울타리다. 다시 밤나무 단지를 만나 우측 가장자리를 따라 오른다. 단지 끝에서 소나무 숲으로 오르다가 오르막 끝에서 점심을 먹고 내려간다. 내려가자마자 임도에서 100여 미터쯤 가다가 우측 산으로 오르니 주변에 폐타이어가 있다. 이어서 밤나무 단지 가운데로 진행하여 안부사거리에서 직진으로 오르니 좌측에 과수원이 있고, 과수원 7부 능선쯤에서 우측 산으로 올라 오르막 끝에서 내려가니 넓은 임도가 시작된다. 한참 후 시멘트 임도 오거리에서(12:36) 가운데 임도를 따라 오르는 우측은 새로 조성한 과수원. '장인조경' 표지판이 있는 임도삼거리에서 쇠고리를 넘어 우측으로 오른다. 과수원을 벗어나 산으로 오르다가 위에서 내려오는 부부 종주자를 만난다. 나와는 반대로 원전고개에서 올라온다고 한다. 잠시 후 237봉 정상에서(12:46) 좌측으로 내려가니 소나무 숲길이 시작되고, 좌측 아래에 임도가 보이더니 잠시 후 그 임도 옆을 지나게 된다. 한동안 임도 우측 낮은 절개지 위를 걷다가 다시 능선으로 오르니 옥정봉에 이른다(13:04).

옥정봉 정상에서(13:04)

정상에서 간식을 먹은 후 출발한다(13:13). 원형 묘를 지나 소나무 숲으로 내려가니 임도에 이르고(13:19), 임도를 건너 산으로 오르니 좌측은 벌목이 되었고 57번 송전탑이 보인다(13:21). 소나무 숲길을 5~6분 진행 후, 임도삼거리에서(13:27) 좌측으로 진행하니 우측은 대나무밭이다. 임도가 우측으로 휘어지는 곳에서 좌측 산으로 오른 후 내려가니 소나무 숲길이 이어지고, 잠시 후 갈림길에서(13:39) 직진으로 가다가 봉우리 직전에서 좌측 사면으로 진행하니 통나무로 통제한 곳에 이른다. 좌측은 과수원, 직진으로 올라 갈림길에서 (13:51) 직진하니 좁은 소나무 숲길이 계속된다. 이어 무명봉을 넘고 (13:55) 내려가다가 안부에서 우측을 내려다보니 자동차도로가 보인다. 계속되는 좁은 소나무 숲길을 걷다가 절개지 상단부에서 우측으로 내려간다. 통나무 계단을 지나 마곡고개에서(14:02) 도로를 건너 움푹 들어간 골짜기로 이어지더니 큰 돌이 쌓인 곳에 이른다. 이정표가 있다(솔티고개 16.32). 통나무계단을 넘어 갈림길에서 우측으로 내려가서(14:14) 밤나무 단지 우측 아래 사면으로 진행한다. 잠시 후 우측 사면까지 밤나무 단지가 조성된 곳을 걷다가 단지를 통과하면서부터는 능선 바로 아래인 소나무 숲길을 걷는다. 능선 좌측은 여전히 밤나무 단지다. 갈림길에서(14:31) 밤나무 단지와 이별하고 우측으로 내려가니 이곳도 역시 좁은 소나무 숲길. 오늘은 걷기 좋은 길만 이어진다. 이런 길이라면 1주일도 계속해서 걸을 수 있겠다. 잠시 후 이정표가 나온다. 그런데 거리 표시가 엉망이다(솔티고개 21.22). 바로 넓은 공터를 통과하니 우측에 폐건물이 나오고, 시멘트 임도를 따라 내려가니 오래된 임도여서 바닥이 헐린 곳이 많고 잠시 후 원전고개에 이른다(14:45). 이곳은 신, 구 2번 국도와 기찻길까지 지난다. 기찻길 너머는 오량리 마을이다. '원전(院田)마을'은 예전에 완사역 역참에 딸린 '봉계원(여관)'이 있었던 데서 지명이 유래하는데, 원전은 완사역에서 십오 리 떨어졌다 하여 일명 '십오리원'이라 불렸다. 난중일기에서 이순신 장군이 백의종군하여 노량으로 가다가 수군패보를 들었다는 십오리원이 바로 이곳이다. 그렇다면 그 역사적인 곳에 지금 서 있단 말인가! 낙남정맥 등산 안내도가 있고, 그 뒤에는 높은 고가도로, 맞은편에는 송림버스 정류소와 굴다리가 있다. 아직도 많은 시간이 남았지만, 내일 4구간이 계획되어 있어 오늘은 이곳에서 마치기로 한다. 끊임없이 고뇌하며 뭔가를 갈망하며 살아가게 해준 정맥 종주, 오늘도 그 선택에 감사한다.

🚶 오늘 걸은 길

돌고지재 → 467봉, 546봉, 옥산 천왕봉, 백토재, 옥정봉, 마곡고개 → 원전고개
(14.2km, 6시간 18분).

⛰️ 교통편

- 갈 때: 진주시외버스터미널에서 버스로 옥종까지, 버스로 돌고지재까지.
- 올 때: 송림 버스 정류소에서 진주행 버스 이용.

넷째 구간
원전고개에서 유수교까지

　심각한 행정 사각지대를 고발한다. 지난 3월 8일 낙남정맥 4구간을 종주하던 중 안하무인격 토목공사가 자행되는 행정 사각지대를 목격했다. 산 정상에서 사천시 곤양면과 곤명면을 잇는 선덜재를 향해 내려가던 중 잿등에 이르기 직전 도로변에 낙남정맥 이정표와 이곳 지명 표지판(곤양면, 곤명면)이 처박혀 있었다. 이곳은 잿등을 절개하여 도로를 개설하면서 동물 이동로를 만드는 공사 중인데, 더 가관인 것은 이렇게 큰 공사를 하면서 공사 알림판조차 없었다.

　넷째 구간을 넘었다. 원전고개에서 유수교까지다. 원전고개는 사천시 곤명면 오량마을 인근 잿등이고, 유수교는 진주시 내동면 유수리와 내동공원을 잇는 다리이다. 이 구간에는 딱밭골재, 별악산, 솔티고개, 태봉산, 디비리산, 바락지산 등이 있다. 그런데, 이 구간 마지막 지점인 유수교에 이르면 정맥 종주자로서 회의를 갖게 될지도 모르겠다. '산경표'의 '山自分水嶺' 원리가 깨지기 때문이다. 나도 아무런 의심 없이 넘다가 종주 중 우연히 만난 한국사를 전공한다는 교수로부터 그 설명을 듣고서야 알았다. 이곳도 원래는 산자분수령의 원리가 지켜졌는데 1968년 홍수 피해를 줄이기 위해 진주 남강에 다목적댐을 건설하면서 진양호의 일부 물길을 가화강으로 방류하여 사천만으로 흐르게 한 인공 수로 때문이라고 한다. 또 마음이 아픈 것은 4구간 종주 때 찍은 사진을 모두 분실한 것이다. 3, 4구간을 모두 스마트폰으로 찍었는데 4구간 사진은 스마트폰 갤러리를 정리하면서 실수로 저장된 사진 모두를 날려버렸다.

2015. 3. 8. (일), 맑음. 여름 날씨

05:40분. 찜질방을 나선다. 어제의 강행군에도 불구하고 몸이 가볍다. 편안한 휴식 덕분이다. 진주시외버스터미널 우측 기사식당에서 아침을 해결하고, 6시 40분에 출발하는 원전고개행 버스에 올라 기사 바로 뒤에 자리를 잡는다. 기사님과 대화를 위해서다. 원전고개에는 7시 10분에 도착. 송림 버스 정류소, 고가도로를 살펴보고 굴다리를 통과하자 좌측 운동 시설에 이어 마을이 나온다. 사천시 곤명면 오랑마을. 100여 미터 진행하니 왼쪽에 주택이 있고(07:15), 중앙에 '추락위험 도로 끝'이라는 안내판과 이정표가 있다(솔티고개 14.41). 우측 도로를 따라 오른다. 마을 골목이나 마찬가지다. 이른 아침이라 조심스럽게 걷지만, 개들이 짖기 시작한다. 잠들어 있을 부락민들에게 미안해진다. 마을을 벗어나자 우측에 폐축사가 나오고, 산으로 오르는 길목에서 앞을 바라보니 큰 묘지가 제일 먼저 보인다. 과수원인 듯 양쪽에 밤나무와 감나무가 있고, 묘지를 지나고 밤나무가 계속 나오더니 시멘트 임도를 가로질러(07:21) 산으로 오르니 주변은 소나무와 잡목이 주종이다. 잠시 후 아주 넓은 헬기장을 지나(07:29) 솔잎 깔린 세로가 이어진다. 아침 햇빛이 찬란하다. 갈림길에서 직진으로 올라서니 큰 소나무가 많고, 고도차가 거의 없는 편안한 길이 이어지더니 묘지와 큰 소나무가 있는 201봉 정상에서

(07:37) 좌측으로 내려가니 등로 주변은 계속 소나무다. 공기가 상쾌, 기분이 절로 좋아진다. 낮은 봉우리를 넘고 우측으로 내려가니 옻나무가 자주 나오고, 이어지는 무명봉에도 소나무와 옻나무가 많다 (07:46). 좌측으로 원형묘 4기가 있는 묘역을 지나 내려가서 시멘트 임도를 따라(07:51) 30m 정도 가다가 우측 능선으로 오르니 이곳에도 옻나무, 싸리나무, 진달래가 많다. 오름길이 계속되고 나무 사이로 스며드는 아침 햇살은 갈수록 빛난다. 점점 태양에 가까이 다가서는 느낌이다. 잠시 후 245.5봉갈림길에서(07:59) 좌측으로 내려가 정성스럽게 단장된 묘역을 지난다. 보호석이 있고, 입구를 동백나무 울타리로 꾸몄다. 그 좌측 아래에 묘지 관리시설로 보이는 작은 컨테이너가 있다. 임도삼거리에서 직진으로 올라 53번 송전탑을 지나 갈림길에서 좌측으로 진행하니 임도가 끝나고 돌길이 시작된다. 전나무 어린 묘목들이 두 줄로 식재되었고, 잠시 후 52번 송전탑을 지나(08:17) 90도 우측으로 틀어서 오르니 봉우리에 이른다. 내려서니 우측에 넓고 깨끗한 헬기장이 있다. 갈림길에서 우측으로 내려서서 안부를 지나 낮은 봉우리를 넘고, 오르니 가파른 오르막이 이어지고 잠시 후 239봉에 이른다(08:35).

239봉 정상에서(08:35)

정상에 옻나무가 많다. 우측으로 내려가는 등로 우측은 가파른 절벽으로, 산세가 급변한다. 뭔가 이상하다. 비석이 있는 묘지에서 좌측으로 내려가니 등로 우측은 여전히 천 길 낭떠러지. 허물어진 묘지를 지나 좌측으로 내려가니 돌무더기가 있는 곳에 이르고, 한참 내려가니 묘지는 없이 보호석만 두 개 있는 곳에 이른다. 안부에서 직진으로 오르니 우측 아래쪽에서 개 짖는 소리가 들리

고, 가파른 오르막이 시작되더니 잡목이 무성한 224봉 정상에 이른
다(08:54). 주변을 둘러본다. 지도상 높이는 높지 않은데, 주변은 상
당히 높게 보인다. 5~600고지는 될 것 같다. 내려가다가 인공 둔덕
같은 돌무더기를 연속해서 넘는다. 접근을 어렵게 하려는 군사용
인 것 같다. 다시 가파른 오르막이 시작되고, 좌측 큰 바위를 지나
니 많은 표지기가 보인다(09:03). 평지처럼 완만한 능선을 내려가다
가 오르니 삼각점, 잡목, 억새가 있는 234.9봉에 이른다(09:08). 좌측
으로 내려가다가 뾰족 봉우리 직전 갈림길에서 좌측으로 내려가 안
부에서 작은 바위들을 지나 잡목이 무성한 사립봉 정상에 이른다
(09:15). 특이한 표지기가 있다. 등로에서 자주 보던 '산새들의 합창'인
데, 같은 이름에 4개의 다른 타이틀을 가졌다. '그린피아, 삼돌이, 곡
괭이, 만다라' 아마 같은 산악회 소속의 다른 사람들인 것 같다. 정
상에서 좌측으로 90도 틀어서 내려가니 임도삼거리에 이르고, 우측
아래는 농장을 조성 중이다. 좌측 임도로 오르니 우측 먼 아래에 저
수지가 보인다. 둔덕을 넘고 임도갈림길에서 좌측으로 내려가니 우
측 아래에 또 저수지가 보이고, 조금 더 가서 우측을 보니 또 저수지
가 있다. 넓은 임도가 계속된다. 이곳 임도는 산 능선을 밀어서 만
들었다. 임도가 좌측으로 틀어지는 곳에서 산으로 올라(09:31) 2분
정도 내려가니 다시 임도가 나오고, 내려가니 우측에 청색 물탱크
와 하늘색 슬레이트 건물이 있는 곳을 지난다. 이곳에서 100m 정도
내려가다가 우측 소로에서 10여 미터 내려가니 좁은 임도가 나오
고, 우측에 전나무가 있는 곳을 지나니 원래의 넓은 임도와 다시 만
난다. 넓은 임도를 힘겹게 오르니 폐가와 파란 물탱크가 나오고, 잠
시 후 임도삼거리에 이른다(09:50). 우측에 전봇대와 파란 물탱크가
있다. 직진하니 임도 우측에 대단지 원형묘지가 있고, 임도삼거리

에서 직진하니 우측은 소나무와 다른 조경수들로 아름답게 꾸며졌다. 얼핏 관광지처럼 보인다. 다시 임도삼거리에 이른다(09:56). 좌측에 비닐하우스 2동이, 우측에는 비료 포대가 야적되었고 전봇대가 있다. 이곳에서 등로 찾기에 주의가 필요하다. 두 길이 있고, 어느 길로 가더라도 관계는 없는데 내가 간 길을 소개한다. 임도삼거리에서 우측으로 100m쯤 내려가다가 갈림길에서 좌측으로 오르니 앞에 묘목지대가 나오고 임도는 우측으로 틀어진다. 이곳에 등로는 없지만, 묘목 사이로 들어가 끝나는 지점에서 산으로 내려선다. 이곳도 등로는 보이지 않는다. 바로 밤나무가 나오고, 우측으로 내려가면 종주자들이 다닌 희미한 흔적이 나타난다. 이어서 가시넝쿨이 나오고, 좌측 감나무 단지 안으로 들어가서 단지 좌측 끝으로 가면 시멘트 길이 나오면서 앞에는 대나무밭과 축사처럼 보이는 폐시설이 있다. 시멘트 도로를 따라 내려가면 2차선 포장도로인 딱밭골재에 이른다(10:11). 이곳에서 등로는 도로를 건너 능선으로 이어지지만, 낙석방지용 철망 울타리가 높게 설치되어서 오를 수가 없다. 우회한다. 2차선 포장도로 우측으로 70m 정도 이동하여 도로를 건너면 능선으로 오르는 과수원 입구에 이르고, 초입에 민가 한 채가 있다. 가급적 주인을 피해 민가 좌측으로 오른다. 민가를 통과하니 감나무 단지와 큰 묘지가 나오고, 감나무 단지 가운데로 통과한다. 단지 끝에 폐타이어와 나무로 된 울타리가 있다(10:25). 울타리를 넘어 감나무 단지를 빠져나간다. 그러나 여전히 등로는 보이지 않지만 희미한 흔적을 찾아 오르다 보면 표지기가 나온다. 등로는 없지만, 무조건 위로 오르면 묘목이 심어진 묵밭 같은 넓은 공터에 이르고, 공터를 통과하면 좌우에 키 큰 측백나무가 있는 곳에서 좌측 측백나무 사이로 오른다. 갑자기 가파른 오르막이 시작되고, 좌측에 넓고 큰 바위가 있는 곳을 지나게 된다. 이곳 역시 등로는 없지만 종주자들이 다닌 흔적이 있다. 오르막 끝에서 좌우로 이어지는 우측 세로를 따라가면 표지기가 보이면서 잠시 후 별악산 정상에 이른다(10:40). 정상에는 억새가 있고, 폐냉장고가 방치되었다. 우측으로 내려가니 묘목 이식 중인 곳이 나오고, 묘목 둘레를 반쯤 파놓은 곳이 자주 나타난다. 등로는 임도로 이어지고, '사냥개 주의'라는 경고문이 자주 나온다. 사냥개를 풀어 놓았으니 조심하라는 것, 물려도 책임지지 않는다는 협박이다. 사유지를 출입하지 말라는 의도를 이렇게 악랄하게 공갈치고 있다. 잠시 후 파란 물탱크가 보이더니 민가 한 채가 나온다. 이 산 관리인의 집인 것 같다. 좀 전의 사냥개 운운하면서 협박하던 그 사람의 집. 불안해서 조심스럽게 지나간다. 다행히도 사람은 없다. 마당을 통과했으나 철문이 잠겨 있어 나갈 수가 없다. 우측 산으로 들어가서 빠져나간다. 다시 시멘트 임도를 따라 좌측으로 진행한다(10:56). 좌·우측에 묘지가 많다. 이곳이 소위 말하는 명당인 모양이다. 2분 정도 내려가다가 좌측으로 틀어지는 지점에서 우측 산으로 오르니 초입에 약간의 공터가 있다. 잠시 후 억새, 밤나무, 잡목이 있는 183.5봉에서(11:05) 내려가니 좌측에 돌로 울타리가 된 묘지가 나오고, 안부에서 10여 분 만에 무명봉에 이른다(11:15). 정상에 잡목과 옻나무가 있고 주변에 소나무가 있다. 내려간다. 좌측 41번 송전탑을 지나(11:21) 등로가 넓어지더니 선덜재에 도착한다(11:27). 그런데 어처구니없는 현장을 목격한다. 선덜재에 내려선 도로변에 낙남정맥 이정표(솔티재 4.5)와 이곳 지명을 알리는 표지판(곤양면, 곤명면)이 처박혀 있다. 이유를 알 것 같다. 이곳 선덜재를 절개하여 넓은 도로를 개설하면서 동물 이동로를 만드는 공사 중이다. 공사를 하면서 주변을 다 파헤치고, 갖가지 시설들을 제거해 버렸다. 더 가관인 것은 이렇게 큰 공사를 하면서 공사 현황을 알리는 알림판조차 없다. 이곳에서 등로는 도로 건너 절개지 위로 이어진다. 절개지에 설치된 배수로를 따라 오르다가 중간쯤에서 좌측 산길로 들어선다. 잠시 후 40번 송전탑을 지나(11:43), 점심을 먹고 출발한다(11:56). 공터삼거리에서(11:58) 좌측 임도로 진행하니 앞쪽에 내동공원묘지가 나오고, 삼거리에서 직진하여 공원묘지 좌측 가장자리를 따라 오른다. 묘지 제일 위쪽이면서 봉우리 정상인 곳까지 올라 성모 마리아상 앞에 선다. 성모 마리아상 뒤쪽이 190.5봉 정상이다. 잠시 후 내동공원묘지가 끝나는 지점에 이르니 진주성남교회 묘원 안내판이 나오고, 이어서 성남교회 묘원 표석을 지나 오르니 묘원이 조성 중인 넓은 터에 이른다. 제일 위부터 안치되었다. 넓은 터에서 내려가니 좌측 아래에 작은 저수지가 보이고, 잠시 후 느티나무와 소나무가 있는 무명봉을 넘어(12:31) 우측으로 내려간다. 허물어져 가는 묘지를 지나 안부에서 오르니 줄기가 가는 소나무가 빽빽하다. 안타깝다. 기아에 굶주리는 아프리카 어린이들을 보는 것만 같다. 다시 임도가 좌측으로 틀어지는 곳에서 산 위로 오르니 세로가 시작된다. 무명봉갈림길에서 우측으로 내려가 절개지 상단부에서 좌측으로 내려간다. 배수로를 따르니 가시넝쿨로 이어지고, 잠시 후 '진양호 캐리비안 스파'라는 입간판이 세워진 입구에 이른다. 내려가면 4차선 포장도로인 내평교차로에 이른다. 도로 건너편에 SK 고을주유소가 있고, 그 좌측 50m 정도 떨어진 곳에 삼성약국이 있다. 도로를 건너 SK 고을주유소와 삼성약국을 지나니 우측에 솔티고개로 이어지는 넓은 도로가 있다. 약국에서 20m 정도 이동하니 산 아래에 이르고(13:14), 이곳에서 삼성약국 옆 도로를 따라 오른다. 삼거리에서 좌측으로 진입하니 솔티고개에 이르고(13:21), 이정표가 있다(옥녀봉 2.0).

솔티고개에서(13:21)

사람은 자신만의 시간이 필요할 때가 있다. 바로 오늘 같은 홀로 산길 걷기가 그런 때 중의 하나다. 많은 생각을 정리할 수 있어서다. 다시 봉우리를 넘고 내려가니 시멘트 도로에 이르고, 민가를 지나면 도로는 좌측으로 이어지고 등로는 우측 산으로 이어진다. 초입에 표지기와 큰 소나무들이 있는데, 위를 올려다보면 큰 비석과 함께 묘지가 보인다. 산과 민가 사이에 '愛鄕'이라는 큰 표석이 있다. 이곳은 사천시 곤명면 연평리다. 산으로 오른다. 큰 비석이 있는 묘지를 지나 가족묘지 뒤로 오른다. 밤나무 단지를 지나 묘지 뒤로 오르니 좌측 먼 곳에 넓은 호수가 보인다. 진양호인 것 같다. 한참 오르니 대단지 묘지가 나오고(13:54), 우측으로 내려가 갈림길에서 직진으로 내려가니 안부삼거리에 이른다(13:56). 완만한 능선 오르막이 이어지고, 주변에 옻나무와 잡목이 많다. 잠시 후 무명봉을 넘고(14:18), 우측으로 내려가니 임도처럼 넓은 길이 이어지다가 세로로 변한다. 등로 주변 곳곳에 소나무 토막 더미가 자주 보인다. 돌길이 시작되고 아카시아 고목과 넝쿨이 나오더니 태봉산 정상에 이른다(14:26). 정상에는 '새마포 산악회'의 표지판과 삼각점이 두 개나 있다. 주변에 쓰러진 고목들이 널브러졌고 넝쿨들이 혼란스럽다. 직진으로 내려가는 중에 돌무더기를 통과하고, 성터처럼 보이는 돌담을 지나 오르니 디비리산 정상에 이른다(14:37). 이름이 특이하다. 우측 솔잎이 두텁게 깔린 숲길로 한참 내려가 시멘트 도로에서 조금 내려가니 좌측에 경전선 철도가 지난다. 이곳에서 우측으로 조금 내려가니 2차선 포장도로에 이르고(14:47), 앞에는 거대한 고가도로가 지난다. 이곳에서 지도를 살피는데 한국사를 전공한다는 교수가 다가와 낙남정맥에 대해서 설명을 한다. 이곳에서 등로는 도로를 건너 능선으로 이어진다. 고가도로 아래로 도로를 건넌다. 바로 '박가네 가든 전방 20m'라는 팻말이 보이고, 우측으로 오르니 절개지에 이른다. 우측 배수로를 따라 조금 오르다가 좌측 능선으로 오르니 바락지산에 이른다(15:12). 정상에 코팅지로 된 정상 표지판이 있다. 굵은 소나무 아래에 있는 묘지를 지나면 파란 물탱크가 나오고, 임도삼거리에서 직진으로 내려가니 좌측 건너편에 경전선 철교가 보인다. 계속 내려가니 소나무 묘목 단지가 나오고, 시멘트 임도에서 산길로 들어서니 과수원이 나온다. 다시 소나무 묘목단지와 묘지 사이를 통과하여 묘지 뒤로 오르니 낮은 봉우리 정상에 이른다(15:26). 좌측으로 내려가니 파란 물탱크가 나오면서 시멘트 임도에 이르고(15:30), 주변은 과수 단지다.

앞쪽 좌측에 경전선 철도가, 우측에는 유수교가 내려다보인다. 잠시 후 2차선 포장도로를 따라(15:34) 우측으로 100m 정도 진행하니 '가화강' 안내판과 유동마을 버스 정류소가 나오더니 오늘의 종점인 유수교 앞에 이른다(15:37). 이곳은 진주시 내동면 유수리다. 어느덧 진주 땅에 들어섰다. 햇빛은 여전히 맑고, 아직도 해는 중천이다.

🚶 오늘 걸은 길

원전고개 → 딱밭골재, 별악산, 솔티고개, 태봉산, 디비리산, 바락지산 → 유수교 (18.0㎞, 8시간 27분).

⛰️ 교통편

- 갈 때: 진주시외버스터미널에서 옥종행 버스로 원전고개까지.
- 올 때: 유수교에서 정동마을 버스 정류소로 이동, 진주행 버스 이용.

다섯째 구간
유수교에서 계리재까지

아직 만발하지 않은, 무리 짓지 못하고 몇 송이 안 되는 머리를 수줍게 내민 진달래가 더 예쁘더라. 봄볕 아래에서 땀 흘리는 촌로의 모습은 경건하기까지 하더라. 새벽식당, 살며시 다가와 계란 프라이를 얹어주고 말없이 주방으로 들어가시던 할머니의 모습은 하늘에 계신 어머니를 생각나게 하더라. 요즘 산 걸음에서 나를 감동시킨 모습들이다.

다섯째 구간을 넘었다. 유수교에서 계리재까지다. 유수교는 진주시 내동면에 위치한 다리이고, 계리재는 진주시 문산읍과 정촌면을 잇는 잿등이다. 이 구간에는 비리재, 실봉산, 화봉산, 모산재, 와룡산, 김바구산 등이 있고, 내내 고도차가 크지 않은 산, 농원, 임도를 걷게 된다. 임도와 농원이 수시로 이어지기에 자칫 등로가 헷갈릴 수 있다.

2015. 3. 21. (토), 여름 날씨
남부터미널에서 밤 12시에 출발한 심야버스는 새벽 2시 55분에 진주 도착. 소요 시간이 들쭉날쭉 한다. 어떤 때는 3시간 20분이 걸리기도 했는데… 아침에 출발할 버스 출발 시각을 확인하기 위해 진주원예농협 맞은편 버스 정류소로 향한다. 정류소 안내판을 샅샅이 뒤졌지만 96번 버스는 보이지 않기에 옆 GS 편의점에 들어가 물으니 알바생이 스마트 폰을 검색해서 확인해 준다. 시내버스 번호체계가 바뀌었다. 터미널로 되돌아와서 출입문 양쪽에서 밤새 포장마차를 운영하는 분들과 이야기를 하면서 버스 출발 때까지 시간을 보낸다. 아침 6시 41분, 341번 버스에 오른다. 많은 할머니가 타고 있어 앉을 자리가 없다. '아직 날이 밝지도 않았는데…' 정류소마다 노인들이 올라타면서 앉아 있는 할머니들과 인사를 한다. 이른 아침부터 버스가 만원인 이유가 밝혀진다. 외곽 농장으로 돈벌이 나가는 노인들이다. 정동 마을에는 7시 7분에 도착. 들머리인 유수교는 이곳에서 좌측 사천시 축동면 방향으로 5분 거리에 있다. 유수교에 이르러(07:12), 경전선 철교와 유수교 주변을 촬영해 둔다. 지난번에 촬영했다가 분실한 것을 회복하기 위해서다.

유수교에서(07:12)

유수교 아래는 가화강이 흐른다. 유수교를 건너면서 '山自分水嶺'[1]을 생각한다. 마루금이 물을 건너고 있다. 모순? 산자분수령의 원리가 깨지고 있다. 이유가 있다. 이곳도 원래는 산자분수령의 원리가 지켜졌었다. 그런데 1968년 홍수 피해를 줄이기 위해 진주 남강에 다목적댐을 건설하면서부터 진양호의 일부 물길을 가화강으로 방류하여 사천만으로 흐르게 한 인공 수로 때문이다. 이해는 되지만 아

---

1) 산자분수령: '산줄기는 물을 건너지 않고, 산이 곧 물을 나눈다.'는 말로, '산은 스스로 물을 나누는 고개'라는 뜻.

쉽다. 유수교를 통과하자마자 '버드나무 캠핑장' 입간판과 '유동마을' 표석이 나오고, 등로는 이 입간판 직전에서 우측 길로 이어진다. 시멘트 길로 200m 정도 진행하여 민가 앞마당을 지난다. 개가 짖고, 주인이 뛰쳐 나올까 봐 마음을 졸인다. 민가를 지나 산으로 30m 정도 오르니 대나무밭이 시작되고(07:35) 수자원 공사에서 설치한 홍수경보시설이 나온다. 등로에 솔잎이 깔렸고, 주변에 소나무가 많다. 좌측에 파란 물탱크가 나오면서 억새도 보인다. 물탱크를 지나면서 좌측에 밤나무 단지가 보이고 171봉에 이른다(08:03). 날씨가 예사롭지 않다. 벌써 땀이 난다. 겉옷을 벗고 내려간다(08:10). 밤나무 단지 우측으로 내려가다가 매화꽃이 만개한 밭 가운데를 통과하여 산을 개간한 농원 사이로 내려간다. 최근에 개설한 것으로 보이는 임도에서 산으로 오르니 초입에 이정표가 있다(와룡산 9.41). 계속 오르자 105봉에 이르고(08:33), 정상 우측 아래에 안테나가 있다. 내려간다. 묘지를 지나 낮은 봉우리에 오르니 물탱크가 2개 있다. 우측으로 내려가니 좌측은 감나무와 복숭아 농원이고, 농원 가장자리를 따라 내려가다가 오르니 이번에는 물탱크 3개가 나온다. 가장자리를 따라 계속 내려가니 이정표가 나오고(와룡산 8.62), 2차선 포장도로인 비리재에 도착한다(08:47). 좌측은 진주시 내동면 유수리, 우측은 사천시 축동면 반룡리다. 등로는 도로를 건너 산을 개간한 밭 가운데로 이어진다. 밭을 지나 오르막 끝에 매끈한 백일홍 나무가 가득한 농원이 나오고, 농원 가장자리를 따라 50m 정도 가다가 다시 우측 산으로 오른다. 낮은 봉우리를 넘고, 소나무 숲길을 오르니 묘지 2기가 있는 128봉에 이른다(09:01). 완만한 오솔길 주변에 소나무가 많다. 마음이 차분해진다. 9정맥 종주 말년 혜택인가? 험악한 등로만 오르내리다가 9정맥 마무리 시점에 이런 편안한 길을 걷게 된다. 한참 내려가다가 농원 가운데로 진입하니 농원 끝에 이정표가 있고(와룡산 7.52), 시멘트 도로 좌측 아래에 '다루 황토 찜질방'이 있다. 안내 간판이 요란하다. 찜질방, 음식점, 휴게소…. 사거리에서 직진하니 좌·우측은 농원이다. 300m 정도 오르니 우측에 '상탑햇살농원' 안내판이 나오고, 조금 더 오르다가 좌측 능선으로 진입한다. 능선에서 내려서니 포장도로와 만나고, 오르막 끝 삼거리에서 도로를 버리고 우측 산모퉁이로 오른다. 초입에 희미한 등로 흔적이 있으나 올라서니 사라진다. 한참 헤매다가 등로를 발견한다. 알고 보니 삼거리까지 올라가지 말고 그 중간에서 우측 산으로 올라가야 했다. 완만한 능선을 오르내리다 안부사거리에서 직진으로 한참 오르니 179봉에 이른다. 10여 분 내려가 임도사거리에서(09:46) 직진으로 오르다가 가파른 오르막 끝에 실봉산 정상에 이른다(09:59). 정상에 스테인리스 정상판, 삼각점, 묘지가 있다. 진달래도 피었다. 완만한 능선을 오르내리다가 낮은 봉우리에 올라서면서부터 등로는 임도로 바뀌고 잠시 후 실봉산 해맞이 쉼터에 이른다(10:10). 중앙에 정자가, 그 우측에 쉼터 표석이, 뒤에는 산불감시 초소가, 좌측에는 운동 시설들이 있다. 이어지는 마루금이 뚜렷하다. 마루금은 직진으로 이어지지만 등로가 없는 농원이기 때문에 쉼터에서 오던 방향으로 내려와 우측으로 우회한다. 2~3분 내려가서 임도사거리에서 직진하다가 우측 산길로 내려간다. 완만한 능선을 오르내리다 임도갈림길에서 우측으로 올라 최근에 개설한 시멘트 임도를 건너 직진으로 오르니 흙길 임도로 이어진다. 우측은 복숭아 농원이다. 고개를 넘어 새로운 임도를 따라 100여 미터 가다가 좌측 능선으로 진입하여 마을 뒷산에서 마을 안길로 내려간다. 마을 안길을 통과하니 포장도로에 이르고(11:12), 좌측 현대식 건물에 '금채'라는 음식점이 있다. 이곳에서 우측으로 50m 정도 진행하여 삼거리에서 좌측으로 돌자마자 도로 우측에 어린이 놀이터가 있고, 앞쪽에 진주분기점 지하차도가 있다. 지하차도를 통과하니 바로 2차선 포장도로 삼거리이고, 그 위에는 4차선 포장도로가 지난다. 이곳이 정촌 교차로다. 삼거리에서 우측으로 70m 정도를 가서 도로를 건너 계단을 통해 4차선 포장도로에 올라서면 좌측 50m 거리에 '화동버스 정류소'가 보인다. 버스 정류소를 지나 50m를 더 가서 횡단보도를 건너면 바로 '송담 추어탕'이 나오고, 연속으로 두 개의 지하차도를 통과하여 바로 좌측 시멘트 도로를 따라 오른다. 오르막 끝에 있는 민가를 통과하니 개가 짖기 시작하고, 양봉장에서 일하던 주인이 나와서 지나가지 말고 돌아가라고 한다. 사죄한 후 민가를 통과하니 아래에 마을이, 좌측에 굴다리가 보인다. 진주-통영 간 고속도로 아래로 통과하는 지하차도다. 마을 입구까지 내려가서 포장도로를 따라 좌측으로 진행하니 우측에 대나무밭이 있다. 지하차도를 통과하여 정면 양옥집 직전에서 우측 공터로 들어서서 밭을 지나 능선으로 오르니 잡목이 무성한 화봉산 정상에 이른다(11:44).

화봉산 정상에서(11:44)

내려가다가 봉분이 없는 가족 묘지를 지나 밭을 통과하니 모산재에 이르고(11:49), 낙석방지용 철망이 있다. 도로를 건너 산으로 올라 초입의 3층 계단을 넘어 밭 울타리를 지나니 좌측에 목련이, 농원 안에는 11번 송전탑과 파란 물탱크가 두 개 있다(12:20). 시멘트 도로를 가로질러 농원 가운데로 진입, 농원 끝 철문을 통과하여 산 아래로 내려간다. 안부에서 우측으로 내려가니 등로는 보이지 않고 마른 억새만 무성하다. 앞쪽은 공사를 거의 마친 신설도로가 이어지고,

도로 아래에 있는 지하차도를 통과하자마자 좌측 시멘트 도로를 따라 오른다. 인적 없는 도로엔 하늘과 땅에서 뿜어내는 따뜻한 봄기운이 가득하다. 정말 좋다. 현 위치는 진주시 정촌면. 잠시 후 삼거리에 이른다. 그리고 보니 좀 전의 마른 억새가 있던 안부에서 우측으로 내려가지 말고 직진으로 왔어도 이곳 삼거리에 올 수 있을 것 같다. 오히려 절개지와 지하차도를 통과하지 않고도 올 수 있어서 더 수월할 것 같다. 좌측 먼 곳에 고층 아파트 단지가 보인다. 우측 모퉁이에 있는 밭 위로 올라서니 금줄이 설치되었다. 우회하려면 시간이 걸리기에 그냥 금줄을 뛰어넘는다. 밭을 통과하여 산 위로 오르자마자 좌측에 탱자나무 울타리가 있고, 봉우리갈림길에서(12:50) 농원과 농가를 지나 묘지가 많은 곳에서 오르니 와룡산 정상에 이른다(13:01). 정상에는 시멘트 구조물이 있고, 송전탑을 철거한 흔적들이 남았다. 주변은 온통 대나무다. 우측으로 내려간다. 평지처럼 고도차가 거의 없고, 등로 양쪽은 대나무밭이다. 여러 기의 원형 묘지를 지나 대나무밭 속으로 들어선다.

송전탑을 지나(13:11) 또 대나무숲으로 들어서니 기이하게 굽은 대나무가 보인다. 갈림길에서 좌측으로 내려가서 감나무 농원 가장자리를 따라 내려가다가 시멘트 임도 우측으로 10m 정도 이동하니, 삼거리에 이른다. 좌측으로 2분 정도 오르다가 갈림길에서 우측으로 오르니 등로 우측은 농원이다. 오르막 끝 좌측에 매실 농원이 있다. 농원을 지나 오르니 109봉에 이른다(13:38). 정상은 전부 밭으로 개간되었고, 산불감시 초소가 있다. 좌측 멀리 대단지 아파트 단지가 보인다. 진주시 가좌동과 정촌면이다. 정상에서 우측 밭 사이로 진행하니 농원 내 주택에서 10여 마리의 개들이 일시에 짖어댄다. 주인이 달려 나와 개들을 말리면서 등로를 수정해서 알려 주신다. 주인이 알려준 대로 우측 농원 사이로 내려가니 등로는 없고, 아래쪽은 도로 공사가 한창이다. 잠시 후 절개지 상층부에서 아래를 내려다보니 아찔하다. 고개를 깎아 큰 도로를 개설 중인 공사장이다. 작업 형태를 보니 짧은 터널이 생길 것 같다. 대형 트럭들이 오가고 인부들의 분주한 모습이 보인다. 마루금은 이 절개지를 건너 다음 능선으로 이어질 것 같은데 좌우 어느 쪽으로 내려가야 할지 망설여진다. 우측 절개지 상층부까지 이어진 배수로를 따라 내려간다. 아직 공사 중이라 내려가는 것도 위험하다. 공사가 끝나면 터널 위로 통과하게 될 것 같다. 공사 중인 도로 바닥까지 내려와서 건너편 절개지 우측을 통해 다시 오른다. 감나무 단지 안으로 진입하니 시멘트 도로삼거리에 이르고(13:56), 담벼락에 '낙남정맥'이라고 쓰여 있다. 좌측으로 20m 정도 이동하여 삼거리에서 우측으로 150m 정도 오르니 시멘트 도로 사거리에 이른다. 좌측으로 진행하니 삼거리가 나오고, 솔밭이 있는 좌측으로 진행하니 좌측에 10번 송전 탑이 보인다. 좌측은 감나무, 우측은 배나무밭이다. 무척 덥다. 완전한 여름 날씨다. 비닐하우스가 나오고 최신 주택과 창고가 보이기도 한다. 잠시 후 마을 초입에서(14:10) 우측으로 50m 정도 진행하여 좌측 감나무 단지를 벗어나 소나무 숲으로 진입하니 그늘이 있어 살 것 같다. 잠시 후 112봉에 이른다(14:21). 평평한 정상은 과거에 헬기장이었던 것 같다. 감나무단지 가장자리를 따라 내려가다 묘지 4기가 있는 곳에서 좌측 임도로 내려가니 2차선 포장도로에 이른다(14:31). 좌측은 문산읍, 우측은 정촌면이다. 이곳에서 감나무단지로 들어가는 진입도로를 따라 150m 정도 올라 삼거리에서 우측으로 돌아 오르니 감나무 단지 안을 통과하게 된다. 단지 안 노란 물탱크가 있는 곳에서(14:39) 우측으로 오른다. 마루금은 감나무단지가 끝나는 곳에서 산길로 이어지지만 등로는 보이지 않는다. 가시나무가 있는 험한 산속을 헤치고 오른다. 잠시 후 다시 감나무단지 가장자리로 진행하다가 노란 물탱크가 있는 곳에서 내려간다. 단지를 벗어나 산길로 내려섰다가 오른다. 좌측에는 계속해서 감나무 단지가 이어지고, 삼거리에서 우측으로 진행하면서 감나무 단지와 이별한다(14:54). 안부사거리에서 직진으로 오르니 배나무와 감나무 단지에 이르고, 단지 가장자리를 따라 오르니 파란 물탱크 두 개와 노란 물탱크가 있는 곳에서 또 단지와 이별하고 산으로 오른다. 잠시 후 김바구산 정상에 이른다(15:07). 정상에 묘지와 잡목이 있다. 우측 소나무 숲속으로 한참 내려가니 2차선 포장도로에 이른다(15:18). 이정표가 있다(무선산 4.4). 포장도로를 건너 산으로 오르니 목재 계단이 이어지고 한참 후 무명봉에서(15:28) 좌측으로 내려가니 주변에 잡목이 많고, 등로 좌측에 감나무 단지와 철망 울타리가 설치되었다. 철망 울타리를 좌측에 끼고 내려가니 2차선 포장도로인 계리재에 이른다(15:31). 우측은 문산읍, 좌측은 정촌면이다. 우측 도로를 따라 4~5분 내려가니 우측에 '진주축협생축사업장'이라는 입간판이 있다(15:36). 등로는 포장도로로 150m 정도 내려가서 우측 산으로 이어진다. 초입에 전봇대, 표지기가 있다. 오늘은 이곳에서 마친다(15:39). 봄 날씨답잖게 더웠고, 임도와 농원이 연속된 하루였다. 낙남정맥의 특색이 이번 구간에서 그대로 드러났다.

🚶 오늘 걸은 길

유수교 → 실봉산, 화봉산, 모산재, 와룡산, 김바구산 → 계리재(18.6㎞, 8시간 27분).

⛰ 교통편

- 갈 때: 진주시외버스터미널에서 정동마을 버스 정류소까지, 유수교까지는 도보로.
- 올 때: 계리재에서 정자마을 입구까지 도보로, 버스로 진주까지.

여섯째 구간
계리재에서 부련이재까지

　어느 분이 말했다. 우리 생활 속 자유로운 삶의 방식 중의 하나가 등산이라고. 그동안의 체험으로 나에게도 실증되었다.

　여섯째 구간을 넘었다. 계리재에서 부련이재까지다. 계리재는 진주시 문산읍과 정촌면을 잇는 잿등이고, 부련이재는 고성군 영현면 영부리와 상리면 고봉리를 잇는 잿등이다. 이 구간에는 225봉, 봉전고개, 278봉, 무선산, 돌장고개, 357봉, 객숙봉, 봉대산, 양전산 등이 있다. 어제는 종일 임도와 농원을 오르내렸다면 오늘 6구간은 내내 아기 궁둥이처럼 부드러운 능선을 오르내린다.

2015. 3. 22. (일), 맑음
　자금성 찜질방을 나선다(05:20). 아직도 주변은 캄캄하지만 밤공기는 포근하다. 터미널 옆 기사식당에서 아침 식사를 마치고 진주 시외버스터미널 버스 정류소로 향한다(05:50). 291번 시내버스에 승차, 버스 기사와 대화를 위해 우측 맨 앞자리에 앉는다. 담뱃값 인상에 관한 이야기를 하다가 갑자기 아들 자랑에 열 내시는 기사님, 자신은 의지가 약해서 끊을 수 없는데 자기 아들은 단칼에 끊었다면서 아들은 맘만 먹으면 단호함이 있다고 한다. 그런 청년은 뭘 하더라도 할 수 있을 거라고, 나도 맞장구를 친다. 버스는 6시 11분에 진주시 금곡면 정자마을 버스 정류소에 도착. 이곳에서 들머리인 계리재까지는 20여 분 정도 걸어야 한다. 어둠이 가시지 않은 봄기운 가득한 한적한 시골길, 혼자라서 좋고 약간의 어둠이 있어서 더 좋다. 금곡 방향으로 70여 미터를 가다가 삼거리에서 우측으로 진행하여 계리교에 이른다. 계리교 위에서 주변 강가와 마을 아침 풍경을 찰칵. 계리마을을 거쳐 들머리에는 6시 28분에 도착. 어제 오후엔 20분이 걸렸는데 아침 길이라선지 15분 만에 도착. 들머리는 신경을 써야 할 정도로 뚜렷하지가 않다. 기억될만한 목표물도 없다(이곳에서 150m 정도 오르면 진주축협 생축사업장이 있고, 5분 정도 더 오르면 계리재가 있다는 걸 기억하면 도움이 된다. 5구간 산행기 마지막 부분 참고). 출발한다. 도로에서 좌측 도랑을 건너면 바로 산길로 이어진다. 등로가 뚜렷하지 않아 표지기를 보면서 오른다. 조용한 산속에 박무가 자욱. 가끔 산새와 산짐승의 울음소리가 들린다. 50m 정도 올라 우측의 그물망 울타리가 우측으로 휘어지는 곳에서 좌측 능선으로 오르니 신설된 임도에 이른다(06:41). 임도를 건너 좌측 밤나무단지로 진입하니 초입에 '전기위험'이라는 안내판이 철선 울타리에 매달려 쓰러져 있다. 전기 철선을 좌측에 끼고 오른다. 등로 주변의 잡목 잔가지들이 얼굴을 때린다. 잠시 후 소나무와 시멘트 기둥이 있는 무명봉에서(06:50) 우측으로 내려가다가 바로 오르니 170.1봉에 이른다(07:05). 좌측으로 내려가는 도중에 연속해서 두 번의 원형묘지를 지난다. 우측 아래에 임도가 보이더니 안부사거리에서 우측을 보니 임도가 가까이에 있다. 한쪽은 포장되었고 반대 방향은 비포장이다. 낮은 봉우리를 넘고, 좌측으로 내려가다가 오르니 좌측 아래에 강이 보인다. 문천강이다. 잠시 후 소나무가 쓰러진 166봉에서(07:20) 솔잎이 깔린 푹신한 길로 내려간다. 시멘트 기둥이 있는 안부에서 오르니 소나무와 옻나무가 있는 217봉 정상에 이르고(07:31), 좌측 소나무 숲길로 내려간다. 이른 아침에 연고 없는 진주의 어느 솔숲을 홀로 걷는 이 기분을 어떻게 표현해야 할지! 소나무 사이사이는 온통 옻나무로 채워졌다. 지금은 잎이 없지만, 잎이 무성할 여름과 빨갛게 물들 가을의 이 솔숲을 상상해 본다. 낮은 봉우리를 넘고, 오르면서 소나무 재선충병 훈증 현장을 자주 목격한다. 이어지는 무명봉에도 옻나무와 소나무가 있다(07:43). 직진으로 내려가 큰 돌이 있는 안부에서 오르니 솔잎 길은 참나무 잎이 깔린 길로 변한다. 잠시 후 통나무를 묶어 만든 의자가 있는 225봉에 이른다(07:51). 정상 우측의 잡목 사이에 돌이 많다. 고사목에도 표지기가 걸렸는데 그 모습이 애처롭고 한편으론 장하다. 늙은 부모가 최후까지 역할을 하는 그런 모습이다. 우측으로 내려가니 1시 방향에 무선산이 보이고, 잔돌이 많이 나오더니 어두운 솔숲으로 내려선다. 24번 송전탑을 지나(07:58) 통나무계단으로 이어진다. 계단 말뚝이 특이하다. 스테인리스로 계단 덮개를 씌웠다. 4기의 가족 묘지를 지나 봉전고개에 이른다(07:59). 면 경계 표지판이 있고(우측은 정촌면, 좌측은 금곡면), 좌측으로 10여 미터 이동하여 도로를 건너 산으로 오르니 초입에 나무계단이 있다. 50m 정도 오르니 좌측에 원형 묘지가 나오고, 다시 솔숲으로 들어선다. 잠시 후 소나무만 있는 무명봉에 이르고, 내려가다가 노루가 등로를 가로지르는 모습이 포착된다. 노루도 나도 놀란다. 옛날 생각이 난다. 청년 시절 공부한답시고 산속에 칩거할 때, 한낮에 문 앞까지 내려와 서성대던 노루 일행을 본 적이 있다. 잠시 후 무선산갈림길에서(08:24) 우측 100m 거리에 있는 무선산으로 향한다(08:25).

무선산 정상에서(08:25)

정상에는 정상판과 나무의자 둘, 덤불과 잡목이 있다. 갈림길로 되돌아가서 마루금으로 향하니 소나무 숲길이 이어진다. 안부갈림 길에서 우측으로 오르니 아카시아 고사목이 자주 보이고, 274봉에 도착한다(08:48). 내려가는 소나무 숲 바닥은 참나무 잎이 압도적이다. 안부에서 오르다가 소나무 사이로 비치는 청량한 햇빛 줄기를 본다. 능선 아래로 이어지는 우측 사면을 통해 올라 185봉에 이르고(09:01), 내려가는 듯하다가 올라 소나무가 빽빽한 무명봉에서 (09:06) 우측으로 내려가 묘지를 이장한 터를 지난다. 그리고 보니 어제는 하루 종일 임도와 농원을 걸었는데, 오늘은 계속 소나무 숲이다. 잡목이 쓰러진 안부에서 오르니 벌목된 소나무들이 보이고, 썩어가는 통나무도 있다. 잠시 후 무명봉에서(09:16) 오랜만에 'J3 클럽' 표지기를 발견한다. 좌측으로 내려가다 묘지 사이를 통과하니 좌측 아래는 작은 골짜기. 우측에 뚜렷한 길이 두 군데나 있는 안부에 이르고(09:21), 잠시 쉬다가 출발한다(09:31). 오르막 끝에서 우측으로 내려가니 벌목된 소나무가 그대로 방치되었고, 사거리에서(09:34) 3~4분 오르니 무명봉에 이른다(09:38). 우측으로 내려가니 아래에서 자동차 소리가 들리고, 등로 주변의 수종이 지금까지 함께 걷던 소나무 대신 참나무가 들어섰다. 좌측에 묘지 3기가 나오더니 앞쪽에 도로가 보이고, 넓은 묘역에 이어 배수로를 넘으니 1002번 지방도로 인 돌장고개에 도착한다(09:45). 통행량은 거의 없고, 바로 앞에 통영-진주 간 고속도로가 있다. 마루금은 고속도로를 개설하면서 끊겼기에 고속도로를 건널 수 있는 방법을 찾아야 한다. 우측 사천 방향으로 2~3분 내려가니 우측에 '푸른농장'이라는 농가가 나오고, 농가를 지나 조금 내려가니 갈림길이 나온다. 좌측으로 내려가서 통영-진주 간 고속도로를 건너는 지하차도를 통과하여(09:52) 바로 좌측 도로를 따라 올라 삼거리에서 직진하면 고속도로 절개지 상층부를 걷게 되는데, 시멘트로 포장되었고 좌측은 철망 울타리가 우측에는 배수로가 있다. 마치 무슨 자동차 도로처럼 보이는 도로를 따라 한참 가다가 배수로가 우측으로 휘어져 올라가는 지점에서 등로는 산으로 이어진다. 그 지점에 이정표(부련이재 10.37)와 산으로 오르는 통나무 계단을 넘으니 배수로가 나오고, 우측으로 10m 정도 이동 후 다시 배수로를 건너 산으로 오른다. 잠시 후 또 통나무 계단을 넘어 전나무 숲에 진입하고, 오르막 끝 갈림길에서(10:08) 좌측으로 내려가니 전나무 숲은 계속되고 무명봉에 이른다(10:13). 무명봉 아래에 '장태규 증조모 묘'라는 표지판이 있고, 묘지 앞에 노란 조화가 있다. 후손의 갸륵한 정성이 엿보인다. 이어지는 길에도 전나무는 계속되고 우측 아래에 채석장이 보인다. 우측 절개지 위에는 개나리가 피었고, 좌측엔 전나무가 있다. 오르는 중에 계속해서 측량용 폴대가 나타나고, 잠시 후 마른 억새와 폴대가 있는 무명봉에 이른다. 우측 아래에 완전히 산을 파헤친 거대한 채석장이 있다. 좌측으로 내려가니 밤나무 단지가 나오고, 가장자리를 따라 3~4분 내려가니 사거리가 뚜렷한 임도사거리에 이른다(10:24). 좌측은 농원인데 아래에 작은 저수지가 있고, 직진으로 오르는 등로 역시 밤나무 단지 가장자리다. 아직까지도 땅에 떨어진 알밤이 그대로 있다. 작은 나비가 앞을 지나간다. 감정 무딘 나에게 '지금 봄이야'라고 알리는 것만 같다. 귀여운 것…. 밤나무 단지 끝에서(10:32) 우측으로 낮은 봉우리를 넘고(10:34), 좌측으로 내려간다. 안부에서(10:37) 직진으로 오르니 한참 후 무명봉에 이르고(10:44), 정상에는 아카시아 고사목과 새싹이 트는 찔레나무가 있다. 요즘 산길은 올 때마다 새롭다. 우측으로 내려간다. 그런데 이곳에서 주의해야 한다. 등로는 우측으로 내려가다가 바로 올라가야 하는데, 자칫하면 좌측으로 내려가기 십상이다. 왜냐하면 우측으로 내려가자마자 쓰러진 나무들이 있어 그걸 피하려다가 당황하게 되고, 또 좌측에 내려가는 길이 있기 때문이다. 더구나 좌측 길에는 계속 표지기가 이어지기도 한다. 반면 우측에는 표지기도 없고 등로 흔적 찾기도 쉽지 않다. 좌측에 계속 나오는 '진주 뫼사랑 토요 산악회'라는 표지기는 정맥 종주가 아니라 산악회 자체 산행을 위한 표지기다. 그 표지기를 따라 좌측으로 한참 내려가다가 잘못됐음을 알고 되돌아온다. 힘은 힘대로 빠지고 천금 같은 시간 24분을 허비했다. 아카시아 고사목에서 우측으로 내려가다가 바로 오르막길로 들어선다. 등로가 뚜렷하지 않고 쓰러진 나무를 헤쳐 올라야 하기 때문에 힘이 든다. 험한 등로를 벗어나니 다시 완만한 소나무 숲길로 이어지고, 잠시 후 무명봉에 이른다(11:15). 정상은 간벌치기를 했고, 주변에 소나무 재선충을 훈증하는 비닐포장들이 보인다. 좌측으로 내려가는 등로 좌측은 계속 감나무 농원이다. 단지 안 파란 물탱크 두 개가 보이고, 100m 정도 내려가다가 우측 산 능선으로 내려간다. 봄길에 취해 정신없이 걷다 보니 좌측에 감나무 농원이 나오고, 임도와 접하는 곳에 이르니(11:30) 나무의자 두 개가 있다. 빈 의자를 보니 왠지 쓸쓸함이 묻어난다. 좌측 능선으로 오르다 갑자기 얼굴 전체를 가린 약초꾼을 만난다. 순간 놀랐지만, 정신을 가다듬고 큰 소리로 말을 건다. "이곳이 어디쯤인지요?" 능선 좌측은 고성군, 우측은 사천시라고 한다. 가느다란 잡목 줄기가 얼굴을 때린다. 잠시 후 임도에 이르고(11:45), 위에는 파란 물탱크가 우측에는 나무의자 두 개가 있다. 이곳에서 점심을 먹고, 출발 후(12:01) 2분 만에 임도삼거리에 이른다(12:03). 우측으로 7~8분 올라 임도가 좌측으로 틀어지는 지점에서(12:10) 우측 능선으로 오른다. 봉우리에서 좌측으로 내려가다 봉분에 구멍이 뚫린 묘지를 지나고, 작은 돌무더기가 있는 오르막 끝에서(12:19) 내려가다 다시 오르막 끝 지점에 이른다(12:26). 주변이 돌로 쌓였고, 중앙에 잡목과 돌이 있다. 좌측으로 내려가다 갈림길 있는 무명봉에서(12:31) 좌측으로 내려가니 멧돼지들이 땅을 파헤친 곳이 자주 나오고, 원형으로 돌을 쌓은 곳이 나오더니 357봉에 이른다(12:43).

357봉에서(12:43)

정상에 옻나무와 소나무가 있다. 완만한 능선을 오르내리다 오르막 끝에서 좌측으로 내려가자마자 특이한 묘지가 보인다. 좌우를 돌로 쌓아 올렸다. 솔숲이 이어지고, 잠시 후 헬기장이 있는 310.1봉에 이른다(13:08). 직진으로 내려가 두 개의 무명봉을 넘은 후 지금까지 보지 못한 특이한 이정표를 만난다. 목재인데 여태까지 본 직사각형이 아니다. 계속 내려가다 또 특이한 점을 발견한다.

소나무 숲길인데 등로에는 참나무 잎이 쌓였다. 돌기둥 같은 큰 돌이 세워진 안부에서(13:25) 직진으로 4분

정도 올라 261봉에서(13:29) 내려가니 우측 아래는 마을이, 좌측 아래 먼 곳에 도로가 보인다. 또 수종 변화가 있다. 소나무가 참나무로 바뀌었다. 안부사거리에서(13:34) 직진으로 오르니 무명봉에 이르고(13:38), 직진으로 내려가다가 70대 중반의 등산객 3인을 만난다. 세월아 네월아 담소하며 걷는 모습이 참 보기에 좋다. 이들에게 이곳 위치를 물으니 좌측은 고성, 우측은 사천이라고 알려 준다. 안부에서 오르니 좌측 아래는 저수지가, 우측 아래에는 마을이 보인다. 잠시 후 우측에 암벽이 나오더니 객숙봉에 도착한다(14:01). 정상 중앙에 소나무와 잡목이 있고, 바닥에 깔린 바위에 '객숙봉'이라고 적혔다. 좌측으로 내려가다가 바로 오르니 시원한 바람이 스쳐 살 것 같다. 마른 풀이 많은 안부에서 직진으로 오르다가 작은 봉우리를 넘고, 다시 오르니 묘지가 있는 무명봉에 이른다(14:21). 내려가다 바로 좌측으로 오르니 가파른 오르막이 시작되고 통나무 계단으로 이어진다. 계단을 넘고 오르니 봉대산 정상에 이른다(14:28). 사천시에서 2010년 11월에 설치한 정상석이 있다. 가운데 잡목에 수많은 표지기들이 주렁주렁 걸렸다. 정상 아래에 있는 넓은 헬기장으로 내려가자마자 가시덤불이 나오고, 갈림길에 이른다. 좌측의 원형 철조망을 피해 우측 고성군 방향으로 내려가니 51번 송전탑이 나오고(14:43), 무명봉에 이른다(14:46). 지금까지 본 것 중에서 최고의 등산 안내도가 있다. 사천시에서 설치한 '낙남정맥 등산 안내도'인데 항공사진을 찍은 것처럼 자세하다. 사천시장을 극찬하고 싶다. 이런 모범 사례를 다른 행정기관에도 알리고 싶다. 우측으로 내려가다 송전탑을 지나(14:53), 긴 오르막 끝에 고사목이 있는 무명봉에 선다(15:11). 완만한 능선을 오르내린다. 소나무 사이사이에 잡목이 적절하게 배치되었다. 긴 오르막 끝에 양전산에 이르고(15:17), 직진으로 내려가니 우측 아래에 마을이 보인다. 사천시 봉곡마을이다. 봉분이 큰 원형묘지 4기를 지나 배수로에서 좌측으로 내려가니 오늘의 종점인 부련이재에 도착한다(15:30). 잿등 양쪽에 낙석방지를 위한 철망이 설치되었고, 그 철망에 '부련이재'라고 적힌 표지판이 걸렸다. 이곳에서 마루금은 도로를 건너 '속도를 줄이시오'라는 교통안내판이 있는 곳에서 산으로 이어진다. 누구에게나 전성기가 있다. 그걸 이루는 주인공은 바로 나 자신이다. 끝까지 뛸 것이다.

🚶 오늘 걸은 길

계리재 → 225봉, 봉전고개, 무선산, 돌장고개, 객숙봉, 봉대산, 양전산 → 부련이재(19.7㎞, 9시간 2분).

🏔 교통편

- 갈 때: 진주시외버스터미널에서 정자마을까지, 계리재까지는 도보로.
- 올 때: 부련이재에서 도보로 영부마을, 군내버스로 금곡까지, 시내버스로 진주까지.

일곱째 구간
부련이재에서 장전고개까지

'100세 시대, 인생 2막, 퇴직 후 3~40년' 요즘 많이 듣는 말이다. 10년 후에 후회하지 않기 위해 지금 뭔가를 하란다. 맞다. 내게도 해당된다. 뭘 준비하고 있나? 하긴 한다. 그게 100세 시대를 대비한 건지는, 인생 2막을 염두에 둔 건지는 모르겠지만. 10년 후 무엇을 가장 후회하게 될지 벌써부터 두렵다.

7, 8구간을 넘었다. 7구간은 부련이재에서 장전고개까지다. 부련이재는 고성군 영현면 영부리와 상리면 고봉리를 잇고, 장전고개는 고성군 대가면 송계리와 척정리를 잇는 고개다. 이 구간에는 백운산, 426봉, 배곡고개, 천황산, 추계재, 대곡산, 화리재, 무량산 등이 있고, 내내 꽃길을 걷게 된다. 이번 종주를 통해 창원시에 진입하였다.

2015. 4. 11. (토), 맑음

4월 10일 밤 12시. 서울남부터미널에서 심야버스에 승차, 진주시외버스터미널에 도착(03:18). 의외로 밤공기가 차다. 시내버스 정류소로 이동하여 아침에 타고 갈 버스를 미리 확인 후 근처 24시 김밥집에서 아침까지 대기. 5시 55분에 출발한 291번 시내버스는 6시

40분에 금곡에 도착. 금곡에서 6시 55분에 출발한 고성 군내버스는 7시 15분에 부련이재 도착. 버스 안에서 미리 산행 준비를 마친 터라 바로 출발한다. 7구간 초입은 낙석방지 철망이 끝나는 좌측 지점이다. 낙석방지 철망과 '속도를 줄이시오'라는 안내판 사이로 오른다(07:18). 등로 흔적이 뚜렷한 세로 주변에 가시나무 등 잡목이 많고, 벌써 꽃잎이 지고 잎이 나오는 진달래도 있다. 나무들이 움을 틔운다. 7분 정도 올라 원형 묘 3기가 있는 봉우리에서(07:27) 우측으로 내려가니 소나무가 많고, 잠시 후 문고개에 이른다(07:32). 도로를 건너 산으로 오르니 좌측에 철망 울타리가 있고, 그 너머에는 사육장 같은 허름한 시설이 있다. 갈림길에서(07:46) 좌측 위로 올라 작은 봉우리 정상에서(07:47) 내려가니 주변은 소나무와 잡목이 반반. 등로 양쪽에 포진한 잔가지들이 얼굴을 때린다. 안부에서부터 완만한 능선을 오르내린다. 소나무를 베어놓은 작은 봉우리를 넘고 우측으로 내려가니(08:07) 좌측 아래에 저수지가 보이고, 봉우리를 또 넘고 다시 오르니 작은 돌들이 많이 나오면서 백운산 정상에 도착한다(08:20). 표지판, 삼각점, 잡목이 있다. 평지 같은 능선으로 내려가서 낮은 봉우리를 넘고 오르기를 반복. 등로는 계속해서 낙엽이 쌓인 세로다. 잠시 후 426봉에 도착(08:42). 메모지를 꺼내려다가 도중에 빠뜨린 것을 알고, 오던 길로 백운산 정상까지 되돌아가서 메모장을 찾았다. 다행이지만 귀중한 시간을 허비해 부랴부랴 좌측으로 내려간다. 주변은 키 작은 잡목과 시커먼 소나무가 반반이다. 안부에서 올라 등로 우측의 송전탑을 지나 6~7분 오르니 395봉에 도착(08:54), 바로 내려간다. 허물어지는 묘지를 지나 380봉에 이르고(08:58), 내려가니 잔솔이 빽빽한 소나무 숲길이 이어진다. 우측에 전기 철선이 있고, 너머는 산을 개간한 농원이다. 잠시 후 시멘트 임도를 따라 좌측으로 10m 정도 내려가니 차단기가 앞을 막는다. 쇠사슬이 바닥에 떨어졌고, 한쪽 구석에 농장 안내 간판이 엎어져 있다. 누가? 산길에서는 미세한 변화에도 신경이 곤두선다. 임도를 건너 우측 산으로 3~4분 오르니 보호석이 있는 묘지 2기가 나오고, 안부에서 올라 320봉에서(09:21) 내려가니 우측 아래에 저수지가 보인다. 임도를 건너 능선을 오르내리다(09:33) 2차선 포장도로인 배곡고개에 이른다(09:48). 배곡고개는 고성군 영현면 봉발리와 상리면 망림리를 잇는 잿등이다. 좌측 아래에 작은 저수지가 있고, 도로를 건너 절개지 우측을 통해 능선으로 오른다. 전망바위를 지나 천황산 정상에 도착하니(10:11) 새마포 산악회에서 설치한 정상 표지판이 있다. 좌측으로 내려가 안부에서 오르니 370봉에 이르고(10:25), 우측 아래에 점터마을이 보인다. 우측으로 내려가니 2차선 포장도로인 추계재삼거리에 이른다(10:38). 좌측에 비박하기에 좋은 정자가 있고, 그 아래에 추계리 마을이 있다. 등로는 도로를 건너 옹벽 위 능선으로 이어지지만 오르기가 불가능해서 우회한다. 좌측 도로를 따라 150m 정도 오르다가 좌측으로 틀어지는 지점에서 우측 산으로 오른다. 갈림길에서 직진으로 한참 오르니 능선갈림길에 이르고, 우측으로 오르니 등로 좌측에 어린 측백나무 묘목이 자란다. 큰 바위를 지나 404봉에서(11:25) 내려가자마자 큰 비석이 있는 묘지가 나온다. 다시 큰 바위 3개가 있는 무명봉을 넘고(11:42), 완만한 능선을 오르내린다. 좌측은 진달래 군락지, 우측 아래에 송전탑이 있다(11:50). 또 좌측에 진달래 군락지가 나오고, 잠시 후 489봉에 이른다(12:01). 내려가는 등로 좌우에 큰 바위가 있고, 녹색 펜스가 설치된 묘지를 지나 안부에 이른다(12:05). 좌측은 철망 울타리가 설치된 농원이다. 안부에서 직진으로 올라 큰 바위를 지나니 무명봉에 이른다(12:25). 이 지역에 큰 바위가 많다. 좌측으로 내려가니 안부에 베어진 소나무와 마른 억새가 있고, 직진으로 오르니 반가운 표지판이 보인다. '낙남정맥을 종주하시는 산님들 힘, 힘, 힘내세요!' 계속 오르니 봉분이 훼손된 묘지가 나오면서 대곡산 정상에 이른다(12:37).

대곡산 정상에서(12:37)

정상 표지판, 삼각점, 작은 돌탑이 있다. 이곳에서 우측으로 통영지맥이 분기되고, 갈림길에 통영지맥분기점 표지판이 있다. 좌측 진달래 군락지로 내려가니 고성군 일대가 한눈에 들어오고, 계속 진달래 꽃길을 걷는다. 사방이 봄으로 가득하다. 좌측의 철망 울타리를 따라 내려가니 시멘트 임도에 이르고(13:02), 임도 좌측으로 170m 정도 오르니 철망 문이 나온다. 이곳에서 임도는 좌측으로 이어지고 우측 임도로 70m 정도 오르니 또 철망 문이 나온다. 철망 문을 통과하여 임도 끝에서 산 능선으로 오른다(13:12). 원형묘지를 지나 90도 좌측으로 틀어서 오르니 우측은 편백나무숲 지대. 잠시 후 편백나무 숲속으로 들어서니 편백나무와 소나무가 있는 532봉에 이르고(12:31), 내려가는 등로 주변은 온통 진달래 천지다. 잠시 후 좌측에 또 철망 울타리가 나오고, 잡목도 빽빽하다. 녹음이 무성할 여름이면 진행이 어려울 것 같다. 좌측의 철망 울타리를 따라 계속 오르니 큰 쇠파이프 3개가 연속해서 나오고, 소나무 한 그루와 잡목이 있는 무명봉에 이른다(13:54). 잡목이 많은 우측으로 내려가니 오거리인 화리재에 이른다(14:08). 한쪽에 무량산 등산 안내도가 있는데, 변색되고 훼손되어 내용을 알아볼 수 없다. 임도를 건너 능선으로 올라 거대한 편백나무숲으로 들어선다. 편백나무숲 끝에서 100m 쯤 지나 임도를 따라 70m 정도 오르다가 이정표가 있는 곳에서 우측 산으로 오른다. 오늘 처음 보는 이정표다(정상 0.5). 가파른 오르막이 이어지고, 무량산갈림길에(14:41) 큰 바위가 두 개 있다. 대가 저수지가 코앞이고 고성군 일대가 시원스럽게 다가선다. 좌측에 무량산이, 등로는 우측으로 이어진다. 우측으로 내려가다(14:47) 바닥에 너럭바위가 있는 곳에 이른다. 큰 바위가 자주 나오고, 애매한 이정표를 만난다. '정상 1.2킬로미터' 무슨 산 정상인지? 돌길이 시작되고, 잠시 후 578봉 정상에서(15:07) 내려가다가 봉화산갈림길에서 좌측으로 내려가니 주변은 진달래 천지다. 임도를 건너(15:22) 시멘트 도로에서(15:28) 좌측으로 내려가 포장도로에서 좌측으로 100여 미터 이동하니 큰재에 이른다(15:29). 이동통신탑과 준·희 씨의 '여기가 큰재입니다'라는 표지판이 있다. 도로를 건너 로프를 잡고 시멘트 옹벽을 넘어 산으로 올라 한참 후 551봉에 이른다(15:53). 우측 넓은 길을 따라 내려간다. 짧은 암릉을 지나 봉우리를 넘고, 바위지대를 넘으니 큰 바위가 계속해서 나오면서 백운산 정상에 이른다(16:05). 새마포 산악회에서 설치한 정상 표지판이 있다. 제단처럼 생긴 단도 있고, 주변 조망도 최고다. 대가 저수지가 눈앞으로 다가선다. 전국에 백운산이라는 이름을 가진 산이 많은데 공통점이 있는 것 같다. 뭔가 신령스러운 기운이 있다. 내려간다. 바위지대를 지나니 바닥에 전선이 깔렸고, 좌측에 시멘트 말뚝이 있다. 급경사 내리막이 끝나면서 넓은 길이 이어지고, 잠시 후 시멘트 도로에 이른다(16:27). 도로를 따라 내려가니 바로 장전고개에 이른다. 좌측에 '한림정공주식회사'가 있고 성 베네딕도수녀원 간판도 보인다. 도로 건너편에 버스 정류소가 있다. 이곳에서 마루금은 버스 정류소 우측으로 내려가는 넓은 길로 이어진다. 오늘은 이곳에서 마친다. 낙남정맥도 이제 중반을 넘어섰다. 장전고개에 떨어지는 봄날 오후의 햇살이 따사롭다.

🚶 오늘 걸은 길

부련이재 → 백운산, 배곡고개, 천황산, 추계재, 대곡산, 화리재, 551봉 → 장전고개 (19.1㎞, 9시간 12분).

⛰ 교통편

- 갈 때: 진주시외버스터미널 정류소에서 금곡까지, 고성군 군내버스로 부련이재까지.
- 올 때: 장전고개에서 버스로 금곡까지, 금곡에서 시내버스로 진주까지.

여덟째 구간
장전고개에서 발산재까지

다음에 이 산에 와선 더 이상 못 보겠지… 이 꽃의 전성시대가 가고 있다. 누구에게나, 무엇에게나 화려한 시기가 있다. '나의 전성시대는 언제였을까, 아니면 언제일까?' 지난주 만개한 진달래를 보면서 떠오른 생각이다.

여덟째 구간을 넘었다. 장전고개에서 발산재까지다. 장전고개는 고성군 대가면 송계리와 척정리를 잇고, 발산재는 진주시 이반성면과 고성군 구만면, 마산합포구 진전면의 경계지점이다. 이 구간에는 459봉, 떡고개, 매봉산, 봉광산, 새터재, 용암산, 남성치, 준봉산 등이 있다. 이 구간에서는 평일과 일요일의 버스 운행 시각이 다르기에 유념해야 한다.

2015. 4. 12. (일), 맑았으나 오후 늦게 흐림

진주시외버스터미널 옆 기사식당에서 아침을 해결하고, 고성행 시외버스에 승차(06:10). 원래는 시내버스로 금곡까지 가서 금곡에서 고성군 군내버스로 장전고개까지 가야 하지만, 일요일이라 군내버스 첫차가 8시 35분에 있다는 정보를 어제 버스 기사로부터 입수하고 경로를 변경했다. 고성터미널에 도착하여(06:55), 이곳에서도 군내버스가 일요일이라 9시에 출발한다는 안내를 듣고 바로 택시에 승차. 택시로 가는 도중에 어제 백운산에서 내려다보면서 감탄했던 대가저수지를 지난다. 이 저수지가 경남에서도 몇 번째 안 가는 큰 저수지라고, 옛날에는 이곳에 가두리 양식장이 있었고 지금도 잉어랑 붕어가 많다고, 그래서 낚시꾼도 꽤 있다고 택시기사가 설명한다. 실제로 이른 아침인데도 낚시꾼들의 차량이 줄줄이 주차되었다. 장전고개에는 7시 15분에 도착. 이렇게 아침부터 서두르는 이유가 있다. 이번 구간 봉우리 사이의 고도차가 커서 무척 힘이 들고, 10시간 정도 소요되기 때문이다. 장전고개 아침은 고요하다. 무뚝뚝한 우측의 버스 정류소도 그렇고, 좌측의 베네딕도수녀원 입간판도 그렇다. 변한 것이라면 날씨가 약간 흐리다는 것. 이곳에서 들머리 초입은 버스 정류소 우측 아래로 내려가는 임도다. 출발한다(07:21). 임도를 따라 30m 정도 내려가다가 좌측 산길로 오르니 임도처럼 넓은 오르막 주변에는 잡목이 포진. 40m 정도 진행 후 좌측 세로로 오르니 오르막 끝에(07:32) 보호석이 두 개 있는 묘지가 있고, 좌측에 송전탑이 있다. 묘지 뒤로 1분 정도 내려가다가 오르니 주변에 소나무가 많고, 잘 조성된 묘지가(3기) 있는 곳에서 좌측으로 오르니 주변은 거의 소나무 일색. 갑자기 등로 흔적이 사라지지만 큰 문제는 아니다. 지형상 위만 보고 오르면 마루금으로 이어질 것이기에. 잠시 후 성지산갈림길에서(07:54) 좌측으로 진행하니 바위가 나오더니 채 1분도 못 가서 69번 송전탑을 지난다. 네 번의 큰 바위와 전망암을 지나(08:01) 459봉에 도착한다(08:03). 소나무와 진달래가 있고, 뒤돌아보니 어제 지나온 마루금이 한눈에 들어온다. 우측으로 내려가니 진달래 꽃길이 이어진다. 엄청 긴 내리막이다. 불안하다. 다시 또 긴 오르막이 있을 것이기에. 안부에서(08:18) 무명봉을 넘고(08:26) 우측으로 내려가니 작은 돌길이 시작되고, 주변은 잡목이 대세다. 안부에서 낮은 봉우리를 넘고(08:39), 다시 안부를 지나 봉우리 직전에서 우측으로 내려가니 잔돌이 많은 길로 이어진다. 낮은 봉우리를 넘고 우측의 74번 송전탑을 지나(08:45) 30m 정도 진행하니 잔디 없이 보호석이 두 개인 묘지가 있는 낮은 봉우리에 이른다. 20m 정도 더 내려가서 봉분에 잔디가 없는 묘지를 또 만난다. 역시 보호석이 두 개 있다. 내려가다가 묘지 이장 터를 만난다. 조금 전의 묘지들은 이곳에서 이장된 모양이다. 좌측에 저수지가 보이더니 잠시 후 떡고개에 이른다(08:56). 중앙에 원형 묘, 좌측 아래에 월곡마을과 저수지, 우측에는 가족묘지가 있다. 원형 묘 우측으로 오르니 덕산에 도착한다((09:07).

덕산에서(09:07)

정상에 표지판과 삼각점, 잡목과 잡풀, 억새가 있고 바닥엔 나무들이 쓰러져 있다. 우측으로 내려가니 등로에 낙엽이 수북하고, 75번 송전탑을 지나(09:15) 억새밭을 통과하니 배치고개에 이른다(09:18). 배치고개는 고성군 개천면 심평마을과 마암면 신지마을을 잇는 잿등이다. 좌측의 개천면과 우측의 마암면 방향을 알리는 안내판이 있고, 우측에 이동통신탑이 있다. 도로를 건너 산으로 올라 무명봉에서(09:29) 우측으로 내려가다가 바로 좌측으로 내려가자마자 밤나무 단지에 들어선다. 안부에서 좌측 솔숲으로 들어서서 낮은 봉우리를 넘고(09:49) 우측으로 내려가니 등로 우측 아래에 마을이 보인다. 낮은 봉우리를 연속해서 넘으니(09:52) 우측 아래에 들판과 마을이 보이고, 잠시 후 안부에서 밤나무 단지 우측 가장자리를 따라 오른다. 밤나무단지를 한 바퀴 돌 듯 오르다가 가장 위에서 우측 능선으로 내려가니(10:02) 이곳에서도 솔밭길이 이어지고, 멧돼지가 파헤친 흔적이 자주 나온다. 낮은 봉우리를 넘고 대나무밭을 통과하니 매봉산갈림길에 이른다(10:13). 좌측으로 내려가니 좌측은 계단식 농원이고, 좌측 아래에 조그만 저수지와 마을이 보인다. 좀 더 내려가니 등로 좌측에 철망 울타리가 따르고, 돌로 된 벽을 내려서니 신고개에 도착한다(10:19). 등로는 도로를 건너 산으로 이어지고, 오르는 길목에 '입산 통제' 안내판이 있다. 고성군수가 설치한 경고판인데 위반하면 20만 원 이하의 벌금에 처한다고 겁을 준다. 하지만 어쩌랴…, 통과해야만 하니. 완만한 능선 오르막 주변엔 잡목만 무성하고, 좌측으로 내려가니 바로 솔숲에 진입한다. 솔향이 좋다. 힘겹게 봉우리에 올라서니 봉분에 구멍이 뚫린 묘지가 나오고, 30m 정도 진행하니 탕근재에 이른다(10:51). 준·희 씨의 정상 표지판, 삼각점, 잡목과 많은 돌이 있다. 그런데 높은 봉우리인데 탕근재라니? 탕근봉이 아닐까? 좌측으로 묘지를 지나 1분 정도 더 내려가서 오르니 봉광산 정상에 이르고(11:08), 우측으로 내려가니 거대한 암릉 30m 전방에 갈림길이 나온다. 이곳에서 상당한 주의가 필요하다. 직진 길이 더 뚜렷해서 직진하기 쉬운데 우측으로 내려가야 한다. 우측으로 내려가면 동굴처럼 생긴 큰 구덩이가 나온다. 겁도 나고 오싹해서 얼른 자리를 피한다. 걷기 좋은 길이 한동안 이어져 거의 조깅 수준으로 걷는다. 묘지를 지나 좌측으로 내려가니 최근에 조성한 원형 묘 2기가 나오고, 그 옆에 측백나무 두 그루가 있다. 좀 더 내려가니 새터재에 이른다(11:37). 새터재는 고성군 개천면 봉치리와 구만면 저련리를 잇는다. 도로를 건너 좌측 전봇대 우측으로 진행하니 바로 '여기가 새터재입니다'라는 표지판이 나온다. 절개지 상충부에서 좌측 능선을 따라 오르니 좌측에 측백나무 지대가 나오고(12:03), 우측 아래에 마을이 보인다. 소나무 토막이 널려 있고, 잠시 후 안부사거리에 이른다(12:06). 사거리 좌우는 골이 패여 마치 좁은 골짜기처럼 보인다. 직진으로 한참 오르니 정말 힘이 든다. 높은 봉우리를 올랐다가 그만큼 내려가기가 반복된다. 이 구간의 특징이다. 잠시 후 무명봉을 넘고(12:31), 안부에서 긴 오르막을 넘으니 작은 돌탑이 있는 필두산에 이른다(12:47). 좌측 진달래 군락지로 내려가니 급경사 내리막이 시작되고, 송전탑과 이동통신탑을 지나니 등로는 넓은 길로 바뀌면서 담터재에 도착한다(13:08). 행정구역 표지판이 있다. 좌측은 개천면 우측은 구만면이다. 좌측에 창고 같은 건물이 몇 동 있다. 도로를 건너 시멘트 옹벽을 넘어 행정구역 표지판 뒤로 오르니 묘지가 연속 나오고, 좌측은 초지다. 가파른 오르막이 시작된다. 뒤돌아보니 지나온 필두산이 우뚝 서 있다. 저걸 넘었으니…. 바위가 있는 곳에서 능선 우측으로 오르니 암봉에 도착한다(13:41). 필두산이 지척이다. 내려간다. 암릉을 오르내리다 용암산에 도착한다(13:50).

용암산 정상에서(13:50)

정상 표지판, 삼각점, 잡목이 있다. 산길은 참 묘하다. 걸을수록 갈등은 부서지고, 생각은 깊어진다. 좌측으로 내려가다가 안부에서 오르니 걷기 좋은 솔밭길이 시작되고, 잠시 후 옥녀봉에 도착한다(14:01). 완만한 능선 내리막에 여러 기의 묘지가 나오면서 사거리인 남성치에 이른다(14:11). 남성치 표석, 선동마을 안내판, 구만면장의 안내문이 있다. 도로를 건너 넓은 길로 시작되는 산으로 오르니 한참 완만한 솔숲이 이어지다가 가파른 오르막을 힘겹게 오르니 무명봉에 이른다(14:41). 상당한 공터가 있고, 묘지를 이장한 흔적이 보인다. 우측으로 내려간다. 오르막 좌측의 밤나무 단지를 지나, 긴 능선이 이어지다가 벌발들에 도착하니(14:58) 준·희 씨의 표지판과 삼각점, 소나무가 있다. 계속 오르니 작은 바위가 나오고, 무명봉에 이른다(14:59). 내려간다. 우측에 적석산이 보이고, 좀 더 내려가니 좌측에 쇠로 된 울타리가 나오더니 바로 선동치에 이른다(15:11). 오늘 처음 보는 이정표가 있고(좌측 선동마을회관 1.2, 직진 준봉산 깃대봉 0.7), 좌측은 나무 더미로 출입을 통제한다. 직진으로 오르는 동안 우측으로 적석산이 올려다보이고, 전망 바위에 이르러서는(15:33) 적석산이 아주 가깝게 보인다. 구름다리까지 보일 정도다. 계속해서 오르니 깃대봉에 도착한다(15:39). '진양 농협인 산악회'에서 세운 정상석과 이정표가 있다. 우측은 일암리 공영주차장을, 좌측은 효렬공고종후묘소입구(발산재 2.6)를 알린다. 이곳은 좌우 양쪽에 표지기가 있어 주의가 필요하다. 마루금은 발산재로 이어진다. 좌측으로 내려가는 길도 암릉이다. 계속해서 암릉이 이어지더니 마당 바위에 이른다(16:01). 좌측으로 내려간다. 진달래길이다. 암릉을 한참 오르니 준봉산에 도착한다(16:09). 정상석, 바위가 있다. 5~6분 내려가니 다시 전망바위에 이르고(16:15), 우측으로 내려가니 임도처럼 넓은 길이 나오다가 세로로 바뀐다. 진달래가 섞인 솔숲길이 이어지더니 거대한 암릉이 나오고, 갈림길에서(16:35) 깊은 고민을 한다. 양쪽에 표지기가 있어서다. 오히려 우측에 더 많고, 평소 내가 신뢰하는 종주자들의 표지기도 있다. 등로도 더 뚜렷하다. 그러나 좌측을 택한다. 이유는 좌측 아래에서 자동차 소리가 들리기 때문이다. 갈 수록 등로가 좁아지기에 잘못 들어섰나 불안하기도 하지만 계속해서 표지기가 이어지기에 확신을 갖고 내려간다. 급경사 내리막에 길도 험하고, 배수로를 건너 내려가니 절개지 아래 도로를 달리는 자동차들이 보이기 시작한다. 안심이 된다. 절개지 울타리를 따라 터널 위를 통과한다. 터널 아래는 자동차들이 쌩쌩 달린다. 내려선 곳은 흙더미가 널린 임도다(16:48). 임도에서 우측으로 조금 오르면 발산재이고, 좌측으로 내려가면 발산재 시외버스 정류소가 있다. 그리고 보니 좀 전의 갈림길에서 양쪽에 표지기가 있던 것이 이해가 간다. 갈림길에서 우측으로 내려가면 발산재로 바로 내려가게 되고, 좌측으로 내려가면 버스 정류소에 가까이 이르게 된다. 원칙은 우측으로 내려가는 것이 맞다. 드디어 마산에 진입하게 된다. 오늘은 이곳에서 마치기로 한다. '산은 왜 가나? 결국 내려올 것을' 지인들로부터 자주 듣는 소리다. 그럴 때마다 전하고 싶었다. '산길에 모든 게 있다'라고.

🚶 오늘 걸은 길

장전고개 → 459봉, 떡고개, 매봉산, 신고개, 봉광산, 새터재, 용암산, 남성치, 준봉산 → 발산재(19.2㎞, 9시간 33분).

⛰ 교통편

- 갈 때: 진주시외버스터미널에서 금곡까지, 고성군 군내버스로 장전고개까지.
- 올 때: 발산재 시외버스 정류소에서 진주나 마산으로 이동.

아홉째 구간
발산재에서 한치까지

　'열정페이' 요즘 어려운 취업 현실을 이용해 아주 적은 돈을 주면서 청년들의 노동력을 착취하는 행태를 비꼬는 말이다. 한참 잘못됐다. 더구나 이런 것이 사회적 기업이나 인권단체에서 행해진다니 말문이 막힌다. 한낱 구두선에 불과한 청년 일자리 창출. 과연 누구를 위한 것인가? 청년인가, 통계 수치를 위한 것인가?

　아홉째 구간을 넘었다. 발산재에서 한치까지다. 발산재는 진주시 이반성면과 마산시 진전면을 잇는 잿등이고, 한치는 함안군 여항면 내곡리와 마산시 진북면 정현리를 잇는 잿등이다. 이 구간에는 363봉, 큰정고개, 527봉, 오곡재, 557봉, 미산령, 여항산, 706봉, 감재고개, 대부산 등이 있다. 구간 내내 함안 지역을 걷게 된다.

2015. 4. 25. (토), 아주 더움
　진주행 심야버스는 만원이다. 진주를 향해 이런 심야버스를 타는 게 벌써 며칠째인가? 출발 전 등산화를 벗지 말라는 버스 기사의 경고에 기분이 상했지만, 정신없이 쏟아지는 수면의 압박에 모든 걸 잊고 이내 잠에 빠진다. 진주시외버스터미널에는 다음 날 새벽에 도착(03:20). 밤기운이 몹시 차다. 바로 터미널 대기실로 들어간다. 터미널 입구에서 밤새 장사를 하시는 할머니가 아는 체를 하신다. "또 왔어?" 대기실에는 노숙자 몇 분 외 얼굴이 불그레한 무법자 한 사람이 어슬렁거린다. 매표소 직원이 출근하자마자 표를 사고, 근처 기사식당에서 아침 식사를 해결한다. 이 식당을 이용하는 것도 오늘이 마지막. 다음부터는 베이스캠프가 마산으로 옮겨진다. 6시 정각에 출발한 남마산행 시외버스는 가는 도중 재미난 풍경을 잔뜩 보여준다. 시골 버스 정류소마다 보따리를 잔뜩 동반한 할머니들이 승차하신다. 그때마다 기사님은 친절하게도 손수 내려가서 짐을 함께 들어 올린다. 의외라는 생각도 잠시. 의문점은 요금을 낼 때 풀린다. 할머니들은 요금 외에 짐 실은 값을 별도로 얹어 준다. 하지만 그렇게 밉지가 않다. 목적지인 발산재에서 내릴 때(06:48) 기사님은 내게 말한다. "미안합니다."라고. 나는 전혀 아닌데. 운 좋게도 난 보기 드문 따뜻한 풍경을 봤을 뿐이다. 발산정류소에서 오늘 구간 들머리까지는 4차선 도로를 따라 10분 정도 걸어야 한다. 4차선 도로에서 내려가 지하도를 통해 반대편으로 이동해 지난번 8구간을 마치고 내려오던 곳을 향해 오른다. 좌측의 발산저수지를 지나고 8분 만에 동물 이동로가 있는 곳에 도착한다. 이곳에서부터는 구 도로를 따라 오른다. 초입에 지난번에는 보이지 않던 장애물이 있다. 나뭇가지들을 잔뜩 쌓아놓았다. 출입을 통제하려는 누군가의 의도다. 장애물을 넘어서니 이번에는 조경용으로 쓸 수 있는 큰 석재들이 쌓였다. 이곳을 지나 구도로를 따라 오른다. 산비탈 구도로 옆에는 단층 건물이 한 채 있고 맞은편에는 '화약류 보관소'라는 창고 같은 시설이 있다. 그 사이로 진행한다. 단층 건물은 아마도 신도로가 생기기 전에 잘 나가던 휴게소였던 것 같다. 잠시 후 발산재에 도착

(07:04). 4차선 신도로가 생긴 지금 발산재는 옛사람들의 추억으로만 남게 되었다. 산으로 오르는 초입에 장승 두 개가 나란히 서 있다. 하나는 크고 나머지는 작고 볼품이 없다. 의도적인 것 같은데, 이유가 궁금하다. 신도로가 조성된 맞은편에는 지난번 8구간 종주 때 내려오던 거대한 절개지가 보기 흉한 민낯을 드러낸다. 산을 깎아 도로를 만들었다. 자연을 파괴하여 인간을 편리하게 한 것이다. 뭘 옹호해야 할지? 그새 기온이 많이 올랐다. 장비를 갖추고 출발한다 (07:20). 완만한 오르막을 3~4분 오르니 고도차가 거의 없는 평지 같은 산길이 1~2분 이어지고, 잠시 후 무명봉에 이른다(07:38). 정상에 썩은 통나무 의자가 내려앉았다. 우측으로 내려가다가 낮은 봉우리를 넘고 다시 오르니 등로는 흙길 세로, 주변에 소나무가 많다. 무명봉에서(07:49) 좌측으로 90도 틀어 내려가 등로 좌측의 송전탑을 지나(07:57) 3~4분 내려가, 안부삼거리에서(08:01) 직진으로 오르막을 넘고 내려가다 안부를 지나 무명봉에 이른다(08:16). 정상에 쪽동백이 있다. 우측으로 내려가다 오르니 잠시 후 영봉산갈림길에 이른다(08:20). 우측으로 오르니 주변에 소나무가 많고, 묘지 2기 있는 곳에서 내려가니(08:46) 나뭇가지에 안전모가 걸려 있다. 걸음을 재촉한다. 안부 우측에 임도가 지난다. 완만한 능선을 오르내리다가 한참 만에 356봉에 도착한다(09:02). 정상에 약간의 공터가 있고, 우측으로 내려가니 급경사 내리막이 이어진다. 대여섯 개의 표지기가 한 나무에 걸려 있어 마치 봄날에 친구들이 모여 수다를 떠는 모습 같다. 잠시 후 안부삼거리인 큰정고개에서(09:14) 직진으로 오르니 큰 바위가 계속 나오고(09:41) 좌측 아래에 이반성면 장안리 일대가 뚜렷하다. 우측 큰 바위가 있는 곳에서 오르니 오봉산갈림길에 이른다(09:53). 이젠 함안군 땅을 걷는다. 우측으로 오르니 527봉에 이른

다(09:57).

527봉 정상에서(09:57)

정상에 바위와 잡목이 있고, 좌측 건너편에 오봉산이 보인다. 내려가다가 안부에서 오르니 524.4봉에 이르고(10:08), 정상에 준·희씨의 정상 표지판과 삼각점이 있다. 내려간다. 안부삼거리를 지나(10:21) 낮은 봉을 넘고 내려가니 좌측에 사방을 돌로 쌓은 터가 나온다. 주거지도 봉수터도 아닌 것 같은데, 용도가 궁금하다. 잠시 후 오곡재에 도착한다(10:32). 오곡재는 함안군 군북면과 여항면을 잇는 잿등이다. 이정표가 있다(여항산 3.74). 등로는 좌측으로 20m 정도 이동 후 우측 산으로 이어진다. 한참 올라 무명봉을 넘고(10:48) 내려가니 큰 바위가 나온다. 무척 덥다. 잠시 후 557봉에서(11:07) 다시 봉우리 두 개를 넘고 오르니 미봉산갈림길에 이르고(11:39), 우측으로 10m 정도 오르니 미봉산이다. 내려간다. 통나무 계단이 나오고, 잠시 후 미산령에 이른다(11:51). 미산령은 동물 이동로를 통해 잿등을 넘게 되고, 이동로 우측 아래에 정자가 있다. 미산령 통과 후 소나무 그늘 아래서 잠시 쉬면서 점심을 먹고, 출발한다(12:09). 통나무 계단이 길게 이어지고, 돌계단과 암릉도 나온다. 잠시 후 암봉에 도착한다(12:36). 좌측 아래에 함안면 일대가 한눈에 들어온다. 다시 오른다. 통나무 계단에 이어 돌길이 나오고 잠시 후 743.5봉에 이른다(12:40). '일일구조단 위치 표찰'이라는 함안군 표지판이 있다. 내려가니 암릉이 나오고, 좌, 우측 아래에 모두 저수지가 보인다. 여러 개의 돌탑과 암릉을 지나니 배능재에 도착한다(12:57).

　돌계단에 이어 돌길을 지나 잠시 후 여항산 등산 3코스 갈림길에 이르고, 우측으로 오르니 헬기장에 도착한다(13:07). 이정표, 평상 2, 목의자 2개가 있다. 헬기장을 출발하자마자 여항산 등산 2코스 갈림길에 이르고(13:10), 직진으로 오르니 좌측 아래에 함안군 여항면 좌촌마을이 아주 평화로운 모습으로 나타난다. 암릉과 목재 계단이 이어지더니 여항산에 도착한다(13:15). 암봉인 정상에는 정상석과 태극기가 있다. 조망안내도까지 있어 주변을 정확하게 확인할 수 있다. 좌측 아래는 함안군 여항면 좌촌, 대산, 대촌마을과 봉성저수지가, 우측 아래로는 멀리 창원시 진전면 여양리까지 뚜렷하게 보인다.

중국 격언 중에 '讀萬卷書 行萬里路'[2]가 있다. '만 권의 책을 읽고 만리의 길을 여행하라.'는 말이다. 많은 책을 읽지는 못하지만, 정맥 종주 덕분에 여러 지역을 여행할 수 있는 것은 그나마 다행이다. 내려간다. 암릉이 아주 위험하다. 가파른 곳에 목재 계단이 설치되었고, 잠시 후 여항산 등산 1코스 갈림길에 이른다. 여항산은 함안군의 명산으로 등산 코스도 잘 정비되었다. 계속해서 암릉이 이어지고, 평상과 목의자 3개가 있는 곳에 이른다. 주변 수종은 대부분 잡목으로 목재 계단이 나오고 위험지역을 알리는 안내판도 보인다. 등로는 완만한 능선으로 바뀌고, 목의자 3개가 있는 곳에 이른다(13:51). 함안군 지역 낙남정맥 코스의 특징이 드러난다. 이전 지역과 비교해서 등산객을 위한 배려가 세심하다. 이정표는 물론이고 곳곳에 평상이나 의자까지 설치했다. 지자체별로 산길에 대한 관심도가 다르다. 단독 종주자에게 이정표는 큰 역할을 하는데 어떤 지역은 하루 종일 걸어도 이정표 하나를 볼 수 없다. 비용이 문제라면 소규모의 간이 이정표라도 설치해주면 좋겠다. 잠시 후 폐헬기장에서(14:04) 완만한 능선으로 3~4분 진행하니 전망바위에 이른다(14:08). 암릉이 이어지고 로프가 있지만, 우측으로 우회하여 무명봉에 이른다(14:21). 좌측 완만한 능선으로 내려가니 주변에 잡목이 많다. 정말로 더운 날이다. 집 생각이 간절하다. 완만한 오르막이 반복되더니 706봉삼거리에 이르고(14:31), 우측으로 내려가자마자 마당바위에 이른다. 내려간다. 암릉에서 좌측으로 우회하니 암벽이 나와 또 좌측으로 우회한다(14:45). 잠시 후 이정표가 있는 삼거리에서 직진하니 평상이 나오고, 오르막 끝에서 목의자 2개가 있는 곳을 지나니 서북산에 도

---

2) 독만권서 행만리로.

착한다(15:07). 정상석, 헬기장, 서북산 전적비, 이정표가 있다.

서북산 정상에서(15:07)

서북산 전적비를 통해 이곳이 역사적인 봉우리임을 확인한다. 서북산은 6.25 때 낙동강 방어 전투가 치열하던 1950년 8월에 미 25사단 예하 5연대 전투단이 북괴군을 격퇴하여 유엔군의 총반격 작전을 가능하게 했던 격전지이다. 이곳에 세운 전적비는 이때 전사한 미군 장병들의 넋을 기리기 위한 것이다. 우측으로 내려가니 급경사 돌길. 등로 주변은 여전히 잡목이 대세다. 긴 내리막에 목의자 5개가 나오더니 감재고개에 이른다(15:32). 잠시 휴식 후 출발한다(15:40). 임도를 건너 통나무 계단으로 3~4분 오르니 등로는 좌측 완만한 능선으로 이어지고, 잠시 후 임도삼거리에서 직진으로 오르다가 좌측으로 틀어서 내려가니 다시 임도삼거리에 이른다. 또 직진하여 평상이 있는 공터에서 오르니 임도삼거리에 이른다(16:03). 우측은 편백나무 지대. 좌측으로 올라 임도가 끝나는 지점에서 산으로 오르니(16:13) 등로 주변에 큰 바위가 계속 나오면서 평지산갈림길에 이른다(16:28). 이정표가 있다(좌측 봉화산 2.1). 내려간다. 우측 아래에 송전탑이 있고, 좌측 능선을 따라 내려가다가 오르니 평지 같은 능선이 한동안 이어지다가 대부산 정상에 이른다(16:47). 정상 표지판과 삼각점이 있다. 내려간다. 여전히 등로 주변은 잡목이 대세다. 안부에서 올라 봉화산갈림길에 이른다(16:55). 등로는 우측 한치 방향으로 급경사 내리막이 시작된다. 목재 계단과 로프가 있어 다행이다. 잠시 후 너럭바위에 이르고(17:11), 좀 더 가니 안부삼거리에 이른다(17:16). 이곳이 음앙골 고개다. 최근 제작한 것으로 보이는 목의자 두 개가 있고, 직진으로 올라 목재 계단을 지나 무명봉에서(17:29) 내려가니 돌길이 이어진다. 능선 내리막이 한동안 이어지다가 오늘의 최종 목적지인 한치에 이른다(17:38). 여항산 등산 안내도와 진고개 휴게소가 있다. 도로 건너편 좌측에 한우 전문점이, 우측에는 큰 보호수가 있다. 이곳에서 등로는 한우 전문점과 보호수 사이로 이어진다. 봄 날씨치고는 무척 더웠는데, 기세 좋던 열기는 다 어디로 갔는지 쌀쌀한 바람이 뺨에 닿는다.

🚶 오늘 걸은 길

발산재 → 363봉, 527봉, 오곡재, 557봉, 미산령, 여항산, 706봉, 대부산 → 한치 (22.6km, 10시간 34분).

⛰️ 교통편

- 갈 때: 진주시외버스터미널에서 발산 정류소까지, 발산재까지는 도보로.
- 올 때: 한치에서 도보로 대현 마을버스 종점까지, 72번 버스로 마산으로.

열째 구간
한치에서 마재고개까지

　인간은 항상 없는 것을 그리워하고, 그런 결핍을 채우려는 몸부림이 성장의 동력으로 작용한다고 한다. 그간의 경험을 봐도 그랬다. 그렇다면 주변의 반대와 고통을 감수하고, 안락한 주말 등 갖가지 기회를 포기하면서까지 산줄기를 찾는 산꾼들의 정맥 종주는 대체 무슨 결핍을 채우려는 몸부림일까?

　전날에 이어 열째 구간을 넘었다. 한치에서 마재고개까지다. 한치는 함안군 여항면 내곡리와 창원시 진북면 정현리를 잇는 잿등이고, 마재고개는 창원시 내서읍 중리와 두척동을 잇는 잿등이다. 이 구간에는 광려산, 657봉, 대산, 바람재, 대곡산, 727봉, 무학산, 시루봉, 523봉 등이 있다. 내내 마산지역을 걷게 된다. 무학산에서 마재고개까지 내려가는 등로는 90분 정도 소요되는데 대부분 소나무숲길로 보약 같은 코스다.

2015. 4. 26. (일), 맑음. 여름 날씨
　찜질방을 나선다(05:20). 김밥집에서 아침을 해결하고 마산역 앞 72번 시내버스 시발점에서 6시 정각에 출발, 대현마을 종점에서 하차(06:55). 2차선 포장도로를 따라 함안군 방향으로 오른다. 7~8분 후 한치에 도착(07:03). 등로는 도로 건너편 여항산 보리한우전문점과 보호수 사이에 있는 임도로 이어진다. 시멘트 임도를 30m 정도 오르니 흙길로 바뀌고, 30m 정도 더 오르니 산길로 접어든다. 흙길 세로는 점점 가팔라지면서 소나무 숲길로 바뀐다. '수렵 금지 구역' 표지판과 등로 좌측에 '광려산 등산 가는 길'이라는 안내판이 보인다. 주변에 소나무가 많다. 오를수록 등로는 가팔라지고 한동안 너덜이 나오다가 다시 산길로 접어든다. 초반부터 긴 오르막에 힘이 든다. 선답자들도 이런 고통을 느꼈을 것이다. 갈림길에(08:06) 이정표가 있다(우측 광려산 1.0, 여항산 10.41). 10분 정도 쉬었다가 우측으로 90도 틀어서 능선을 따라 오른다(08:16). 날씨가 청명해서 능선 따라 걷는 기분이 여느 때와 다르다. 잠시 후 삿갓봉에 이른다(08:35). 정상석과 전망대가 있다. 아침 햇살에 남해 바다가 보석같이 빛난다. 남해바다가 이렇게 가까울 줄이야…. 광려산이 지척이고, 무학산도 한눈에 들어온다. 내려간다. 전망바위가 나오고 가끔 암릉이 이어지기도 하지만 고도차는 별로 없다. 잠시 후 광려산 정상에 도착한다(08:56).

광려산 정상에서(08:56)

암봉에 정상판과 이정표가 있다(대산 2.51). 내려서니 암릉길이 계속되고, 좌측에 철조망, '문화재 보호구역' 안내판에 이어 이정표가 나온다(09:05. 대산 2.2). 등로 좌측은 문화재 보호구역으로 통제된다. 큰 바위를 지나 암봉에서(09:17) 또 암봉을 넘고, 오르니 657봉에 이른다(09:25). 나무 그늘 아래에 목의자가 3개 있다. 좌측으로 내려간다. 등로 좌측은 계속 입산 금지구역이다. 입산 금지 플래카드가 있고 철조망이 나무에 친친 감겨 있다. 애먼 나무만 못 할 짓이다. 암릉은 계속된다. 등로 좌측은 가파른 절벽이고, 좌측 아래에 마을이 있다. 잠시 후 상투봉갈림길에 이른다(09:44). 좌측은 상투봉, 등로는 직진으로 이어진다. 이곳에도 '문화재 보호구역 안내도'가 있다. 내려간다. 이제부터는 문화재 보호구역에서 벗어나 걷기 좋은 길이 이어진다. 아무도 가지 않은 원시림 같다. 낙엽이 쌓여 푹신하다. 그러면서도 등로는 뚜렷하다. 갈림길에서 우측으로 오르니 능선에 이르고, 조금 더 진행하니 전망바위에 이른다(10:01). 남해 바다가 지척이다. 주변은 진달래 군락지. 암릉이 나오고 하늘에 매달린 것 같은 목재 계단을 통과하니 로프가 설치된 암릉이 이어진다. 잠시 후 대산 정상에 이른다(10:12). 정상석과 이정표가 있다. 주변 조망이 환상적이다. 북동쪽으로는 무학산이 뚜렷하고, 남쪽으로는 남해바다와 마산만이 한 폭의 수채화처럼 아름답다. 먼저 도착한 등산객이 주변을 설명하면서 무학산을 가려면 좌측 광산사 방향으로 내려가라고 한다. 하지만 낙남정맥 마루금은 그게 아니기에, 우측으로 내려간다. 조금 내려가니 또 '마산광산먼등'이라는 정상석이 나오고(10:29), 주변에 목의자가 두 개 있다. 좌측으로 내려가니 빽빽한 진달래 군락지가 이어지고, 올라오는 등산객들의 웅성거림이 들린다. 한참 후 암봉이 앞을 막아 좌측으로 우회하니(10:39) 긴 내리막 끝에 안부에 이르고(10:54), 억새 군락지를 지나니 569봉에 도착한다(10:59). 대산 윗바람재봉이다. 정상석, 삼각점, 산불감시 초소가 있다. 이곳도 최고의 조망처다. 마산 앞바다가 손에 잡힐 듯 가깝다. 한참 내려가니 큰 바위가 있는 안부삼거리에 이르고(11:14), 의자 두 개 있는 쉼터를 지나 내려가니 목재 계단이 나오면서 바람재에 도착한다((11:26). 넓은 잔디밭이 펼쳐진다. '진달래 축제비', 팔각 정자, 운동 시설, 전망데크가 있다. 전망대에는 등산객들로 꽉 차서 비집고 들어설 수가 없다. 날씨가 너무 더워 오늘 목적지까지 갈 수 있을지 염려된다. 이곳에서 점심을 해결하고 출발한다(11:45). 잠시 후 447봉에서(11:55) 내려가니 진달래 군락지가 나오고, 어린 소나무와 잣나무가 등로 주변에 식재되었다. 밭을 가로질러 내려가니 쌀재에 도착한다(12:11). 많은 차량들이 주차되었고, 운동 시설과 작은 산불감시 초소가 있다.

초소에서 조금 내려가니 시멘트 임도삼거리에 이르고, 무학산 등산로 안내문과 농장 출입을 금하는 안내문이 있다. 좌측 도로를 따라 150m 정도 내려가니 무학산 등산로 표시가 나오고, 이 지점에서 우측 통나무 계단으로 오른다. 주변에 편백나무가 있다. 한참 오르니 헬기장이 나오고(12:48), 주변에 진달래가 많이 나오면서 대곡산 정상에 도착한다(12:44). 정상석과 삼각점, 돌무더기가 있다. 또 수많은 표지기가 걸린 표지기 띠가 있다. 마치 표지기 전시장 같다. 오르자마자 우측 아래에 전망대가 있다. 마산만을 한눈에 감상할 수 있는 최고의 전망대다. 마산 시민으로부터 이곳 지형을 설명 듣는다. 마산시, 창원시, 진해시 지역을 알려주고 세 시가 하나로 통합된 배경까지 설명해 준다. 그런데 아쉽게도 바다가 잠식되고 있다. 개발이라는 명분을 내세우겠지만 더 이상의 개발은 필요하지 않을 듯싶다. 비전문가인 내가 보더라도 자연 파괴가 염려되는 수준이다. 다시 출발한다. 안부사거리에서(13:03) 직진으로 오르니 502봉에 이르고(13:11), 우측으로 내려가니 안부삼거리에 이른다(13:14). 무학산을 향해 직진으로 올라 갈림길에서 우측으로 우회하니 완월폭포갈림길에 이르고(13:36), 직진으로 오르는 내내 우측으로 마산만이 내려다보인다. 돌이 많은 암릉길이 이어지고, 663봉을 오르기 직전에 또 갈림길이 나온다. 학봉갈림길에서(13:55) 직진으로 듬성듬성한 계단을 오르니 727봉에 도착한다(14:04). 큰 돌탑이 있다. 내려가다가 안부에서 오르니 무학산 정상이다(14:15).

무학산 정상에서(14:15)

정상은 등산객들로 발 디딜 틈이 없다. 태극기, 산불감시 초소, 이동통신탑이 있다. 좌측 마제고개 방향으로 내려간다. 우측은 마산여중으로 향하는 길이다. 완만한 능선 돌길이 시작되더니 소나무 숲길로 바뀐다. 아늑한 솔숲이다. 무학산을 오르느라 지칠 대로 지친 피로가 저절로 풀리는 것 같다. 가족끼리 걸어도 괜찮을 것 같다. 한참 내려가 시루봉갈림길에서(14:39) 직진으로 오르니 잠시 후 시루봉에 도착한다(14:44). A4 코팅지로 된 시루봉 표지판이 있다. 한참 내려가니 운계, 중리역갈림길에 이르고(14:52), 직진으로 오르니 연속해서 목의자가 나온다. 정말 걷기 좋은 길이다. 평상이 있는 쉼터가 나오고, 부잣집 정원에나 있을 법한 안락의자가 두 개나 있다. 잠시 후 523봉에서(15:06) 내려가니 등로 주변은 참나무 등 잡목이 주종이다. 돌길에 이어 부드러운 흙길로 바뀌고, 주변 수종도 소나무가 많다. 그리고 보니 뭔가 공식이 있는 것 같다. 참나무가 많은 곳엔 돌길이, 소나무가 많은 곳엔 부드러운 흙길이라는. 한참 내려가니 마재고개갈림길에 이른다(15:21). 이제 마재고개도 가시권에 들어왔다. 마재고개를 향해 우측으로 4~5분 내려가니 다시 갈림길이다(15:26). 좌측 완만한 오르막을 넘으니 327봉에 도착하고(15:28), 우측 솔 숲 길을 10여 분 넘게 내려가니 안부사거리에 이른다. 송전탑과 이정표가 있다. 마재고개가 700m 남았다는 이정표를 보니 반갑다. 눈 빠지게 기다렸던 이정표다. 마재고개를 향해 직진으로 올라 송전탑을 지나 갈림길에서 좌측으로 오른다. 묘지 뒤로 오르다가 내려가니 4차선 포장도로에 이른다(15:46). 도로변 공터에는 트럭들이 주차되었고, 4차선 포장도로에는 많은 차량들이 쌩쌩 달린다. 등로는 4차선 도로를 건너 우측으로 이어진다. 도로를 건너 우측으로 진행하여 다리를 연속 지난다. 이게 마재교다(15:55). 마재교 아래로는 남해고속도로가 지난다. 도로 건너편에 마재고개 표석이 있고, 등로는 도로 횡단보도를 건너 마재고개 버스 정류소가 있는 뒷산으로 이어진다. 오늘은 이곳에서 마친다. 이곳은 마산시내로 들어가는 버스가 많다. 4월이라고는 믿어지지 않을 정도로 더운 하루였다.

🚶 오늘 걸은 길

한치 → 광려산, 657봉, 대산, 바람재, 대곡산, 727봉, 무학산, 시루봉 → 마재고개 (15.7km, 8시간 52분).

🔺 교통편

- 갈 때: 마산역 앞에서 72번 시내버스로 대현마을 버스종점까지, 한치까지는 도보로.
- 올 때: 마재고개에서 시내버스로 홈플러스 앞까지, 도보로 마산 고속버스터미널까지.

열한째 구간
마재고개에서 용추고개까지

　'중동 호흡기 증후군'이라는 메르스 때문에 서울이 난리다. 전국으로 확산될 조짐이다. 연일 발표되는 감염자, 사망자 통계가 공포스럽다. 대책도 갖가지다. 자칭 전문가마다 중구난방식 처방전을 경쟁하듯 남발한다. 이런 와중에 감염 수단인 비말과 에어로졸이 발표되었다. 1~2m 밖에 튀어 나가지 못하는 비말에 비해 에어로졸은 미세한 침방울로서 작고 가벼워 공기 중에 붕붕 떠다닌다고 한다. 대통령은 예정된 미국 방문을 연기했다. 국익 손실을 감수하면서까지. 지금 상황이 매우 어렵다. 구국의 영웅은 이런 때에 나타나야 하는 것 아닌가? 멋지게 히트 치고 국민을 살맛 나게 할 그런 영웅, 그대가 그립다.

　3일 연속 종주 첫날, 열한째 구간을 넘었다. 마재고개에서 용추고개까지다. 마재고개는 창원시 내서읍 중리와 두척동을 잇는 잿등이고, 용추고개는 창원시 용동과 김해시 진례면을 잇는 잿등이다. 이 구간에는 장등산, 안성고개, 천주산, 612봉, 굴현고개, 북산, 신풍고개, 정병산 등이 있다. 종주에 12시간 정도 소요되기에 여름철엔 주의가 필요하다.

2015. 6. 4. (목), 맑음

무거운 마음으로 집을 나선다. 3일 연속 종주. 잘 해낼 수 있을지? 새벽 1시에 서울을 출발한 심야버스는 4시 41분에 마산 고속버스터미널에 도착. 대합실엔 경비 아저씨 한 분만이 텅 빈 공간을 지킨다. 시간도 보낼 겸 해서 경비 아저씨께 말을 걸었다. 왜 경남도청이 마산에 있지 않고 창원에 있느냐고. 자신 있게 즉답하는 아저씬 뭔가 억울한 듯 주저리주저리 설명한다. 긴 설명이었지만 요지는 지방의회 의원 수가 부족해서 큰 결정에서 밀렸단다. 그 자리에선 나도 공감을 표했지만 창원 사람에게 물어보면 또 다른 대답이 나올 것이다. 아저씨와 작별 인사를 하고 시내버스 정류장으로 향한다. 버스 정류장은 홈플러스 앞에 있고, 도로 건너 맞은편에는 마산종합운동장이 있다. 5시 37분. 250번 버스에 올라 마재고개에는 5시 46분에 도착. 지난 10구간 종주 이후 근 40일 만에 밟아보는 마재고개. 폐정류장처럼 보이는 허름한 정류장 뒤로 이정표가 보인다. 간단히 준비를 마치고 바로 오른다. 초입은 흙길 능선. 편백나무 숲이 잠깐 나오고, 오르자마자 묘지를 지나 솔숲이 시작된다. 갈림길에서 직진으로 오르니 솔숲은 잡목 숲으로 바뀌고, 목의자가 설치된 곳을 통과하니 구봉산갈림길에 이른다(06:01). 우측 평성소류지 방향으로 1~2분 내려가니 마티고개에 이르고(06:03), 임도를 건너 직진으로 통나무 계단을 넘어서니 아늑한 오솔길로 이어진다. 천주산 누리길이라는 갈림길에서(06:10) 우측으로 오르자마자 다시 작은 갈림길에 이르고, 우측으로 진행하니 노간주나무, 개서어나무라는 명찰을 단 나무들이 나온다. 계속해서 봉우리 옆 등을 타고 진행하니 동물 이동로에 이른다(06:35). 원래 이곳은 송정고개로 고개 아래에 4차선 포장도로가 개설되었다. 동물 이동로를 지나 목재 데크를 따라 우측으로 40m 정도 이동한 후 다시 능선으로 오른다. 가파른 오르막을 힘겹게 오르니 202봉에 이른다(06:41). 우측으로 2~3분 내려가서 갈림길에서 좌측으로 내려가니 걷기 좋은 등로가 이어지고, 주변은 잡목 숲. 잠시 후 중지고개에 이른다(06:48). 시멘트 도로를 건너 임도를 따라 오르니 내서읍 안성리라는 안내판이 보인다. 바로 제골농장이라는 간판이 나오면서 토종닭들이 보이기 시작한다. 이른 아침이라 조심스럽게 통과한다. 제골농장에서 150m 정도 지나 등로는 좌측 산으로 이어진다. 초입의 통나무 다리를 통과하니 이정표가 있는 갈림길에 이른다(07:03). 좌, 우는 천주산 누리길이고, 등로는 직진으로 이어진다. 가파른 오르막 끝에 무명봉에 이르고(07:17), 허물어져 가는 묘지가 있다. 우측으로 내려가는 듯하다가 오르니 이번에는 425봉에 이른다(07:32). 좌측으로 내려가니 약수터 윗고개에 이르고(07:36), 직진으로 오르니 장등산에 이른다(07:42). 비상구급함, 통나무 의자가 있다. 좌측으로 내려가서 안부를 지나(07:56) 갈림길에서 우측으로 내려가니 사거리가 뚜렷한 안부사거리에 이른다 (08:10). 평상과 이정표가 있다(직진 천주산 1.8). 직진으로 올라 갈림길에서(08:29) 직진으로 오르니 제 2금강산갈림길에 이른다(08:34). 좌측으로 진행하여 무명봉을 넘고(08:40) 오르니 소계구암갈림길에 이르고(08:53), 등로는 직진으로 이어진다. 우측에 마산 앞바다가 보이고, 돌탑 3개가 나오더니 천주산 정상에 이른다(09:15).

천주산 정상에서(09:15)

정상석, 정자, 헬기장이 있다. 주변 조망도 시원스럽고 남쪽에 창원시내 일대가 뚜렷하다. 이곳에서부터 옛 창원과 마산의 경계가 구분되는 것 같다. 좌측 아래는 창원시 북면이다. 정자 앞에 이원

수의 '고향의 봄' 배경지라는 설명문도 있다. 좌측 목재 데크가 설치된 곳으로 내려가니 곳곳에 전망데크가 있고, 잠시 후 612봉에 이른다(09:41). 돌탑과 헬기장, 산불감시 무인카메라가 있다. 내려가는 등로 좌측은 잣나무 군락지이고, 잠시 후 꼬마 장승 두 개가 있는 헬기장을 지나 534봉에 이른다(09:51). 이곳에도 헬기장이 있다. 로프가 설치된 통나무 계단을 10분 정도 내려가니 만남의 광장에 이른다(10:01). 팔각 정자와 간이 화장실이 있다. 오른다. 천주산 삼림욕장이 시작된다. 곳곳에 목의자와 평상, 운동 시설이 있다. 산불 진화용 저수조도 보인다. 10여 분 오르니 전망암에 이르고(10:11), 우측 아래에 창원 시내가 아주 가깝게 보인다. 계속해서 오르니 팔각 정자와 돌탑이 있는 쉼터에 이르고(10:15), 내려가다가 오르니 바로 천주봉 정상에 이른다(10:20). 정상석, 돌탑 2기, 산불감시 초소가 있다. 내려간다. 전망바위와 로프가 있는 급경사 내리막을 지난다. 평일임에도 등산객이 있다는 것이 약간은 의아스럽다. 긴 내리막을 걷다가 공동묘지를 지나 내려서니 2차선 포장도로에 이른다. 굴현고개다(10:44). 버스 정류장이 있다. 이곳에서 도로를 건너 좌측으로 30m쯤 이동하여 낙석방지 철망이 끝나는 지점에서 우측 능선으로 오른다. 바로 대나무 숲으로 진입하니 이제 막 나온 죽순들이 엄청 많다. 노란 물탱크가 있는 갈림길에서 좌측으로 오른다. 20분 정도 휴식을 취한 후 대나무 숲으로 진행하여 갈림길에서(11:21) 직진으로 오르니 또 갈림길(11:29). 이정표가 가리키는 대로 우측 소답동 방향으로 오르니 잠시 후 북산 정상에 이른다(11:35). 북산을 검산이라고도 부르는 모양이다. 검산 안내문이 있다. 좌측으로 내려가 갈림길에서 좌측으로 한참 내려가니 남해고속도로 절개지 상단부에 이르고(11:49), 좌측으로 내려가니 남해고속도로를 건너는 지하 통로가 나온다. 지하 통로를 통과하여 좌측 시멘트 도로를 따라 오르니 2차선 포장도로인 신풍고개에 이른다. 좌측은 소답동 마을이다. 마을로 내려가서 식수를 보충하기로 한다. 돈보스코에서 운영하는 청소년 쉼터에 들어가서 부탁하니 정수기에서 시원한 물을 두 병이나 가득 채워준다. 이렇게 고마울 수가! 다시 신풍고개로 향한다. 신풍고개 표지판이 있는 곳에서 우측 산으로 올라(12:10) 갈림길에서 우측으로 내려가니 밭이 나오고, 밭 좌측으로 오르니 또 밭을 만난다. 밭 가장자리를 따라 오르다가 두 밭 사이로 진행하여 산으로 오른다. 한참 후 쉼터에 이른다(12:38). 운동 시설과 정자가 있다. 이곳에서 정자가 위치한 좌측으로 내려가면 임도가 끝나고 시멘트 도로가 이어진다. 시멘트 도로를 따라 좌측으로 휘어져 내려가니 용강마을 입구에 도착한다(12:51). 이곳을 신풍고개라고 하는 모양인데, 조금은 이상하다. 좀 전의 소답동에 있는 고개도 신풍고개였다. 우측으로 이어지는 포장도로를 따라 진행한다. 앞쪽에 굴다리가 보이고 그 위 신설도로에는 많은 차량들이 쌩쌩 달린다. 잠시 굴다리 앞에 선다. 용강교차로다. 이곳에서 굴다리를 통과하면 바로 '용강검문소'라는 버스 정류소다. 이곳에서 한참 고민한다. 좌측으로 갈 것인지, 우측으로 갈 것인지를. 아무런 표시가 없다. 개념도와도 차이가 크다. 주변을 온통 개발해버렸기 때문이다. 감으로 결정한다. 좌측으로 진행하여 잠시 후 굴다리 위 큰 도로의 가장자리를 따라 계속 진행한다. 그늘이 전혀 없는 뙤약볕을 한동안 걷는다. 가도 가도 끝이 없고 등로는 나타나지 않는다. 한참을 가도 아무런 표시가 없어 좀 전의 정류소로 되돌아가서 반대 방향으로 갈까도 생각했지만, 지금까지 온 것이 아까워 그냥 이쪽에서 더 찾아보기로 한다. 도로 우측 산에 감나무 과수원이 보인다. 과수원 입구는 외부인을 통제하려고 쇠줄로 막았다. 출입통제 구역이지만 실례를 무릅쓰고 통과한다. 과수원을 넘어서 이 산 능선에 오르기 위해서다. 잠시 후 과수원 관리소에 이른다. 사정 이야기를 하려고 노크를 해도 반응이 없다. 주인이 없는 과수원 한가운데를 관통하여 오른다. 능선까지 이어지는 넓은 과수원이다. 과수원 울타리를 넘어 능선에 이르니 예상했던 대로 등로가 보인다. 휴~ 살았다. 다행이다. 그렇지만 확인하기 위해 역으로 등로를 따라 올라가 보니 작은 바위들과 운동 시설이 있는 177봉이 나온다. 제대로 등로를 찾았음을 확인한 후 내려간다(하마터면 큰일 날 뻔했다. 제대로 된 마루금은 '용강검문소' 버스 정류소에서 우측으로 가서 절개지 끝에서 산으로 올랐어야 했다). 계속 내려간다. 대나무밭을 지나고, 감나무밭 가장자리를 따라 내려간다. 안부에서(13:46) 오르니 삼거리가 나오고, 좌측 능선으로 오르니 창원골프장 특별고압박스가 나오면서 완만한 능선 오르막이 한동안 계속된다. 우측 아래에 창원 골프장이 보인다. 전망암에서 잠시 휴식 후 출발한다(14:17). 좌측의 탱자나무 울타리를 지나고, 이어서 용강고개갈림길에서(14:44) 직진으로 오르니 양쪽에 대나무가 빼곡하다. 갈림길을 지나 295봉갈림길에 이른다. 우측은 295봉으로 올라가는 길, 좌측은 295봉을 거치지 않는 지름길이다. 지름길로 향한다. 잠시 후 소목고개에 이른다(15:05). 소목고개는 창원시 의창구 사림동과 동읍 덕산리를 잇는 잿등이다. 등나무가 있는 쉼터에 의자와 이정표가 있다(정병산 1.2). 정병산의 암릉이 보이기도 한다. 등나무 그늘 아래에서 좀 쉬다가 직진으로 오르니(15:14) 등로는 넓은 임도로 이어진다. 좌측에 송전탑이 있고, 좀 더 오르니 통나무 계단으로 이어진다. 로프까지 설치되었다. 통나무 계단과 돌계단이 번갈아 나온다. 계단은 점점 가팔라지고 한참 오른 후 정상 직전의 암릉을 넘어서니 정자가 있는 전단쉼터가 나온다. 좌측으로 약간 오르니 정상이 보이고, 잠시 후 정병산 정상에 이른다(16:21).

정상석과 삼각점이 있다. 창원 시내가 시원스럽게 내려다보인다. 좀 전에 올라왔던 전단쉼터를 통과하여 계속 내려간다. 이제 용추고개까지는 3.5㎞ 남았다. 암릉길이 이어진다. 좌측으로 우회하여 헬기장을 지나(16:35) 나무계단을 거쳐 암릉을 걷다가 513봉에 이른다(16:47). 긴 나무계단으로 한참 내려가니 독수리바위갈림길에 이른다(16:53). 철계단이 가파르므로 어린이나 노약자는 우회 등산로를 이용하라는 안내판이 있다. 우회하지 않고 그냥 철계단을 통과해서 수리봉에 도착한다(16:58). 이곳에서도 창원시내 조망이 시원스럽다.

내려가는 동안 주변 조망이 가능한 전망바위가 몇 번 더 나온다. 삼거리에서 오르니 등로 양쪽에 싸리나무가 많고, 잠시 후 483봉에 이른다(17:40). 정상에 수많은 가지가 엉켜있는 소나무가 있다. 2분 정도 내려가니 길상사갈림길에 이르고, 봉우리를 넘고 다시 오르니 암봉인 내정병봉 정상에 이른다(17:44). 정상석과 평상이 있다. 서둘러 내려간다. 길상사갈림길에 이른다(17:50). 길상사는 우측, 등로는 직진이고 운동 시설과 이정표가 있다(용추고개 1.0). 통나무 계단이 이어지고 로프도 설치되었다. 귀여운 장승이 나오기도 한다. 우곡사 갈림길에서(17:58) 직진으로 올라 봉우리를 넘고, 바위봉에서 내려서니 솔잎이 깔린 걷기 좋은 길이 이어진다. 잠시 후 용추고개에 이른다(18:07). 운동 시설과 이정표가 있다. 오늘은 이곳에서 마치고 우측 용추계곡으로 내려간다. 용추계곡을 건너는 다리를 지나(18:27) 한참 내려가니 관리사무소가 나오고, 잠시 후 창원중앙역에 도착한다(18:46). 날이 많이 저물었다. 낮게 깔린 구름이 곧 비라도 쏟을 기세다.

🥾 오늘 걸은 길

마재고개 → 장등산, 안성고개, 천주산, 굴현고개, 북산, 신풍고개, 정병산 → 용추고개(21.8km, 12시간 21분).

⛰️ 교통편

- 갈 때: 마산 홈플러스 앞에서 시내버스로 마제고개까지.
- 올 때: 창원종합버스터미널에서 고속버스 이용.

열두째 구간
용추고개에서 망천고개까지

잠복기가 끝나는 시점에 진정 국면으로 돌아선다던 정부. 메르스는 코웃음 치며 오늘도 전국을 활보한다. 확진자는 갈수록 쌓이고 덩달아 사망자도 속출한다. 이젠 10대 청소년까지 감염의 희생에 들어섰다. 정부와 의료계의 초기 대응이 실패한 탓이다. 예로부터 왕들은 역병과 가뭄은 자신의 책임으로 돌렸다. 근신하고 기우제를 올리고…. 그런데, 이런 때 영역 다툼, 기 싸움, 위헌 논리, 세상에 이 난리에. 지금은 메르스만으로 전국이 난리지만, 긴장해야 할 게 더 있다. 극심한 가뭄이다. 쩍쩍 갈라진 소양강은 이미 거북이 등짝을 드러냈다. 메르스 대응 실패를 타산지석으로 삼아야 할 것이다.

어제에 이어 열두째 구간을 넘었다. 용추고개에서 망천고개까지다. 용추고개는 창원시 용동과 김해시 진례면을 잇는 고개이고, 망천고개는 김해시 한림면에 위치해 있다. 이 구간에는 청라봉, 남산재, 대암산, 704봉, 용지봉, 523봉, 냉정고개, 황새봉 등이 있다. 이 구간은 12시간 정도 소요되기에 시간 관리를 잘해야 하고, 냉정고개에서는 진행 방향이 몇 가지 있을 수 있으나 시멘트 도로를 따라 지하차도를 통과해서 국악연수원 방향으로 가는 것이 가장 편리하다.

하루 종일 가늘은 비가 내려 메모지가 다 망가지고, 카메라마저 작동하지 않아 용지봉 이후부터는 한 컷도 촬영하지 못한 게 영 마음에 걸린다.

2015. 6. 5. (금), 하루 종일 흐리고 가늘은 비

새벽 5시. 찜질방을 나서려는데 귀중품 보관소 직원이 놀라면서 말한다. "지금 밖에 비 오는데요."라고. 나도 당황스럽지만 엎질러진 물. 강행하는 수밖에. 창원 과학고 앞 버스 정류소에서 승차(05:54), 창원 중앙역에서 하차(06:20). 비는 계속 내린다. 어제 밟았던 땅을 거꾸로 밟는다. 용추고개를 향한 발걸음은 일사천리다. 넓은 주차장을 지나고 굴다리를 통과하여 용추계곡 관리사무소를 지난다. 내려오는 사람과 순간 눈이 마주치지만, 찰나의 반응도 없다. 비 때문이다. 용추계곡에 도착하여(06:43) 다리를 건넌다. 힘들어야 할 오르막을 느낌 없이 오른다. 비에 온 신경을 뺏겨서다. 잠시 후 용추고개에 도착(07:04). 어제 내려섰던 용추고개. 운동 시설도, 이정표도 그대로다. 다만 비에 젖은 모습이 약간은 처량하다. 비는 그칠 줄을 모른다. 이런 새벽에 내가 왜 이곳에 있지? 제정신일까? 나도 가끔 내가 싫어질 때가 있다. 나의 결점 때문이다. 과도한 자존심, 제로인 협상력. 알면서도 여태 고치지 못하니…. 좌측 능선으로 오르니 우곡사 갈림길에 이른다(07:13). 좌측은 우곡사에서 올라오는 길, 직진으로 완만한 능선을 오르내린다. 초반부터 오르막. 벌써 등은 땀으로 범벅이다. 그나저나 더 이상 굵은 비는 없어야 할 텐데… 오르막 끝에 415봉에서(07:21) 우측으로 내려가다가 408봉을 넘고, 다시 봉우리를 지나 오르니 475봉에 이른다(07:41). 다시 485.7봉을 넘고(07:48) 오르니 목의자가 나오고, 등로 주변에 싸리나무가 많다. 무명봉을 넘고(07:56) 내려가다가 오르니 많은 벚나무가 있는 505봉에 이른다 (08:02). 돌길을 거쳐 봉우리를 넘고 내려가니 성터 흔적이 보이고, 평상이 나온다. 바로 진례산성 동문터에 이른다(08:13). 성터, 동문지 안내문이 있다. 직진으로 오르니 돌계단, 나무계단이 이어지고, 잠시 후 능선갈림길에서(08:25) 비음산을 뒤에 두고 좌측 능선으로 오르니 채 3분도 안 되어 517봉에 이른다(08:28). '창원 진례산성 안내판'과 묘지가 있고, 좌측 아래에 신월 저수지가 내려다보인다. 다시 청라봉에서(08:33) 좌측으로 내려가니 나무계단이 끝나고 돌길이 이어진다. 잠시 후 폐헬기장터에서(08:46) 계속 내려가니 사거리인 남산재에 이른다(08:50). 운동 시설이 있다. 직진으로 오른다. 어제부터 걷던 이 구간의 특징이 생각난다. 표지기가 없고 대신 익살스럽고 귀여운 장승이 천하대장군과 지하여장군으로 짝을 이뤄 곳곳에 설치되었다. 또 평상을 곳곳에 설치했다. 직진 오르막 끝에 삼거리 고개에 이른다(09:00). 사파정 안내판, 의자와 평상이 있다. 직진으로 오르니 암벽 앞에 목재 계단과 통나무 계단이 이어지고 로프까지 있다. 잠시 후 목의자 2개 있는 550봉에서(09:17) 내려가다 오르니 의자가 3개 있는 무명봉에 도착한다(09:25). 내려가니 이정표가 나오고 (대암산 1.2), 우회하여 오르니 암릉이 시작된다. 위험한 지역이라 로프까지 설치되었다. 잠시 후 준·희 씨의 정상 표지판이 있는 607.4봉에 도착한다(09:51). 삼각점을 확인하고 내려가니 암벽에 나무계단이 이어지고, 장군바위 안내판과 장군바위가 나온다(10:01). 오른다. 암릉길에 목재 계단이 이어지더니 대암산 정상에 도착한다(10:10). 봉수대처럼 생긴 단 위에 정상석이 세워졌고, 정자가 있다. 지속되는 비 때문에 시야가 10m도 안 된다. 정자에서 비를 피하면서 그동안 밀린 산행기록을 정리한다. 메모장이 빗물에 벗겨졌다. 우측은 창원시 대방동이다. 정자에서 아침 겸 점심을 해결하고, 한참 비를 피하다가 내려가니 거대한 돌탑, 암릉이 나오다가 어느새 돌탑 봉우리인 신정봉에 도착한다.

거대한 돌탑 중간쯤에 설치된 작은 정상 표지판이 이채롭다. 내려가다가 오르니 비탈진 곳에 이정표가 있다. 우측으로 내려가니 잠시 후 아주 높은 송전탑이 나온다. 좀 더 내려가서 갈림길에서 직진으로 오르다가 682봉 아래에서 좌측 옆 등을 타고 진행한다. 다시 갈림길에서 우측으로 한참 가다가 가파른 오르막이 시작된다. 비 때문에 미끄럽기까지 하다. 로프가 설치되었지만 힘이 든다. 오르막 끝에 용지봉 정상에 이른다(11:50).

용지봉 정상에서(11:50)

제단과 정상석, 이정표가 있고 조금 아래에 정자가 있다. 정자의 '龍池亭'이라는 글자체가 참 맘에 든다. 비가 계속 내리지만 지체할 수 없어 바로 내려간다. 정자를 지나 전경부대 방향으로 내려간다. 잣나무 군락지가 나오고, 완만한 능선으로 한참 내려가니 장유사갈림길에 이른다(12:13). 좌측은 김해시 진례면, 우측은 장유면이다. 전경부대쪽으로 오른다. 그런데 카메라가 작동하지 않는다. 그동안 빗속에서 무리하게 촬영한 탓이다. 메모지도 다 헤져 위태롭기는 마찬가지다. 그렇다고 메모를 중단할 수는 없다. 걷기 좋은 길이 이어지더니 523봉에서부터 완만한 능선을 오르내린다. 잠시 후 임도에 이른다(12:32). 좌측은 진례 평지, 우측은 장유 대청 방향이다. 임도를 건너 직진으로 오르니 통나무 계단과 이정표가 나오고, 올려다보는 504봉이 삼각뿔처럼 보인다. 한참 오르니 504봉에 이른다. 하얗게 말라가는 나무들이 있다. 애처롭다. 인생무상이 스친다. 내려가다가 전망바위와 장유체육공원갈림길을 지나 오르니 등로에 삼각점이 있는 471.3봉에 이른다(12:54). 5~6분 내려가니 갈림길이 나온다. 우측은 장유로, 등로는 좌측으로 이어진다. 좌측으로 내려가니 송전탑이 나오고, 준·희 씨의 '낙남정맥을 종주하시는 산님들 힘, 힘, 힘내세요!'라는 격려문이 나무에 걸려 있다. 가파른 내리막길이 길게 이어진다. 미끄럽고 힘이 든다. 등로 주변에 소나무 재선충 훈증 처리 현장이 자주 보인다. 잠시 후 시멘트 도로를 따라 내려가니(13:31) 등로 우측에 전투경찰 부대가 있다. 정문 좌우에 나란히 세워진 시멘트 기둥을 보니 옛 군대 생활이 생각난다. 잠시 후 공중에 어지럽게 전선이 떠 있는 냉정고개에 이른다(13:37). 냉정고개는 김해시 진례면 신월리와 장유면 부곡리를 잇는다. 이제 4차선 포장도로를 통과할 수 있는 지하차도를 찾아야 한다. '진례'라고 적힌 4각 기둥이 보인다. 시멘트 도로를 따라 진행하니 굴다리가 보이고, 그 너머에 창고형 건물이 있다. 시멘트 도로 우측은 밭이고, 굴다리 위에 누군가 큼지막하게 '국악연수원 무속전수소 →'라고 적어 놓았다. 고속도로 굴다리를 통과하여 좌측 길로 조금 진행하다가 삼거리에 이른다. 국악연수원 입간판이 보인다. 그런데 좀 전의 굴다리 위에 적힌 글과 다르다. '무속전수소'라고 적혀 있었는데 이곳 입간판에는 '무속전수관'이다. 입간판 뒤 잡목 속에 외롭게 소나무 한 그루가 서 있다. 국악연수원삼거리다. 국악연수원 정문 아치를 좌측에 두고 우측 시멘트 도로를 따라 오르니 등산로 입구에 이른다. 능선으로 오르니 잠시 후 황새봉갈림길에 이르고(14:41), 우측으로 시멘트 도로를 건너 능선으로 오르니 묘목을 심어 놓은 곳이 나온다. 봉우리를 넘고 내려가니 다시 임도와 만난다. 좌측 아래는 김해시 진례면 송현리, 우측 아래는 주촌면 내상리다. 임도를 따라가니 임도사거리에 이른다. 이정표가 있다(황새봉 3.3). 임도를 따라 오르다가 좌측 돌계단이 있는 곳에서 좌측으로 오르니 잠시 후 338봉에 도착한다(15:16). 운동시설이 있다. 사용한 흔적이 없고 먼지만 쌓였다. 한동안 국민 생활 체육시설을 담당했던 한 사람으로서 마음이 아프다. 좌측으로 오르다가 임도를 따라 내려가니 바로 불티재에 이른다(15:25). 주변은 잡목과 덤불들로 빽빽하다. 임도 우측 능선으로 가파른 오르막을 힘겹게 오르니 396봉에 이른다(15:41). 잡목에 표지기가 걸려 있고 억새도 있다. 내려간다. 내삼저수지갈림길에 베어진 나무들이 방치되었고, 직진으로 오르니 332.9봉에 이른다(15:55). 준·희 씨의 정상 표지판이 있고, 베어진 나무들이 널브러졌다. 우측으로 내려가니 걷기 좋은 길이 이어지고, 계속해서 이정표가 나온다. 황새봉 방향으로만 진행하면 길을 잃지는 않겠다. 안부에서 오르니 황새봉 정상에 이른다(16:13).

황새봉 정상에서(16:13)

정상 표지목, 삼각점 안내판, 이정표가 있다(금음산 2.9). 이정표에 새겨진 '황새봉'이라는 글씨가 수명이 다한 듯 일부 획은 보이지 않는다. '잊혀지는 것'에 대해서도 연습이 필요하다고 했다. 내게 닥친 현실이다. 이달 말이면 30년 공직을 마감하게 된다. 많은 변화가 예상된다. 갈림길에서 우측으로 내려가니 운동 시설이 있는 쉼터에 이르고, 이어서 내심폭포갈림길에 이른다. 갈림길에서 좌측으로 오르니 부드러운 흙길이 이어진다. 이런 길만 계속된다면…. 4~5분 오르니 덕암갈림길에 이르고, 좌측으로 내려가다가 봉우리를 넘어서니 고령마을갈림길이다. 이곳도 잡목들 속에 간간이 소나무가 자리를 지킨다. 직진으로 오르다가 갈림길 표지판이 있는 삼거리에서 우측으로 내려가니 김해 추모의 공원(덕양공원묘지) 진입도로와 만나는 누룽내미재에 이른다. 이제부터는 추모의 공원 방향만 따라가면 된다. 누룽내미재에서 좌측으로 내려가니 덕양공원묘지내에 있는 2차선 포장도로에 이른다(16:45). 좌측 포장도로를 따라 오르다가 낙석방지 철망이 끝나는 곳에서 좌측 돌계단으로 오른다. 묘지 사이로 오르다가 임도가 끝나는 곳에서 다시 능선으로 오르니 354봉에 이른다. 이정표가 가리키는 대로 낙원묘지 방향으로 내려간다. 공원묘지 좌측 가장자리로 내려가니 임도가 끝나는 곳에서 돌계단으로 이어진다. 한참 후 365.3봉에 이른다(17:09). 내려가다가 272봉에 이르러 삼각점을 발견한다. 내려간다. 잠시 후 '쇠금산'이라는 정상석이 있는 금음산 정상에 이른다(17:14). 정상석에 쓴 글씨가 이채롭다. 평소 내가 좋아하는 글자체다. 산의 높이가 개념도의 376m와는 달리 350.8m라고 적혔다. 내려간다. 잠시 후 삼거리에서 표지기가 안내하는 대로 좌측으로 내려가니 운동 시설이 설치된 곳을 지나 갈림길에 이르고, 직진으로 진행하니 낙원공원묘지에 이른다(17:38). 입구에 '낙원공원마트'가 있고, 봉우리에 송전탑이 보인다. 정문에서 직진으로 오르다가 좌측 능선으로 철탑을 보면서 오른다. 묘지 수가 엄청나다. 상단부에는 무연고자 묘지가 있다. 묘지를 지나 산길로 들어서니 탑이 있는 화려한 묘지가 나오기도 한다. 묘지 우측으로 진행하여 산길로 들어서니 271.9봉에 이른다(18:01). 억새 가운데에 삼각점이 있다. 내려가니 밤나무 숲이 이어지고, 썩고 가지가 꺾인 나무들도 보인다. 송전탑을 지나 내려가니 건설폐기물 처리장인 성원 ENT 정문에 이른다(18:27). 정문은 통제하기 때문에 정문 우측 도로로 진행한다. 금강개발주식회사와 주식회사 신일화공이라는 간판이 나온다. 임도를 따라 먼 곳에 보이는 송전탑을 보면서 오른다. 송전탑에서 내려가니 가파른 내리막길이 이어지고, 잠시 후 6차선 포장도로가 지나는 망천고개에 이른다(19:09). 오늘은 이곳에서 마치기로 한다. 비가 종일 내렸고, 가시거리가 10m도 안 되는 하루였다. 메모지가 다 헤지고 카메라마저 고장 나 아쉬움이 크다. 어디를 지났는지, 어떻게 왔는지 아직도 정신이 가물가물하다.

🚶 오늘 걸은 길
용추고개 → 청라봉, 남산재, 대암산, 704봉, 용지봉, 523봉, 냉정고개, 황새봉 → 망천고개(27.3km, 12시간 5분).

🔺 교통편
- 갈 때: 창원중앙역에서 도보로 용추고개까지.
- 올 때: 망천고개에서 도보로 망천2구 버스 정류소까지, 시내버스로 김해시내로.

마지막 구간
망천고개에서 매리마을까지

'자승 최강'. 세계 최초로 히말라야 16좌를 완등한 산악인 엄홍길 대장의 좌우명이다. 그렇다. 자신을 이기지 못하면서 어떻게 최고가 되겠는가.

3일 연속 종주의 마지막 날. 낙남정맥 마지막 구간이자 9정맥 종주를 마무리하는 역사적인 날이다. 망천고개에서 매리마을까지다. 망천고개는 낙원공원묘원삼거리와 삼계사거리를 잇고, 매리마을은 김해시 상동면 낙동강변에 위치한다. 이 구간에는 402.9봉, 영운리고개, 신어산, 522.8봉, 감천고개, 499봉, 동신어산 등이 있고, 신어산에서부터는 유유히 흐르는 낙동강을 내려다보면서 걷게 된다.

2015. 6. 6. (토), 맑음

김해시내 24시 청암찜질방을 나선다(05:00). 14번 버스에 승차, 망천고개 아래 홍익자동차학원 버스 정류소에서 하차(05:33. 홍익자동차학원은 오래전에 다른 곳으로 이전했으나 정류장 명칭은 그대로 사용). 버스가 지나온 도로를 역으로 4~5분 정도 오르면 망천고개에 이른다. 도중에 에쓰 오일 주유소와 자이언트 가구백화점을 지난다. 망천고개삼거리에서 들머리는 삼거리 중간 지점에서 산 능선으로 이어진다. 출발한다(06:05). 초입에 쓰레기가 난무하고 풀이 무성해 등로 찾기가 쉽지 않다. 풀과 나무에 물기가 맺혔다. 봉우리에 올라서서 좌측 능선으로 내려가니 등로 흔적이 희미해지면서 옻나무가 자주 나온다. 다시 봉우리에 올라서니 좌측에 송전탑이 보이고(06:18), 조금 내려가서 시멘트 도로를 따라(06:21) 좌측으로 60m 정도 이동한 후 우측 산으로 오른다. 이곳도 초입에 쓰레기가 많다. 절개지 상단부까지 올라가서 능선을 따라 위로 오른다. 주변에 잡목이 무성하다. 몹시 흐리고 안개가 자욱해서 10m 앞도 분간하기 어렵다. 가파른 오르막이 시작되고, 무명봉에서(06:39) 우측으로 내려가서 풀로 덮인 임도를 건너 산으로 오르니 송전탑이 나온다(06:44). 그런데 안개가 짙어 아무것도 보이지 않는다. 다시 오른다. 주변은 뭔가 개발 중이다. 도로는 흙길로 바뀌고, 오르다가 우측으로 90도 꺾이는 곳에서 50m 정도 더 가니 42번 송전탑이 나온다(06:55). 송전탑에 걸린 전선조차도 보이지 않는다. 30분 정도를 알바한 후 안개가 약간 걷힌 뒤 송전탑에 걸린 전선을 보고서 등로를 찾았다. 등로는 42번 송전탑에서 송전선이 지나는 방향으로 이어진다. 넓은 임도를 따라 내려가니 41번 송전탑이 나온다(07:32). 150m 정도 더 내려가서 큰 소나무가 있는 곳에서 직진으로 내려서니 산을 파헤친 끝에 이르고, 등로는 산 아래로 이어진다. 자세히 살펴보면 초입에 몇 개의 표지기가 보이지만 등로 흔적은 없다. 보이지 않는 가파르고 험한 산속을 10분 정도 내려가니 1차선 포장도로인 상리고개에 이른다(07:46). 포장도로를 건너 맞은편 시멘트 옹벽을 넘어 가파른 절개지를 오르니 자갈이 깔린 임도에 이른다(07:58). 임도 위 14번 송전탑을 통과하니 다시 임도와 만나 좌측으로 30m 정도 이동하여 우측 산으로 오른다. 초입의 나무계단을 넘으니(08:03) 긴 로프가 이어지고, 이때 햇빛이 나오기 시작한다(08:15). 긴 로프를 따라 오르다가 봉우리를 넘어서 1~2분 정도 진행하니 16번 송전탑이 나온다(08:20). 오르다가 392봉 직전에서 우측으로 내려가니 좌측에 또 송전탑이 있다(08:27). 잠시 후 흙탕물 웅덩이로 변한 안부에서 좌측으로 오르다가 좌측으로 내려간다. 안부사거리에서 직진으로 오르다가(08:35) 347.4봉 정상 40m 직전에서 우측으로 내려간다. 그런데 이곳에서 주의가 필요하다. 우측에는 아무런 표시가 없고, 오히려 직진 방향에 표지기가 있어서다. 우측으로 조금 내려가니 등로 흔적이 사라져 버린다. 채석장 절개지 상단부로 접근해서 내려가야 하지만 숲이 너무 울창해서 내려갈 수가 없다. 그래서 숲이 덜 빽빽한 산자락을 따라 아래쪽으로 내려가는 편이 나을 것 같다. 아래 4차선 포장도로를 달리는 자동차 소리를 듣고 내려가면 된다. 이곳에서 한참 알바를 하다가 간신히 우측 산자락을 통해 채석장 아래 공터까지 내려온다. 공터에서는 마침 천리교 교단의 대규모 행사가 진행 중이라 행사 요원들의 도움으로 2차선, 4차선 도로를 확인한다. 공터에서 조금 내려가니 2차선 포장도로가 나오고(09:25), 좌측으로 1분 정도 내려가니 4차선 포장도로를 만난다. 등로는 4차선 포장도로를 건너 천리교 전도청 방향으로 이어진다. 초입에 대형 천리교 전도청 입간판이 있다. 이곳에서 좌측 2차선 포장도로를 따라 오르다가 도로변 벚나무에서 잘 익은 버찌를 한참 따 먹고 허기를 채운다. 잠시 후 나밭고개에서(09:40) 아침 겸 점심을 먹고, 출발한다(09:52). 우측 능선으로 올라 3기의 묘지 사이로 오르니 좌측 공터에 운동장이 있고, 그 너머에는 천리교 전도청 건물이 있다. 등로 좌측에 로프가 설치되었다. 소나무가 많고, 좌측에 운동 시설이 있다. 잠시 암릉을 넘으니 전망암이 나온다(10:14). 이곳에서 지나온 능선을 뒤돌아보니 맞은편 채석장이 웅장하게 다가선다. 좀 더 오르다가 378봉 직전에서 우측으로 내려가(10:21) 안부에서 능선을 오르내리니 좌측에 편백나무 단지가 나온다. 편백나무를 좌측에 두고 걷다가 갈림길에서 직진으로 내려간다(10:25). 안개가 완전히 걷혔다. 싱그런 햇빛이 산속을 밝힌다. 잠시 후 337봉에 이른다(10:34). '옥선봉'이라는 팻말과 공터에 작은 돌탑이 있다. 좌측으로 내려가 안부사거리에서(10:35) 직진으로 올라 갈림길에서 직진하니(10:43) 소나무와 잡목이 섞인 능선 오르막이 이어진다. 봉우리를 넘어서니 좌측에 편백나무 숲이 나오고 잠시 후 402.7봉에 이른다(10:49).

402.7봉에서(10:49)

정상에 준·희 씨의 표지판과 삼각점이 있고, 공터에는 풀만 무성하다. 내려간다. 봉우리를 넘고 내려서니 좌측에 넓은 바위가 나온다. 편백나무 숲이 계속되고, 안부사거리에 이른다(10:59). 좌측에 '입산금지'라는 큰 표석이 있다. 이곳에서 나이 지긋한 등산객을 만나 이런저런 이야기를 주고받다가, 잠시 후 지나게 될 '가야 골프장' 통과 문제를 꺼냈더니, 등산객은 염려하지 말라며 해법을 알려준다. "골프장으로 가지 말고 천문대에서 은하사로 바로 가라."고 한다. 은하사에서 신어산 정상으로 오르는 길이 있다는 것이다. 지긋지긋한 골프장 문제가 해결된 것이나 마찬가지다. 인사를 나누고 각각 제 길로 향한다. 안부사거리에서 직진으로 올라 봉우리를 넘어서니 안부삼거리가 나오고, 직진으로 돌길을 오르니 수로봉에 이른다(11:08). 김해 한울타리 산악회에서 설치한 표지판이 있고, 태극기가 게양되었다. 내려간다. 봉우리를 오르내리다가 갈림길에서 좌측으로 진행하니 한참 후 오거리에 이른다(11:20). 의자와 평상이 있고 많은 등산객들이 쉬고 있다. 등로는 직진 산길로 올라가서 가야 골프장으로 이어진다. 그러나 골프장을 피하기 위해 좀 전에 등산객이 알려준 대로 우측의 넓은 임도를 따라 천문대로 향한다. 짧은 시간이지만 김해시민들과 함께 걷는다. 천문대를 거쳐 은하사에 도착(12:31). 한참 시멘트 도로를 따라 오르다가 막다른 지점에서 좌측으로 오른다. 산 중턱의 영구암이라는 암자에서 식수를 보충하고 목재 계단을 따라 오르니 능선에 이른다(13:15). 신어산 정상 150m 직전 쉼터에서 컵라면으로 시장기를 달래고, 신어산 정상을 향해 오른다. 50m 정도 오르니 헬기장이 나오고, 정상이 코앞으로 다가선다. 다시 100여 미터를 더 오르니 기와지붕인 팔각 정자가 나오더니 정상에 이른다(13:29). 정상석, 삼각점, 산불감시 초소, 전망대, 이정표가 있다(메리마을 10.3).

아! 이제 10.3㎞만 가면 낙남정맥도 끝나고, 하늘처럼 높게만 보이던 9정맥의 대미를 장식하게 된다. 우측 넓은 돌길로 내려가니 등로 우측은 철쭉군락지다. 안부사거리에서 직진으로 오르니 등로는 돌길 세로로 변하고, 잠시 후 정상석과 돌무더기가 있는 신어산 동봉에 이른다(13:45). 좌측으로 20분 정도 내려가니 시멘트 도로가 나오고(14:07), 좌측으로 조금 오르니 삼거리가 나오면서 등로는 우측으로 이어진다. 우측으로 20m 정도 이동하니 이정표가 있고(매리 8.7), 산 능선으로 오르다가 시멘트 도로를 만나 우측으로 50m 정도 가다가 백두산 이정표가 있는 곳에서 산으로 오른다. 3~4분 오르니 다시 시멘트 도로와 만난다. 도로가 좌측으로 휘어지는 곳에서 우측 산으로 오른다. 한참 후 405봉에서(14:29) 좌측으로 내려가다가 터실고개에서(14:32) 도로를 건너 산으로 오르니 최근에 개설한 목재 계단이 자주 나온다. 10여 분 오르니 452봉에 이르고(14:44), 내려선 곳도 목재 계단이다. 목의자 두 개 있는 중턱에서 휴식을 취한 후 오른다. 바람이 시원하다. 잠시 후 장척산 정상에 이른다(15:03). 표지목, 나무의자 2, 고사목과 이정표가 있다. 우측으로 내려가다가 안부에서 오르니 522.8봉에 도착한다(15:13). 최신식 사각 정자와 의자 2, 이정표가 있다. 좌측으로 내려가니 내리막은 완만한 능선으로 바뀌고, 등로 옆에 목의자 두 개가 있다(15:21). 안부에서(15:28) 오르니 흙길 세로가 이어지고, 갈림길에서 직진으로 올라 다시 갈림길에 이른다. 직진으로 오르다가 정비 중인 등로를 한참 걷는다. 등로 우측은 말뚝 박는 작업이 한창이다. 사거리에서(15:46) 우측으로 힘겹게 오르니 475봉삼거리에 이른다(16:02). 이제 최종 목표지점이 5.3㎞ 남았다. 좌측으로 내려가는 동안 앞쪽에 낙동강이 보이고, 안부사거리에서 우측으로 내려가다가 오르내리기를 반복. 걷기 좋은 길이 길게 이어진다. 잠시 후 감천고개에서(16:22) 직진으로 오르니 전망암이 나오고(16:32), 낙동강과 구포가 보인다. 바윗길이 나오고 암벽도 있다. 암벽을 힘겹게 오르니 499봉에 도착한다(17:02).

499봉에서(17:02)

정상에 '낙남정맥산지킴이'라는 분이 설치한 표지판이 있다. 이곳에 내 표지기도 건다. 하루가 저물어 가는 시간, 낙동강에 떨어지는 6월의 햇살이 참 아름답다. 내려간다. 걷기 힘든 암릉길이 이어진다. 주변은 잡목 숲. 잠시 후 소나무가 많은 안부사거리에서(17:21) 직진으로 완만한 능선이 이어지다가 동신어산 정상에 이른다(17:38). 정상석, 삼각점, 바위가 있다. 낙동강이 코앞이다. 바로 내려간다. 낙동강을 내려다보면서 돌길을 걷는다. 힘은 들지만 호사다. 이런 기회가 또 언제 있겠는가. 잠시 후 바위봉을 넘고(17:54) 내려가니 역시 암릉이다. 급경사 내리막에 낙엽이 쌓였다. 오랜만에 밟는 낙엽길. 안부에서(18:01) 오르니 작은 바위가 나오고, 잠시 후 325.4봉에 이른다(18:05). 준·희 씨의 정상판이 있다. 돌길로 내려가다가 무명봉(18:13)을 넘으니 자갈길이 이어지고, 잠시 후 중앙고속도로 절개지 상단부에서(18:28) 좌측 배수로를 따라 내려간다. 좌측에 현대레미콘이 있다. 고가도로 아래로 고속도로를 건넌다. 고속도로 맞은편 배수로를 따라 오르다가 산으로 들어서서(18:40) 좌측 능선을 따라 오르니 180봉에 이른다. 낙남정맥 마지막 봉우리다. 드디어 10여 년을 이어온 나의 정맥 종주도 이제 끝을 보게 된다. 정맥 종주가 끝나면 남은 나의 버킷리스트는 무엇일까? 남김 없이 해내고 싶다. 이곳에도 내 표지기를 하나 걸고 내려간다. 주변은 소나무 재선충 훈증 처리 중이다. 그런데 바로 아래가 낙남정맥 끝지점인 69번 지방도로인데 90도 절벽이라 내려갈 수가 없다. 통제 철망도 설치되었다. 할 수 없이 180봉으로 되돌아 올라와서 좀 전의 고속도로로 되돌아가서 우회길로 내려간다. '덕산자원'을 지나 낙남정맥 종착점인 69번 지방도로에 이른다(19:03). 감격적인 순간이다. 이렇게 지난 2월에 시작한 낙남정맥 종주가 끝나고 9정맥 종주의 대미를 장식하게 된다. 이 기쁨을 어떻게 표현해야 할까? 누구라도 붙잡고 자랑스럽게 떠벌리고 싶다. 지금 이 순간을 영원히 기억할 것이다. 앞쪽엔 낙동강이 흐른다. 좌측은 김해시 상동면이고 우측은 대동면이다. 이곳에서 좌측 도로를 따라 진행하면 매리2교가 나온다. 다리를 지나 좀 더 가면 농협 하나로 마트가 나오고 그 앞에 버스 정류소가 있다. 마트에 들어가 아이스크림 두 개를 사 들고 버스 정류소로 향한다. 정류소에는 부산 친구를 만나러 구포역으로 간다는 인도네시아에서 온 앳된 외국인 근로자가 앉아 있다. 그에게도 나에게도 아이스크림이 들려지고 두런두런 이야기가 시작된다. 밤이 깊어 간다. '1만 시간의 법칙'이란 게 있다. 무엇이든지 1만 시간을 투자하면 그 분야의 전문가가 될 수 있다고 했다. 1대간 9정맥 완주, 나에게 어떤 의미일까?

🚶 오늘 걸은 길

망천고개 → 402.9봉, 영운리고개, 신어산, 감천고개, 499봉, 동신어산 → 매리마을(20.0km, 12시간 58분).

🏔 교통편

- 갈 때: 김해 시내버스로 홍익자동차학원까지, 망천고개까지는 도보로.
- 올 때: 매리마을 농협 하나로 마트 앞 버스 정류소에서 구포행 버스 이용.

낙남정맥 종주를 마치면서

2015. 6. 13.

낙남정맥 종주를 끝으로 남한 내 아홉 개 정맥 모두를 마쳤다. 감개무량하다. 낙남정맥을 처음 오르던 날은 한겨울 밤중이었다. 지리산 백무동에서 영신봉을 향하던 밤길은 칠흑 같은 어둠 속의 빙판길이었다. 낙남정맥의 출발지는 지리산 영신봉이다. 무릎까지 차오르는 눈 덮인 영신봉 정상에 첫발을 내딛던 순간이, 아침밥을 먹겠다고 들어선 꽁꽁 언 텅 빈 세석대피소 취사장의 썰렁한 공간이 지금도 눈에 선하다. 키를 훌쩍 넘는 산죽이 빽빽하게 깔린 묵계재, 한 발 건널 때마다 옻나무가 이어지는 진주의 높고 낮은 능선, 하늘과 맞닿을 듯한 텅 빈 산중 고봉에 제단까지 설치되어 빗속에서도 나를 숙연케 하던 용지봉 정상. 내내 나의 산행 기억 속에 자리할 것 같다. 새벽마다 같은 시각에 배낭을 메고 나타나던 나를 알아보고 귀한 손님인 양 반겨 주시던 진주시외버스터미널 입구의 노점상 할머니, 허름한 행색으로 주말 새벽마다 아침 식사를 하러 들어선 나에게 다른 손님 모르게 계란프라이를 얹어 주시던 식당 사장님, 한낮 무더위에 불시에 찾아 든 불청객에게 시원한 물을 가득 채워주시던 창원시 소답동 돈 보스코 청소년 쉼터 직원. 모두 큰 가르침을 준 스승들이다. 정맥 종주는 단순한 산길 걷기가 아니다. 나를 돌아보고, 사람과 자연을 통해 생을 터득하고, 현실에 안주하려는 나를 채찍질하고 다독거릴 수 있는 트레이닝이다. 정맥 종주 초창기에 내내 떨칠 수 없었던 것은 '과연 내가 해낼 수 있을까?' 하던 의구심이었다. 그것은 기우였다. 해낼 수 있을 뿐만 아니라, 해야 하는 것이었다. 중요한 생의 트레이닝이기 때문이다.

참고문헌

박성태, 『신 산경표』, 서울: 조선 매거진, 2010.

이기백, 양보경, 『한국사 시민강좌(제14집)-조선 시대의 자연 인식 체계』, 서울: 일조각, 1994.

조지종, 『두 발로 쓴 백두대간 종주 일기』, 서울: 좋은땅, 2019.